教育部高等学校材料类专业教学指导委员会规划教材

国家级一流本科专业建设成果教材

太阳电池原理与设计

武莉莉　张静全　郝　霞　等编著

PRINCIPLE AND DESIGN OF SOLAR CELLS

U0387681

化学工业出版社
·北京·

内容简介

《太阳电池原理与设计》一书包括原理和设计两部分：第一部分（1～3章）介绍了光电转换的微观机制和基本原理，覆盖太阳辐射、半导体的光吸收、载流子的产生与复合、非平衡载流子的扩散与漂移、常见太阳电池的结构及器件特性描述等；第二部分（4～9章）以晶体硅、砷化镓、非晶硅、碲化镉、铜铟镓硒以及钙钛矿等太阳电池为例，从材料的基本性质出发，分析它们的器件结构，并从减少光、电学损失的角度讨论每种电池的设计和优化原则。本书重在阐明太阳电池的能量损失机制，围绕提高太阳电池效率的核心科学问题，分析不同类型太阳电池的器件特点及改进思路，使读者具备设计高效太阳电池的能力。

本书可作为高等院校新能源材料与器件、新能源科学与工程、储能科学与工程及相关专业的教材或教学参考书，也可作为光伏产业技术人员的参考书。

图书在版编目（CIP）数据

太阳电池原理与设计 / 武莉莉等编著. -- 北京：
化学工业出版社，2024. 8. --（教育部高等学校材料类
专业教学指导委员会规划教材）. -- ISBN 978-7-122
-44938-2

　Ⅰ. TM914. 4

中国国家版本馆 CIP 数据核字第 2024HG9805 号

责任编辑：陶艳玲　　　　　　　文字编辑：王晓露　　王文莉
责任校对：张茜越　　　　　　　装帧设计：史利平

出版发行：化学工业出版社
　　　　　（北京市东城区青年湖南街 13 号　邮政编码 100011）
印　　装：大厂回族自治县聚鑫印刷有限责任公司
787mm×1092mm　1/16　印张 18¼　字数 433 千字
2024 年 11 月北京第 1 版第 1 次印刷

购书咨询：010-64518888　　　　　售后服务：010-64518899
网　　址：http://www.cip.com.cn
凡购买本书，如有缺损质量问题，本社销售中心负责调换。

定　　价：56.00 元　　　　　　　版权所有　违者必究

系列教材编委会名单

顾问委员会：（以姓名拼音为序）

编写委员会名单

牛晓滨　电子科技大学

沈　杰　武汉理工大学

史翊翔　清华大学

苏岳锋　北京理工大学

谭国强　北京理工大学

王得丽　华中科技大学

王亚雄　福州大学

吴朝玲　四川大学

吴华东　武汉工程大学

武莉莉　四川大学

谢淑红　湘潭大学

晏成林　苏州大学

杨云松　基创能科技（广州）有限公司

袁　晓　华东理工大学

张　防　南京航空航天大学

张加涛　北京理工大学

张静全　四川大学

张校刚　南京航空航天大学

张兄文　西安交通大学

赵春霞　武汉理工大学

赵云峰　天津理工大学

郑志锋　厦门大学

周　浪　南昌大学

周　莹　西南石油大学

朱继平　合肥工业大学

新能源技术是 21 世纪世界经济发展中最具有决定性影响的五大技术领域之一，清洁能源转型对未来全球能源安全、经济社会发展和环境可持续性至关重要。新能源材料与器件是实现新能源转化和利用以及发展新能源技术的基础和先导。2010 年教育部批准创办"新能源材料与器件"专业，该专业是适应我国新能源、新材料、新能源汽车、高端装备制造等国家战略性新兴产业发展需要而设立的战略性新兴领域相关本科专业。2011 年，全国首批仅有 15 所高校设立该专业，随后设立学校和招生规模不断扩大，截至 2023 年底，全国共有 150 多所高校设立该专业。更多的高校在大材料培养模式下，设立新能源材料与器件培养方向，新能源材料与器件领域的人才培养欣欣向荣，规模日益扩大。

由于新能源材料与器件为新兴的交叉学科，专业跨度大，涉及材料、物理、化学、电子、机械等多学科，需要重新整合各学科的知识进行人才培养，这给该专业的教学和教材的编写带来极大的困难，致使本专业成立 10 余年以来，既缺乏规范的核心专业课程体系，也没有相匹配的核心专业教材，严重影响人才培养的质量和专业的发展。特别是教材，作为学生进行知识学习、技能掌握和价值观念形成的主要载体，同时也是教师开展教学活动的基本依据，极为重要，亟需解决教材短缺的问题。

为解决这一问题，在化学工业出版社的倡导下，邀请全国 30 余所重点高校多次召开教材建设研讨会，2019 年在吴锋院士的指导下，在北京理工大学达成共识，结合国内的人才需求、教学现状和专业发展趋势，共同制定新能源材料与器件专业的培养体系和教学标准，打造《能量转换与存储原理》《新能源材料与器件制备技术》以及《新能源器件与系统》3 种专业核心课程教材。

《能量转换与存储原理》的主要内容为能量转化与存储的共性原理，从电子、离子、分子、能级、界面等过程来阐述；《新能源材料与器件制备技术》的内容承接《能量转换与存储原理》的落地，目前阶段可以综合太阳电池、锂离子电池、燃料电池、超级电容器等材料和器件的工艺与制备技术；《新能源器件与系统》的内容注重器件的设计构建、同种器件系统优化、不同能源转换或存储器件的系统集成等，是《新能源材料与器件制备技术》的延伸。三门核心课程是总-分-总的关系。在完成材料大类基础课的学习后，三门课程从原理-工艺技术-器件与系统，逐步深入融合新能源相关基础理论和技术，形成大材料知识体系与新能源材料与器件知识体系水乳交融的培养体系，培养新能源材料与器件的复合型人才，适合国家的发展战略人才需求。

在三门课程学习的基础上，继续延伸太阳电池、锂离子电池、燃料电池、超级电容器和新型电力电子元器件等方向的专业特色课程，每个方向设立 2～3 门核心课程。按照这个课程体系，制定了本丛书 9 种核心课程教材的编写任务，后期将根据专业的发展和需要，不断更新和改善教学体系，适时增加新的课程和教材。

2020 年，该系列教材得到了教育部高等学校材料类专业教学指导委员会（简称材料教指委）的立项支持和指导。2021 年，在材料教指委的推荐下，本系列教材加入"教育部新兴领域教材研究与实践项目"，在材料教指委副主任张联盟院士的指导下，进一步广泛团结全国的力量进行建设，结合新兴领域的人才培养需要，对系列教材的结构和内容安排详细研讨、再次充分论证。

2023 年，系列教材编写团队入选教育部战略性新兴领域"十四五"高等教育教材体系建设团队，团队负责人为材料教指委委员、长江学者、万人领军人才李美成教授，并以此团队为基础，成立教育部新能源技术虚拟教研室，完成对 9 种规划教材的编写、知识图谱建设、核心示范课建设、实验实践项目建设、数字资源建设等工作，积极组建国内外顶尖学者领衔、高水平师资构成的教学团队。未来，将依托虚拟教研室等载体，继续积极开展名师示范讲解、教师培训、交流研讨等活动，提升本专业及新能源、储能等相关专业教师的教育教学能力。

本系列教材的出版，全面贯彻党的"二十大"精神，深入落实习近平总书记关于教育的重要论述，深化新工科建设，加强高等学校战略性新兴领域卓越工程师培养，解决材料领域高等教育教材整体规划性不强、部分内容陈旧、更新迭代速度慢等问题，完成了对新能源材料与器件领域核心课程、重点实践项目、高水平教学团队的建设，体现时代精神、融汇产学共识、凸显数字赋能，具有战略性新兴领域特色，未来将助力提升新能源材料与器件领域人才自主培养质量。

吴锋　中国工程院院士

2024 年 6 月

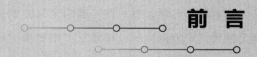

前　言

　　近二十年来我国光伏产业快速发展，现今，光伏产业链多个环节的市场占有率位居全球首位，我国成为世界上重要的光伏大国。未来在"双碳"目标的激励下，作为构建新型电力体系的重要组成部分，我国光伏产业将迎来更加迅猛的发展。良好的产业发展形势为投身光伏产业的研发和工程技术人员学习太阳电池相关知识提供了充足的动力。

　　目前已有不少关于太阳电池技术的书籍，但有些仅介绍了晶体硅太阳电池的原理和制备技术等内容，有些虽然较全面地介绍了各类太阳电池的结构与工艺，但在太阳电池的设计原则和优化思路方面比较欠缺。为了使读者在认知太阳电池光电转换原理的基础上，了解设计太阳电池的基本原则，能够从材料的基本性质出发分析器件的关键结构，从减少光、电学损失的角度讨论电池的具体设计和优化原则，从而使读者面对各类光伏器件时都具备设计高效太阳电池的能力，作者结合长期的教学、科研工作与工程应用实践，组织编写了本书。

　　本书共分 9 章，分为原理和设计两大部分：第一部分（1～3 章）介绍了光电转换的微观机制和基本原理，覆盖太阳辐射、半导体的光吸收、载流子的产生与复合、非平衡载流子的扩散与漂移、常见太阳电池的结构及器件特性描述等；第二部分（4～9 章）以晶体硅、砷化镓、非晶硅、碲化镉、铜铟镓硒以及钙钛矿等太阳电池为例，分析材料性质与器件结构的内在联系，讨论每种电池的具体设计原则，最后介绍几种新概念太阳电池的设计思路。

　　第 1 章介绍了太阳电池的发展概况和太阳的辐射特性。第 2 章介绍了光电转换过程中的半导体基础知识及材料的光吸收、载流子的产生和输运、非平衡载流子的扩散与漂移等物理过程。第 3 章给出了开路电压的来源和一般表达式，并基于精细平衡原理定量描述了太阳电池器件的电流电压特性，讨论了太阳电池转换效率的影响因素，给出了太阳电池的一般设计原则。第 4 章介绍了晶体硅太阳电池器件结构发展历程，能量损失来源，减少光电损失的途径、效果及高效硅太阳电池的设计思路等。第 5 章分析了砷化镓太阳电池的材料特点和器件结构，介绍了单结和叠层砷化镓太阳电池的设计原则和优化方法。第 6 章分析了非晶硅太阳电池的材料特点和器件结构，介绍了单结和叠层非晶硅太阳电池的设计原则和优化方法，讨论了非晶硅材料及器件的稳定性问题。第 7 章介绍了多晶薄膜材料的特点，给出了多晶薄膜太阳电池的一般设计原则，讨论了碲化镉和铜铟镓硒太阳电池的器件结构和优化思路。第 8 章分析了钙钛矿薄膜的材料性质和太阳电池器件结构，讨论了单结和叠层钙钛矿电池的设计和优化思路。第 9 章介绍了具有较高理论转换效率的新概念太阳电池技术。每章后附有思考题及习题。

本书有两个特色，其一在于阐明了从光能转换为电能的微观物理机制，引导读者在面对不同类型的太阳电池问题时，都能从光电转换的根本原理出发去分析和解决。其二在于重视"设计"，基于对器件原理的认知，以晶体硅等太阳电池为应用案例，通过分析各种器件结构的设计和改进思路，力求使读者具备优化现有器件结构和设计新型太阳电池的能力。

《太阳电池原理与设计》可作为高等院校新能源材料与器件、新能源科学与工程、储能科学与工程等相关专业的教材或教学参考书，也可作为光伏产业技术人员的参考书和培训用书，还可供光伏技术爱好者选用。

本书第 1 章、第 3 章和第 4 章由武莉莉撰写，第 2 章由张静全撰写，第 5 章和第 6 章由曾广根撰写，第 7 章和第 9 章由郝霞撰写，第 8 章由赵德威、陈聪撰写。全书最后由武莉莉进行修改与整理。在编写过程中，作者参考并引用了多名学者和专家的著作与研究成果，在此一并表示感谢。

由于作者水平有限，书中难免有不妥之处，恳请广大读者不吝批评指正！

编著者

2024 年 4 月于四川大学

目 录

第1章 // 太阳辐射与太阳电池

1.1 太阳光的属性 / 1

    1.1.1 波粒二象性 / 1

    1.1.2 光子能量 / 1

    1.1.3 光子通量 / 2

    1.1.4 光谱辐照度 / 3

    1.1.5 辐射功率密度 / 3

1.2 黑体辐射 / 3

1.3 太阳辐射 / 5

    1.3.1 太阳 / 5

    1.3.2 太空中的太阳辐射 / 6

    1.3.3 地球上的太阳辐射 / 7

    1.3.4 大气质量 / 8

    1.3.5 标准光谱 / 9

1.4 太阳能的转换方式 / 11

1.5 太阳电池概述 / 12

1.6 电能 / 13

思考题与习题 / 14

参考文献 / 14

第2章 // 光电转换物理基础

2.1 半导体宏观光学性质和光学常数 / 16

    2.1.1 折射率和吸收系数 / 16

    2.1.2 反射系数和透射系数 / 18

2.2 半导体的光吸收 / 19

 2.2.1 本征光吸收 / 19

 2.2.2 其他光吸收过程 / 23

2.3 非平衡载流子 / 25

 2.3.1 非平衡载流子的注入 / 25

 2.3.2 非平衡载流子寿命、准费米能级 / 26

 2.3.3 非平衡载流子复合 / 28

2.4 载流子输运 / 34

 2.4.1 载流子扩散运动 / 34

 2.4.2 载流子漂移扩散，爱因斯坦关系式 / 37

 2.4.3 连续性方程式及应用 / 40

思考题与习题 / 44

参考文献 / 44

第3章 太阳电池的基本原理和特性

3.1 光生伏打效应 / 45

 3.1.1 功函数和亲和势 / 45

 3.1.2 内建静电场与有效力场 / 46

 3.1.3 一般情况下 V_{oc} 的表达式 / 48

3.2 半导体界面及其类型 / 50

 3.2.1 半导体-真空界面 / 50

 3.2.2 半导体-半导体同质结 / 51

 3.2.3 半导体-半导体异质结 / 51

 3.2.4 半导体-金属界面 / 53

 3.2.5 半导体-绝缘体界面 / 53

 3.2.6 金属-绝缘体-半导体和半导体-绝缘体-半导体界面 / 54

3.3 用于太阳电池的半导体界面组态 / 55

 3.3.1 光生伏打效应的界面结构 / 55

 3.3.2 欧姆接触 / 55

 3.3.3 选择性欧姆接触 / 57

3.4 精细平衡原理 / 57

 3.4.1 黑暗状态 / 58

 3.4.2 光照状态 / 59

3.5 电流 / 60

3.5.1　光生电流　　/　61

3.5.2　暗电流　　/　61

3.6　太阳电池的特性　　/　63

3.6.1　伏安特性曲线　　/　63

3.6.2　短路电流　　/　64

3.6.3　光生电压　　/　66

3.6.4　填充因子和转换效率　　/　68

3.6.5　量子效率和光谱响应　　/　69

3.7　影响太阳电池性能的因素　　/　72

3.7.1　寄生电阻　　/　72

3.7.2　温度的影响　　/　73

3.7.3　光强的影响　　/　74

3.8　理论转换效率极限　　/　76

3.9　太阳电池的设计原则　　/　77

3.10　叠层太阳电池　　/　78

3.10.1　叠层太阳电池原理　　/　79

3.10.2　叠层太阳电池结构　　/　79

3.10.3　两端叠层太阳电池的性能与设计　　/　80

3.11　小结　　/　81

思考题与习题　　/　82

参考文献　　/　82

第4章　晶体硅太阳电池

4.1　单晶硅材料的性质　　/　84

4.1.1　基本性质　　/　84

4.1.2　光吸收特性　　/　84

4.1.3　掺杂特性　　/　85

4.1.4　载流子复合特性　　/　86

4.1.5　载流子输运特性　　/　89

4.2　晶体硅太阳电池的早期结构演变　　/　90

4.2.1　早期硅太阳电池　　/　90

4.2.2　背面场　　/　91

4.2.3　紫电池　　/　91

4.2.4　黑硅电池　　/　92

4.3 晶体硅太阳电池的效率损失及提高策略　/ 93

　　4.3.1 效率损失机制　/ 93

　　4.3.2 减反射技术　/ 94

　　4.3.3 陷光技术　/ 96

　　4.3.4 电极优化　/ 98

　　4.3.5 掺杂工艺优化　/ 101

　　4.3.6 钝化技术　/ 106

4.4 高效电池结构　/ 112

　　4.4.1 高效电池的设计思想　/ 112

　　4.4.2 PERC、 PERL 和 PERT 太阳电池　/ 112

　　4.4.3 硅异质结太阳电池　/ 113

　　4.4.4 TOPCon 太阳电池　/ 114

　　4.4.5 刻槽埋栅太阳电池　/ 115

　　4.4.6 背接触背结太阳电池　/ 115

　　4.4.7 硅球太阳电池　/ 116

　　4.4.8 多种高效技术结合的太阳电池　/ 116

思考题与习题　/ 117

参考文献　/ 117

第5章　砷化镓太阳电池

5.1 砷化镓材料的性质　/ 119

　　5.1.1 砷化镓的晶体结构　/ 119

　　5.1.2 砷化镓的能带结构　/ 120

　　5.1.3 砷化镓作为太阳电池材料的优缺点　/ 120

　　5.1.4 砷化镓薄膜材料的制备　/ 121

5.2 砷化镓太阳电池的设计和优化　/ 123

　　5.2.1 砷化镓太阳电池的发展　/ 123

　　5.2.2 砷化镓太阳电池类型　/ 123

　　5.2.3 单结砷化镓太阳电池的设计与优化　/ 127

　　5.2.4 多结砷化镓太阳电池的设计与优化　/ 129

5.3 聚光太阳电池与空间太阳电池原理与设计　/ 132

　　5.3.1 聚光太阳电池　/ 132

　　5.3.2 聚光太阳能发电系统组件　/ 132

　　5.3.3 聚光太阳电池设计　/ 135

　　　　5.3.4　空间太阳电池　/　136

　　5.4　砷化镓太阳电池的发展趋势　/　138

　　思考题与习题　/　139

　　参考文献　/　139

第6章　非晶硅太阳电池

　　6.1　非晶硅材料结构与电子态　/　141

　　　　6.1.1　非晶硅材料结构　/　141

　　　　6.1.2　非晶硅材料的电子态　/　141

　　6.2　非晶硅材料的光学特性　/　143

　　　　6.2.1　非晶硅材料的光吸收　/　143

　　　　6.2.2　非晶硅材料的光谱响应　/　144

　　　　6.2.3　非晶硅材料的红外吸收及拉曼光谱　/　144

　　　　6.2.4　光致衰减效应　/　146

　　6.3　非晶硅材料的电学特性　/　147

　　　　6.3.1　本征非晶硅材料的电学特性　/　147

　　　　6.3.2　非晶硅的掺杂特性　/　148

　　　　6.3.3　非晶硅的光电导　/　149

　　6.4　非晶硅太阳电池设计和优化　/　150

　　　　6.4.1　非晶硅电池特点　/　150

　　　　6.4.2　非晶硅电池结构设计　/　151

　　　　6.4.3　制备工艺设计优化　/　153

　　6.5　非晶硅叠层太阳电池　/　154

　　　　6.5.1　非晶硅叠层电池概述　/　154

　　　　6.5.2　a-Si:H双结叠层太阳电池　/　154

　　　　6.5.3　a-Si:H三结叠层太阳电池　/　156

　　6.6　非晶硅太阳电池的发展趋势　/　157

　　思考题与习题　/　157

　　参考文献　/　157

第7章　碲化镉太阳电池和铜铟镓硒太阳电池

　　7.1　引言　/　159

　　　　7.1.1　电池结构　/　159

7.1.2 发展历史 / 159

7.2 多晶半导体材料 / 160

    7.2.1 晶界 / 161

    7.2.2 晶界对载流子输运的影响 / 162

    7.2.3 晶界的耗尽层近似 / 163

    7.2.4 多数载流子的输运 / 166

    7.2.5 光照的影响 / 168

    7.2.6 少数载流子的输运 / 169

    7.2.7 晶界效应 / 170

7.3 多晶异质结薄膜太阳电池的设计原则 / 170

    7.3.1 吸收层禁带宽度 / 174

    7.3.2 能级排列 / 175

    7.3.3 窗口层掺杂 / 176

    7.3.4 费米能级钉扎 / 177

    7.3.5 吸收层掺杂 / 177

    7.3.6 吸收层厚度 / 178

    7.3.7 晶界 / 179

    7.3.8 背接触势垒 / 179

    7.3.9 缓冲层厚度 / 179

    7.3.10 前表面梯度带隙 / 180

    7.3.11 背表面梯度带隙 / 180

7.4 碲化镉的性质 / 180

    7.4.1 碲化镉的物理性质 / 180

    7.4.2 碲化镉的电学性质 / 181

7.5 碲化镉太阳电池的设计 / 182

    7.5.1 窗口层设计 / 183

    7.5.2 窗口层/吸收层界面 / 184

    7.5.3 吸收层掺杂及设计优化 / 185

    7.5.4 背接触优化 / 186

7.6 铜铟镓硒的性质 / 187

    7.6.1 CIGS 的结构特性 / 187

    7.6.2 CIGS 的电学特性 / 189

    7.6.3 CIGS 的光学性质及制备方法 / 191

7.7 铜铟镓硒太阳电池的设计 / 191

    7.7.1 铜铟镓硒太阳电池基本结构 / 191

    7.7.2 窗口层及界面 / 194

7.7.3　吸收层掺杂　/　194

7.7.4　吸收层带隙梯度　/　195

思考题与习题　/　197

参考文献　/　197

第**8**章　钙钛矿太阳电池

8.1　钙钛矿太阳电池材料　/　201

8.1.1　钙钛矿材料的结构和性质　/　201

8.1.2　电子传输层　/　203

8.1.3　介孔骨架材料　/　207

8.1.4　空穴传输层材料　/　209

8.1.5　电极材料　/　212

8.2　钙钛矿太阳电池器件结构、工作原理及设计优化　/　214

8.2.1　钙钛矿太阳电池器件结构　/　214

8.2.2　钙钛矿太阳电池工作原理　/　215

8.2.3　钙钛矿太阳电池结构设计及性能优化　/　216

8.3　钙钛矿基叠层太阳电池　/　221

8.3.1　钙钛矿/Si 叠层太阳电池　/　223

8.3.2　钙钛矿/CIGS 叠层太阳电池　/　227

8.3.3　全钙钛矿叠层太阳电池　/　229

8.4　钙钛矿基太阳电池的稳定性　/　233

8.4.1　本征稳定性　/　233

8.4.2　封装器件的稳定性　/　237

思考题与习题　/　238

参考文献　/　238

第**9**章　新概念太阳电池

9.1　引言　/　248

9.2　中间带太阳电池　/　248

9.2.1　中间带太阳电池的基本概念　/　248

9.2.2　量子点中间带电池　/　251

9.2.3　体材料的中间带与电池　/　254

9.2.4　薄膜中间带材料　/　256

9.3　碰撞电离太阳电池　　/　257

　　9.3.1　基本概念　　/　257

　　9.3.2　碰撞电离太阳电池效率　　/　258

　　9.3.3　量子点中多激子产生　　/　259

9.4　热载流子太阳电池　　/　261

　　9.4.1　光生载流子热弛豫过程　　/　262

　　9.4.2　热载流子太阳电池的理论效率极限　　/　263

9.5　热光电及热光子转换器　　/　263

　　9.5.1　热光伏电池　　/　263

　　9.5.2　热光子转换器　　/　266

思考题与习题　　/　267

参考文献　　/　267

第 1 章

太阳辐射与太阳电池

太阳电池的能量来源是太阳辐射，因此学习太阳电池首先要了解太阳辐射的特点。太阳可以看成是理想黑体，本章将介绍太阳光谱图，太阳的辐射功率密度，阳光辐射入射到光伏组件的角度和在某一特定面积上太阳一年或一天中所辐射出的能量等，还将介绍大气质量和标准光谱等概念。

1.1 太阳光的属性

1.1.1 波粒二象性

太阳光是"电磁辐射"的一种形式，我们能看到的可见光只是电磁波谱的一小部分。电磁波谱将光描述为一种具有特定波长的波。19 世纪早期，托马斯·杨、弗朗索瓦·阿拉戈和奥古斯丁·让·菲涅耳就通过实验显示出光束具有干涉效应，这表明光是一种波。到 19 世纪 60 年代后期，光已经被认为是电磁波谱的一部分。但在 19 世纪后期，因为基于波动方程无法解释加热物体发射光谱的实验结果，光的波动性观点越来越受到质疑。这个问题最终被 1900 年[①]和 1905 年[②]发表的研究工作所解决。普朗克提出，光的总能量是由不可区分的能量元素，即量子所组成。爱因斯坦在解释光电效应（某些金属和半导体在受到光照时会释放出电子）时，正确计算了这些量子化能量的数值。由此，普朗克和爱因斯坦分别获得了 1918 年和 1921 年的诺贝尔物理学奖。

现代量子力学同时解释了光的波动性和粒子性现象。在量子力学中，像其他所有如电子、质子等量子力学粒子一样，光子被描绘为"波包"最为精确。波包被定义为波的集合，这些波的相互作用方式可能使波包表现出空间局域化（类似于由无数个正弦波构成的方波），或者只是一个简单的波。在波包空间局域化的情况下，它被充当粒子。所以，光子既可以表现为波，又可以表现为粒子，这个概念被称为"波粒二象性"。本来对光属性的完整物理描述需要对光进行量子力学分析，但对于太阳电池，很少用到这类详细信息，所以本书仅简要描述光的量子性质。有关光更多的最新解释，请参阅文献 [3]。

入射太阳光有几个关键特性，这些特性对于确定其如何与光伏转换器或其他物体相互作用至关重要。这些重要的特性是：入射光的光谱图，太阳的辐射功率密度，阳光辐射入射到光伏组件的角度和在某一特定面积上太阳一年或一天中所辐射出的能量。以下介绍与光相关的几个基本概念。

1.1.2 光子能量

光子可以用波长 λ 来表示，也可以用等价的能量 E 表示，能量 E 和波长 λ 的关系式：

$$E = h\nu = h\,\frac{c}{\lambda} \qquad (1\text{-}1)$$

式中，h 是普朗克常数，$6.626 \times 10^{-34}\ \text{J} \cdot \text{s}$；$\nu$ 为光子频率；c 是光速，$2.998 \times 10^8\ \text{m/s}$。相乘得到：

$$hc = 1.99 \times 10^{-25}\ \text{J} \cdot \text{m} \qquad (1\text{-}2)$$

式(1-1) 所示的能量与波长的反比例关系表明，由高能光子组成的光（如"蓝"光）具有较短的波长，由低能光子组成的光（如"红"光）具有较长的波长。当处理如光子或电子之类的"粒子"时，常用的能量单位是电子伏特（eV），而非焦耳（J）。1eV 是将一个电子提升 1V 所需的能量，所以具有 1eV 能量的光子能量为 $1.602 \times 10^{-19}\text{J}$。因此，我们可以用 eV 来重新表达上述常量：

$$hc = 1.99 \times 10^{-25}\ \text{J} \cdot \text{m} \times \frac{1\text{eV}}{1.602 \times 10^{-19}\text{J}} = 1.24 \times 10^{-6}\ \text{eV} \cdot \text{m} \qquad (1\text{-}3)$$

此外，我们需要以 μm（λ 的单位）作为单位：

$$hc = 1.24 \times 10^{-6}\ \text{eV} \cdot \text{m} \times 10^6\ \frac{\mu\text{m}}{\text{m}} = 1.24\ \text{eV} \cdot \mu\text{m} \qquad (1\text{-}4)$$

通过用 eV 和 μm 来表达光子能量方程，我们得到了一个常用的表达式，它与光子的能量和波长相关，如下式所示：

$$E(\text{eV}) = \frac{1.24}{\lambda(\mu\text{m})} \qquad (1\text{-}5)$$

1.24 对应的精确值是 1.2398，大多数情况下其近似值 1.24 已经足够。在定义光伏或太阳电池特性时，光有时被作为波来处理，其余情况下作为粒子或光子处理。

1.1.3 光子通量

光子通量 ϕ 定义为每秒通过单位面积的光子数量：

$$\phi = \frac{\text{光子数量}}{\text{m}^2 \cdot \text{s}} \qquad (1\text{-}6)$$

单位是 $\text{m}^{-2} \cdot \text{s}^{-1}$，光子通量对于确定其产生的电子数，从而计算太阳电池产生的电流十分重要。由于光子通量不提供关于光子能量（或波长）的信息，所以还必须指定光源中光子的能量或者波长。在波长给定的情况下，可以通过光子能量（或波长）和光子通量，计算出功率密度。由于光子通量给出了单位时间内撞击单位表面积的光子数目，用它乘以其相应光子通量中的单个光子能量，就能得出单位时间、单位面积上撞击的能量，也就是功率密度 H。为了确定以 W/m^2 为单位的功率密度，光子的能量单位必须为焦耳，其公式是：

$$H = \phi\,\frac{hc}{\lambda}\ [\text{使用国际单位制（SI）}] \qquad (1\text{-}7)$$

$$H = \phi q\,\frac{1.24}{\lambda(\mu\text{m})} \qquad (1\text{-}8)$$

$$H = \phi q E(\text{eV}) \qquad (1\text{-}9)$$

式中，q 是基本电荷值，$q = 1.602 \times 10^{-19}\text{C}$。

为了达到相同的辐射功率密度，高能光子（短波长）需要的光子通量小于低能光子（长波长）需要的光子通量。

1.1.4 光谱辐照度

光谱辐照度是关于光子波长（或能量）的函数，用 F 表示，是表征光源最常用的量，它给出了特定波长下的功率密度。光谱辐照度的单位是 $W/(m^2 \cdot \mu m)$，W/m^2 项是波长 $\lambda(\mu m)$ 处的功率密度，m^2 是接收光的表面积单位，μm 是太阳辐射主要涵盖的波长单位。

在太阳电池分析中，会经常用到光子通量和光谱辐照度。为了确定光谱辐照度，可以通过把给定波长的光子通量转换为 W/m^2，如式(1-9)所示，将结果除以给定的波长，得到下式：

$$F(\lambda) = \frac{\phi q E}{\Delta \lambda} \tag{1-10}$$

式中光辐照度 $F(\lambda)$ 的单位是 $W/(m^2 \cdot m)$，ϕ 的单位是 $m^{-2} \cdot s^{-1}$，E 和 λ 的单位分别是 eV 和 m。更常用的光谱辐照度是以波长（而非能量）表示：

$$F(\lambda) = \phi q \frac{1.24}{\lambda \Delta \lambda} \tag{1-11}$$

式中，λ 的单位是 μm。

1.1.5 辐射功率密度

光源发出的总功率密度 H 可以通过光谱辐照度在所有波长（或能量）上积分来计算：

$$H = \int_0^\infty F(\lambda) \mathrm{d}\lambda \tag{1-12}$$

式中，H 的单位是 W/m^2，$\mathrm{d}\lambda$ 是波长。然而，光源的光谱辐照度通常不存在解析公式。更为常用的是，将所测量的光谱辐照度乘以其测量的波长宽度，然后在所有波长上进行计算，如式(1-13)所示，$\Delta \lambda$ 是波长。

$$H = \sum_i F(\lambda) \Delta \lambda \tag{1-13}$$

要计算某个光源的总功率密度，需要计算出每个单元的面积，然后将它们加在一起，在光谱上进行积分，如图 1-1 所示。测量光谱的工作通常并不顺畅，因为其中包含发射和吸收曲线。波长间隔调整通常并不均匀，以便允许在快速变化的光谱上能有更多数据采集点。光谱宽度从两个相邻波长之间的中间点计算得出。

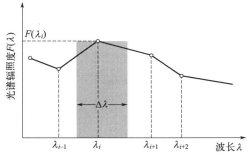

图 1-1 光源总功率密度的计算方法

$$\Delta \lambda = \frac{\lambda_{i+1} + \lambda_i}{2} - \frac{\lambda_i + \lambda_{i-1}}{2} = \frac{\lambda_{i+1} - \lambda_{i-1}}{2} \tag{1-14}$$

每段中的功率为：

$$H_i = F(\lambda_i) \Delta \lambda \tag{1-15}$$

将所有部分相加即可得出总功率 H。

1.2 黑体辐射

黑体对于辐射来说是一个理想的吸收体或发射体。当它被加热后开始发光，即开始发出电磁辐射，一个典型例子就是金属的加热。金属温度越高，发射光的波长越短，发光的颜色由最初的红色逐渐变为白色。

经典物理无法解释由此类发热体发出的光的波长能谱分布。然而 1900 年，由普朗克所推导的一个数学表达式描述了这个能谱分布，尽管人们当时对黑体辐射的物理机制一无所知。五年后，爱因斯坦用量子理论做出了解释。单位面积的黑体的光谱辐射功率 B 是指从 λ 到 $\lambda+d\lambda$ 极小的波长间隔内在单位时间和单位立体角内辐射的能量，它服从普朗克分布[4]：

$$B(\lambda, T) = \frac{2hc^2}{\lambda^5} \times \frac{1}{\exp\left(\dfrac{hc}{\lambda k_B T}\right) - 1} \tag{1-16}$$

式中，k_B 是玻耳兹曼常数，$1.3806505 \times 10^{-23}$ J/K；T 指黑体温度。B 的量纲是单位面积、单位立体角和单位波长间隔内（$d\lambda$）的功率 [W/(m² · sr · m)]。

又因为

$$\nu = \frac{c}{\lambda} \tag{1-17}$$

$$d\nu = -\frac{c}{\lambda^2} d\lambda \tag{1-18}$$

将式(1-17)、式(1-18)代入式(1-16)，得到黑体辐射功率的频率表达式：

$$B(\nu, T) = \frac{2h\nu^3}{c^2 \left[\exp\left(\dfrac{h\nu}{k_B T}\right) - 1 \right]} \tag{1-19}$$

又因为

$$E = h\nu \tag{1-20}$$

$$dE = h\,d\nu \tag{1-21}$$

将式(1-20)、式(1-21)代入式(1-19)得到黑体辐射功率与光子能量的关系式：

$$B(E, T) = \frac{2E^3}{h^3 c^2 \left[\exp\left(\dfrac{E}{k_B T}\right) - 1 \right]} \tag{1-22}$$

$B(E, T)$ 的量纲是单位面积、单位立体角和单位能量间隔（dE）内的功率 [W/(m² · sr · eV)]。由此得到光子角通量 β_s（cm⁻² · eV⁻¹ · s⁻¹ · sr⁻¹）为：

$$\beta_s(E, T) = \frac{B(E, T)}{E} = \frac{2E^2}{h^3 c^2 \left[\exp\left(\dfrac{E}{k_B T}\right) - 1 \right]} \tag{1-23}$$

在黑体表面，接收的角度相当于半个空间，立体角 Ω 范围为纬度 $\theta \in (0, \pi/2)$，经度 $\varphi \in (0, 2\pi)$，光谱能量范围 $E \in (0, \infty)$。对光子通量的垂直分量 $\beta_s(E, T) \cos\theta$ 和光谱能量 E 乘积的积分，得到黑体表面辐照度 B_{surf}（W/m²）为：

$$\begin{aligned} B_{surf} &= \iint_{E,\Omega} \beta_s(E, T) E\, dE \cos\theta\, d\Omega \\ &= \int_0^\infty \frac{2}{h^3 c^2} \times \frac{E^3}{\exp(E/k_B T) - 1} dE \int_0^{\frac{\pi}{2}} \sin\theta \cos\theta\, d\theta \int_0^{2\pi} d\varphi \\ &= \frac{2\pi^5 k_B^4}{15 h^3 c^2} T^4 = \sigma T^4 \end{aligned} \tag{1-24}$$

这就是斯忒藩-波耳兹曼定律（Stefan-Boltzmann）。式中，σ 为 Stefan-Boltzmann 常数（又称黑体辐射常数），等于 5.67×10^{-8} W/(m² · K⁴)。

黑体源的另一个重要参数是光谱辐照度峰值处所对应的波长，也就是发出最大功率的光的波长。光谱辐照度的峰值波长是通过对其进行微分运算，当导数为零而得出的。其结果被称为维恩定律，如下式所示：

$$\lambda_p = \frac{2900}{T} \tag{1-25}$$

式中，λ_p是光谱辐照度峰值处的波长，μm；T是黑体的温度，K。

随着黑体的温度增加，光谱分布和光所发出的功率也随之变化。图1-2描述了不同温度下在黑体表面所观测到辐射的能谱分布。在接近室温的情况下，黑体发射器（例如人体或者关掉的灯泡）主要发出波长为$10\mu m$的低功率辐射，在人类能观察到的可见光范围之外。如果黑体被加热到3000K，温度大约是白炽灯钨丝正常工作时的温度，辐射能量峰值的波长约为$1\mu m$，在可见光波段（0.4~0.8μm）只有少量的能量发射，这正是白炽灯颜色发红和发光效率低下的原因。如果继续加热到6000K，这已经超过了绝大部分金属的熔点，其发出的辐射将会包含从红色到紫色的整个可见光范围，从而呈现出白色。

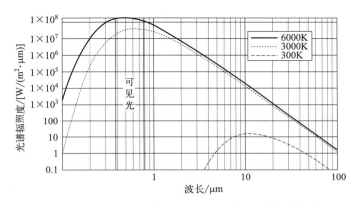

图1-2 不同温度下黑体表面所观测到的辐射能谱分布

1.3 太阳辐射

1.3.1 太阳

太阳是一个由气体组成的炽热球体，其内部因发生氢转化成氦的核聚变反应，导致太阳内部温度可超过2×10^7K，如图1-3所示。因为来自内部核心的辐射被太阳表面的氢原子层强烈吸收，所以其并不可见。但通过对流，热量可以穿越该氢原子层[5]。太阳的表面称为光球层，温度约6000K。太阳光球层的辐射光谱基本是连续电磁辐射光谱，和黑体在此温度下的辐射光谱很接近。为简单起见，通常在精细平衡计算中使用6000K的光谱，但（5762±50）K[6]和（5730±90）K[7]则更能精确地拟合太阳光谱。在太阳被分类为恒星时，天文学家则使用5778K。在本教材中，为保持一致，将使用5800K的近似值。

使用式(1-24)，在温度为5800K时，可以得出太阳表面的功率密度H_{sun}为6.4×10^7W/m²。太阳所发出的总功率可以用发射功率密度乘以太阳表面积来计算得出。当太阳的半径为6.95×10^8m[8]时，可计算得出其表面积为6.07×10^{18}m²。因此，太阳输出的总功率为$6.4\times10^7\times6.09\times10^{18}=3.9\times10^{26}$W。考虑到全世界的能源使用量仅为16 TW，这显然是巨大的功率。

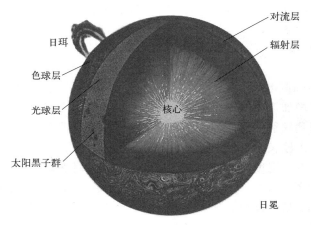

日珥
色球层
光球层
太阳黑子群
对流层
辐射层
核心
日冕

图 1-3　太阳内部结构

太阳发出的总功率不是由单一波长组成，而是由许多波长组成，因此在人眼中呈现出白色或者黄色。这些不同波长的光可以通过光线穿过棱镜所观察到，或者水滴，如我们所见到的彩虹。不同的波长显示出不同的颜色，但并不是所有的波长都能被人眼观察到，因为有些是"不可见"光。

1.3.2　太空中的太阳辐射

太阳所发出的总功率中只有一小部分会撞击到和太阳有一定距离的空间物体上。太阳辐照度（H_0，W/m^2）是太阳照射到物体上的功率密度。在太阳表面，功率密度相当于约6000K 的黑体，其总功率是该数值乘以太阳的表面积（$4\pi R_{sun}^2$）。但是，在和太阳有一定距离的地方，来自太阳的总功率散布在更大的虚拟天球体表面积上，因此，当物体远离太阳移动时，此物体的太阳辐照度可用太阳发出的总功率除以太阳光落在其上的虚拟天球体的表面积而得到。因此，入射到此物体上的太阳辐照度 H_0（W/m^2）为：

$$H_0 = \frac{R_{sun}^2}{D^2} H_{sun} \tag{1-26}$$

式中，R_{sun} 是太阳的半径，$6.95\times10^8 m$；H_{sun} 是太阳表面的功率密度，$6.4\times10^7\,W/m^2$；D 是该物体到太阳的距离，m。太阳辐照度与物体到太阳距离的关系如图 1-4 所示。

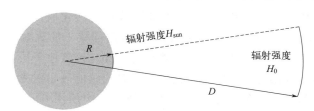

辐射强度H_{sun}
辐射强度 H_0
R
D

图 1-4　太阳辐照度与物体到太阳距离的关系

对和太阳距离为 D 的物体来说，等量的功率散布在更大的面积上，因此辐射密度也随之降低。国际天文学联合会定义了一个日地平均距离，这是一个天文单位，称为大气上界。它是指太空中的一个特定位置——太阳距离地球垂直平均距离约为 $1.5\times10^8\,km^{[9]}$ 的上空位置。在大气层上界处所接收到的太阳辐射能量流，被定义为太阳常数（solar constant，W/m^2）。

太阳常数的定义为：在大气上界垂直于太阳光线的单位面积上，在单位时间内所接收到的太阳辐射的全光谱的总能量流密度，用符号 R_{sc} 表示。根据不同测量技术，该数据有所差异。为统一起见，世界气象组织于 1981 年公布推荐的数值为 $1367\text{W}/\text{m}^2$，这就是常说的 AM0。一年中由于日地距离的变化引起太阳辐射强度的变化不超过 3.4%。若采用热能单位（卡）表示，则太阳常数为 $1.96 \times 10^4\text{cal}/(\text{m}^2 \cdot \text{min})$，即在离太阳一个天文单位距离的地方，在 1m^2 范围的太阳辐射能量可在 1min 内把 10kg 的水加热升高约 2℃。

从地面观察太阳，如图 1-5 所示，圆形发光体的尺寸可以用太阳半角 θ_s 描述：

$$\theta_s = \arctan\left(\frac{R_{sun}}{D}\right) = 0.2655°\qquad(1\text{-}27)$$

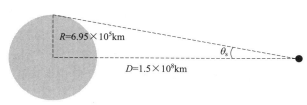

图 1-5　太阳半角 θ_s

采用太阳几何因子 F_s 描述太阳半角对地面接收到的太阳光辐照的限制：

$$F_s = \int_0^{\theta_s}\cos\theta\sin\theta\,\mathrm{d}\theta\int_0^{2\pi}\mathrm{d}\varphi = \pi\sin^2\theta_s \approx \pi\left(\frac{R}{D}\right)^2 = 2.15 \times 10^{-5}\pi\qquad(1\text{-}28)$$

式中，立体角 Ω 范围为纬度 $\theta \in (0, \theta_s)$，经度 $\varphi \in (0, 2\pi)$。用 b_s 表示地面可接收到的太阳光子通量，其量纲为单位面积、单位光谱能量、单位时间通过的光子数（$\text{cm}^{-2} \cdot \text{eV}^{-1} \cdot \text{s}^{-1}$），表达式为：

$$b_s(E, T_s) = \int_\Omega \beta_s(E, T_s)\cos\theta\,\mathrm{d}\Omega = \beta_s F_s = \frac{2F_s}{h^3c^2} \times \frac{E^2}{\exp(E/k_BT_s) - 1}\qquad(1\text{-}29)$$

式中，T_s 为太阳表面温度。球面的立体角是 π，因此地面可接收到的太阳辐照度 P_s 为：

$$P_s = \frac{F_s}{\pi}\sigma T_s^4\qquad(1\text{-}30)$$

由式(1-30)可知，太阳辐照度 P_s 比式(1-24)描述的太阳表面辐照度 B_{surf} 小得多，为原来的 $\frac{F_s}{\pi} = 2.15 \times 10^{-5}$ 倍。

1.3.3　地球上的太阳辐射

太阳光在传输到地球的过程中受到大气和云层的散射、反射和吸收等多种作用，能量衰减了大约 28%，如图 1-6 所示[15]。大气层对地球表面太阳辐射的主要影响如下：

① 由于大气中的吸收、散射和反射所造成的太阳辐射的功率降低；

② 由于对某些波长的光产生强烈吸收造成的光谱构成变化；

③ 由于漫射或间接辐射造成的辐射变化；

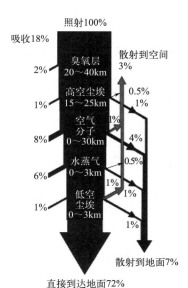

图 1-6　典型的晴天对入射阳光的吸收和散射[10]

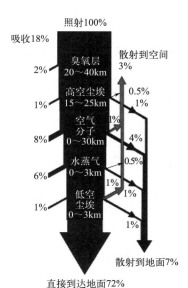

照射100%
吸收18%
散射到空间3%
2% 臭氧层 20～40km
0.5%
1% 高空尘埃 15～25km
1%
1%
8% 空气分子 0～30km
4%
6% 水蒸气 0～3km
0.5%
1%
1% 低空尘埃 0～3km
1%
散射到地面7%
直接到达地面72%

④ 大气中的局部变化（例如水蒸气、云层或者污染物）对入射功率、光谱和方向性所造成的额外影响。

此外，由于各地纬度不同、一年中季节和一天中时间的不同都会影响地表接收到的太阳辐射的总功率、光谱组成及光的入射角度。

1.3.3.1 大气中的吸收

当太阳辐射穿越大气层时，其中的气体、灰尘和气溶胶都会吸收入射的光子。某些气体，特别是臭氧（O_3）、二氧化碳（CO_2）和水蒸气（H_2O），对能量接近其键能的光子吸收特别高。这些吸收会在光谱曲线图中造成一个个深槽。例如，很多 $2\mu m$ 以上的远红外线会被水蒸气和二氧化碳吸收。同样，大多数低于 $0.3\mu m$ 的紫外线会被臭氧吸收（但不能完全抵御晒伤）。尽管大气中特定气体的吸收改变了地面太阳辐射的光谱构成，但它们对总功率的影响相对较小。对太阳辐射功率降低的主要因素其实是空气分子和灰尘所造成的吸收和散射。这个吸收过程不会在光谱曲线图中造成深槽，而是会使功率降低，具体取决于光线通过大气的路径长度。当太阳在头顶正上方时，由于这些大气因素造成的吸收会导致整个可见光谱范围内相对均匀地减少，因此入射光看起来是白色的；但对于较长的路径，短波长光（即蓝光）会被更有效地吸收和散射。因此，在早晨和傍晚，太阳显得比白天更红，而且强度更低。

1.3.3.2 直接辐射和由散射引起的漫射

当光穿过大气层被部分吸收的同时也会受到散射影响。大气中光散射的机制之一是瑞利散射，它是由大气中的分子引起的。瑞利散射对短波长光（即蓝光）特别有效，因为瑞利散射与 λ^4 相关。另外，气溶胶和尘埃颗粒也会参与入射光的散射，被称为米氏散射。散射光没有方向性，因此看起来像是来自天空的任何区域，这些光又被称为"漫射"光。由于漫射光主要是"蓝"光，所以除了太阳所在的位置，天空中其他的区域呈现出蓝色。在晴天，大约有 10% 的入射太阳辐射是被漫射的。

1.3.3.3 云层和其他局部大气变化的影响

大气中的局部变化如云层对太阳辐射的影响也很显著。根据云层的不同类型，入射功率会大大降低。图 1-7 显示了多晶硅组件在无锡春季的晴天和阴天输出功率的差异[11]。

1.3.4 大气质量

在晴天，决定总入射功率的最重要参数是光线通过大气层的路程，太阳在头顶正上方时，路程最短，到达地球表面的太阳辐射最强。如图 1-8 所示，大气质量是指阳光穿过大气层的实际路程与最短路程（即太阳在头顶正上方时）的比值。大气质量量化了光通过大气层时由于空气及灰尘的吸收所造成的功率损失。大气质量 AM（air mass）定义为：

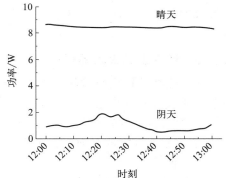

图 1-7　多晶硅组件在无锡春季的晴天和阴天的输出功率比较

$$\mathrm{AM} = \frac{1}{\cos\theta} \qquad (1\text{-}31)$$

式中，θ 是光线与垂线的夹角（天顶角）。

当太阳在头顶正上方，即 $\theta=0°$ 时，大气质量为 1，记为 AM1；当 $\theta=60°$ 时，大气质量为 2，记为 AM2。AM1.5 相当于太阳光和垂线方向成 48.2°角，为光伏行业的地面太阳光谱标准。

如图 1-9 所示，任何地点的大气质量可以由式(1-32) 估算：

$$\mathrm{AM} = \sqrt{1 + \left(\frac{s}{h}\right)^2} \qquad (1\text{-}32)$$

式中，s 是高度为 h 的竖直杆的投影长度。

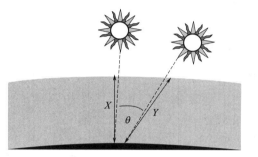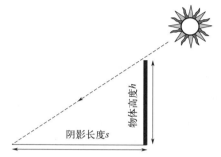

图 1-8　太阳辐射穿过的大气厚度（大气光学质量）[12]　图 1-9　利用已知高度的物体的投影估算大气质量[12]

上述计算假设大气层是平坦的水平层面，但是由于大气层的曲率，当太阳接近地平线时，大气质量并不完全等于大气路径长度。日出时，太阳与垂直位置的夹角为 90°，大气质量趋近于无穷大，但路径长度显然不是。考虑地球曲率，计算大气质量的方程式修订为[13]：

$$\mathrm{AM} = \frac{1}{\cos\theta + 0.50572 \times (96.07995 - \theta)^{-1.6364}} \qquad (1\text{-}33)$$

1.3.5　标准光谱

地球大气层外部的标准光谱被称为 AM0，因为光线不穿过大气层，所以经过大气的路程为 0。该光谱通常用于预测电池在太空中的性能。地球表面的标准光谱被称为 AM1.5G（G 代表全局，包括直接和散射辐射）或 AM1.5D（仅包括直接辐射）。AM1.5D 的辐射密度可以通过降低 AM0 光谱 28%（18% 吸收＋10% 散射）来估算出。AM1.5G 比 AM1.5D 高 10%，计算得 AM1.5G 约为 970W/m²。黑体、AM0 和 AM1.5G 的太阳辐射谱如图 1-10 所示。

一般认为 AM1.5G 出自一项与太阳能相关的 ASTM 标准——ASTM G173-03（2012）《太阳光谱参照表：垂直辐射及 37°倾角面半球辐射》。ASTM 是美国测试与材料协会（American Society for Testing and Materials）的简称。该标准参考光谱是由一个软件 SMARTS（Version 2.9.2）生成的。SMARTS 是太阳光的大气辐射传输简易模型（Simple Model of the Atmospheric Radiative Transfer of Sunshine）的简称。该程序用于评估无云条件下，光谱范围在 280～4000nm 的太阳辐射分布。通过输入一些参数，如大气压、海拔高度、水蒸气、臭氧、二氧化碳的体积混合比和气溶胶模型、接收器倾斜度和大气质量数值等，就可以得到太阳辐射光谱。SMART 很大程度上参考了美国空军地球物理实验室（Air Force Geophysical Laboratory，AFGL）开发的计算大气透过率及辐射的软件包，其独特之处是可以计算接收面的倾角。

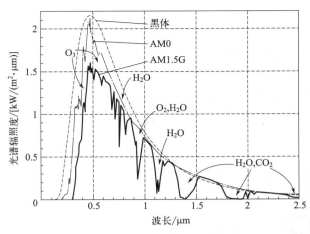

图 1-10　黑体辐射、地球大气层外（AM0）和地表（AM1.5G）的太阳辐射谱

ASTM G173-03（37°倾角面半球辐射）也被采用至国际电工委员会标准 IEC 60904-3-2008（光伏器件-第 3 部分：具有标准光谱辐照度数据的地面用太阳光伏器件的测量原理）。ASTM G173-03 的 AM1.5G 光谱采用变步长梯形求积分，结果为 1000.37W/m²。

　　AM1.5 Global tilted 定义的太阳电池的安装位置见图 1-11，37°角倾斜的选择是基于美国 48 个州的平均纬度，恰好等于人类文明荟萃和文史胜迹聚集之地的北纬 37°。当倾斜角度等于当地纬度时，一整年获得的能量最大，其中原因可根据图 1-12 推断。SMARTS 软件可以算出不同倾角的电池所接受的光谱辐照度。需要注意的是，大气质量 AM 算出来的一个角度 $z=48.19°$，这个角度跟前面的 37°没有任何关系。AM1.5 的选取是基于美国国家航空航天局喷射推进实验室的 Gonzalez 和 Ross 在 1980 年的研究建议，从美国东北部缅因州卡里布市（纬度 46°52′）到美国西南部亚利桑那州凤凰城（纬度 33°26′），约 50% 的用于光伏产品的太阳资源都是在 AM1.5 上下。

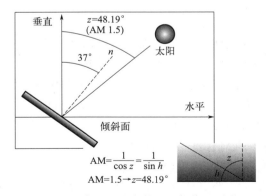

图 1-11　太阳电池安装的几何位置图形
（n 是斜面的法线方向）

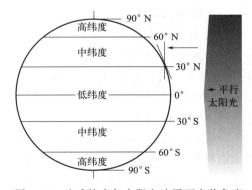

图 1-12　地球纬度与太阳电池平面安装角度

　　考虑到四舍五入的便利性和入射太阳辐射的内在变化，标准的 AM1.5G 已被定义为 1000W/m²。地球表面太阳光的强度和波长能谱分布通常是变化量，因此在标定太阳电池产品时要使用标准的太阳光谱。然而，在评价太阳电池或组件在实际系统中的性能时，标准光谱必须与系统安装地点的实际太阳光照水平相联系。

1.4 太阳能的转换方式

太阳能的转换方式主要有太阳能光热转换、光化学转换和光伏转换，见表1-1。

表 1-1　太阳能的转换方式

转换方式	典型例子	吸光物质	转换太阳能的本质
光热转换	太阳能热水器或日光反射装置	水或其他液体	增加分子热运动，使液体温度 T 升高或汽化
光化学转换	光合作用的绿色植物	叶绿体	合成碳水化合物的生化反应
光伏转换	太阳电池	半导体材料	电子发生跃迁，产生电压和电流，驱动负载

（1）光热转换

在太阳能热水器的光热转换过程中，水吸收辐射能量，温度升高，内能增加。太阳能热水器需要保证热水和环境温度隔绝，维持一定的温度差。在日光反射装置的光热转换过程中，反射镜聚焦太阳辐射，加热水或其他液体，生成蒸汽，蒸汽驱动涡轮发电机发电。整个日光反射装置就像一台不用燃料而用太阳辐射的内燃机。和光伏转换相比，光热转换的优势是可以利用整个太阳光谱，而且制造成本低廉。

（2）光化学转换

绿色植物的光合作用，属于太阳能光化学转换。光合作用在人类制造第一片太阳电池之前，就已经进行了亿万年，是地球上所有动植物繁衍生息的基础，也是人类工业文明消耗化石能源的基础。在光合作用中，叶绿体驱动化学反应，CO_2 和 H_2O 被转化为碳水化合物和 O_2。光化学转换和光伏转换的相似之处是，辐射能量产生电子势能的增加，而不像光热转换那样加剧分子热运动。

（3）光伏转换

在太阳能光伏转换中，把太阳辐射转换为导带化学势（chemical potential energy of conduction band，μ_C，eV）和价带化学势（chemical potential energy of valence band，μ_V，eV），导带化学势 μ_C 和价带化学势 μ_V 合称为化学势。导带化学势相当于电子费米能级（$\mu_C = E_{Fn}$），价带化学势相当于空穴费米能级（$\mu_V = E_{Fp}$）。太阳电池吸收光子，电子从低能量的价带（valence band，VB，E_V，eV）跃迁到高能量的导带（conduction band，CB，E_C，eV），在价带 E_V 留下空穴。价带和导带之间有带隙（E_g，eV），

$$E_g = E_C - E_V \tag{1-34}$$

其中，$E_g \geqslant k_B T$，T 为系统温度。为了使受激电子有足够的时间被接触电极收集，受激电子维持在导带的时间必须足够长。

在光照下，大量基态的电子进入激发态，并形成稳定的分布，称作准热平衡状态，此时导带化学势会上升。两能级系统的化学势增量用吉布斯自由能（G，eV）表示

$$G = N \Delta \mu \tag{1-35}$$

式中，N 是受激发的电子数。导带化学势和价带化学势的差值 $\Delta \mu$（eV）反映了准费米能级分裂的情况，见式(1-36)：

$$\Delta\mu = \mu_C - \mu_V = E_{Fn} - E_{Fp} \tag{1-36}$$

因为化学势差 $\Delta\mu$ 依赖于吸收的光子能量 E，也被称为辐射化学势，在没有入射光的热平衡状态，化学势差 $\Delta\mu$ 为零。如果初始的价带完全充满，初始的导带完全空缺，把光子转换为化学势最有效。

为了完成光伏转换过程，受激电子必须被分离并收集。半导体的非对称结构可以使受激电子被分离出来。负电极和正电极分别收集导带和价带化学势，形成正负电极之间的光生电压 V_{ph}：

$$qV_{ph} = \Delta\mu = \mu_C - \mu_V = E_{Fn} - E_{Fp} \tag{1-37}$$

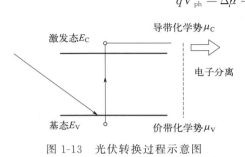

图 1-13　光伏转换过程示意图

当电子被分离且通过负电极进入外电路，便可驱动负载电阻 R，整个转换过程如图 1-13 所示。

与太阳能光热转换不同，光伏转换只能利用能量比带隙 E_g 大的光子。这些光子增加了化学势差，而增加的内能不多。实际上，如果内能增加，温度升高，光伏转换效率反而会降低，所以太阳电池的设计还需注意散热问题，需要和周围环境有很好的热接触。

1.5　太阳电池概述

太阳电池是一种将光能转换为电能的能量转换器件，它与光电探测器都属于光电转换的应用。而电光转换的应用有光纤宽带通信、激光切割、LED 照明等。以上所有与光、电相关的产品均属于光电产业，研究光子和电子相互转换的学科称为光电子学。在光电产业中，传递信息利用了光的波动性，而传递能量则是利用了光的粒子性。我们日常生活广泛使用的信息技术，其核心就是利用激光光束的脉冲波谷和波峰携带 0 和 1 传递信息。但是太阳电池并不涉及光的波动性，而是与光的粒子性相关。一个光子被半导体吸收后产生一个电子和一个空穴，生成电子和空穴的数量决定了电流，而电子和空穴的电势差决定了电压。所以太阳电池是利用光的粒子性传递能量，将光能转换为电能。太阳电池是光电子学和光电产业的一部分，但由于工作原理来源于光伏效应，因此形成的产业通常被称为光伏产业。

1839 年，法国物理学家亚历山大·埃德蒙·贝克勒尔首先发现了液体光伏效应[14]。1877 年，William Adams 和 Richard Day 在玻璃态的 Se 上发现了光电导效应[15]，这是第一次在固体上发现光伏效应。1883 年，Charles Fritts 将熔融的 Se 压在金属板上得到 Se 膜，然后在 Se 膜裸露面压接 Au 箔，得到面积约 $30cm^2$ 的薄膜光伏器件。更重要的是，Fritts 认识到了光伏器件在未来的巨大潜力，他指出这些器件最终会实现低成本制造，产生的电能可以储存起来或传输到需要的地方[16]。20 世纪 30 年代，Schottky 在固态氧化亚铜上发现一种"光转换成电压"的光伏效应[17]。1954 年，美国贝尔实验室的 Chapin、Fuller 和 Pearson 报道了转换效率为 6% 的单晶硅太阳电池[18]，这是公认的有实际意义的太阳电池雏形。自此科学家们一直致力于研究这种将光能直接转变为电能的太阳电池器件。在 20 世纪 50、60 年代，尽管晶体硅太阳电池的转换效率不断提高，但较高的成本使它无法普遍应用。这些昂贵的太阳电池除了解决偏远地区的供电，更重要的是应用于基本不考虑成本的航天领域。

20 世纪 70 年代出现的能源危机，使很多发达国家对可再生能源产生了极大的兴趣，在该领域投入了相当多的研究经费，太阳电池在这个阶段得到了很大的发展，其根本目标是获得高效率且低成本的太阳电池。当时单晶硅的价格很贵，为了降低成本，发展了多晶硅（poly-Si）、非晶硅（a-Si）、铜铟镓硒（CIGS）、碲化镉（CdTe）、有机薄膜等新型半导体材料。为了提高转换效率，研究了叠层太阳电池等器件结构。虽然这些研究在当时没有成功走向产业化，但是加深了对太阳电池器件的认知，为以后光伏产业的发展奠定了坚实的基础。20 世纪末，为了保障能源安全，各国均认识到新能源替代传统化石能源的重要性，政府、制造业和金融业都增加了对光伏发电的生产和研发投入。这一时期，全球的太阳能产量每年增长 15%～20%，使成本明显下降。

进入 21 世纪后，包括中国在内的全球光伏产业都得到了迅猛发展。让我们骄傲的是，我国的光伏产业在几代光伏人的努力拼搏下，从设备、技术、市场"三头在外"的代工厂阶段已发展到拥有自主知识产权、产业规模最大并保持多种太阳电池最高效率纪录的全球领先地位。同时，电池和组件的制造成本大幅下降，到 2018 年，我国光伏的平准化度电成本获得历史性突破，首次实现平价上网。这意味着在未来用清洁能源替代传统化石能源不再是梦想，而是切实可行的。

近一个世纪的发展历程证明，早期光伏技术的研究者们非常具有前瞻性。当今世界能源结构正在加速向可再生能源转变，我国也提出了举世瞩目的"30/60 双碳"目标。在这个宏伟目标的牵引下，光伏产业作为可再生能源领域最重要的成员之一，将迎来前所未有的发展机遇。

1.6 电能

电能是指在一定的时间内电路元件或设备吸收或发出的电能量，用符号 W 表示，国际单位为焦耳(J)，电能的计算公式为

$$W = Pt = UIt \tag{1-38}$$

式中，P 是功率；U 是电压；I 是电流。电能的单位是千瓦时(kW·h)或焦耳(J)，也叫作度，1 度(电)=1kW·h=3.6×10^6J，即功率为 1000W 的供能或耗能元件，在 1h 内所发出或消耗的电能量为 1 度。

电压也被称作电势差或电位差，是衡量单位电荷在静电场中由于电势不同所产生的能量差的物理量。电压 U_{AB} 在 A 点至 B 点的大小等于单位正电荷因受电场力作用从 A 点移动至 B 点所做的功 W_{AB}。电压的方向规定为从高电位指向低电位，国际单位为伏特（V，简称伏）。电压是电路中自由电荷定向移动形成电流的原因。

$$U_{AB} = \frac{W_{AB}}{q} \tag{1-39}$$

电流是指单位时间内通过导体某一横截面的电荷量，见式(1-40)。在导体中，电流的方向总是沿着电场方向从高电势指向低电势。其国际单位是安培(A)，是 SI 制中的七个基本单位之一。

$$I = \frac{dQ}{dt} \tag{1-40}$$

电能是能量的一种形式，电能的获得是由各种形式的能量转化而来的，而这些能量的转化过程是由各种发电厂和各类电池完成的。电源是提供电能的装置，其实质是把其他形式的能量转换为电能。其中，太阳能发电把太阳能转换为电能，风力发电、水力发电把机械能转化为电能，火力发电把化学能转换为电能，核能发电把原子能转换为电能。用电器在工作时把电能转换为其他形式的能量。电灯把电能转换为内能、光能，电车、吸尘器、洗衣机等把电能转换为动能，热水器、电饭锅把电能转换为内能等。

思考题与习题

1. 太阳与地表的水平面呈 $30°$ 角的高度，其相应的大气质量是多少？

2. 计算 6 月 21 日中午在北京（北纬 $40°$）、成都（北纬 $30°$）、汕头（北纬 $23°$）的太阳高度。

3. 夏至中午在成都（北纬 $30°$）总辐射是 $70 \mathrm{mW/cm^2}$，假设 30% 是散射辐射，且有如下近似：散射辐射在空间均匀分布，组件周围地面无反射。试估算与水平面成 $45°$ 角的面向南的平面上的辐射强度。

4. 太阳光的辐照强度和光谱成分受哪些因素影响？如何影响？

5. 大气质量如何定义？AM0 和 AM1.5 分别指什么位置接收的太阳光谱？功率密度各是多少？分别适用于什么条件？

参考文献

［1］ Planck M. Distribution of energy in the normal spectrum ［J］. Verhandlungen der Deutschen Physikalischen Gesellschaft，1900，2：237-245.

［2］ Einstein A. On a Heuristic Viewpoint Concerning the Production and Transformation of Light ［J］. Annalen der Physik，1905，17(6)：132-148.

［3］ Feynman R P. QED：The Strange Theory of Light and Matter ［M］. Princeton：Princeton University Press，1985.

［4］ Planck M. On the Law of Distribution of Energy in the Normal Spectrum ［J］. Annalen der Physik，1901，4：553-559.

［5］ Hanasoge S M，Duvall T L，Sreenivasan K R. From the Cover：Anomalously weak solar convection ［J］. Proceedings of the National Academy of Sciences，2012，109(30)：11928-11932.

［6］ Backus C E. Solar Cells ［M］. New York：IEEE，1976：511.

［7］ Parrott J E. Choice of an equivalent black body solar temperature ［J］. Solar Energy，1993，51(3)：195.

［8］ Emilio M，Kuhn J R，Bush R I，et al. Measuring the Solar Radius From Space During the 2003 And 2006 Mercury Transits ［J］. The Astrophysical Journal，2012，750(2)：135-142.

［9］ International Astronomic Union. Measuring the Universe. 2012. ［2023-02-01］. https：//www. iau. org/public/themes/measuring/.

［10］ Hu C，White R M. Solar Cells：From Basic to Advanced Systems ［M］. 2nd Edition. New York：McGraw-Hill，1983.

［11］ 王桢，王海祥. 晴天与多云天的区别［J］. 能源与节能，2020，8：51-5466.

［12］ Honsberg C B，Bowden S G. "air mass" page on www. pveducation. org，2019. ［2023-02-01］. https：//

www. pveducation. org/pvcdrom/properties-of-sunlight/air-mass.

[13] Fau K F, Young A T. Revised optical air mass tables and approximation formula [J]. Applied optics, 1989, 28(22): 4735-4738.

[14] Becquerel A E. Recherches sur les effets de la radiation chimique de la lumiere solaire au moyen des courants electriques [J]. Comptes Rendus de L'Academie des Sciences, 1839, 9: 145-149.

[15] Adams W G, Day R E. The action of light on selenium [J]. Proceedings of the Royal Society of London, 1997, 25(171-178): 113-117.

[16] Fritts C E. On a new form of selenium cell, and some electrical discoveries made by its use [J]. American Journal of Science, 1883, s3-26(156): 465-472.

[17] Schottky W. Uber den enstelhungsort der photoelektronen in kuper-kuperoxyydul-photozellen [J]. Physikalische Zeitschrift, 1930, 31: 913-925.

[18] Chapin D M, Fuller C S, Pearson G L. A New Silicon p-n Junction Photocell for Converting Solar Radiation into Electrical Power[J]. J Appl Phys, 1954, 25: 676-677.

第 2 章
光电转换物理基础

光电转换的物理过程涉及材料对光的吸收、光生载流子的产生与复合、非平衡载流子的扩散及在外电场下的漂移等物理过程。本章首先利用经典电磁理论分析了半导体的宏观光学性质，引入折射率、吸收系数和透射系数等宏观光学常数；然后基于固体能带论分析了半导体的本征光吸收、杂质吸收和激子吸收等微观过程；之后讨论了热平衡状态及非平衡载流子的产生、复合，导入非平衡载流子寿命和费米能级的概念；最后讨论了非平衡载流子的扩散运动和外电场下的漂移运动、爱因斯坦关系式和连续性方程式，并讨论了连续性方程式的典型应用案例。本章是进行太阳电池学习的物理基础。

2.1 半导体宏观光学性质和光学常数

从近紫外到红外的光学波段，光子能量约 $10^{-3} \sim 10\mathrm{eV}$，波长约 $100 \sim 100\mu\mathrm{m}$，是常规半导体晶格常数（约 $10^{-1}\mathrm{nm}$）的 10^3 倍以上，半导体可视为连续介质。因此，可利用经典电磁理论，不考虑半导体的微观结构及光电磁波与半导体的微观相互作用机制，研究半导体的光吸收过程，得到半导体的宏观光学性质。半导体宏观光学性质通常用折射率、消光系数和吸收系数等来表征。

2.1.1 折射率和吸收系数

令 E、D 分别表示电场强度、电位移矢量，H、B 分别表示磁场强度、磁感应强度，J 为电流密度。不带电的均匀各向同性媒质中，有 $J = \sigma E$、$B = \mu_r \mu_0 H$、$D = \varepsilon_r \varepsilon_0 E$，光电磁波在介质中的传播服从麦克斯韦方程组[1]，即：

$$\nabla \times \boldsymbol{E} = -\frac{\partial \boldsymbol{B}}{\partial t} = -\mu_r \mu_0 \frac{\partial \boldsymbol{H}}{\partial t} \tag{2-1a}$$

$$\nabla \times \boldsymbol{H} = \boldsymbol{J} + \frac{\partial \boldsymbol{D}}{\partial t} = \sigma \boldsymbol{E} + \varepsilon_r \varepsilon_0 \frac{\partial \boldsymbol{E}}{\partial t} \tag{2-1b}$$

$$\nabla \cdot \boldsymbol{H} = 0 \tag{2-1c}$$

$$\nabla \cdot \boldsymbol{E} = 0 \tag{2-1d}$$

式中，ε_0、μ_0 分别为真空中的介电常数和磁导率；ε_r、μ_r 分别为媒质的相对介电常数、相对磁导率；σ 为媒质的电导率。光学波段，$\mu_r = 1$。由式（2-1）有：

$$\nabla^2 \boldsymbol{E} - \sigma \mu_0 \frac{\partial \boldsymbol{E}}{\partial t} - \mu_0 \varepsilon_r \varepsilon_0 \frac{\partial^2 \boldsymbol{E}}{\partial t^2} = 0 \tag{2-2a}$$

$$\nabla^2 \boldsymbol{H} - \sigma \mu_0 \frac{\partial \boldsymbol{H}}{\partial t} - \mu_0 \varepsilon_r \varepsilon_0 \frac{\partial^2 \boldsymbol{H}}{\partial t^2} = 0 \tag{2-2b}$$

式（2-2）为光电磁波在导电介质中传播时电场强度 E、磁场强度 H 满足的方程。

考虑 x 方向传播的平面电磁波，分别取 E 和 H 的一个分量 E_y 和 H_z，光电磁波传播速度 $v = \omega/k$（k 为波矢模，ω 为光的圆频率），有：

$$\begin{cases} E_y = E_0 e^{i(\omega t - kx)} = E_0 e^{i\omega\left(t - \frac{x}{v}\right)} & \text{(2-3a)} \\ H_z = H_0 e^{i(\omega t - kx)} = H_0 e^{i\omega\left(t - \frac{x}{v}\right)} & \text{(2-3b)} \end{cases}$$

将式（2-3）代入式（2-2），得到：

$$\frac{1}{v^2} = \mu_0 \varepsilon_r \varepsilon_0 - \frac{i\,\sigma\,\mu_0}{\omega} \tag{2-4}$$

媒质中，$v = c/\tilde{n}$，c、$\tilde{n}$ 分别为真空中的光速和媒质中的折射率，则：

$$\tilde{n}^2 = c^2\left(\varepsilon_r - \frac{i\,\sigma}{\omega\,\varepsilon_0}\right)\mu_0\,\varepsilon_0 \tag{2-5}$$

自由空间，$\tilde{n} = 1$、$\varepsilon_r = 1$、$\sigma = 0$，由式（2-5），$c = 1/\sqrt{\mu_0 \varepsilon_0}$，因此有：

$$\tilde{n}^2 = \varepsilon_r - \frac{i\sigma}{\omega\varepsilon_0} \tag{2-6}$$

$\sigma \neq 0$ 时，$\tilde{n}$ 为复数，记为：

$$\tilde{n} = n - i\kappa \tag{2-7}$$

将式（2-6）代入式（2-3），得到：

$$\begin{cases} E_y = E_0 e^{i\omega\left(t - \frac{\tilde{n}x}{c}\right)} = E_0 e^{-\frac{\omega\kappa x}{c}} e^{i\omega\left(t - \frac{nx}{c}\right)} & \text{(2-8a)} \\ H_z = H_0 e^{i\omega\left(t - \frac{\tilde{n}x}{c}\right)} = H_0 e^{-\frac{\omega\kappa x}{c}} e^{i\omega\left(t - \frac{nx}{c}\right)} & \text{(2-8b)} \end{cases}$$

由式（2-8），$\sigma \neq 0$ 时，光电磁波沿 x 方向以 c/n 速度传播，振幅按 $e^{-\omega\kappa x/c}$ 形式衰减。其中，n 是复折射率 $\tilde{n}$ 的实数部分，为通常的折射率；κ 为复折射率 $\tilde{n}$ 的虚数部分，表征了光能的衰减，称为消光系数。

光电磁波能流密度正比于电矢量与磁矢量乘积，其实数部分代表了光强随空间传播距离的变化，有：

$$I = I_0 e^{-\frac{2\omega\kappa x}{c}} \tag{2-9}$$

媒质中光的透射实验图 2-1 表明，光强的衰减规律满足 $dI/dx \propto I$，设 $dI/dx = -\alpha I$，有：

$$I = I_0 e^{-\alpha x} \tag{2-10}$$

α 为媒质的光吸收系数，是与光强无关的比例系数；$1/\alpha$ 为吸收长度，即光在媒质中传播 $1/\alpha$ 的距离，光强衰减到原来的 $1/e$。由式（2-9）、式（2-10），有：

$$\alpha = \frac{2\omega\kappa}{c} = \frac{4\pi\kappa}{\lambda} \tag{2-11}$$

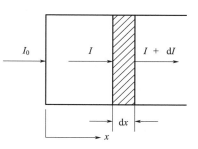

图 2-1　光在媒质中的透射

n、κ 与半导体的电学常数有关。由式（2-6）和式（2-7），有：

$$\begin{cases} n^2 - \kappa^2 = \varepsilon_r & \text{(2-12a)} \\ 2n\kappa = \dfrac{\sigma}{\omega\varepsilon_0} & \text{(2-12b)} \end{cases}$$

由式（2-12），得到：

$$\begin{cases} n^2 = \dfrac{1}{2}\varepsilon_r \left[1 + \left(1 + \dfrac{\sigma^2}{\omega^2 \varepsilon_0^2 \varepsilon_r^2} \right)^{\frac{1}{2}} \right] & \text{(2-13a)} \\[4mm] \kappa^2 = -\dfrac{1}{2}\varepsilon_r \left[1 - \left(1 + \dfrac{\sigma^2}{\omega^2 \varepsilon_0^2 \varepsilon_r^2} \right)^{\frac{1}{2}} \right] & \text{(2-13b)} \end{cases}$$

式中，n、κ、σ 均为 ω 的函数。对于弱导电媒质，$\sigma \approx 0$，$n \approx \sqrt{\varepsilon_r}$，$\kappa \approx 0$，即无光吸收。对于一般半导体材料，$n$ 约 3～4。α 决定于材料自身的成分和结构，其值随电磁波长的变化而变化。α 与光波长有关，是进行光伏器件的结构设计和功率损失机制分析的重要参量。对于 α 很大的情况（如 $10^5\,\mathrm{cm}^{-1}$ 或更高），光吸收实际上集中于半导体中光入射方向上的很薄的区域内。

导电媒质中，$\alpha \neq 0$，是因为其内部存在准自由电子。光电磁波在导电媒质的传播过程中与准自由电子相互作用，将能量传输给了准自由电子。

2.1.2 反射系数和透射系数

如图 2-2 所示，入射到媒质的强度 I_0 的光电磁波，部分光被入射界面反射，部分折射进入媒质。反射系数 R 为被界面反射的光强与入射总光强的比值。

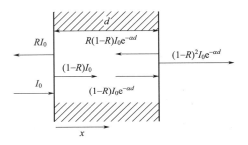

图 2-2 反射、透射和吸收

对于沿 x 方向传播的光电磁波，有：

$$\begin{cases} \dfrac{\partial E_y}{\partial x} = -\mu_r \mu_0 \dfrac{\partial H_z}{\partial t} & \text{(2-14a)} \\[4mm] \dfrac{\partial H_z}{\partial x} = -\varepsilon_r \varepsilon_0 \dfrac{\partial E_y}{\partial t} & \text{(2-14b)} \end{cases}$$

将式（2-8）代入式（2-14），得到：

$$H_0 = \frac{n - i\kappa}{\mu_0 c} E_0 = \frac{\tilde{n}}{\mu_0 c} E_0 \tag{2-15}$$

式中，H_0 为磁场强度矢量的振幅；E_0 为电场强度矢量的振幅。入射光的强度 I_0 即为光电磁波的平均能流密度 S_0，S_0 为坡印廷矢量的实数部分，由式（2-15），有：

$$I_0 = S_0 = \frac{1}{2} E_0 H_0 = \frac{\tilde{n}}{2\mu_0 c} E_0^2 \tag{2-16}$$

光电磁波的平均能量密度 S 即为光强，因此反射系数 R 为界面反射能流密度 $S_{反射}$ 和入射能流密度 $S_{入射}$ 的比值，由式（2-16），$R = E_{0反射}^2 / E_{0入射}^2$。对于从空气垂直入射到折射率为 $\tilde{n} = n - i\kappa$ 的光电磁波，考虑电磁场的边界条件后，其反射系数 R 为：

$$R = \left| \frac{\tilde{n}^2 - 1}{\tilde{n}^2 + 1} \right| = \frac{(n-1)^2 - \kappa^2}{(n+1)^2 + \kappa^2} \tag{2-17}$$

对于 κ 约为 0 的光吸收很弱的材料，反射系数 R 主要决定于折射率实数 n。n 小的材料，反射系数比纯电介质的稍大。n 较大的材料反射系数也较大，$n = 4$，$R \approx 40\%$。对于 κ 很大的光吸收很强的材料，如 $\kappa \gg n$，则 $R \approx 1$，即入射光几乎完全被反射，半导体材料强烈吸收某一频率范围的光时，该材料也将强烈反射该频率范围内的光。

定义界面透射系数 T 为界面透射能流密度 $S_{透射}$ 和入射能流密度 $S_{入射}$ 的比值，由式（2-16），$T = E_{0透射}^2 / E_{0入射}^2$。如图 2-2 所示，强度为 I_0 的光电磁波从空气垂直入射进入到厚度为 d、

吸收系数为 α 的媒质内。入射界面反射光强度为 RI_0、透射光的强度为 $(1-R)I_0$；光电磁波在媒质中传播时部分被媒质吸收，到达出射界面内侧的光强度为 $(1-R)I_0\mathrm{e}^{-ad}$，出射界面内反射的光强度为 $R(1-R)I_0\mathrm{e}^{-ad}$、透射光的强度为 $(1-R)^2I_0\mathrm{e}^{-ad}$，透射系数为：

$$T=(1-R)^2\mathrm{e}^{-ad} \tag{2-18}$$

2.2 半导体的光吸收

如 2.1 节所述，光在导电媒质中传播时，光强随传播距离的增加呈指数形式衰减，即存在吸收。半导体材料的光吸收系数与频率有关，其值可达 $10^5\,\mathrm{cm}^{-1}$ 或更高。半导体吸收光的微观机制由其能带结构、内部杂质和缺陷、电子状态决定。绝热近似条件下，半导体可看作电子、声子两个子系统，其光吸收过程可看作半导体的晶格振动、电子和光电磁场三个子系统相互作用的结果。各子系统的状态随子系统之间的相互作用而改变，光子状态发生改变的过程就是光吸收的过程。半导体吸收一个光子的能量后，其内部的一个电子或某一晶格振动模式将从能量较低的状态改变到能量较高的状态。处于高能量激发态的半导体将可能以自发或受激方式失去能量回到低能量基态。考虑与过程相关的初、末态，激发和复合的微观机制可分为带间跃迁、杂质跃迁、激子跃迁、自由载流子跃迁等。图 2-3 为砷化镓、锗两种半导体的各种光吸收机制相关的吸收系数随光波长的定性变化曲线[2]。

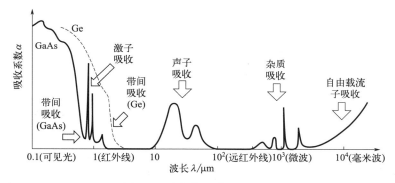

图 2-3　砷化镓和锗的光吸收

2.2.1　本征光吸收

如图 2-4 所示，能量足够高的光子与半导体价带中的电子相互作用，价带电子将可能被激发而越过禁带进入导带。称这种价电子吸收光子的能量从价带能级跃迁到导带能级，在价带中形成空穴、导带中形成自由电子的过程为本征光吸收。

图 2-5 为典型半导体的本征光吸收曲线，α 为吸收系数（单位 cm^{-1}）。本征光吸收过程遵守能量守恒定律，因此，被吸收的光子能量不能小于导带底与价带顶之间的能量差。图 2-5 中，各种半导体材料均存在一吸收光子能量的下限（称为光吸收长波限或截止波长），即：

$$\hbar\omega \geqslant \hbar\omega_0 = E_g \tag{2-19}$$

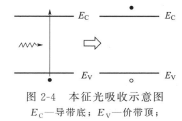

图 2-4　本征光吸收示意图
E_C—导带底；E_V—价带顶；
●—电子；○—空穴

式(2-19)中，$\hbar\omega_0$ 为可引起本征光吸收的最小光子能量，ω_0 为本征光吸收的低频界限，参考式(1-5)，相应长波限截止波长为：

$$\lambda_0 = \frac{1240}{E_g} \qquad (2\text{-}20)$$

式(2-20)中，波长 λ_0、带隙 E_g 的单位分别为 nm、eV。

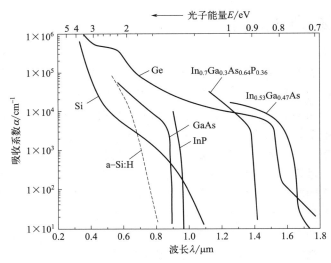

图 2-5　典型半导体的本征光吸收曲线

图 2-5 中，$\lambda > \lambda_0$，吸收系数迅速下降；$\lambda < \lambda_0$，吸收系数迅速增加。这是因为吸收系数决定于价电子从价带跃迁到导带的概率，与导带、价带间的联合态密度正相关。由于价带顶和导带底附近的能态密度一般都很小，随着与价带顶、导带底距离的增加，状态对应的能量升高，能态密度增大，因此吸收曲线随光子能量增加而快速上升。实际半导体的能态密度分布函数非常复杂，除了符合能量守恒定律外，光吸收还必须符合动量守恒定律、遵守量子力学选择定则。因此，光吸收曲线更为复杂。

砷化镓、磷化铟的本征光吸收曲线的截止边比硅、锗的陡峭。这与它们的能带结构差异有关，因为前者是直接禁带能带结构，后者是间接禁带能带结构。本征光吸收中电子吸收光子能量前后的 $\boldsymbol{k}$ 矢位于布里渊区相同位置，称为直接跃迁；位于不同位置，则称为间接跃迁。

如图 2-6 所示，对于砷化镓等直接禁带半导体，导带底和价带顶位于简约布里渊区同一位置（该位置通常设为波矢空间原点 Γ），电子通过直接跃迁过程从价带顶跃迁到导带底，由能量守恒和动量守恒，有：

$$\begin{cases} E_C(k_f) - E_V(k_i) = \hbar\omega & (2\text{-}21a) \\ \boldsymbol{p}_f - \boldsymbol{p}_i = \boldsymbol{p}_{photon} & (2\text{-}21b) \end{cases}$$

式(2-21)中，$E_C(k_f)$、$E_V(k_i)$、$\hbar\omega$ 分别为终态、初态电子能量和光子能量，$\boldsymbol{p}_f$、$\boldsymbol{p}_i$、$\boldsymbol{p}_{photon}$ 分别为终态、初态晶体动量和光子动量。对于带隙 0.1eV 到几个 eV 的半导体，截止波长 λ_0 是半导体晶格常数 a 的 10^2 倍以上，光子动量远小于跃迁前后电子的动量，即 $\boldsymbol{p}_{photon} \ll (\boldsymbol{p}_f, \boldsymbol{p}_i)$，相当于 $\boldsymbol{p}_f \approx \boldsymbol{p}_i$。因此，跃迁前后电子的终态、初态波矢满足 $\boldsymbol{k}_f \approx \boldsymbol{k}_i$。

一般地，价带顶、导带底能带可近似为抛物线型结构，对砷化镓等直接禁带半导体，直

接跃迁吸收系数 $\alpha_d(\hbar\omega)$ 满足：

$$\alpha_d(\hbar\omega) = \begin{cases} \propto (\hbar\omega - E_g)^{\frac{1}{2}}, & \hbar\omega \geqslant E_g \\ 0, & \hbar\omega < E_g \end{cases} \quad (2\text{-}22)$$

由式（2-22），作 $[\alpha_d(\hbar\omega)]^2 - \hbar\omega$ 曲线，进行拟合，外推至 $\alpha_d(\hbar\omega)=0$，可得到半导体带隙 E_g，称这种方法确定的能隙为光学带隙。

如图 2-7 所示，对于硅、锗等间接禁带半导体，价带顶和导带底不在简约布里渊区相同位置。设价带顶为波矢空间原点，则价带顶电子吸收能量大于 E_g 的光子，跃迁到导带底时，由于 $\mathbf{k}_{C,\min}$、$\mathbf{k}_{V,\max}$ 不同，电子跃迁前后的动量差 $\mathbf{p}_f - \mathbf{p}_i = \hbar\mathbf{k}_{C,\min} + h/\lambda_0 \approx \hbar\mathbf{k}_{C,\min}$ 远大于光子动量 h/λ_0。因此，只有在声子参与的情况下才能保证符合动量守恒条件，实现跃迁。设跃迁过程中吸收或发生一个动量为 $\hbar\mathbf{q}$ 的声子，则由能量和动量守恒，有：

$$\begin{cases} \hbar\omega = E_C(\mathbf{k}_f) - E_V(\mathbf{k}_i) = E_g \pm E_{\text{photon}} & (2\text{-}23\text{a}) \\ \mathbf{p}_f - \mathbf{p}_i = \mathbf{p}_{\text{photon}} \pm \hbar\mathbf{q} \approx \pm \hbar\mathbf{q} & (2\text{-}23\text{b}) \end{cases}$$

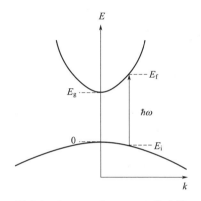

图 2-6 $\mathbf{k}_{C,\min} = \mathbf{k}_{V,\max} = 0$ 的允许带间直接跃迁过程示意图

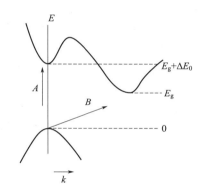

图 2-7 $\mathbf{k}_{C,\min} \neq \mathbf{k}_{V,\max}$ 的直接跃迁与间接跃迁光吸收过程示意图

式（2-23）中，E_{phonon} 为声子的能量。正号和负号分别对应吸收和发射声子的过程。因为多声子参与过程的跃迁概率比单声子参与的小得多，式（2-23）仅考虑单个声子参与的情形。图 2-8 为声子参与的间接跃迁光吸收两步过程示意图，即电子先竖直跃迁到某中间态，然后再发射或吸收声子，跃迁到导带底附近状态。

间接跃迁导致的光吸收的光电磁波频率阈值满足：

$$\begin{cases} \hbar\omega'_{e,g} = E_g + E_{\text{phonon}} & (2\text{-}24\text{a}) \\ \hbar\omega'_{a,g} = E_g - E_{\text{phonon}} & (2\text{-}24\text{b}) \end{cases}$$

式（2-24）中，$\omega'_{e,g}$、$\omega'_{a,g}$ 分别对应发射、吸收声子的情形。声子的能量通常仅为百分之一电子伏特，因此发射或吸收声子间接跃迁的本征阈值频率可近似为 $\hbar\omega = E_g$。对于电子从价带顶附近 $\mathbf{k}_{V,\max} \pm \Delta\mathbf{k}$ 范围到导带底 $\mathbf{k}_{C,\min} \pm \Delta\mathbf{k}'$ 范围状态的跃迁，如 $(\Delta\mathbf{k}, \Delta\mathbf{k}') \ll \mathbf{k}_{C,\min}$，跃迁概率可视为常数。

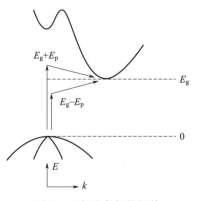

图 2-8 声子参与的间接跃迁光吸收两步过程示意图

光子能量位于不同区间时的间接跃迁吸收系数 $\alpha_{\text{ind}}(\hbar\omega)$ 分别为：

$$\alpha_{\mathrm{ind}}(\hbar\omega) = \begin{cases} C\left[\dfrac{(\hbar\omega - E_{\mathrm{g}} - E_{\mathrm{P}})^2}{1 - \exp\left(-\dfrac{E_{\mathrm{P}}}{k_{\mathrm{B}}T}\right)} + \dfrac{(\hbar\omega - E_{\mathrm{g}} + E_{\mathrm{P}})^2}{\exp\left(\dfrac{E_{\mathrm{P}}}{k_{\mathrm{B}}T}\right) - 1}\right], & \hbar\omega > E_{\mathrm{g}} + E_{\mathrm{phonon}} \\[4mm] C\dfrac{(\hbar\omega - E_{\mathrm{g}} + E_{\mathrm{P}}{}^2)}{\exp\left(\dfrac{E_{\mathrm{P}}}{k_{\mathrm{B}}T}\right) - 1}, & E_{\mathrm{g}} - E_{\mathrm{phonon}} < \hbar\omega \leqslant E_{\mathrm{g}} + E_{\mathrm{phonon}} \\[4mm] 0, & \hbar\omega \leqslant E_{\mathrm{g}} - E_{\mathrm{phonon}} \end{cases} \quad (2\text{-}25)$$

其中, $E_{\mathrm{P}} = E_{\mathrm{photon}}$, 为光子的能量。

直接跃迁过程仅依赖于光电磁波与电子的相互作用, 而间接跃迁过程不仅依赖于光电磁波与电子的作用, 还依赖于电子与晶格的相互作用, 是二级过程。因此, 直接跃迁的发生概率比间接跃迁的高很多, 直接跃迁的吸收边吸收系数也比间接跃迁的高很多, 前者一般为 $10^4 \sim 10^5\,\mathrm{cm}^{-1}$, 后者一般为 $1 \sim 10^3\,\mathrm{cm}^{-1}$。

如图 2-5 所示, 随光子能量的增加, 砷化镓等直接带隙材料, 吸收系数单调陡峭增加, 而硅、锗等间接带隙材料, 吸收系数先缓慢增加, 然后呈现与直接带隙材料类似的快速增加规律。可见, 光子能量远高于带隙时, 间接带隙半导体中将发生直接跃迁。因此, 由半导体的本征吸收光谱, 不仅可获知其禁带宽度, 而且可认知其能带结构。

本征吸收边的特征还与半导体的掺杂及所处的外场有关。对于费米能级进入导带或价带的重掺杂半导体, 本征吸收截止边向短波方向移动, 称为伯斯坦 (Burstein) 移动。强电场作用下, 本征吸收截止边向长波方向移动, 即能量小于带隙的光子也能发生本征吸收, 这是强电场作用下的隧道效应所导致, 称为费朗兹-克尔德什 (Franz-Keldysh) 效应。

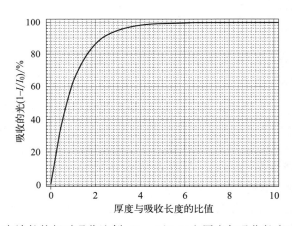

图 2-9　一定波长的相对吸收比例 $(1 - I/I_0)$ 和厚度与吸收长度比值的关系

吸收长度 X 与吸收系数 a 成反比例关系, 即 $X = a^{-1}$。吸收长度表明了光在其能量下降到最初强度的 $1/e$ 的时候在材料中传输的距离, 它能反映出光在被吸收前能穿透材料的深度。由式 (2-10)、图 2-9 可见, 半导体材料的厚度决定了入射进入其内部的光子的吸收程度。厚度达到吸收长度的 2.3 倍才能吸收 90% 的光子, 而要吸收 99% 以上的光子, 厚度需要超过吸收长度的 5 倍。太阳光谱中, 能量远高于其带隙的短波光子, 在入射方向接近表面的薄层即被充分吸收。而能量接近带隙的光子, 要求材料充分厚时才能被完全吸收。因此, 半导体材料本征吸收谱的吸收边的特征是太阳电池器件结构设计的重要依据。碲化镉、砷化镓等直接带隙材料，约 $1\mu m$ 厚度即可充分吸收太阳光谱中能量超过但接近其带隙的光子；而硅等间接带隙材料需要约 $1000\mu m$ 厚度才行。降低厚度需要对前、后表面进行适当处理以增加光行程，使光尽可能被吸收。

2.2.2 其他光吸收过程

半导体中除了本征光吸收以外，还存在与杂质、自由载流子、激子、晶格振动相关的光吸收。这些光吸收过程对半导体材料的光电性质影响与本征光吸收不同，对太阳电池器件性能影响也不尽一致。

2.2.2.1 杂质吸收

如图 2-10 所示，能量小于半导体材料禁带宽度的光子，也可通过位于禁带中的杂质能级上的电子与导带或价带能级之间的跃迁而形成光吸收。

杂质吸收可分为中性杂质吸收、电离杂质吸收。中性杂质光吸收有两种类型。其一为中性施主杂质上的电子吸收光子后，跃迁到导带 ［图 2-10（a）］，或中性受主杂质上的空穴吸收光子后，跃迁到价带 ［图 2-10（b）］。因为束缚态的电子没有一定的准动量，电子或空穴在上述跃迁后的状态的波矢不受限制，可以跃迁到导带或价带的任意能级。虽然杂质吸收的吸收光谱也存在与电离能对应长波截止限，但为连续谱。由于电子（空穴）跃

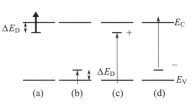

图 2-10 与带隙缺陷能级相关的吸收（ΔE_D 为缺陷电离能）

迁到导带（价带）中的能级越高（低），跃迁概率越小，因此杂质吸收谱主要集中于吸收限附近的吸收带。由于浅能级杂质的电离能很小，其中性杂质吸收谱位于远红外区。其二为中性施主（受主）杂质上的电子（空穴）从基态跃迁到激发态引起的光吸收。所吸收的光子能量为激发态与基态之间的能量差，吸收光谱为不连续的线状谱。

电离施主上的空穴，可吸收光子而跃迁到价带（图 2-10c），电离受主上的电子，可吸收光子而跃迁到导带（图 2-10d）。电离浅施主或浅受主的跃迁所需的最小光子能量与半导体的禁带宽度接近，在本征吸收限的低能侧引起光吸收，与本征吸收叠加形成连续谱。

通常，杂质吸收较微弱，特别对于杂质溶解度较低的情形，杂质含量很少，观测困难。对于电离能较小的浅杂质，仅在低温下，大部分杂质未电离时才能观测到明显的吸收。杂质相关的跃迁与非平衡载流子的俘获与释放、无辐射弛豫等相关，是影响太阳电池性能的重要过程。红外吸收法是测定硅中碳、氧、硼、磷等杂质含量的重要方法。

2.2.2.2 激子吸收

半导体吸收一个光子，产生一激发态电子和价带空穴，激发态电子和空穴可通过静电库仑作用相互吸引而形成一不带电的束缚态。该束缚态体系的能量低于激发态电子和空穴之间无静电库仑作用的体系的总能量，称这样的体系状态为激子。激子可分为 Frenkel 激子和 Wannier 激子（图 2-11）。前者电子和空穴的距离与晶格常数相当，相互作用较强，形成电偶极矩，常出现在绝缘体和分子晶体中；后者电子和空穴的距离远大于晶格常数，相互作用弱，可迁移，常出现在半导体和绝缘体中。Wannier 激子束缚态的波函数与氢原子类似，可以用波尔模型近似描述，但其束缚能比氢原子的小很多，激子半径比氢原子的大。其原因是

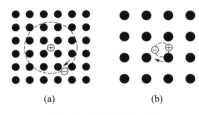

图 2-11 两种激子模型

(a) Wannier 激子；(b) Frenkel 激子

在半导体中存在相邻电子的库仑屏蔽，且激子束缚态的有效质量较小。激子是类似于声子为了方便解决实际问题而人为定义的准粒子，呈电中性。

图 2-12 为激子能级与激子吸收谱示意图。激子基态和导带底之间存在系列激子激发态，半导体吸收能量小于但接近于带隙的光子能量后，形成图 2-12(b) 的吸收谱。激子吸收光子的能量 $\hbar\omega = E_g - E_{ex}^{(n)}$，$n$ 为 1、2、3…，分别代表基态和激发态。激子能级非常接近，激子吸收线密集重叠于本征吸收长波限而在常温下难于分辨，通常需在极低温及使用极高分辨率的仪器才能观测到。对于量子点等低维半导体体系，有比三维体系更强的激子效应。

激子效应对于有机和量子点光伏材料及器件非常重要。

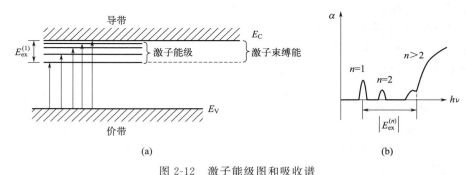

图 2-12 激子能级图和吸收谱

(a) 激子能级图；(b) 激子吸收谱

$E_{ex}^{(1)}$—第一激子能级束缚能、$E_{ex}^{(n)}$—第 n 激子能级束缚能；$h\nu$—光子能量

2.2.2.3 自由载流子吸收

导带内电子或价带内的空穴吸收能量小于半导体带隙的光子，从所处能带内低能级跃迁到更高的能级，称为自由载流子吸收。满带不存在自由载流子吸收，非满带半导体存在不同程度的自由载流子吸收。自由载流子吸收包括导带内同一能谷内电子从低能级跃迁到高能级的非竖直跃迁 [图 2-13(a)]、不同能谷之间的跃迁，非简并价带中不同子带之间的跃迁 [图 2-13(b)] 等。由于能量和动量守恒要求，导带自由载流子吸收过程伴随着声子的吸收或发射。

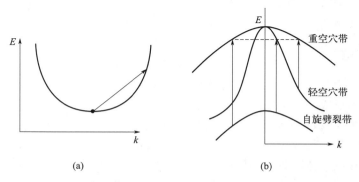

图 2-13 半导体导带 (a) 和价带自由载流子吸收 (b)

自由载流子吸收通常在红外区，且在窄带隙掺杂半导体、重掺杂半导体、透明导电氧化物半导体等自由载流子浓度很高的体系中才能观察到显著吸收。其吸收系数 α_{FC} 正比于载流子浓度 N 和入射光波长 λ [3]，即：

$$\alpha_{FC} = CN\lambda^\gamma \tag{2-26}$$

C 是与载流子有效质量有关的常数，γ 是与散射机制有关的量，其大小决定于间接跃迁过程中为满足动量守恒而参与的准粒子的类型，可取 1.5～3.5 的不同数值。声学声子散射，γ 为 1.5～2.0；光学声子散射，γ 为 2.5；电离杂质散射，γ 为 3～3.5。

2.2.2.4 晶格振动吸收

入射光电磁波与半导体的晶格振动相互作用，晶格吸收能量小于半导体能隙的光子，体系从基态变为能量更高的激发态，称为晶格振动吸收。可用简谐振动近似描述光电磁波与晶格振动声子场之间相互作用对应的单个声子产生和湮灭过程。晶格振动吸收前后需满足能量和动量守恒。理想晶体，由于声子波矢远大于光子波矢、声学声子能量远小于光学声子能量、光辐射场的横场特性不能与纵模晶格振动耦合等原因，辐射电磁场和晶格振动的耦合仅可能与横光学模晶格振动发生，即光学支晶格振动才可能与入射光电磁波耦合，红外光子只能激发布里渊区原点附近的光学声子。理想极性半导体晶体的晶格振动伴随电偶极矩变化，可与入射光电磁波发生很强相互作用或耦合，在光学模晶格振动特征频率对应的狭窄频率范围内发生很强的吸收和反射，在白光光谱中滤出一狭窄的光谱带（剩余射线带）。对于锗、硅等金刚石结构的非极性元素半导体，晶格振动不伴随可与光电磁波相互作用和耦合的电偶极矩，不存在剩余射线带，适用于红外和远红外透射光学材料。

对于掺杂、缺陷、无序、混晶化等非理想情况，晶格振动本征矢畸变，晶格平移对称性被破坏或消除，晶格振动之间的跃迁不再严格遵守波矢守恒守则。金刚石结构的元素半导体和极性半导体的所有晶格振动状态均存在非零电偶极矩，均存在一定程度的红外吸收。

可用红外光谱、拉曼光谱表征非晶硅中的氢原子和纳米晶硅中结晶区域尺度相关的晶格振动。

2.3 非平衡载流子

2.3.1 非平衡载流子的注入

在一定温度下，无外场作用的均匀半导体，价带电子受热激发而跃迁到导带。价带中空穴浓度 p_0 和导带中电子浓度 n_0 保持为常数，称这样的状态为热平衡状态。非简并情形，有：

$$n_0 p_0 = N_C N_V e^{-\frac{E_g}{k_0 T}} = n_i^2 \tag{2-27}$$

式中，n_i 为本征载流子浓度，仅与温度有关。式（2-27）也适用于掺杂半导体。在热平衡状态下，由于热激发在价带中产生的空穴和导带中产生的电子数量，与由于各种耗散机制导带中的电子失去能量回到价带的数量相等，体系保持动态平衡状态。

一定外场作用下，热平衡条件被破坏，导带中的电子浓度 n 和价带中的空穴浓度 p 偏离 n_0、p_0，式（2-27）不再成立，称这样的状态为非热平衡状态，与 n_0、p_0 偏离的部分载流子

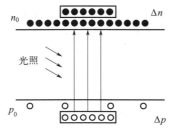

图 2-14 光激发的 n 型半导体

称为非平衡载流子。

如图 2-14，以 n 型半导体硅为例，在热平衡状态下，$n_0 \gg p_0$。受光子能量大于硅带隙的光照射，部分价带电子将接受光子能量而被激发到导带，导带电子浓度 n 和价带空穴浓度 p 可表示为：

$$\begin{cases} n = n_0 + \Delta n & (2\text{-}28a) \\ p = p_0 + \Delta p & (2\text{-}28b) \end{cases}$$

式(2-28)中，Δn、Δp 分别为导带中电子浓度 n 和价带中的空穴浓度 p 与 n_0、p_0 偏离的量，即非平衡载流子浓度。对 n 型半导体，非平衡电子浓度 Δn 为非平衡多子浓度、非平衡空穴浓度 Δp 为非平衡少子浓度。对 p 型半导体则相反。

光照在半导体中产生非平衡载流子称为非平衡载流子的光注入，光注入满足：

$$\Delta n = \Delta p \tag{2-29}$$

以 n 型半导体为例，如非平衡载流子浓度满足 $p_0 \ll \Delta n = \Delta p \ll n_0$，称这样的注入为小注入。小注入条件下，非平衡多数载流子的浓度远小于热平衡状态下多数载流子的浓度，其影响可忽略。但非平衡少数载流子的浓度通常远高于热平衡状态下少数载流子的浓度，非平衡少数载流子起着重要的作用。通常说的非平衡载流子均指的是非平衡少数载流子。

除光照外，价带电子也可从外加电场中获得足够的能量而被激发到导带，即电注入。撤去使非平衡载流子产生的外场后，激发到导带的电子失去能量回到价带，电子和空穴成对消失，导带和价带中的载流子浓度在有限时间内恢复到热平衡状态时的值，半导体从非平衡状态恢复到热平衡状态，称该过程为非平衡载流子的复合。

外场作用打破了热平衡状态下载流子的产生和复合的相对平衡的稳定状态，载流子产生的数量超过复合的数量。在稳定的外场作用下，载流子的产生与复合最终将达到另一相对平衡的稳定状态。外场消失后，载流子复合的数量将超过产生的数量，即存在净复合，非平衡载流子逐渐消失，能带中的载流子浓度恢复到热平衡状态时的值，半导体回到热平衡状态。

2.3.2 非平衡载流子寿命、准费米能级

2.3.2.1 非平衡载流子寿命

实验表明，对于小注入情形，撤去外场后，非平衡载流子的浓度随时间按指数规律减少。非平衡载流子的生存时间不尽相同，称非平衡载流子的平均生存时间为非平衡载流子的寿命，表示为 τ。由于与非平衡多数载流子相比，非平衡少数载流子的影响居于主导地位，因此通常称非平衡载流子的寿命为少子寿命。少子寿命的倒数 $1/\tau$ 表示了单位时间内非平衡少数载流子的复合概率。定义单位时间单位体积内净复合掉的电子-空穴对数为非平衡载流子复合率，其值等于 $\Delta p / \tau$。

设一在光照下内部均匀稳定产生非平衡载流子的 n 型半导体，$\Delta n = \Delta p$，$t = 0$ 时刻，停止光照，由于复合大于产生，Δp 随时间减少，单位时间内减少的非平衡载流子数量为 $-\mathrm{d}(\Delta p)/\mathrm{d}t$，等于非平衡载流子的复合率，即：

$$\frac{\mathrm{d}[\Delta p(t)]}{\mathrm{d}t} = -\frac{\Delta p(t)}{\tau} \tag{2-30}$$

小注入情形，τ 是与 $\Delta p(t)$ 无关的常量，令 $t = 0$，稳态光照下产生的非平衡载流子浓

度 $\Delta p(0)=(\Delta p)_0$，则式（2-30）的解为：

$$\Delta p(t)=(\Delta p)_0 \mathrm{e}^{-\frac{t}{\tau}} \tag{2-31}$$

由式（2-31），非平衡载流子的平均生存时间 $\bar{t}$ 为：

$$\bar{t}=\frac{\int_0^\infty t\,\mathrm{d}\Delta p\ (t)}{\int_0^\infty \mathrm{d}\Delta p\ (t)}=\frac{\int_0^\infty t\ \mathrm{e}^{-\frac{t}{\tau}}\,\mathrm{d}t}{\int_0^\infty \mathrm{e}^{-\frac{t}{\tau}}\,\mathrm{d}t}=\tau \tag{2-32}$$

可见，$\bar{t}$ 即是非平衡载流子的寿命 τ。由式（2-31）还可得到：$\Delta p(\tau)=(\Delta p)_0/\mathrm{e}$，即 τ 为非平衡载流子浓度降低到 $t=0$ 时刻的 $1/\mathrm{e}$ 所经历的时间（图 2-15）。

少子寿命是对半导体的缺陷、微结构极其敏感的量。不同材料的少子寿命不同，高纯锗和硅单晶可长达 $10^3\sim10^4\mu s$，砷化镓约为 $10^{-3}\sim10^{-2}\mu s$。同一种材料，由于与制备工艺相关的杂质、缺陷不同，少子寿命差异也极大，如太阳能级多晶硅料的少子寿命约 $50\mu s$ 以上，用于 PERC 电池制备的 p 型单晶硅片的少子寿命约 $50\mu s$ 以上，异质结晶体硅电池用 n 型单晶硅片的少子寿命约 $500\mu s$ 以上。

少子寿命的实验测量方法包括注入和检测两个基本方面，常用的注入方法为电注入和光注入。微波光电导等非接触式的测量技术在光伏行业广泛应用。

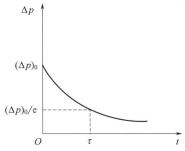

图 2-15 非平衡载流子
浓度随时间的衰减

2.3.2.2 准费米能级

电子是自旋为半整数的费米子，受泡利不相容原理限制，其分布服从费米-狄拉克统计规律。在绝对零度，对于理想半导体，费米能级为电子占据的最高能级。温度升高，热激发使部分电子从价带跃迁到导带，半导体电子系统的费米能级为其化学势。热平衡状态，均匀半导体具有统一的化学势，导带电子和价带空穴的费米能级相同。导带电子浓度 n_0 和价带空穴浓度 p_0 为：

$$\begin{cases} n_0=N_\mathrm{C}\mathrm{e}^{-\frac{E_\mathrm{C}-E_\mathrm{F}}{k_0 T}} & \tag{2-33a} \\[2mm] p_0=N_\mathrm{V}\mathrm{e}^{-\frac{E_\mathrm{F}-E_\mathrm{V}}{k_0 T}} & \tag{2-33b} \end{cases}$$

显然，由式（2-33），可得到半导体电子系统是否处于热平衡状态的判据之一式（2-27）。

外场作用下，价带电子被激发到导带，热平衡状态被破坏。由于导带和价带中相邻能级间距远小于常温下电子的平均热运动能量，导带电子、价带空穴可在很短时间内分别建立起导带或价带中的局部热平衡，该时间远小于半导体电子系统在外场消除后从非平衡状态恢复到热平衡状态的时间。因此，可引入导带费米能级、价带费米能级分别描述导带中电子、价带中空穴的分布，称为电子准费米能级 E_Fn、空穴准费米能级 E_Fp。在非简并情况下，非热平衡状态导带电子浓度 n、价带空穴浓度 p 可以表示为：

$$\begin{cases} n=N_\mathrm{C}\mathrm{e}^{-\frac{E_\mathrm{C}-E_\mathrm{Fn}}{k_0 T}} & \tag{2-34a} \\[2mm] p=N_\mathrm{V}\mathrm{e}^{-\frac{E_\mathrm{Fp}-E_\mathrm{V}}{k_0 T}} & \tag{2-34b} \end{cases}$$

由式（2-27）有 $n_i = \sqrt{N_C N_V}\,\mathrm{e}^{-\frac{E_g}{2k_0 T}}$，再由式（2-33）和式（2-34），非平衡状态载流子浓度与热平衡状态载流子浓度的关系满足：

$$\begin{cases} n = N_C \mathrm{e}^{-\frac{E_C - E_{Fn}}{k_0 T}} = n_0 \mathrm{e}^{\frac{E_{Fn} - E_F}{k_0 T}} = n_i \mathrm{e}^{-\frac{E_{Fn} - E_i}{k_0 T}} & (2\text{-}35\mathrm{a}) \\[2mm] p = N_V \mathrm{e}^{-\frac{E_{Fp} - E_V}{k_0 T}} = p_0 \mathrm{e}^{\frac{E_F - E_{Fp}}{k_0 T}} = p_i \mathrm{e}^{\frac{E_i - E_{Fp}}{k_0 T}} & (2\text{-}35\mathrm{b}) \end{cases}$$

式中，E_i 为禁带中线。由式（2-35），非平衡状态导带、价带的准费米能级偏离热平衡状态费米能级 E_F 越远，非平衡载流子浓度越大。非平衡多数载流子和非平衡少数载流子偏离程度不同。以 n 型半导体为例，小注入情形，$p_0 \ll \Delta n = \Delta p \ll n_0$，$n = n_0 + \Delta p \approx n_0$，$p = p_0 + \Delta p \gg p_0$。因而，非平衡少子的准费米能级 E_{Fp} 比非平衡多子的准费米能级 E_{Fn} 更显著地偏离热平衡状态费米能级 E_F（图 2-16）。

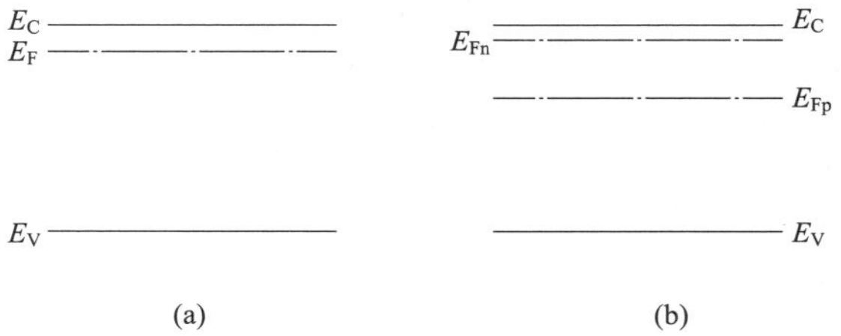

图 2-16 n 型半导体的热平衡状态费米能级（a）与非热平衡状态准费米能级（b）

由式（2-27）和式（2-34），非热平衡状态，电子浓度和空穴浓度乘积为：

$$np = n_0 p_0 \mathrm{e}^{\frac{E_{Fn} - E_{Fp}}{k_0 T}} = n_i^2 \mathrm{e}^{\frac{E_{Fn} - E_{Fp}}{k_0 T}} \tag{2-36}$$

可见，电子准费米能级和空穴准费米能级偏离 E_F 的总和 $E_{Fn} - E_{Fp}$ 反映了半导体偏离热平衡状态的程度以及 np 和 n_i^2 的差距。E_{Fn} 与 E_{Fp} 的距离越远，不平衡越显著，E_{Fn} 与 E_{Fp} 靠得越近，越接近热平衡状态。E_{Fn} 与 E_{Fp} 重合，形成统一费米能级，半导体处于热平衡状态。即引入准费米能级，可更形象描述非平衡状态。

2.3.3 非平衡载流子复合

如前所述，撤去外场后，电子、空穴将成对复合，一定时间内半导体从非平衡状态恢复到热平衡态。非平衡载流子的复合过程是半导体电子系统从非平衡态过渡到热平衡态的统计性过程。按照复合过程的微观机制，非平衡载流子复合过程可分为直接复合、间接复合；按照复合过程发生的位置，可分为体内复合、表面复合；按照复合过程中能量释放的方式，可分为辐射复合、非辐射复合和俄歇复合。

2.3.3.1 直接复合

电子在导带和价带间发生直接跃迁而引起的非平衡载流子的复合过程称为直接复合。定义单位时间单位体积内复合掉的电子空穴对数量为复合率 R，R 与导带中的电子浓度和价带中的空穴浓度有关，即：

$$R = rnp \tag{2-37}$$

式（2-37）中，r 为电子-空穴的复合概率，与电子、空穴的热运动速度相关。半导体中电子和空穴的热运动速度呈一定分布，r 是不同热运动速度的电子和空穴的复合概率的平均值。对于非简并半导体，电子和空穴的运动速度可用玻尔兹曼分布近似描述，载流子运动速度的平均值是温度的函数。一定温度下，r 是与 n、p 无关的常数。

由泡利不相容原理，电子从价带激发到导带的概率，应与价带中空状态的量有关。但对于非简并情形，一定温度下，导带中电子数量与导带中总状态数相比极小，价带中空穴数量与价带中总状态数相比也极小，因而可认为价带中的状态基本上全被占据，导带中的状态基本上全空，因而激发概率与载流子浓度 n 和 p 无关，定义单位时间单位体积内产生的载流子数量为产生率 G，G 为常数，仅与温度有关。

热平衡状态，复合率等于产生率，由式(2-37)，可得：

$$G = R = rnp = rn_0 p_0 = rn_i^2 \qquad (2-38)$$

定义净复合率为复合率减去产生率。由式(2-37)、式(2-38) 直接复合的净复合率 U_d 为：

$$U_d = R - G = r(np - n_0 p_0) = r(np - n_i^2) \qquad (2-39)$$

由于，$n = n_0 + \Delta p \approx n_0$，$p = p_0 + \Delta p \gg p_0$。因而式(2-39) 可简化为：

$$U_d = r[(n_0 + p_0)\Delta p + (\Delta p)^2] \qquad (2-40)$$

由式(2-40)，非平衡载流子寿命为：

$$\tau = \frac{\Delta p}{U_d} = \frac{1}{r[(n_0 + p_0) + \Delta p]} \qquad (2-41)$$

可见，τ 不仅决定于热平衡载流子浓度 n_0、p_0，而且还决定于非平衡载流子浓度 Δp。在 $\Delta p \ll (n_0 + p_0)$ 的小注入条件下，式(2-41) 简化为：

$$\tau = \frac{1}{r(n_0 + p_0)} \qquad (2-42)$$

对于 n 型和 p 型半导体，载流子浓度满足 $n_0 \gg p_0$ 和 $p_0 \gg n_0$。式(2-41) 表示的非平衡载流子寿命分别简化为：

$$\begin{cases} \tau \approx \dfrac{1}{rn_0} & \text{n 型} \qquad (2\text{-}43a) \\[3mm] \tau \approx \dfrac{1}{rp_0} & \text{p 型} \qquad (2\text{-}43b) \end{cases}$$

即小注入条件下，n 型或 p 型半导体的直接复合的非平衡载流子寿命在温度和掺杂一定时是一个常数，与多数载流子浓度成反比。对于 $\Delta p \gg (n_0 + p_0)$ 的非小注入条件：

$$\tau = \frac{1}{r\Delta p} \qquad (2-44)$$

非平衡载流子寿命 τ 与非平衡载流子浓度 Δp 成反比，在复合过程中不能再视为常数。

实验发现，锗、硅材料的载流子寿命最长仅到几毫秒，比通过本征吸收光谱数据算出复合概率 r 后得到的载流子寿命的理论值小了三个数量级。这表明有其他复合机制对载流子寿命的影响更大。

一般地，窄带隙半导体和直接禁带半导体的直接复合更显著。

2.3.3.2　间接复合

实验发现，实际半导体中的杂质和缺陷在禁带中形成的能级对非平衡载流子寿命有很大影响，称这样的可促进非平衡载流子复合的杂质和缺陷为复合中心。有复合中心参与的复合过程称为间接复合。

与直接复合一样，间接复合的过程仍然是一统计性的过程。以仅有一种复合中心能级的半导体为例，如图 2-17 所示，间接复合包含四个微观过程，分别为①俘获电子；②发射电子；③俘获空穴；④发射空穴。其中，①、②互为逆过程，③、④互为逆过程。

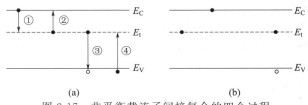

图 2-17 非平衡载流子间接复合的四个过程

(a) 复合前；(b) 复合后

令 n、p 分别为导带电子、价带空穴的浓度，N_t 为复合中心浓度，n_t 为复合中心上的电子浓度。则 $(N_t - n_t)$ 为未被电子占据的复合中心浓度。称单位体积、单位时间内被复合中心俘获的电子数为电子俘获率，单位时间、单位体积内从复合中心能级发射到导带的电子数为电子产生率。则有：

$$电子俘获率 = r_n n (N_t - n_t) \tag{2-45a}$$
$$电子产生率 = s_- n_t \tag{2-45b}$$

式(2-45) 中，r_n 为反映复合中心俘获电子能力大小的统计平均值，称电子俘获系数；s_- 称为电子激发概率，一定温度下是常数。

热平衡时，电子复合率等于电子产生率，有：

$$s_- n_{t0} = r_n n_0 (N_t - n_{t0}) \tag{2-46}$$

式(2-46) 中，n_0、n_{t0} 分别为平衡时导带电子浓度和复合中心能级 E_t 上的电子浓度，忽略简并因子，复合中心上电子的分布函数为 $f(E_t) = \left[\exp\left(\dfrac{E_t - E_F}{k_0 T}\right) + 1\right]^{-1}$，则 n_{t0} 为 $n_{t0} = N_t f(E_t) = N_t \left[\exp\left(\dfrac{E_t - E_F}{k_0 T}\right) + 1\right]^{-1}$，非简并情形，$n_0 = N_C \exp\left(\dfrac{E_F - E_C}{k_0 T}\right)$，将 n_{t0} 和 n_0 代入式(2-46)，得到：

$$s_- = r_n N_C \exp\left(\dfrac{E_t - E_C}{k_0 T}\right) = r_n n_1 \tag{2-47}$$

其中，n_1 为等于费米能级 E_F 与复合中心能级 E_t 重合时的导带电子浓度。

由式(2-47)，式(2-45b) 可改写为：

$$电子产生率 = r_n n_1 n_t \tag{2-48}$$

式(2-48) 表明电子产生率也包含了电子俘获系数，反映了电子俘获和发射两个过程的对立统一。

类似于上述①、②过程的讨论，对互为逆过程的③、④有：

$$空穴俘获率 = r_p p n_t \tag{2-49a}$$
$$空穴产生率 = s_+ (N_t - n_t) \tag{2-49b}$$

式(2-49) 中，r_p 为反映复合中心俘获空穴能力大小的统计平均值，称为空穴俘获系数；s_+ 称为空穴激发概率，一定温度下也是常数。

热平衡时，空穴复合率等于空穴产生率，有：

$$s_+ (N_t - n_{t0}) = r_p p_0 n_{t0} \tag{2-50}$$

式(2-50)中，p_0为热平衡状态下导带的电子浓度。在非简并情形，$p_0 = N_V \exp\left(\dfrac{E_V - E_F}{k_0 T}\right)$，将$n_{t0}$和$p_0$代入式(2-50)，得到：

$$s_+ = r_p N_V \exp\left(-\frac{E_t - E_V}{k_0 T}\right) = r_p p_1 \tag{2-51}$$

式(2-51)中，p_1等于费米能级E_F与复合中心能级E_t重合时价带平衡空穴浓度。

由式(2-51)，式(2-49b)可改写为：

$$空穴产生率 = r_p p_1 (N_t - n_t) \tag{2-52}$$

式(2-52)也反映了空穴俘获和发射两个过程的对立统一，空穴产生率包含空穴俘获系数。

稳态情形，复合过程相关的四个微观过程应保持复合中心能级上的电子数不变，即n_t为常数，这要求①、④两个过程中所导致的复合中心能级上增加的电子数等于②、③两个过程中所导致的复合中心能级上减少的电子数。即①＋④＝②＋③。代入式(2-45a)、式(2-48)、式(2-49a)、式(2-52)，得$r_n n (N_t - n_t) + r_p p_1 (N_t - n_t) = r_n n_1 n_t + r_p p n_t$，$n_t$的解为：

$$n_t = N_t \frac{r_n n + r_p p_1}{r_n (n + n_1) + r_p (p + p_1)} \tag{2-53}$$

稳态情形，复合过程相关的四个微观过程中应保持单位时间、单位体积内导带减少的电子数等于价带减少的空穴数，即①－②＝③－④。由式(2-45a)、式(2-48)、式(2-49a)、式(2-52)，得$r_n n (N_t - n_t) - r_n n_1 n_t = r_p p n_t - r_p p_1 (N_t - n_t)$，即单位时间单位体积内净复合的电子、空穴对数量，此即为净复合率U，代入式(2-53)，并由$n_1 p_1 = n_i^2$，得到：

$$U = N_t \frac{r_n r_p (np - n_i^2)}{r_n (n + n_1) + r_p (p + p_1)} \tag{2-54}$$

式(2-54)为通过单一复合中心能级的净复合率的普遍理论公式。

非热平衡情形，非平衡载流子净注入，$np > n_0 p_0$，$U > 0$。将$\Delta n = \Delta p$、$n = n_0 + \Delta n$和$p = p_0 + \Delta p$代入式(2-54)，得$U = N_t \dfrac{r_n r_p (n_0 \Delta p + p_0 \Delta p + \Delta p^2)}{r_n (n_0 + n_1 + \Delta p) + r_p (p_0 + p_1 + \Delta p)}$，寿命$\tau$为：

$$\tau = \frac{\Delta p}{U} = \frac{r_n (n_0 + n_1 + \Delta p) + r_p (p_0 + p_1 + \Delta p)}{N_t r_n r_p (n_0 + p_0 + \Delta p)} \tag{2-55}$$

可见，τ与复合中心浓度N_t成反比。式(2-55)也适用于$\Delta n < 0$、$\Delta p < 0$的情形，此时净复合率$U < 0$，相当于电子空穴对的净产生。

小注入的情形，$\Delta p \ll (n_0 + p_0)$，对于一般的复合中心，r_n与r_p相差不大，式(2-55)中Δp可略去，寿命可写为：

$$\tau = \frac{\Delta p}{U} = \frac{r_n (n_0 + n_1) + r_p (p_0 + p_1)}{N_t r_n r_p (n_0 + p_0)} \tag{2-56}$$

可见，对于一定半导体，非平衡载流子寿命在小注入的情形仅决定于n_0、p_0、n_1、p_1的值，与非平衡数载流子浓度Δp无关。一般地，N_C与N_V的数值相近，n_0、p_0、n_1和p_1的数值大小决定于$(E_C - E_F)$、$(E_F - E_V)$、$(E_C - E_t)$、$(E_t - E_V)$。当$k_0 T$远小于上述能量间隔时，n_0、p_0、n_1和p_1相互之间相差很大，式(2-56)可进一步简化。

对于如图 2-18（a）所示的电导率较高的强 n 型半导体，设复合中心能级 E_t 更靠近价带，其相对于禁带中心的对称能级位置 E_t' 与费米能级 E_F 相比，距离导带底 E_C 更远，因而有 $n_0 \gg$ （p_0，n_1，p_1），式（2-56）进一步简化为：

$$\tau = \tau_p \approx \frac{1}{N_t r_p} \qquad (2\text{-}57)$$

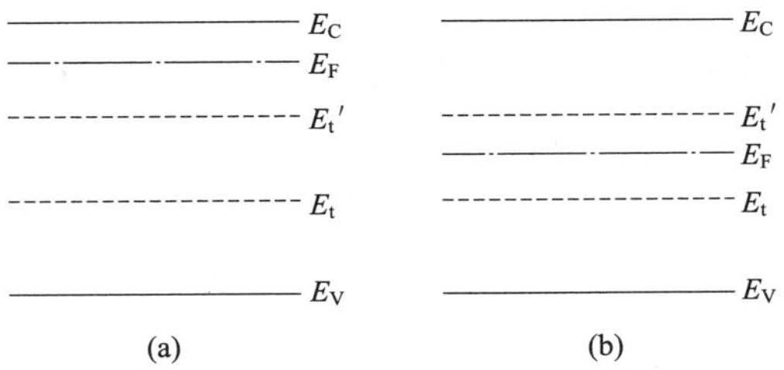

$$
\begin{array}{ll}
\text{————} E_C & \text{————} E_C \\
\text{—·—·—·—} E_F & \\
\text{----------} E_t' & \text{----------} E_t' \\
& \text{—·—·—·—} E_F \\
\text{----------} E_t & \text{----------} E_t \\
\text{————} E_V & \text{————} E_V \\
\quad\quad (a) & \quad\quad (b)
\end{array}
$$

图 2-18 半导体中 E_F 和 E_t 的相对位置

（a）强 n 型；（b）弱 n 型

可见，对于掺杂较重的强 n 型半导体，其间接复合的载流子寿命决定于少数载流子空穴的俘获系数 r_p，与多数载流子的俘获系数 r_n 无关。因为该情形下 E_F 远在 E_t 之上，复合中心能级几乎全部为电子占据，相当于电子俘获的过程总是完成了的，N_t 个被电子填满的复合中心对空穴的俘获率决定了载流子的寿命值。

对于如图 2-18（b）所示的电导率较低的 n 型半导体，E_F 在 E_t' 和 E_i 之间，有 $p_1 \gg$（n_0，p_0，n_1），$n_0 \gg p_0$，因此寿命为：

$$\tau \approx \frac{p_1}{N_t r_n} \frac{1}{n_0} \qquad (2\text{-}58)$$

可见，该情形下寿命与多数载流子浓度成反比。

对于 p 型半导体，类似的方法，设 E_t 更靠近导带，对于 E_F 比 E_t' 更靠近价带顶 E_V 的强 p 型，寿命为：

$$\tau = \tau_n \approx \frac{1}{N_t r_n} \qquad (2\text{-}59)$$

复合中心对少数载流子电子的俘获决定了寿命值。因为该情形下复合中心能级几乎全部没有为电子所占据，相当于空穴俘获的过程总是完成了的，N_t 个复合中心对电子的俘获率决定了寿命值。

对于 E_t' 比 E_F 更靠近价带顶 E_V 的电导率较低的情形，寿命为：

$$\tau \approx \frac{p_1}{N_t r_n} \frac{1}{p_0} \qquad (2\text{-}60)$$

寿命值与多数载流子空穴的浓度成反比。

对于太阳电池及其他实际的微电子器件，其功能层通常为掺杂较重的 n 型或 p 型，即属于电导率较高的情形，由式（2-57）、式（2-59）知，少数载流子是决定载流子寿命的主要因素，这正是前文所述一般将非平衡载流子寿命称为少子寿命的主要原因。

将式（2-57）、式（2-59）代入式（2-54），并假定 $r_n = r_p = r$，则式（2-54）简化为：

$$U = N_t \frac{r(np - n_i^2)}{n + p + 2n_i ch\left(\dfrac{E_t - E_i}{k_0 T}\right)} \qquad (2\text{-}61)$$

由式(2-61)，$E_t \approx E_i$ 时（E_i 为禁带中线），U 趋于极大，即位于禁带中央附近的深能级是最有效的复合中心。

2.3.3.3 表面复合

表面复合指在半导体表面发生的复合过程。半导体表面的杂质原子、表面悬挂键等将在禁带中形成复合中心能级。表面复合属于间接复合，间接复合理论处理适用。

实际测得的半导体载流子寿命通常是表面复合和体内复合的综合结果。假定表面复合、体内复合独立发生。则总载流子复合概率为：

$$\frac{1}{\tau} = \frac{1}{\tau_V} + \frac{1}{\tau_S} \tag{2-62}$$

式(2-62)中，τ、τ_V、τ_S 分别为有效载流子寿命、体载流子寿命、表面载流子寿命。

定义单位时间内通过单位表面积复合掉的电子—空穴对数为表面复合率 U_S，实验表明 U_S 与表面处的非平衡载流子浓度成正比，即：

$$U_S = S_p (\Delta p)_S \tag{2-63}$$

式(2-63)中，S_p 表示了表面复合的强弱，具有速度的量纲，称为表面复合速度。表面复合速度对太阳电池等半导体器件非常重要，任何器件均存在表面，较高表面复合速度使更多非平衡载流子在表面消失，而严重影响器件性能。

2.3.3.4 俄歇复合

电子、空穴复合时，能量传递给导带中的另一电子或价带中的另一空穴，将其激发到更高的能级，被激发的载流子跃迁回低能级，以声子形式放出能量，称这样的复合过程为俄歇复合。

俄歇复合是三粒子效应，是一种非辐射复合过程。俄歇复合的载流子寿命 τ_{Aug} 与多数载流子浓度成反比：

$$\tau_{Aug} \propto \frac{1}{n_0 + p_0} \tag{2-64}$$

对于 p 型或 n 型半导体，τ_{Aug} 反比于 n_0 或 p_0。

俄歇复合是半导体中不可避免的本征过程。与直接能隙半导体相比，在硅等间接能隙半导体中，俄歇复合过程的作用更为显著。俄歇复合是重掺杂半导体中决定体复合的主要过程，也是光照下高纯或常规掺杂晶硅中决定体复合的主要过程，是限制晶硅太阳电池光电转换效率的主要复合过程。

2.3.3.5 陷阱效应

半导体中的杂质或缺陷在禁带中形成一定的杂质能级，一定温度下的热平衡状态，杂质能级上具有一定数量的电子。半导体受在光、电等外场激发下产生非平衡载流子时，杂质能级上的电子数目可显著偏离热平衡时的数值，能级上电子数量显著增加表明该能级具有俘获非平衡电子的能力，该能级称为电子陷阱，反之如该能级上电子数显著减少则该能级具有俘获非平衡空穴的能力，称为空穴陷阱。这种可显著俘获非平衡载流子的缺陷能级称为陷阱中心。

不同于直接经过复合中心复合的过程，非平衡载流子被陷阱俘获后不能直接发生复合，必须先激发到导带或价带，再通过复合中心复合。由于载流子从陷阱激发到导带或价带所需的时间比其从导带或价带发生复合所需的平均时间长得多，因此陷阱能级的存在显著延长了非平衡态到平衡态的弛豫时间。

陷阱中心是一种深能级的杂质或缺陷，一般来说，陷阱中心的能级深度要比复合中心能级的浅。对于电子陷阱，费米能级及以上的能级，其越接近费米能级，陷阱效应越显著。陷阱效应间接影响了导带或价带中的非平衡载流子数量，通过光电导衰变技术测量少子寿命时，应使陷阱在测量全过程中保持饱和状态，以降低其影响。

2.4 载流子输运

2.4.1 载流子扩散运动

由于无规则热运动，固体内部的微观粒子从浓度高的地方向浓度低的地方扩散，这种由于浓度不均匀所导致的微观粒子的定向运动称为扩散运动。

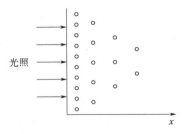

图 2-19　n 型半导体光生非平衡
载流子的扩散
○—空穴

以均匀掺杂的 n 型半导体为例，热平衡状态，由于电中性要求，其内部各处电荷密度均为零，带正电荷的电离施主和带负电荷的电子均匀分布，没有载流子的浓度差异，不会发生载流子的扩散运动。如图 2-19 所示，半导体在光子能量大于其带隙的光均匀照射下，假定其表面薄层吸收了大部分光子，则该薄层内产生的非平衡载流子浓度比内部的高，非平衡载流子将从表面向内部扩散。如前所述，小注入情形，与热平衡时相比，非平衡少子空穴的变化比非平衡多子的变化显著得多。

设非平衡载流子浓度只随 x 变化，记为 $\Delta p(x)$，则 x 方向的浓度梯度为 $\mathrm{d}\Delta p(x)/\mathrm{d}x$，称单位时间内通过单位面积的粒子数为扩散流密度 S_p。实验发现，S_p 与浓度梯度成正比，因此有：

$$S_\mathrm{p} = -D_\mathrm{p} \frac{\mathrm{d}\Delta p(x)}{\mathrm{d}x} \tag{2-65}$$

式（2-65）中，D_p 反映了非平衡少数载流子扩散能力的强弱，称为空穴扩散系数，单位 cm^2/s，负号表示空穴从浓度高处向低处扩散。式（2-65）描述了非平衡少数载流子空穴的扩散规律，称为扩散定律。

图 2-19 中，如保持辐照光的强度不变，则表面处产生的非平衡空穴浓度将为恒定值 $(\Delta p)_0$。表面处的光生空穴将持续向内部扩散，边扩散边复合，最终形成稳定分布，称此为稳定扩散。扩散流密度 S_p 随 x 而变化，单位时间在 $x - x + \mathrm{d}x$ 的单位体积内由于扩散而积累的空穴数为：

$$-\frac{\mathrm{d}S_\mathrm{p}(x)}{\mathrm{d}x} = D_\mathrm{p} \frac{\mathrm{d}^2\Delta p(x)}{\mathrm{d}x^2} \tag{2-66}$$

稳定的情况下，它应等于该体积元内由于复合而减少的空穴数 $\Delta p(x)/\tau$（τ 为空穴的寿命），即：

$$D_\mathrm{p} \frac{\mathrm{d}^2\Delta p(x)}{\mathrm{d}x^2} = \frac{\Delta p(x)}{\tau} \tag{2-67}$$

称式（2-67）为稳态扩散方程，描述了一维稳定扩散情况下非平衡少数载流子的扩散规律。其解为：

$$\Delta p(x) = A e^{-\frac{x}{L_p}} + B e^{\frac{x}{L_p}} \qquad (2\text{-}68)$$

式（2-68）中，L_p 为：

$$L_p = \sqrt{D_p \tau} \qquad (2\text{-}69)$$

（1）无限厚度样品

图 2-19 中，如样品足够厚，以至于非平衡载流子到达另一端之前已经全部复合掉，该情况下的边界条件与无限厚的样品一样，为 $\Delta p(0) = (\Delta p)_0$ 和 $\Delta p(\infty) = 0$，代入式（2-68），得到 $A = (\Delta p)_0$，$B = 0$，解为：

$$\Delta p(x) = (\Delta p)_0 e^{-\frac{x}{L_p}} \qquad (2\text{-}70)$$

式（2-70）的非平衡少子空穴分布如图 2-20 所示，从表面向内边复合边扩散，浓度从表面处的 $(\Delta p)_0$ 值随深度的增加而呈指数形式衰减。L_p 表示空穴在边扩散边复合的过程中，浓度减少到原值 $1/e$ 时所扩散的距离，即 $\Delta p(x + L_p) = \Delta p(x)/e$，而非平衡载流子扩散的平均距离 $\bar{x}$ 为：

$$\bar{x} = \frac{\int_0^\infty x \Delta p(x)\,\mathrm{d}x}{\int_0^\infty \Delta p(x)\,\mathrm{d}x} = \frac{\int_0^\infty x e^{-\frac{x}{L_p}}\,\mathrm{d}x}{\int_0^\infty e^{-\frac{x}{L_p}}\,\mathrm{d}x} = L_p \qquad (2\text{-}71)$$

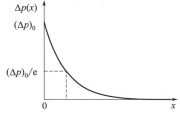

图 2-20　n 型无穷厚度样品
非平衡少子分布

即 L_p 代表了非平衡少子空穴扩散进入样品的平均距离，称为扩散长度。由式（2-69），扩散系数、载流子寿命决定了扩散长度。通常，材料扩散系数已形成数据库值，因而通过扩散长度的测定，可以得到材料的载流子寿命。

将式（2-70）代入式（2-65），得到：

$$S_p = \frac{D_p}{L_p}(\Delta p)_0 e^{-\frac{x}{L_p}} = \frac{D_p}{L_p} \Delta p(x) \qquad (2\text{-}72)$$

式（2-72）中，D_p/L_p 具有速度的量纲，代表自表面向样品内扩散的空穴流，可视为空穴从表面向内部以速度 D_p/L_p 运动。表面处的空穴扩散流密度为 $(D_p/L_p)(\Delta p)_0$，任意位置 x 处的为 $(D_p/L_p)\Delta p(x)$。

（2）有限厚度样品

一定厚度的样品，如边界条件为 $\Delta p(0) = (\Delta p)_0$ 和 $\Delta p(W) = 0$，代入式（2-68），得到：

$$
\begin{cases}
A + B = (\Delta p)_0 & (2\text{-}73\mathrm{a}) \\
A e^{-\frac{W}{L_p}} + B e^{\frac{W}{L_p}} = 0 & (2\text{-}73\mathrm{b})
\end{cases}
$$

由式（2-73）求出 A、B，代入式（2-68），得到：

$$\Delta p(x) = (\Delta p)_0 \frac{sh\left(\dfrac{W-x}{L_p}\right)}{sh\left(\dfrac{W}{L_p}\right)} \qquad (2\text{-}74)$$

$W \ll L_p$ 时式（2-74）简化为：

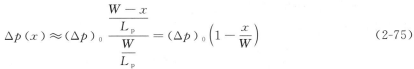

$$\Delta p(x) \approx (\Delta p)_0 \frac{\dfrac{W-x}{L_p}}{\dfrac{W}{L_p}} = (\Delta p)_0 \left(1 - \frac{x}{W}\right) \tag{2-75}$$

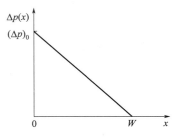

图 2-21　n 型有限厚度样品
的非平衡少子分布

式(2-75) 反映的非平衡少子空穴分布如图 2-21 所示，在样品内呈线性分布，浓度梯度和扩散流密度如下：

$$\begin{cases} \dfrac{\mathrm{d}\Delta p(x)}{\mathrm{d}x} = \dfrac{(\Delta p)_0}{W} & (2\text{-}76a) \\[3mm] S_p = (\Delta p)_0 \dfrac{D_p}{W} & (2\text{-}76b) \end{cases}$$

此时扩散流密度 S_p 为常数，即非平衡载流子在样品内部没有复合。

与上述类似，对于 p 型半导体中的非平衡少子电子，扩散定律、稳态扩散方程如下：

$$S_n = -D_n \frac{\mathrm{d}\Delta n(x)}{\mathrm{d}x} \tag{2-77}$$

$$D_n \frac{\mathrm{d}^2\Delta n(x)}{\mathrm{d}x^2} = \frac{\Delta n(x)}{\tau} \tag{2-78}$$

其中，D_n 为电子扩散系数，S_n 为电子扩散流密度。

一般情况下，非平衡载流子扩散行为不仅仅是一维单方向的，在空间其他方向也同时发生。在直角坐标系中，扩散与 x、y、z 均有关，非平衡少子空穴或电子的浓度梯度矢量应为 $\nabla(\Delta p(x,y,z))$、$\nabla(\Delta n(x,y,z))$，其扩散定律、稳态扩散方程分别为：

$$\begin{cases} S_p = -D_p \nabla(\Delta p(x,y,z)) & (2\text{-}79a) \\ S_n = -D_n \nabla(\Delta n(x,y,z)) & (2\text{-}79b) \end{cases}$$

$$\begin{cases} D_p \nabla^2(\Delta p(x,y,z)) = \dfrac{\Delta p(x,y,z)}{\tau} & (2\text{-}80a) \\[3mm] D_n \nabla^2(\Delta n(x,y,z)) = \dfrac{\Delta n(x,y,z)}{\tau} & (2\text{-}80b) \end{cases}$$

式(2-79)、式(2-80) 中，假定各个方向的扩散系数 D_p 或 D_n 相同。

由于空穴、电子均为带电微粒，其扩散运动必将形成相应的扩散电流，一维情形，非平衡空穴、电子形成扩散电流密度分别如下：

$$\begin{cases} (J_p)_{\text{扩}} = -qD_p \dfrac{\mathrm{d}\Delta p(x)}{\mathrm{d}x} & (2\text{-}81a) \\[3mm] (J_n)_{\text{扩}} = qD_n \dfrac{\mathrm{d}\Delta n(x)}{\mathrm{d}x} & (2\text{-}81b) \end{cases}$$

三维情形，非平衡空穴、电子形成扩散电流密度分别如下：

$$\begin{cases} (J_p)_{\text{扩}} = -qD_p \nabla(\Delta p(x,y,z)) & (2\text{-}82a) \\ (J_n)_{\text{扩}} = qD_n \nabla(\Delta p(x,y,z)) & (2\text{-}82b) \end{cases}$$

式(2-81) 和 (2-82) 中，考虑了空穴和电子的带电极性不同。

（3）探针注入扩散

如图 2-22 所示，设探针针尖陷入 n 型半导体表面形成一半径为 r_0 的半球，此时非平衡

少子空穴浓度 Δp 决定于径向距离 r，是一球对称函数，其稳态扩散方程可用球面坐标表示为：

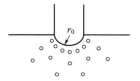

$$D_p \frac{1}{r^2} \frac{\mathrm{d}}{\mathrm{d}r}\left(r^2 \frac{\mathrm{d}\Delta p(r)}{\mathrm{d}r}\right) = \frac{\Delta p(r)}{\tau_p} \tag{2-83}$$

令 $\Delta p(r) = f(r)/r$，代入式（2-83），得到 $\mathrm{d}^2 f(r)/\mathrm{d}^2 r = f(r)/\mathrm{d}L_p^2$，该式随 r 衰减的解为 $f(r) = A\mathrm{e}^{-r/L_p}$，设注入初始边界处稳态非平衡少子空穴浓度为 $(\Delta p)_0$，得到 $A = r_0(\Delta p)_0 \mathrm{e}^{r_0/L_p}$，因此，非平衡少子空穴分布 $\Delta p(r)$ 为：

图 2-22　探针注入

$$\Delta p(r) = \frac{f(r)}{r} = (\Delta p)_0 \left(\frac{r_0}{r}\right) \mathrm{e}^{-\frac{(r-r_0)}{L_p}} \tag{2-84}$$

由式（2-84），在 r_0 边界处的空穴扩散流密度为：

$$S_p(r)_{r=r_0} = -D_p \left\{\frac{\mathrm{d}[\Delta p(r)]}{\mathrm{d}r}\right\}_{r=r_0} = \left(\frac{D_p}{r_0} + \frac{D_p}{L_p}\right)_{r=r_0} (\Delta p)_0 \tag{2-85}$$

与由式（2-72）得出的边界少子空穴扩散流密度 $(D_p/L_p)(\Delta p)_0$ 相比，式（2-85）多出了项 $(D_p/r_0)(\Delta p)_0$，即与平面的情形相比，对于探针注入的情形，径向运动造成的浓度梯度增强了扩散效率。当 $r_0 \ll L_p$ 时，这种几何形状导致的扩散远远超过平面情形下复合所导致的扩散。

在光伏材料性质及器件性能的测试中，探针注入的存在可能影响测试的准确性，需要依据具体情况采取适当技术措施避免。

2.4.2　载流子漂移扩散，爱因斯坦关系式

2.4.2.1　漂移运动

如图 2-23 所示，温度不为零时，半导体中的电子无时无刻不在进行着无规则热运动。由于杂质和晶格原子等的散射作用，电子在运动过程中方向不断发生变化。平均连续两次散射之间的行走距离称为平均自由程、平均行走时间称为平均自由时间。热运动没有导致电子的宏观定向迁移，不产生电流。存在外电场时，叠加在热运动上的电场力导致了电子沿（逆）电场方向的宏观迁移，产生了电流。

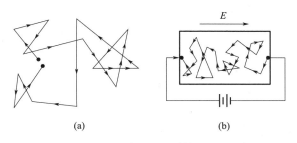

图 2-23　载流子的热运动（a）和外场下的漂移运动（b）

定义由于外电场所导致的沿（逆）电场方向的电子定向运动为漂移运动，定向移动的速度为漂移速度，所引起的电流称为漂移电流。电子在漂移运动作用下形成的漂移速度小于无规则热运动导致的平均速度（室温下约 $10^7\,\mathrm{cm/s}$）。

2.4.2.2 漂移速度和迁移率

如图 2-24 所示，在一截面积为 s、长度为 l、电阻率为 ρ 的均匀导体两端施加电压 V，其内部各处将形成强度为 $E = V/l$ 的电场。则该导体的单位截面积上流过的电流为 $J = I/s$，由欧姆定律 $I = V/R = (Vs)/(l\rho)$，可得到：

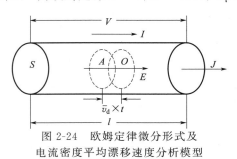

图 2-24 欧姆定律微分形式及
电流密度平均漂移速度分析模型

$$J = E/\rho = \sigma E \qquad (2\text{-}86)$$

式（2-86）反映了任意位置的电导率和电场强度的关系，称为微分形式的欧姆定律。设电子的平均漂移速度为 $\bar{v}_d$、浓度为 n，图 2-24 中，在导体内部作一面积为 s_A、法向与电流方向平行的截面 A。则 t 秒内通过截面 A 的电子数量为 $n \times s_A \times \bar{v}_d \times t$、电量为 $q \times n \times s_A \times \bar{v}_d \times t$。通过 A 的电子电流密度为：

$$J = -qn\bar{v}_d \qquad (2\text{-}87)$$

由式（2-86）、式（2-87）可知，如导体内电场恒定（σ、n 保持不变），则电流密度 J 随外电场强度 E 的增加将线性增加，平均漂移速度 $\bar{v}_d$ 也随之线性增加，因此 $\bar{v}_d$ 的大小与 E 成正比：

$$\bar{v}_d = \mu E \qquad (2\text{-}88)$$

称 μ 为电子迁移率，单位 $m^2/(Vs)$ 或 $cm^2/(Vs)$，表示单位场强下电子获得的平均漂移速度。电子带负电，其运动方向与电场方向相反，但迁移率通常取正值，因此有：

$$\mu = \left| \frac{\bar{v}_d}{E} \right| \qquad (2\text{-}89)$$

将式（2-88）代入式（2-87），并与式（2-86）相比，有：

$$\begin{cases} J = qn\mu E & (2\text{-}90a) \\ \sigma = qn\mu & (2\text{-}90b) \end{cases}$$

2.4.2.3 半导体的电导率和迁移率

与前文所述的导体不同，在半导体中存在两种电荷极性相反的载流子—导带电子和价带空穴。温度和掺杂决定了这两种载流子的浓度。如图 2-25 所示，在外电场的作用下导带电子形成与外电场方向相反的宏观迁移，价带空穴的情况正好相反。空穴导电的本质是束缚于共价键上的价电子在共价键之间的迁移，而导带电子脱离了共价键的束缚，因此导带电子的平均漂移速度 $\bar{v}_{dn}$ 比价带空穴的平均漂移速度 $\bar{v}_{dp}$ 大，相应地，导带电子的漂移迁移率 μ_n 也比价带空穴的漂移迁移率 μ_p 大。导带电子和价带空穴的宏观迁移分别形成了与电场方向

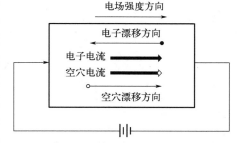

图 2-25 电子漂移电流和空穴漂移电流

相同的电子漂移电流和空穴漂移电流，总的漂移电流密度为：

$$J_漂 = (J_n)_漂 + (J_p)_漂 = qn\mu_n E + qp\mu_p E \qquad (2\text{-}91)$$

实验表明，当电场强度不太大时，式（2-86）也适用于半导体中载流子的漂移运动，电导率 σ 为：

$$\sigma = qn\mu_n + qp\mu_p \tag{2-92}$$

对于两种载流子的浓度相差很多但其迁移率相差不大的杂质半导体，电导率主要决定于多数载流子。因此 n 型、p 型半导体的电导率分别为：

$$\begin{cases} \sigma = qn\mu_n & （\text{n 型半导体}, n \gg p） \tag{2-93a} \\ \sigma = qp\mu_p & （\text{p 型半导体}, n \ll p） \tag{2-93b} \end{cases}$$

本征半导体，$n = p = n_i$，电导率 σ_i 为：

$$\sigma_i = q\,n_i(\mu_n + \mu_p) \tag{2-94}$$

2.4.2.4 载流子的漂移扩散

对于存在非平衡载流子的均匀半导体，非平衡载流子在外电场作用下的漂移运动也将形成宏观迁移而导致漂移电流。电子、空穴的漂移电流密度 $(J_n)_{漂}$、$(J_p)_{漂}$ 分别为：

$$\begin{cases} (J_n)_{漂} = qn\mu_n E = q(n_0 + \Delta n)\mu_n E & (2\text{-}95a) \\ (J_p)_{漂} = qp\mu_p E = q(p_0 + \Delta p)\mu_p E & (2\text{-}95b) \end{cases}$$

如图 2-26 所示，在稳态光照下，对于均匀掺杂的 n 型半导体，外电场作用所导致的载流子漂移电流叠加非平衡载流子扩散运动所形成的扩散电流共同构成了半导体的总电流。由式（2-81）、式（2-95），一维情形下电子电流 J_n、空穴电流 J_p 分别为：

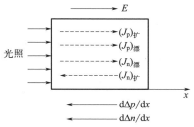

图 2-26　非平衡载流子的
一维漂移和扩散

$$\begin{cases} J_n = (J_n)_{漂} + (J_n)_{扩} = qn\mu_n E + qD_n \dfrac{\mathrm{d}\Delta n}{\mathrm{d}x} & (2\text{-}96a) \\[2mm] J_p = (J_p)_{漂} + (J_p)_{扩} = qp\mu_p E - qD_p \dfrac{\mathrm{d}\Delta p}{\mathrm{d}x} & (2\text{-}96b) \end{cases}$$

2.4.2.5 爱因斯坦关系式

载流子的漂移运动和扩散运动都是叠加在无规热运动之上的定向运动，区别在于前者的驱动力是电场力，后者是浓度梯度。迁移率反映了载流子在电场作用下运动的难易程度，扩散系数反映了存在浓度梯度时载流子运动的难易程度。迁移率、扩散系数的大小都决定于影响载流子运动的电离杂质散射和晶格散射等过程。因此，同一种载流子，两种定向运动之间必然存在内在联系，漂移快则扩散必然也快，反之亦然。该联系即为爱因斯坦关系式。

考虑一维情形，设有一处于热平衡状态下的非均匀 n 型半导体，其施主浓度随 x 的增加而增加，电子和空穴的浓度分别为 $n_0(x)$、$p_0(x)$。该半导体内沿 x 方向存在的载流子浓度梯度所导致的电子和空穴扩散电流密度 $(J_n)_{扩}$、$(J_p)_{扩}$ 分别为：

$$\begin{cases} (J_n)_{扩} = qD_n \dfrac{\mathrm{d}n_0(x)}{\mathrm{d}x} & (2\text{-}97a) \\[2mm] (J_p)_{扩} = -qD_p \dfrac{\mathrm{d}p_0(x)}{\mathrm{d}x} & (2\text{-}97b) \end{cases}$$

如图 2-27 所示，由于电离施主杂质不能移动，由施主浓度梯度所引起的载流子扩散必

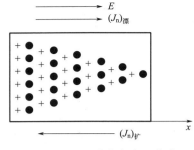

图 2-27　n 型非均匀半导体中
形成的内部静电场

然破坏非均匀掺杂区域的电中性条件，而在半导体内部形成一静电场。该静电场作用于载流子形成迁移电流

$$\begin{cases} (J_n)_{漂} = qn\mu_n E & (2\text{-}98a) \\ (J_p)_{漂} = qp\mu_p E & (2\text{-}98b) \end{cases}$$

在非均匀掺杂区域的任意位置，式（2-97）表示的扩散电流与式（2-98）表示的迁移电流方向相反，最终两者达到平衡，半导体内不存在宏观电流，即平衡时电子总电流和空穴总电流均分别等于零

$$\begin{cases} J_n = (J_n)_{漂} + (J_n)_{扩} = 0 & (2\text{-}99a) \\ J_p = (J_p)_{漂} + (J_p)_{扩} = 0 & (2\text{-}99b) \end{cases}$$

将式（2-97）、式（2-98）代入式（2-99），得到：

$$qn\mu_n E = -qD_n \frac{d\Delta n}{dx} \qquad (2\text{-}100)$$

由于半导体内存在的电场形成了一定的电势分布 $-dV(x)/dx$，因而考虑非均匀掺杂区域的电子体系能量时需计入附加静电势能 $-qV(x)$，使得导带底能量是随 x 变化的量 $E_C - qV(x)$。所以，非简并情形，电子浓度为：

$$n_0(x) = N_C e^{\frac{E_F + qV(x) - E_C}{k_0 T}} \qquad (2\text{-}101)$$

对式（2-101）两端求导，所得结果代入式（2-97），得到：

$$\frac{D_n}{\mu_n} = \frac{k_0 T}{q} \qquad (2\text{-}102a)$$

类似讨论，对于空穴可得到：

$$\frac{D_p}{\mu_p} = \frac{k_0 T}{q} \qquad (2\text{-}102b)$$

式（2-102）称为爱因斯坦关系式，反映了非简并情况下载流子迁移率和扩散系数的量化关系。实验表明，通过热平衡载流子推导出来的式（2-102）也适用于非平衡载流子情形。这是因为虽然处于激发态的非平衡载流子的能量与平衡载流子的不同，但非平衡载流子可在比其寿命短得多的时间内，通过与晶格的作用而达成与该温度对应的准稳态分布。这与前文所述的准费米能级的引入对应。

将式（2-102）代入式（2-96），均匀半导体，存在非平衡载流子时的总电流密度为：

$$J = J_n + J_p = q\mu_p \left(pE - \frac{k_0 T}{q} \frac{d\Delta p}{dx} \right) + q\mu_n \left(nE + \frac{k_0 T}{q} \frac{d\Delta n}{dx} \right) \qquad (2\text{-}103)$$

非均匀半导体，扩散电流密度决定于总载流子梯度，总电流密度为：

$$J = J_n + J_p = q\mu_p \left(pE - \frac{k_0 T}{q} \frac{dp}{dx} \right) + q\mu_n \left(nE + \frac{k_0 T}{q} \frac{dn}{dx} \right) \qquad (2\text{-}104)$$

2.4.3　连续性方程式及应用

2.4.3.1　连续性方程式

扩散运动和漂移运动同时存在时，半导体中非平衡载流子浓度不仅是时间的函数，而且还是空间的函数。以一维情形为例，如图 2-28 所示，设有一均匀 n 型半导体，表面受光照产生非平衡载流子，沿 x 方向施加强度为 E 的电场。单位时间该半导体内如图 2-28 所示的单位体积中由于漂移运动积累的空穴数量为：

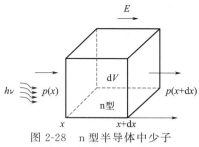

图 2-28　n 型半导体中少子漂移与扩散分析用模型

$$-\frac{1}{q}\frac{\partial (J_{\text{p}})_{\text{漂}}}{\partial x}=-\mu_{\text{p}}E\frac{\partial p}{\partial x}-\mu_{\text{p}}p\frac{\partial E}{\partial x} \quad (2\text{-}105)$$

由于扩散运动积累的空穴数量为：

$$-\frac{1}{q}\frac{\partial (J_{\text{p}})_{\text{扩}}}{\partial x}=D_{\text{p}}\frac{\partial^2 p}{\partial^2 x} \quad (2\text{-}106)$$

小注入条件下，设由于外界因素导致的单位时间单位体积内空穴数量变化为 g_{p}，单位时间单位体积内由于复合而消失的空穴数量为 $\Delta p/\tau$。结合式（2-105）、式（2-106），单位体积内的空穴数量随时间的变化率为：

$$\frac{\partial p}{\partial t}=D_{\text{p}}\frac{\partial^2 p}{\partial^2 x}-\mu_{\text{p}}E\frac{\partial p}{\partial x}-\mu_{\text{p}}p\frac{\partial E}{\partial x}-\frac{\Delta p}{\tau}+g_{\text{p}} \quad (2\text{-}107)$$

式（2-107）为同时存在漂移运动和扩散运动时少数载流子所遵守的运动方程，称为连续性方程。连续性方程反映了半导体少数载流子运动的普遍规律，是研究太阳电池等半导体器件工作原理的基本方程之一。

少子浓度不随时间变化时，$\partial p/\partial t=0$，称为稳态，稳态连续性方程式为：

$$D_{\text{p}}\frac{\partial^2 p}{\partial^2 x}-\mu_{\text{p}}E\frac{\partial p}{\partial x}-\mu_{\text{p}}p\frac{\partial E}{\partial x}-\frac{\Delta p}{\tau}+g_{\text{p}}=0 \quad (2\text{-}108)$$

对于 p 型半导体中的少数载流子电子，类似讨论，得到其连续性方程一般形式和稳态连续性方程分别为：

$$\frac{\partial n}{\partial t}=D_{\text{n}}\frac{\partial^2 n}{\partial^2 x}+\mu_{\text{n}}E\frac{\partial n}{\partial x}+\mu_{\text{n}}n\frac{\partial E}{\partial x}-\frac{\Delta n}{\tau}+g_{\text{n}} \quad (2\text{-}109)$$

$$D_{\text{n}}\frac{\partial^2 n}{\partial^2 x}+\mu_{\text{n}}E\frac{\partial n}{\partial x}+\mu_{\text{n}}n\frac{\partial E}{\partial x}-\frac{\Delta n}{\tau}+g_{\text{n}}=0 \quad (2\text{-}110)$$

2.4.3.2　连续性方程式应用案例

（1）光激发的载流子衰减

以 n 型均匀半导体为例，设光照在其内部均匀地产生非平衡载流子，且没有外电场、$g_{\text{p}}=0$。在 $t=0$ 时刻停止光照，非平衡少子空穴将不断复合而消失，连续性方程式（2-107）为：

$$\frac{\partial p}{\partial t}=-\frac{\Delta p}{\tau} \quad (2\text{-}111)$$

式（2-111）即为前述式（2-30）描述的非平衡载流子衰减时遵守的方程。

（2）稳态下的表面复合

如图 2-29（a）所示，设有稳定光照下的 n 型均匀半导体，无外加电场，内部均匀产生非平衡载流子。设产生率为 g_{p}，稳态时非平衡少子空穴浓度为 $\Delta p=p-p_0=\tau_{\text{p}}g_{\text{p}}$。设在该样品非光照的一个端面存在表面复合，则该表面的非平衡空穴浓度比体内的低，空穴将从内部流向该表面并在该处复合〔图 2-29（b）〕。小注入的情况下，忽略样品内部的电场影响。连续性方程式（2-107）变为：

$$D_p \frac{\partial^2 p}{\partial^2 x} - \frac{\Delta p}{\tau} + g_p = 0 \qquad (2\text{-}112)$$

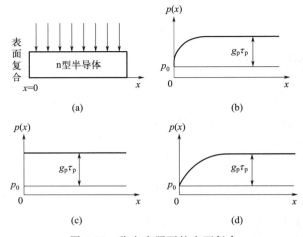

图 2-29　稳定光照下的表面复合

（a）分析模型；（b）$0 < s_p < \infty$；（c）$s_p = 0$；（d）$s_p = \infty$

设产生复合的面位于 $x = 0$，式（2-112）的通解为：

$$\Delta p(x) = A e^{-\frac{x}{L_p}} + B \qquad (2\text{-}113)$$

令空穴表面复合速率为 s_p、空穴表面净复合率为 U_s，结合式（2-63），式（2-112）的边界条件为：

$$\begin{cases} \Delta p(x)\big|_{x=\infty} = p - p_0 = \tau_p g_p & (2\text{-}114a) \\[2mm] U_s = s_p \Delta p(x)\big|_{x=0} = D_p \dfrac{\partial p(x)}{\partial x} = s_p [p(0) - p_0] & (2\text{-}114b) \end{cases}$$

将式（2-114）代入式（2-113），结合 $L_p = \sqrt{\tau_p D_p}$，得到：

$$\begin{cases} B = \tau_p g_p & (2\text{-}115a) \\[2mm] A = -g_p \tau_p \dfrac{s_p L_p}{s_p L_p + D_p} = -g_p \tau_p \dfrac{s_p \tau_p}{s_p \tau_p + L_p} & (2\text{-}115b) \end{cases}$$

将式（2-115）代入式（2-113），结合 $\Delta p(x) = p(x) - p_0$，得到：

$$p(x) = p_0 + \tau_p g_p \left(1 - \frac{s_p \tau_p}{s_p \tau_p + L_p} e^{-\frac{x}{L_p}}\right) \qquad (2\text{-}116)$$

式（2-116）表明，表面复合速率 $s_p = 0$ 时，$p(x) = p_0 + \tau_p g_p$，样品内少子空穴均匀分布，处处浓度相等〔图 2-29（c）〕；表面复合速率 $s_p = \infty$ 时，样品表面少子空穴浓度趋于平衡值 p_0，由表面向内，空穴浓度按照 $p(x) = p_0 + \tau_p g_p (1 - e^{-x/L_p})$ 规律逐渐增加〔图 2-29（d）〕。

（3）均匀外电场下的稳态光激发

如图 2-30 所示，对于处于稳定光照下的 n 型半导体，考虑一维的情形，设均匀掺杂，有 $\partial p_0 / \partial x = 0$；少子分布不随时间变化，$\partial p / \partial t = 0$；施加均匀外电场，$\partial E / \partial x = 0$。如

$g_p = 0$，连续性方程式（2-107）变为：

$$D_p \frac{\partial^2 \Delta p(x)}{\partial^2 x} - \mu_p E \frac{\partial \Delta p(x)}{\partial x} - \frac{\Delta p(x)}{\tau} = 0 \quad (2\text{-}117)$$

式（2-117）的通解为：

$$\Delta p(x) = A e^{\lambda_1 x} + B e^{\lambda_2 x} \quad (2\text{-}118)$$

式（2-118）中，λ_1、λ_2 为方程 $D_p \lambda^2 - \mu_p E \lambda - \frac{1}{\tau} = 0$ 的根，令 $L_p(E) = \mu_p \tau E$，该方程变为 $L_p^2 \lambda^2 - L_p(E) E \lambda - 1 = 0$，解为：

$$\left.\begin{matrix} \lambda_1 \\ \lambda_2 \end{matrix}\right\} = \frac{L_p(E) \pm \sqrt{L_p^2(E) + 4L_p^2}}{2L_p^2} \quad (2\text{-}119)$$

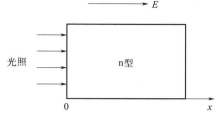

图 2-30　存在外电场时稳态光激发载流子的漂移和扩散

式（2-119）中，$\lambda_1 > 0$、$\lambda_2 < 0$。由于图 2-30 所示模型中，$\Delta p(x)$ 随 x 的增加而衰减，因此式（2-118）中的常数 $A = 0$，再由边界条件 $x = 0$ 时，$\Delta p = (\Delta p)_0$，可得到式（2-118）的解为：

$$\Delta p(x) = (\Delta p)_0 e^{\frac{L_p(E) - \sqrt{L_p^2(E) + 4L_p^2}}{2L_p^2} x} \quad (2\text{-}120)$$

式（2-120）中，$L_p(E)$ 表示空穴在电场作用下，在寿命 τ 时间内漂移的平均距离，称为空穴牵引长度。$L_p(E)$ 是与扩散系数、寿命和迁移率有关的量。

$L_p(E) \gg L_p$，电场很强时，扩散运动可忽略，漂移运动起主要作用，式（2-120）简化为：

$$\Delta p(x) = (\Delta p)_0 e^{-\frac{x}{L_p(E)}} \quad (2\text{-}121)$$

$L_p(E) \ll L_p$，电场很弱时，漂移运动可忽略，扩散运动起主要作用，式（2-120）简化为：

$$\Delta p(x) = (\Delta p)_0 e^{-\frac{x}{L_p}} \quad (2\text{-}122)$$

式（2-122）与式（2-70）一致，实际上，电场很弱时，式（2-120）可简化为稳态扩散方程式（2-70）。

（4）光激发少子脉冲在电场下的漂移

如图 2-31 所示，对于局部光脉冲照射的 n 型均匀半导体，没有施加外电场时，如 $g_p = 0$，考虑一维的情形，光脉冲停止后空穴的连续性方程为：

$$\frac{\partial p}{\partial t} = D_p \frac{\partial^2 p}{\partial^2 x} - \frac{\Delta p}{\tau} \quad (2\text{-}123)$$

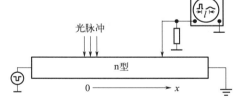

图 2-31　光激发少子脉冲漂移扩散实验装置

设 $t = 0$ 时，非平衡少子空穴仅存在于 $x = 0$ 附近的很窄的区域。式（2-123）的解为：

$$\Delta p(x, t) = \frac{N_p}{\sqrt{4\pi D_p t}} e^{-(\frac{x^2}{4D_p t} + \frac{t}{\tau_p})} \quad (2\text{-}124)$$

其中 $N_p = B \sqrt{4\pi D_p}$。式（2-124）表明，没有施加外电场时，光脉冲停止后，注入的空穴从 $x = 0$ 位置向两边扩散，边扩散边复合，峰值随时间而下降 ［图 2-32（a）］。

如在样品上沿 x 方向施加一均匀外电场，在光脉冲停止后空穴的连续性方程为：

$$\frac{\partial p}{\partial t} = D_p \frac{\partial^2 p}{\partial^2 x} - \mu_p E \frac{\partial p}{\partial x} - \frac{\Delta p}{\tau} \quad (2\text{-}125)$$

式（2-125）的解为：

$$\Delta p(x,t)=\frac{N_p}{\sqrt{4\pi D_p t}}\mathrm{e}^{-\left[\frac{(x-\mu_p Et)^2}{4D_p t}+\frac{t}{\tau_p}\right]} \tag{2-126}$$

其中 $N_p=B\sqrt{4\pi D_p}$。式（2-126）表明，施加外电场，光脉冲停止后，注入的空穴从 $x=0$ 位置以漂移速度 $\mu_p E$ 向另一端运动，且与未加电场时类似，空穴在运动过程中向峰值两侧边扩散变复合，峰值随时间下降［图 2-32（b）］。

式（2-126）即为海恩斯-肖克利实验原理。实际实验中，也可施加脉冲形式扫描电场。测量示波器上电脉冲、光脉冲相关的信号信息，可分析得到材料的扩散系数、漂移迁移率等物性参数。

图 2-32　非平衡载流子的脉冲光注入
（a）无外加电场；（b）有外加电场

思考题与习题

1. 半导体热平衡状态和非热平衡状态有什么不同？
2. 简要解释非平衡载流子和非平衡载流子的稳定分布。
3. 简要解释非平衡载流子寿命。
4. 费米能级和准费米能级有什么区别？
5. 什么是爱因斯坦关系式？
6. 请写出少数载流子的连续性方程，并解释各项的含义。
7. 某半导体，在一稳定不变的光照条件下，其电子和空穴浓度保持不变，该半导体处于热平衡状态还是非热平衡状态，为什么？
8. 比较说明复合效应和陷阱效应。

参考文献

［1］沈学础. 半导体光谱和光学性质［M］. 2 版. 北京：科学出版社，2002：202.
［2］刘恩科，朱秉升，罗晋生. 半导体物理学［M］. 8 版. 北京：电子工业出版社，2023：273-275.
［3］Baker-finch S C，Mcintosh K R，Yan D，et al. Near-infrared free carrier absorption in heavily doped silicon［J］. Journal of Applied Physics，2014，116(6)：063106.

太阳电池的基本原理和特性

  太阳电池是一种光电转换器件,当太阳电池吸收太阳光后,要经历光吸收、载流子的产生、复合、分离和收集等一系列微观物理过程,才能输出电能。本章首先在微观层面介绍半导体 p-n 结的光生伏打效应,给出开路电压的一般表达式,分析用于太阳电池的半导体界面组态;然后在宏观层面,通过精细平衡原理推导出光生电流进而太阳电池电流电压的数学表达式,同时讨论了太阳电池性能与材料、光强、温度之间的关系,最后给出太阳电池的一般设计原则。

3.1 光生伏打效应

  当适当波长的光照射到由 p 型和 n 型两种不同导电类型的半导体材料构成的 p-n 结上时,如果光能被半导体吸收,则在导带和价带中产生非平衡载流子——电子和空穴,因为 p-n 结势垒区存在较强的内建静电场,因而在势垒区产生的非平衡载流子或产生在势垒区外但扩散进入势垒区的非平衡载流子,在内建场的作用下各自向相反方向运动,使得 p 区电势升高,n 区电势降低,p-n 结两端形成光生电动势,这就是 p-n 结的光生伏打效应。如果将 p-n 结与外电路连通,只要光照持续,就会有源源不断的电流流过电路,p-n 结起了电源的作用,这就是太阳电池的基本原理。由此可见,太阳电池之所以能在光照下形成电流,是由于材料内部存在内建静电场。那么,半导体材料系统中的内建静电场是产生光生伏打效应的必要条件吗?下面以普遍情况的半导体材料为例,通过计算光照下的开路电压 V_{oc} 来回答这个问题。

3.1.1 功函数和亲和势

  半导体中,导带底 E_C 和价带顶 E_V 一般比真空能级 E_{VAC} 低几电子伏特。习惯上将真空能级与费米能级(E_F)之差称为半导体的功函数 W_S,即

$$W_S = E_{VAC} - E_F \tag{3-1}$$

如图 3-1 所示,图中:

$$\chi = E_{VAC} - E_C \tag{3-2}$$

称为电子亲和势,它表示使导带电子逸出体外所需的最低能量。利用电子亲和势,n 型和 p 型半导体的功函数可以表示为:

$$\left.\begin{array}{l} W_S = \chi + (E_C - E_F) = \chi + E_n \\ W_S = \chi + E_g - (E_F - E_V) = \chi + E_g - E_p \end{array}\right\} \tag{3-3}$$

式中:

$$\left.\begin{array}{l} E_n = E_C - E_F \\ E_p = E_F - E_V \end{array}\right\} \tag{3-4}$$

由式(3-1) 和式(3-3),可得到真空能级 E_{VAC} 为:

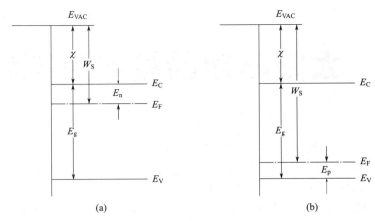

图 3-1　半导体的功函数和亲和势
（a）n 型半导体；（b）p 型半导体

$$\left.\begin{array}{l} E_{\text{VAC}} = \chi + E_{\text{n}} + E_{\text{F}} \\ E_{\text{VAC}} = \chi + E_{\text{g}} - E_{\text{p}} + E_{\text{F}} \end{array}\right\} \tag{3-5}$$

对同一种半导体，χ 是一定的，与掺杂无关。但由于 E_{F} 随掺杂浓度变化，因而 W_{S} 与掺杂类型和浓度有关。不同的半导体材料，电子亲和势不同，禁带宽度也不同，但真空静止电子能量 E_{VAC} 是一样的。

对于一块组分不同的化合物半导体材料，例如 $\text{Al}_y \text{Ga}_{1-y} \text{As}$，如果 Al 含量 y 是变化的，考虑一维情况，设 Al 含量沿着 x 方向变化，则电子亲和势 $\chi(x)$ 与禁带宽度 $E_{\text{g}}(x)$ 均是 x 的函数。随着组分的不同，电子与空穴有效质量也不同，因而有效状态密度 N_{C}、N_{V} 也是 x 的函数。

3.1.2　内建静电场与有效力场

3.1.2.1　内建静电场

对一维非均匀掺杂的半导体，因掺杂不同，载流子浓度也不均匀，由于载流子的扩散运动，热平衡状态下存在内建静电场[1]。考虑电子能量时，应计入附加静电势能，因此能带是弯曲的。此时，真空电子静止能量与位置有关，E_{VAC} 也发生弯曲，其变化关系与导带底 E_{C}、价带顶 E_{V} 或禁带中线 E_{i} 的变化相同。图 3-2 为施主浓度 $N_{\text{D}}(x)$ 随 x 增加而下降的非

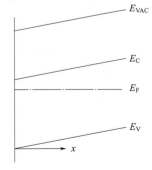

图 3-2　热平衡时非均匀
掺杂 n 型半导体的能带

均匀掺杂 n 型半导体在热平衡状态下的能带图。E_{VAC} 随 x 的变化反映出半导体各处的静电势不同，存在内建静电场，其电场强度 ε 为：

$$\varepsilon = \frac{1}{q} \times \frac{\text{d}E_{\text{VAC}}(x)}{\text{d}x} \tag{3-6}$$

光照时，产生非平衡载流子，电子和空穴在内建电场作用下各自向相反方向运动，构成电流。此时系统处于非平衡态，引进电子和空穴的准费米能级，假定材料无温度梯度，且载流子温度与晶格温度相同，则电子和空穴的电流密度分别由式（3-7）、式（3-8）给出：

$$J_n = n\mu_n \frac{\mathrm{d}E_{Fn}(x)}{\mathrm{d}x} \qquad (3\text{-}7)$$

$$J_p = p\mu_p \frac{\mathrm{d}E_{Fp}(x)}{\mathrm{d}x} \qquad (3\text{-}8)$$

由式(3-5)

$$E_{VAC}(x) = \chi(x) + E_n(x) + E_{Fn}(x) \qquad (3\text{-}9)$$

代入 (3-7)，由于 χ 与 x 无关，得：

$$J_n = nq\mu_n \left[\frac{1}{q} \frac{\mathrm{d}E_{VAC}(x)}{\mathrm{d}x} - \frac{1}{q} \frac{\mathrm{d}E_n(x)}{\mathrm{d}x} \right]$$
$$= nq\mu_n \left[\varepsilon - \frac{1}{q} \frac{\mathrm{d}E_n(x)}{\mathrm{d}x} \right] \qquad (3\text{-}10)$$

对于非简并材料：

$$n = N_C \mathrm{e}^{-(E_C - E_{Fn})/kT} = N_C \mathrm{e}^{-E_n(x)/kT} \qquad (3\text{-}11)$$

又因温度一定时 N_C 为常数，代入式(3-11)，根据爱因斯坦色散关系式，得：

$$J_n = nq\mu_n\varepsilon + D_n q \frac{\mathrm{d}n}{\mathrm{d}x} \qquad (3\text{-}12)$$

同理：

$$E_{VAC}(x) = \chi(x) + E_g(x) - E_p(x) + E_{Fp}(x) \qquad (3\text{-}13)$$

空穴电流为：

$$J_p = pq\mu_p\varepsilon - D_p q \frac{\mathrm{d}p}{\mathrm{d}x} \qquad (3\text{-}14)$$

由式(3-12)、式(3-14) 可见，半导体中存在由内建静电场引起的漂移电流和载流子浓度不均匀引起的扩散电流，式中 D_n、D_p 分别为电子和空穴的扩散系数。

3.1.2.2 有效力场

对一块组分沿 x 方向不同的非均匀半导体材料，假设 E_{VAC} 平坦，则材料中不存在内建静电场，但由于 $\chi(x)$、$E_g(x)$、$E_n(x)$ 随 x 不同，因而导带底、价带顶是弯曲的，图 3-3 为其能带图。图 3-3 中，由于沿正 x 方向导带底向上移动，意味着导带电子的最低允许能态沿 x 方向逐渐升高，所以光照时，激发到导带的非平衡电子，由于热运动有向负 x 方向运动的趋势，这是由于 χ 随 x 减小所致。

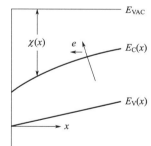

图 3-3 组分沿 x 方向不同的非均匀半导体 χ 随 x 变化的能带[1]

如果导带的有效态密度 N_C 沿 x 方向降低，则激发到导带的电子，由于热运动也有向负 x 方向运动的趋势。假设电子和空穴迁移率不随 x 改变，则由式(3-7)、式(3-9) 和式(3-11)，对非简并材料，得到：

$$J_n = nq\mu_n \left[-\frac{1}{q} \frac{\mathrm{d}\chi(x)}{\mathrm{d}x} - \frac{kT}{q} \frac{\mathrm{d}\ln N_C}{\mathrm{d}x} \right] + D_n q \frac{\mathrm{d}n}{\mathrm{d}x} \qquad (3\text{-}15)$$

令 $\varepsilon' = -\dfrac{1}{q} \dfrac{\mathrm{d}\chi(x)}{\mathrm{d}x} - \dfrac{kT}{q} \dfrac{\mathrm{d}\ln N_C}{\mathrm{d}x}$

则式(3-15) 可写为：

$$J_n = nq\mu_n\varepsilon' + D_nq\frac{\mathrm{d}n}{\mathrm{d}x} \tag{3-16}$$

此时，导带电子相当于受到 $F_n = -q\varepsilon' = \dfrac{\mathrm{d}\chi(x)}{\mathrm{d}x} + kT\dfrac{\mathrm{d}\ln N_C}{\mathrm{d}x}$ 的力的作用。为了与内建静电场相区别，称为内建有效力场。因此，在组分缓变的非均匀半导体材料中，内部还将建立起有效力场。这种情况在组分不同的化合物半导体制备的太阳电池中会存在。

同理，对非简并材料，可得空穴电流：

$$J_p = pq\mu_p\varepsilon' - D_pq\frac{\mathrm{d}p}{\mathrm{d}x} \tag{3-17}$$

其中，$\varepsilon' = -\dfrac{1}{q}\dfrac{\mathrm{d}(\chi + E_g)}{\mathrm{d}x} + \dfrac{kT}{q}\dfrac{\mathrm{d}\ln N_V}{\mathrm{d}x}$，价带空穴相当于受到 $F_p = q\varepsilon' = -\dfrac{\mathrm{d}(\chi + E_g)}{\mathrm{d}x} + kT\dfrac{\mathrm{d}\ln N_V}{\mathrm{d}x}$ 的力的作用。

3.1.3　一般情况下 V_{oc} 的表达式

以普遍情况下的半导体材料为例，计算光照下的开路电压 V_{oc}。

图 3-4(a)、(b) 分别表示热平衡和光照情况下组分和掺杂都沿 x 方向不均匀的半导体，设材料两端分别和金属 A、B 形成欧姆接触，W_A、W_B 分别表示金属 A、B 的功函数。为普遍情况考虑，设 $E_{VAC}(x)$、$\chi(x)$、$E_g(x)$、$N_C(x)$、$N_V(x)$ 均为 x 的函数。热平衡状态下 E_F 为常数并与金属的 E_F 相同。光照下，电子和空穴的准费米能级为 $E_{Fn}(x)$、$E_{Fp}(x)$，金属 A、B 的费米能级之差为 qV_{oc}。

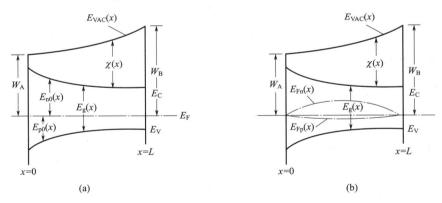

图 3-4　组分和掺杂沿 x 方向不均匀半导体的能带
(a) 热平衡状态；(b) 光照下

无光照时，$J_n = J_p = 0$，$E_{Fn} = E_{Fp} = E_F$，且 $n_0(x) = N_C(x)\mathrm{e}^{-E_{n0}(x)/kT}$，$p_0(x) = N_V(x)\mathrm{e}^{-E_{p0}(x)/kT}$，式中，$E_{n0}(x) = E_C(x) - E_F$，$E_{p0}(x) = E_F - E_V(x)$。

由式(3-6)、式(3-7)、式(3-8)、式(3-9)、式(3-13) 可得：

$$\left.\begin{array}{l} J_n = nq\mu_n\left[\varepsilon_0 - \dfrac{1}{q}\dfrac{\mathrm{d}\chi(x)}{\mathrm{d}x} - \dfrac{1}{q}\dfrac{\mathrm{d}E_{n0}(x)}{\mathrm{d}x}\right] = 0 \\[4mm] J_p = pq\mu_p\left[\varepsilon_0 - \dfrac{1}{q}\dfrac{\mathrm{d}(\chi + E_g)}{\mathrm{d}x} + \dfrac{1}{q}\dfrac{\mathrm{d}E_{p0}(x)}{\mathrm{d}x}\right] = 0 \end{array}\right\} \tag{3-18}$$

所以，热平衡时内建静电场强度 ε_0 为

$$\varepsilon_0 = \frac{1}{q}\left[\frac{\mathrm{d}\chi(x)}{\mathrm{d}x} + \frac{\mathrm{d}E_{n0}(x)}{\mathrm{d}x}\right] = \frac{1}{q}\left[\frac{\mathrm{d}(\chi + E_g)}{\mathrm{d}x} - \frac{\mathrm{d}E_{p0}(x)}{\mathrm{d}x}\right] \quad (3\text{-}19)$$

如果材料组分和掺杂都是均匀的，则 $\varepsilon_0 = 0$。

光照下，根据式（3-6）、式（3-7）、式（3-8）、式（3-9）和式（3-11），对非简并材料，可得：

$$
\begin{aligned}
J_n &= nq\mu_n\left[\varepsilon - \frac{1}{q}\frac{\mathrm{d}\chi(x)}{\mathrm{d}x} - \frac{1}{q}\frac{\mathrm{d}E_n(x)}{\mathrm{d}x}\right] \\
&= nq\mu_n\left[\varepsilon - \frac{1}{q}\frac{\mathrm{d}\chi(x)}{\mathrm{d}x} - \frac{kT}{q}\frac{\mathrm{d}\ln N_C(x)}{\mathrm{d}x}\right] + D_n q\frac{\mathrm{d}n}{\mathrm{d}x}
\end{aligned} \quad (3\text{-}20)
$$

$$
\begin{aligned}
J_p &= pq\mu_p\left[\varepsilon - \frac{1}{q}\frac{\mathrm{d}(\chi + E_g)}{\mathrm{d}x} + \frac{1}{q}\frac{\mathrm{d}E_p(x)}{\mathrm{d}x}\right] \\
&= pq\mu_p\left[\varepsilon - \frac{1}{q}\frac{\mathrm{d}(\chi + E_g)}{\mathrm{d}x} + \frac{kT}{q}\frac{\mathrm{d}\ln N_V(x)}{\mathrm{d}x}\right] - D_p q\frac{\mathrm{d}p}{\mathrm{d}x}
\end{aligned} \quad (3\text{-}21)
$$

太阳电池的开路电压为：

$$V_{oc} = \int_0^L (\varepsilon - \varepsilon_0)\mathrm{d}x \quad (3\text{-}22)$$

光照下，$n = n_0 + \Delta n$，$p = p_0 + \Delta p$，$\sigma = \sigma_0 + \Delta\sigma$，$\sigma = nq\mu_n + pq\mu_p$，$\sigma_0 = n_0 q\mu_n + p_0 q\mu_p$。开路情况下，$J_n = -J_p \neq 0$。热平衡状态下，$J_n = J_p = 0$，因此由式（3-20）、式（3-21）可得 ε、ε_0：

$$
\begin{aligned}
\varepsilon = \frac{1}{nq\mu_n + pq\mu_p}&\left[p\mu_p\frac{\mathrm{d}(\chi + E_g)}{\mathrm{d}x} + n\mu_n\frac{\mathrm{d}\chi}{\mathrm{d}x}\right.\\
&\left. - kTp\mu_p\frac{\mathrm{d}\ln N_V}{\mathrm{d}x} + kTn\mu_n\frac{\mathrm{d}\ln N_C}{\mathrm{d}x} + D_p q\frac{\mathrm{d}p}{\mathrm{d}x} - D_n q\frac{\mathrm{d}n}{\mathrm{d}x}\right]
\end{aligned}
$$

$$
\begin{aligned}
\varepsilon_0 = \frac{1}{n_0 q\mu_n + p_0 q\mu_p}&\left[p_0\mu_p\frac{\mathrm{d}(\chi + E_g)}{\mathrm{d}x} + n_0\mu_n\frac{\mathrm{d}\chi}{\mathrm{d}x}\right.\\
&\left. - kTp_0\mu_p\frac{\mathrm{d}\ln N_V}{\mathrm{d}x} + kTn_0\mu_n\frac{\mathrm{d}\ln N_C}{\mathrm{d}x} + D_p q\frac{\mathrm{d}p_0}{\mathrm{d}x} - D_n q\frac{\mathrm{d}n_0}{\mathrm{d}x}\right]
\end{aligned} \quad (3\text{-}23)
$$

将式（3-23）代入式（3-22），得：

$$
\begin{aligned}
V_{oc} = &-\int_0^L \left(\frac{q\mu_n\Delta n + q\mu_p\Delta p}{\sigma}\right)\varepsilon_0\mathrm{d}x + \\
&\int_0^L \frac{\mu_n\Delta n}{\sigma}\frac{\mathrm{d}\chi}{\mathrm{d}x}\mathrm{d}x + \int_0^L \frac{\mu_p\Delta p}{\sigma}\left(\frac{\mathrm{d}\chi}{\mathrm{d}x} + \frac{\mathrm{d}E_g}{\mathrm{d}x}\right)\mathrm{d}x - \\
&kT\int_0^L \left(\frac{\mu_p\Delta p}{\sigma}\frac{\mathrm{d}}{\mathrm{d}x}\ln N_V - \frac{\mu_n\Delta n}{\sigma}\frac{\mathrm{d}}{\mathrm{d}x}\ln N_C\right)\mathrm{d}x + \\
&kT\int_0^L \frac{1}{\sigma}\left(\mu_p\frac{\mathrm{d}}{\mathrm{d}x}\Delta p - \mu_n\frac{\mathrm{d}}{\mathrm{d}x}\Delta n\right)\mathrm{d}x
\end{aligned} \quad (3\text{-}24)
$$

从式（3-24）可以看出光生伏打效应的来源，第一项表示内建静电场对开路电压的贡献，一般指的光生电动势；第二、三、四项表示有效力场对开路电压的贡献，这在组分不同的化合物半导体构成的太阳电池尤其是异质结电池中，有时可起重要作用；最后一项是由于电子和

空穴扩散系数不同引起的光生电动势，称为丹倍电动势[1]。

如果不存在有效力场，则内建静电场是光生伏打效应的主要来源，它可以使光生非平衡电子和空穴各自向相反方向漂移，从而在材料两端形成一定的光生电动势，开路时就形成开路电压，其大小决定于 $(q\mu_n\Delta n + q\mu_p\Delta p)/\sigma = \Delta\sigma/\sigma$ 的值，一般 $\Delta\sigma/\sigma < 1$。$\Delta\sigma/\sigma$ 越接近 1，内建静电场对 V_{oc} 的贡献越大。例如在 p-n 结的耗尽区，$\Delta\sigma \approx \sigma$，该项对 V_{oc} 的贡献最大为 $\int \varepsilon_0 \mathrm{d}x$。

丹倍电动势一般很小，因为一般情况下，$\Delta n = \Delta p$，μ_n 与 μ_p 相差不大，所以该项贡献很小。但有些材料，例如非晶半导体，Δn 不一定等于 Δp，而且 μ_n 与 μ_p 可以相差几个数量级，这时丹倍效应对 V_{oc} 的贡献就变得比较重要了。

3.2 半导体界面及其类型

3.1 节的分析表明，如果要产生较强的光生伏打效应，系统中必须存在较强的内建静电场或有效力场。一般来说，要建立起内建静电场，需在两种不同材料之间构成界面，在界面及其附近将会形成一定的内建静电场。要形成有效力场，则需存在一个区域，该区域内半导体材料的组分不断发生变化，由于材料性质的变化而产生一定的有效力场，这种材料性质不断发生变化的区域可以看作是一连串的界面。这种界面可以在同质半导体或异质半导体之间形成，也可以在金属或绝缘体与半导体之间形成。这些有内建电场存在的区域能使光生载流子向相反方向分开，构成光生电流，这是太阳电池结构的基本要求，也是光生伏打效应的主要来源。本节不讨论丹倍效应的贡献。

3.2.1 半导体-真空界面

图 3-5 给出了热平衡状态下 n 型半导体-真空界面能带图，即半导体表面能带图。由于半导体表面存在着不饱和键（或称悬挂键），以及结构上的缺陷或吸附外来杂质，使得在半导体表面的禁带中具有分立的或连续分布的局域能态，称为表面态或界面态。如果表面是受主型的，电子占据受主型表面态后，半导体表面带负电荷，使得半导体表面下的薄层形成带

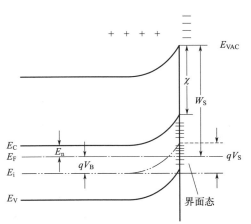

正电的空间电荷区，该区域存在从体内指向表面的内建静电场，表面能带向上弯曲，如图 3-5 所示，能带弯曲高度为 qV_s，V_s 称为半导体表面势。此处假定电子和空穴亲和势 χ 与 $\chi + E_g$ 保持不变，因而不存在有效力场。

由于表面能带向上弯曲，形成电子势垒，使得表面薄层内的电子耗尽，形成耗尽层。如果能带弯曲的高度超过 V_B，$qV_B = E_F - E_i$，则表面开始反型（即从 n 型转变为 p 型）；当表面势 $V_s = 2V_B$，表面为强反型。

如果表面具有施主型表面态，则表面带正电，形成空穴积累层，表面能带向下弯曲。

图 3-5 热平衡状态下 n 型半导体-真空界面的能带

3.2.2 半导体-半导体同质结

3.2.2.1 n-p同质结

图 3-6 为热平衡状态下的 n-p 同质结能带图。由于两者的功函数不同，形成 p-n 结后，在界面附近形成空间电荷区，该区域具有从 n 指向 p 的内建静电场，n 区带正电，p 区带负电，两端的电势差 $V_{bi} = (W_p - W_n)/q = (E_{Fn} - E_{Fp})/q$，空间电荷区宽度 $W = W_1 + W_2$，W_1、W_2 分别为 n 区和 p 区内空间电荷区的宽度。因为是同质结，所以不存在有效力场。当有偏置电压或光照时，p-n 结处于非平衡态，势垒改变了 qV，此时 V_{bi} 将变为 $V_{bi} - V$。

3.2.2.2 n⁺-n(p⁺-p)同质结

图 3-7 为热平衡状态下的 n⁺-n 同质结能带图。界面附近 n 区形成电子积累层，n⁺ 区形成电子耗尽层。空间电荷区内存在自 n⁺ 区指向 n 区的内建场，构成的势垒阻止少数载流子空穴从 n 区流向 n⁺ 区。这种结在太阳电池中常称为高低结。

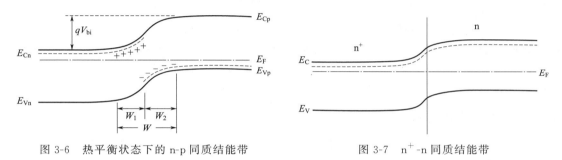

图 3-6 热平衡状态下的 n-p 同质结能带   图 3-7 n⁺-n 同质结能带

3.2.3 半导体-半导体异质结

3.2.3.1 突变反型异质结

图 3-8 为热平衡状态下假定不存在界面态以及电子和空穴亲和势发生突变情况下的理想 n-p 异质结能带图，此图称为安德森模型[2]。设 χ_1、χ_2 分别为 n 型和 p 型材料的电子亲和势，$\chi_1 + E_{g1}$、$\chi_2 + E_{g2}$ 分别为 n 型和 p 型材料的空穴亲和势，$W_{n1} = \chi_1 + E_{n1}$、$W_{p2} = \chi_2 + E_{g2} - E_{p2}$ 分别为 n 型和 p 型材料的功函数。在结 $x=0$ 处，因为 χ_1 与 χ_2 不同、$\chi_1 + E_{g1}$ 与 $\chi_2 + E_{g2}$ 不同，所以存在有效力场；因为 W_{n1} 与 W_{p2} 不同，所以存在内建电场，在两种材料界面两边形成空间电荷区，n 型区一边为正，p 型区一边为负。由于不存在界面态，势垒区中正负电荷数相等，但由于两种材料的介电常数不同，内建静电场强度在 $x=0$ 处不连续。空间电荷区能带发生弯曲，弯曲量为：

$$qV_{bi} = qV_{bi1} + qV_{bi2} = E_{F2} - E_{F1} \tag{3-25}$$

其中，qV_{bi1}、qV_{bi2} 分别为界面两侧 n 区和 p 区的能带弯曲量。与 p-n 同质结相比，异质结界面附近的能带有两个特点：一是 n 型材料的导带底在界面处形成一个向上的"尖峰"，p 型材料的导带底在界面处形成一个向下的"凹口"；二是能带在交界面处由于亲和势的不同而不连续，存在突变。导带底的突变 ΔE_c 为两种材料电子亲和势之差，即：

$$\Delta E_C = \chi_1 - \chi_2 \tag{3-26}$$

价带底的突变 ΔE_V 为两种材料空穴亲和势之差，即：

$$\Delta E_V = \chi_2 + E_{g2} - (\chi_1 + E_{g1}) \tag{3-27}$$

对于同质结，$\Delta E_C = \Delta E_V = 0$。

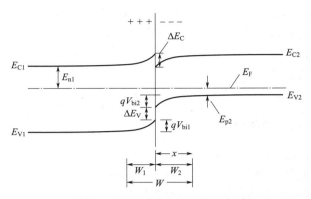

图 3-8　热平衡时 n-p 异质结能带

　　实际的异质结由于两边材料的晶格失配，在交界面处可能产生悬挂键，引入界面态，从而使异质结的性能主要由界面态决定。如果界面态密度很大，它会起屏蔽作用，产生费米能级"钉扎"效应。其次，两种材料性质的变化不一定是突变的，两边材料由于化学元素不同可能产生互扩散从而改变界面情况。

3.2.3.2　突变同型异质结

　　由两种相同导电类型的半导体材料构成的异质结称为同型异质结。图 3-9 给出了一个热平衡状态下的 n-n 突变同型异质结的能带图。图中假设组成异质结的两个半导体材料功函数

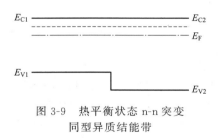

图 3-9　热平衡状态 n-n 突变
同型异质结能带

以及电子亲和势相同，且假定不存在界面态。由图可见，这种异质结不存在空间电荷区，因而没有内建静电场。但由于两种材料的禁带宽度不同，空穴的亲和势不同，从而在 $x=0$ 处形成作用于空穴的有效力场，若略去有效态密度的变化，则 $F_n = \dfrac{\mathrm{d}\chi}{\mathrm{d}x} = 0$，$F_p = -\dfrac{\mathrm{d}(\chi + E_g)}{\mathrm{d}x} = -\dfrac{\mathrm{d}E_g}{\mathrm{d}x}$。

3.2.3.3　缓变禁带异质结

　　如果半导体材料的电子亲和势、禁带宽度、空穴亲和势、有效态密度随位置 x 发生变化，则可以看成是一连串异质结。图 3-10 为具有相同功函数和空穴亲和势的 p 型材料，其电子亲和势和禁带宽度随位置而变，可看作是一连串 p 型材料构成的异质结。这种结构中并不存在内建静电场，而是存在电子的有效

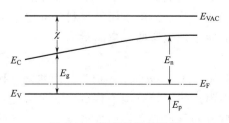

图 3-10　缓变禁带异质结

力场，略去有效态密度的变化，则 $F_n = \dfrac{\mathrm{d}\chi}{\mathrm{d}x}$，$F_p = -\dfrac{\mathrm{d}(\chi + E_g)}{\mathrm{d}x} = 0$。

3.2.4 半导体-金属界面

图 3-11 给出了两个热平衡状态下的半导体-金属的能带图，两者均是 n 型半导体且不存在表面态，不同之处是：图 3-11(a) 为 $W_M > W_S$，图 3-11(b) 为 $W_M < W_S$。图 3-11(a) 中，半导体表面形成耗尽层，表面处已经反型；图 3-11(b) 中半导体表面形成积累层。

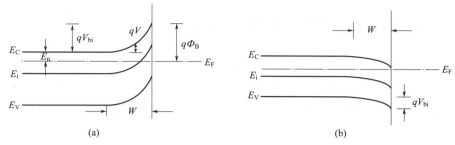

图 3-11 热平衡状态下两种半导体-金属能带
(a) $W_M > W_S$；(b) $W_M < W_S$

两种情况下，界面附近的半导体一侧有内建电场，产生了附加静电势，能带发生弯曲。图 3-11(a) 中，能带向上弯，形成电子势垒，半导体一侧的势垒高度为：

$$qV_{bi} = W_M - W_S \tag{3-28}$$

金属一边的肖特基势垒高度为：

$$q\phi_B = qV_{bi} + E_n = W_M - \chi \tag{3-29}$$

这种金属-半导体界面是一种整流接触，具有类似于 p-n 结的 $J\text{-}V$ 特性。图 3-11(b) 中能带向下弯，并不存在多数载流子的势垒，这种界面可能形成欧姆接触。

对于 p 型半导体，当 $W_M < W_S$ 时形成多子势垒，为整流接触；而当 $W_M > W_S$ 时，不存在多子势垒，则可能形成欧姆接触。

根据巴丁考虑界面态时引入的模型[3]，可以分析在半导体表面的禁带内存在的表面态情况。表面态对应的能级称为表面能级，表面态一般分为施主型和受主型两种。表面存在一个距离价带顶 $q\phi_0$ 的能级，电子正好填满 $q\phi_0$ 以下所有表面态时，表面呈电中性；$q\phi_0$ 以下的表面态空着时，表面带正电；$q\phi_0$ 以上的表面态被电子填充时，表面带负电，呈现受主型。对于大多数半导体，$q\phi_0$ 位于禁带的三分之一处。

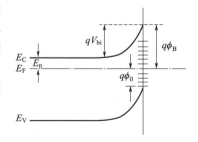

图 3-12 高表面态密度的
半导体-金属能带

如果表面态密度很大，只要 E_F 比 $q\phi_0$ 高一点，表面态上就会积累很多负电荷，势垒高度 $qV_{bi} = E_g - q\phi_0 - E_n$，$q\phi_B = E_g - q\phi_0$，此时费米能级被高度钉扎，不论哪种金属与半导体接触，势垒高度都与金属功函数无关，见图 3-12。

3.2.5 半导体-绝缘体界面

一般半导体与绝缘体构成的界面可以钝化、保护半导体表面，绝缘层可以束缚住半导体表面的一些不饱和键，并可以使大量的表面态成为有效复合中心使表面不导电。在太阳电池应用中，这种具有高度复合中心的边界往往起一个少子陷坑（sink）作用，是光生载流子的损耗途径之一。

由于绝缘层内存在着固定电荷，会使半导体表面能带弯曲，例如对 Si/SiO$_2$ 界面，实验发现在界面附近半导体一侧存在正的固定电荷[4]，这些电荷对金属-绝缘体-半导体（MIS）反型层太阳电池是非常有利的。实验还发现，在 Si 表面生长的 Si$_3$N$_4$ 中也会存在固定正电荷[5]。在晶体硅太阳电池中，已经利用这些薄膜界面存在的固定电荷，发展了硅表面的钝化技术，详见 4.3.6 小节。

3.2.6　金属-绝缘体-半导体和半导体-绝缘体-半导体界面

在金属和半导体之间或在半导体与半导体之间引入一层超薄绝缘层构成金属-绝缘体-半导体（MIS）界面或半导体-绝缘体-半导体（SIS）结构组成另一种类型的界面。引入的这层超薄绝缘层可以改进势垒区的情况。它可以影响界面态，可以在绝缘层中产生固定电荷，可以影响载流子通过界面时的输运过程，还可以引起或抑制界面处的化学反应。

3.2.6.1　MIS 界面

MIS 结构是在沉积金属前有目的地先在半导体上沉积一层超薄绝缘层，绝缘层的厚度 d 一般在 1.5～5.0nm，电子和空穴可直接通过隧道效应贯穿这层绝缘层而迁移过去，构成可以导电的结构。

图 3-13 为 n 型半导体构成的 MIS 结构的能带图。此时由于金属和半导体功函数的不同而引起的电势差一部分落在半导体表面形成的空间电荷区，另一部分落在绝缘层，其值应等于半导体内建电势能 qV_{bi} 与 I 层电势能 Δ_I 之和，即：

$$qV_{bi} + \Delta_I = W_M - W_S \tag{3-30}$$

qV_{bi} 为半导体一边的势垒高度。金属一边的势垒高度 $q\phi_B$ 为：

$$q\phi_B = W_M - \chi - \Delta_I \tag{3-31}$$

由式（3-30）和式（3-31）式可见，在 MIS 结构中，半导体表面的能带弯曲量，即势垒高度 qV_{bi} 或势垒 $q\phi_B$ 可以通过 Δ_I 来调节，即通过薄绝缘层以及选择合适的金属来改变。如图 3-13 所示，如果选择合适的金属，可以使 Δ_I 成为负值，则金属一边的 $q\phi_B$ 将升高，这样与 n 型半导体直接与金属构成的界面相比，MIS 结构中表面势垒将提高 Δ_I。

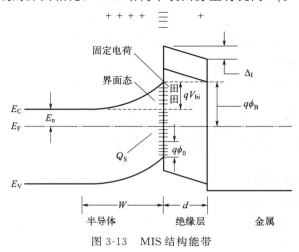

图 3-13　MIS 结构能带

对 n 型半导体来说，如果 I 层带有负电荷，则可以使电子势垒增高。如果是 p 型材料，则 I 层带有正电荷时，可使空穴势垒升高。如果 I 层内固定正电荷很多，则势垒可以高到使 p 型半导体表面形成反型层，即表面薄层变成 n 型，构成场感应 p-n 结。

3.2.6.2 SIS 界面

与 MIS 结构类似，如果将金属换为半导体，则形成所谓 SIS 结构。在太阳电池应用中，这层会用禁带很宽的半导体，如 ITO 透明导电薄膜，其禁带宽度为 3.6eV，对可见光透明，电阻率约为 $10^{-4}\Omega \cdot cm$，导电性能较好。引入超薄绝缘层后，可以改善半导体界面态密度，也可能引入固定电荷，使表面势垒改变，影响载流子的输运过程。

3.3 用于太阳电池的半导体界面组态

由前所述，太阳电池的核心部分是能够产生强大的静电场或有效力场的两种材料的界面，称之为光生伏打效应的界面；其次还需要传输载流子到外电路，具有较低电阻的金属半导体界面，称之为欧姆接触。以下分别介绍这两类界面结构。

3.3.1 光生伏打效应的界面结构

图 3-14 给出了太阳电池可以采用的五种界面结构，这些基本结构以及某些稍有变化的界面都能产生光生伏打效应。图 3-14（a）是 p-n 同质结，以及由此派生出来的 pin 结是最基本的太阳电池结构，在 p-n 结界面附近存在内建静电场，光照时依靠内建静电场产生光生电动势。图 3-14（b）是由不同材料构成的异质结，包括禁带宽度缓变的异质结构，不论是突变结还是缓变结，界面附近除了能产生内建静电场外，还可能产生内建有效力场。图 3-14（c）是半导体异质结之间引入一层绝缘层，形成 SIS 结构，在某一种半导体表面附近形成具有内建场的耗尽区，以产生光生电动势。图 3-14（d）是金属-半导体构成的 MS 结构，形成肖特基结，若内建场扩展到整个半导体，则会形成 MSM 结构。图 3-14（e）是在金属-半导体之间引入一层超薄绝缘体构成的 MIS 结，半导体与绝缘层界面附近的半导体一侧可以形成多数载流子的积累，也可以形成少数载流子的反型层，具有内建静电场，形成光生电动势。

以上几种基本结构是太阳电池中常用的界面组态，但随着太阳电池的发展和研究的更加深入，人们发现 MS 结构的太阳电池性能总是不如 p-n 结太阳电池，其原因如下：

① 如果肖特基势垒大于 $E_g/2$，界面附近区域的少数载流子会大于多数载流子，形成反型层，光照下反型层大量复合来自于金属的多数载流子，降低 V_{oc}、J_{sc}。为了降低反型层的影响，势垒不能太高，这就限制了光生电压。

② 在高掺杂半导体制备的 MS 结构中，形成势垒的空间电荷区很薄，多数载流子容易发生隧道效应，从半导体进入金属，从而减弱肖特基势垒的作用。

③ 金属-半导体接触形成冶金界面，存在一定的界面态，形成载流子的复合陷阱，限制了光生电压。

3.3.2 欧姆接触

金属和半导体接触可以形成整流接触，也可以形成非整流接触，即欧姆接触。欧姆接触

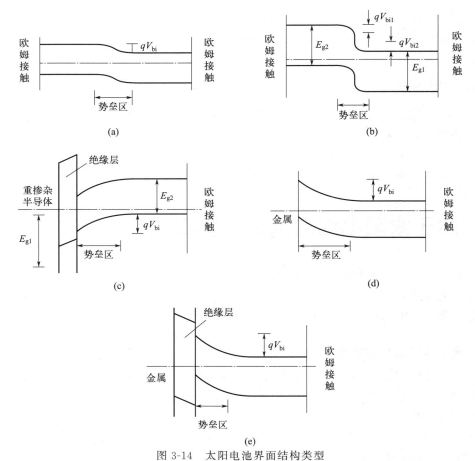

图 3-14　太阳电池界面结构类型

（a）同质结电池；（b）异质结电池；（c）SIS 电池；（d）MS 电池；（e）MIS 电池

是指当电流流过时，它不产生明显的附加阻抗，而且不会使半导体内部的平衡载流子浓度发生显著的改变。从电学上讲，理想欧姆接触的接触电阻应当很小，同时还应具有线性的和对称的电流与电压关系。在制造太阳电池时，一般都要利用金属输入或输出电流，这就要求在金属和半导体之间形成良好的欧姆接触。

　　一般来说，可以采用两种方法形成欧姆接触。一种是在金属与半导体界面附近的半导体一侧形成多数载流子的积累层，由于积累层没有整流作用，可以实现欧姆接触。当 $W_M < W_S$，在金属和 n 型材料的界面附近半导体一侧形成多子积累层；当 $W_M > W_S$，金属和 p 型材料的界面附近半导体一侧形成多子积累层。另一种方法是利用金属和重掺杂半导体界面附近形成势垒区宽度很薄的内建电场区，载流子通过隧道效应贯穿势垒，构成隧道电流。当以隧道电流为主时，电流与电压近似为线性对称关系，可以形成理想的欧姆接触。

　　然而，如果半导体材料有很高的表面态密度，则无论是 n 型或 p 型与金属接触都会形成势垒，与金属功函数关系不大，不易得到积累层，因此不能用选择金属的办法来制造欧姆接触。在实际工作中，常常利用隧道效应的原理制造欧姆接触。见图 3-14(d)，当半导体重掺杂时，势垒区很薄，多数载流子的隧道贯穿概率很大，这时以多子隧道电流为主，因而形成欧姆接触。

此外，太阳电池中的欧姆接触还需注意一个问题，就是要尽量减小光生载流子的损失。因此，这种欧姆接触希望多数载流子能很容易漂移过去对电流有贡献，而又不能使少数载流子遭到损失。如果是多数载流子积累层形成欧姆接触，则薄积累层中的电场方向有利于多子漂移越过欧姆接触构成多子电流，也有利于少子离开欧姆接触界面，阻碍少子进入积累层。但如果利用隧道效应制作的欧姆接触，势垒区内建电场的方向是不利于光生少数载流子的，它会使少子流向欧姆接触的界面。重掺杂半导体与金属形成的界面通常会有较高的复合中心，少子流向欧姆接触后将和多数载流子复合，形成复合电流，造成光生载流子的复合损失，这对太阳电池是不利的，这种欧姆接触常常起少子陷阱的作用。

3.3.3 选择性欧姆接触

太阳电池中最好的欧姆接触是少数载流子的表面复合速度 $S \to 0$，多数载流子都能通过，也就是说，这种接触既能阻挡少数载流子的进入，又能形成多数载流子的欧姆接触，具有这种性质的接触称为选择性欧姆接触。图 3-15 给出了两种选择性欧姆接触的界面结构，在这样的结构中，少子的表面复合速度 S 可以很小，低于 $10^2 \mathrm{cm/s}$，图中假设是 p 型半导体，使光生载流子分开的 "结" 在图的左面（未画出）。

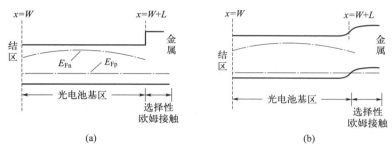

图 3-15　两种选择性欧姆接触界面结构
（a）导带突变；（b）高低结

图 3-15（a）接触处是通过 p-p$^+$ 异质结再与金属接触，在异质结界面 $x = W + L$ 处导带发生一个突变，阻止少子电子流向金属，该处并不存在内建静电场，只存在内建有效力场，而对多数载流子空穴来说却很容易通过并流向金属，再由隧道效应贯穿 p$^+$-金属势垒形成多数载流子的欧姆接触，这大大减少了少数载流子的复合损失。图 3-15（b）接触处是同质的 p-p$^+$-金属结构，p-p$^+$ 形成一个高低结，在 $x = W + L$ 界面处存在一个自 p 区指向 p$^+$ 区的内建静电场，形成一个电子势垒，电场方向一方面有利于多子流向金属，一方面却阻挡少子通过，因此也是一种良好的选择性欧姆接触。

3.4 精细平衡原理

太阳电池性能的一个基本限制条件来自于精细平衡原理。太阳电池在吸收太阳辐射的同时，也向周围环境进行自发辐射，太阳电池与环境一样，都会发射红外光子。精细平衡原理要求：太阳电池在热平衡状态时，受激吸收的光子数和自发辐射的光子数应相等。

3.4.1 黑暗状态

根据量子力学知识，半导体材料吸收和发射光子的形式有三种：①受激吸收：处于价带 E_V（基态）的电子吸收能量 E 的光子后，跃迁到导带 E_C（激发态）；②自发辐射：处于导带 E_C 的电子发生弛豫，回到价带 E_V，发射出能量 E 的光子；③ 受激辐射：导带 E_C 的电子吸收能量 E 的光子后发生弛豫，回到价带 E_V，发射出两个能量为 E 的光子，这两个光子的频率、位相、传播方向以及偏振状态全相同。

在黑暗状态下，太阳电池和周围环境之间主要发生的过程是受激吸收和自发辐射，如图 3-16 所示。由于受激辐射的发生条件之一是需要有较多的电子处于激发态 E_C，但是黑暗中只有很弱的环境辐射，使得太阳电池的激发态上几乎是空态，因此受激辐射不明显，可以忽略。

图 3-16　光子的受激吸收（a）和自发辐射（b）

在黑暗中，太阳电池与环境辐射处于热平衡状态。虽然太阳电池的标准测试条件的环境温度是（25±1）℃，但有时为了讨论方便，使用绝对温度 300K 作为室温。在该温度下，太阳电池和环境辐射处于热平衡状态，都会发出以红外波段为主的电磁波，满足精细平衡原理的要求。假设环境辐射也是一种黑体辐射，环境温度为 T_a。由式（1-24），环境光子角通量 $\beta_a(\mathrm{cm^{-2} \cdot eV^{-1} \cdot s^{-1} \cdot sr^{-1}})$ 为：

$$\beta_a(E, T_a) = \frac{2E^2}{h^3 c^2 \left[\exp\left(\dfrac{E}{k_B T_a} \right) - 1 \right]} \tag{3-32}$$

将式（3-32）对立体角 Ω 积分，与式（1-29）类似，得到太阳电池垂直接收到的环境光子通量 $b_a(\mathrm{cm^{-2} \cdot eV^{-1} \cdot s^{-1}})$ 为：

$$b_a(E, T_a) = \frac{2F_a}{h^3 c^2} \frac{E^2}{\exp\left(\dfrac{E}{k_B T_a} \right) - 1} \tag{3-33}$$

$$F_a = \int_0^{\frac{\pi}{2}} \cos\theta \sin\theta \mathrm{d}\theta \int_0^{2\pi} \mathrm{d}\Phi = \pi \tag{3-34}$$

式中，F_a 是环境几何因子，与式（1-17）类似，太阳电池表面接收环境辐射的角度相当于半个空间，立体角 Ω 范围为纬度 $\theta \in (0, \pi/2)$，经度 $\Phi \in (0, 2\pi)$。

假设太阳电池从环境吸收的每个光子都转换为电子，且电池背面不吸收环境辐射，则受激吸收产生的电流密度 $j_{abs}[\mathrm{A/(cm^2 \cdot eV)}]$ 为[6]：

$$j_{abs}(E) = q[1 - R(E)]\alpha(E)b_a(E, T_a) \tag{3-35}$$

式中，α 是吸收率（%）；$\alpha(E)$ 是太阳电池吸收光子能量 E 的概率，由半导体的吸收系数 α 和入射光的光程决定；R 是反射率（%），$R(E)$ 是太阳电池表面反射能量 E 光子的概率。若要得到受激吸收对电流的贡献，还需要对式(3-35)在太阳电池面积 A 和太阳光谱 E 上积分。更准确地，还应考虑太阳电池背表面的环境辐射，则受激吸收电流应为式(3-35)的 2 倍。在以后讨论中，均假设太阳电池背面不吸收环境辐射。

当太阳电池和环境辐射处于热平衡状态时，电池温度 T 和环境温度 T_a 相等，所以太阳电池除了受激吸收，还会进行自发辐射。将太阳电池看成是一种温度为 T_a 的黑体辐射。与式(3-35)类似，自发辐射光谱电流 $j_e[A/(cm^2 \cdot eV)]$ 为：

$$j_e(E) = q[1 - R(E)]\varepsilon(E)b_a(E, T_a) \tag{3-36}$$

式中，ε 是辐射率（%），$\varepsilon(E)$ 是太阳电池自发辐射发出能量 E 光子的概率。

因为太阳电池处于热平衡状态，受激吸收光谱电流 j_{abs} 和自发辐射光谱电流 j_e 相等，即式(3-35)和式(3-36)相等，由此得到：

$$\alpha(E) = \varepsilon(E) \tag{3-37}$$

这就是精细平衡原理的表达式，即在热平衡状态，电子从基态跃迁到激发态的概率 $\alpha(E)$，与电子从激发态弛豫回到基态的概率 $\varepsilon(E)$ 相等。

3.4.2 光照状态

光照情况下，式(1-29)太阳电池接收的太阳光子通量为：

$$b_s(E, T_s) = \int_\Omega \beta_s(E, T_s)\cos\theta d\Omega = \beta_s F_s = \frac{2F_s}{h^3c^2}\frac{E^2}{\exp(E/k_B T_s) - 1}$$

太阳辐射和环境辐射同时使太阳电池发生受激吸收，因此受激吸收光谱电流增加为：

$$j_{abs}(E) = q[1 - R(E)]\alpha(E)[b_s(E, T_s) + b_a(E, T_a)] \tag{3-38}$$

同时，由于太阳光的照射使得太阳电池本身的自发辐射也发生变化，即有更多的电子跃迁到激发态 E_c，得到一定的化学势 μ_c、μ_v，系统的化学势差 $\Delta\mu > 0$；导带化学势的增加使得更多电子发生弛豫，从而增加自发辐射。根据黑体辐射的普朗克定律，光照下太阳电池的自发辐射光子角通量 $\beta_e(cm^{-2} \cdot eV^{-1} \cdot s^{-1} \cdot sr^{-1})$ 为[7,8]：

$$\beta_e(E, \Delta\mu, T_a) = \frac{2n_s^2}{h^3c^2}\frac{E^2}{\exp[(E - \Delta\mu)/k_B T_a] - 1} \tag{3-39}$$

式中，n_s 是半导体的折射率。由于半导体材料相对于空气是光密物质，自发辐射被限制在全反射的临界角内。对自发辐射光子角通量 β_e 在立体角 Ω 范围 $\theta \in (0, \theta_c)$，经度 $\varphi \in (0, 2\pi)$ 范围内积分，得到光照下自发辐射光子通量 $b_e(cm^{-2} \cdot eV^{-1} \cdot s^{-1})$ 为：

$$b_e(E, \Delta\mu, T_a) = \frac{2n_s^2 F_e}{h^3c^2}\frac{E^2}{\exp[(E - \Delta\mu)/k_B T_a] - 1} \tag{3-40}$$

$$\theta_c = \arcsin\left(\frac{1}{n_s}\right) \tag{3-41}$$

$$F_e = \pi\sin^2\theta_c = \pi\frac{1}{n_s^2} \tag{3-42}$$

式中，临界角 θ_c 根据斯涅耳定律得到，F_e 为自发辐射几何因子。

由式(3-34)和式(3-42)可以得到：

$$n_s^2 F_e = F_a = \pi \tag{3-43}$$

由式(3-40)和式(3-43)，光照下太阳电池的自发辐射光子通量为：

$$b_e(E, \Delta\mu, T_a) = \frac{2F_a}{h^3c^2}\frac{E^2}{\exp[(E - \Delta\mu)/k_B T_a] - 1} \tag{3-44}$$

当化学势差 $\Delta\mu=0$ 时，由式(3-33)和式(3-44)，自发辐射和环境辐射相等：

$$b_e(E,0,T_a)=b_a(E,T_a) \tag{3-45}$$

于是，光照下的自发辐射光谱电流修正为：

$$j_e(E)=q[1-R(E)]\varepsilon(E)b_e(E,\Delta\mu,T_a) \tag{3-46}$$

假设精细平衡原理成立，$\alpha(E)=\varepsilon(E)$，且化学势差 $\Delta\mu=0$，光照下的自发辐射光谱电流 j_e[式(3-46)]可以简化为黑暗中的自发辐射光谱电流 j_e[式(3-36)]。根据参考文献可以进一步证明[3]，光照下如果化学势差 $\Delta\mu$ 是常数，$\alpha(E)=\varepsilon(E)$ 仍然成立。

在光照下，太阳电池在受激吸收和自发辐射的共同作用下产生的净光谱电流 j_{net}[A/(cm^2·eV)]为：

$$\begin{aligned}j_{net}(E)&=j_{abs}(E)-j_e(E)\\&=q[1-R(E)]\alpha(E)[b_s(E,T_s)+b_a(E,T_a)-b_e(E,\Delta\mu,T_a)]\end{aligned} \tag{3-47}$$

太阳电池受辐射引起的受激吸收净光谱电流 j_{abs_net}[A/(cm^2·eV)]为：

$$j_{abs\_net}(E)=q[1-R(E)]\alpha(E)b_s(E,T_s) \tag{3-48}$$

在光照下，太阳电池的自发辐射大于环境辐射引起的受激吸收，因此太阳电池表现为净自发辐射。由式(3-45)，太阳电池自发辐射引起的净光谱电流 j_{e_net}[A/(cm^2·eV)]为：

$$\begin{aligned}j_{e\_net}(E)&=q[1-R(E)]\alpha(E)[b_e(E,\Delta\mu,T_a)-b_a(E,T_a)]\\&=q[1-R(E)]\alpha(E)[b_e(E,\Delta\mu,T_a)-b_e(E,0,T_a)]>0\end{aligned} \tag{3-49}$$

所以，在光照条件下，太阳电池有较大的自发辐射，这是不可避免的能量损失，也是限制理论转换效率极限的原因之一。

由式(3-48)和式(3-49)，式(3-47)还可表示为：

$$j_{net}(E)=j_{abs}(E)-j_e(E)=j_{abs\_net}(E)-j_{e\_net}(E) \tag{3-50}$$

3.5 电流

本节将计算太阳电池因受激吸收产生的光生电流 J_{ph} 和自发辐射产生的暗电流 J_{dark}，从而得到太阳电池的输出电流 $J=J_{ph}-J_{dark}$。假设在两能级系统中，初始的基态 E_V 完全填满，初始的激发态 E_C 完全空缺，基态和激发态之间的带隙为 $E_g=E_C-E_V$，如图3-17所示。能量 $E<E_g$ 的光子，不能使电子从基态跃迁到激发态。能量 $E>E_g$ 的光子，可以使电子从基态跃迁到激发态，但是受激电子会很快弛豫回到激发态底部，多余的能量 $E-E_g$

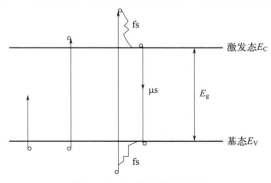

图 3-17　光子的本征吸收

作为热量，以红外光的形式耗散。即使光子能量 $E \gg E_g$，光子的作用和 $E = E_g$ 的光子是一样的。这种受激吸收称为本征吸收。决定光生电流的是光子通量 b，而不是辐照度 P。在光照下，电子都处于准热平衡态，太阳电池的温度视为环境温度 T_a。

3.5.1 光生电流

如果用收集概率 η_c 描述载流子被接触电极收集的概率，那么光生电流 J_{ph} 是受激吸收净光谱电流 j_{abs_net}［式(3-48)］对光谱能量 E 的积分：

$$J_{ph} = J_{sc} = q \int_0^\infty \eta_c(E) [1 - R(E)] \alpha(E) b_s(E, T_s) dE \qquad (3-51)$$

其中 J_{sc} 是太阳电池的短路电流，短路情况下流过外电路的电流等于光生电流。

定义量子效率（Quantum efficiency，QE）为：

$$QE(E) = \eta_c(E) [1 - R(E)] \alpha(E) \qquad (3-52)$$

则光生电流可以简单表示为：

$$J_{ph} = J_{sc} = q \int_0^\infty QE(E) b_s(E, T_s) dE \qquad (3-53)$$

为了简化计算，我们做进一步的假设如下。

第一，假设太阳电池表面没有反射，反射率满足：

$$R(E) = 0 \qquad (3-54)$$

第二，假设所有能量的光子都能使电子从基态 E_V 跃迁到激发态 E_C，实现本征吸收。但是，一个光子只能激发一个电子，吸收率满足：

$$\alpha(E) = \begin{cases} 1 & E > E_g \\ 0 & E < E_g \end{cases} \qquad (3-55)$$

第三，假设所有载流子全部被分离，没有发生自发辐射的电子都可以被负电极收集，进入外电路，驱动负载电阻，收集率满足：

$$\eta_c(E) = 1 \qquad (3-56)$$

将式(3-54)～式(3-56)代入式(3-52)，得到量子效率：

$$QE(E) = \begin{cases} 1 & E > E_g \\ 0 & E < E_g \end{cases} \qquad (3-57)$$

将式(3-57)代入式(3-53)可知，当光子能量 $E < E_g$ 时，量子效率为 0，光生电流也为 0。只有入射光子能量 $E > E_g$ 时，才会产生光生电流 J_{ph}，其大小为：

$$J_{ph} = J_{sc} = q \int_{E_g}^\infty b_s(E, T_s) dE \qquad (3-58)$$

由式(3-58)可见，光生电流（短路电流）依赖于带隙 E_g 和太阳光谱。带隙越小，光生电流（短路电流）越大。为了使不同太阳电池的参数之间可以进行客观对比，需要非常清晰地定义太阳光谱，这也是研究人员对 AM0 和 AM1.5 的光谱分布有详细约定的根本原因。

3.5.2 暗电流

在暗态条件下，太阳电池的电极间加上电压 V 会产生一个电流，称为暗电流 J_{dark}。假设理想半导体材料没有缺陷，不会出现陷阱复合，所有的受激电子都只通过自发辐射方式从激发态弛豫到基态。因此，暗电流 J_{dark} 是自发辐射净光谱电流 J_{e_net}［式(3-49)］对光谱能量 E 的积分：

$$J_{\text{dark}}(\Delta\mu) = q \int_0^\infty \eta_c(E)[1-R(E)]\alpha(E)[b_e(E,\Delta\mu,T_a) - b_e(E,0,T_a)]\mathrm{d}E \quad (3\text{-}59)$$

理想半导体材料中，载流子的输运没有损失，任何地方的化学势差都是常数，满足下式[9]：

$$\Delta\mu = qV \quad (3\text{-}60)$$

$$J_{\text{dark}}(V) = q \int_0^\infty \eta_c(E)[1-R(E)]\alpha(E)[b_e(E,qV,T_a) - b_e(E,0,T_a)]\mathrm{d}E \quad (3\text{-}61)$$

光生电流 J_{ph} 等于短路电流 J_{sc}，并与暗电流 J_{dark} 的方向相反，二者叠加得到流过外电路负载的电流：

$$J(V) = J_{\text{sc}} - J_{\text{dark}}(V) \quad (3\text{-}62)$$

将式(3-58) 和式(3-61) 代入式(3-62)，得到电流表达式为：

$$J(V) = q \int_0^\infty \eta_c(E)[1-R(E)]\alpha(E)[b_s(E,T_s) - b_e(E,qV,T_a) + b_e(E,0,T_a)]\mathrm{d}E \quad (3\text{-}63)$$

如果量子效率满足式(3-57)，将式(3-54)～式(3-56) 代入式(3-63)，电流简化为：

$$J(V) = q \int_{E_g}^\infty [b_s(E,T_s) - b_e(E,qV,T_a) + b_e(E,0,T_a)]\mathrm{d}E \quad (3\text{-}64)$$

因为在室温下，$kT_a \approx 0.0258\text{eV}$，光子能量 $E \gg kT_a$，式(3-44) 中的指数项很大，可以简化为：

$$b_e(E,qV,T_a) = \frac{2F_a}{h^3 c^2} E^2 \exp[(qV-E)/k_B T_a] \quad (3\text{-}65)$$

将式(3-65) 代入式(3-64)，电流表达式为：

$$J(V) = q \int_{E_g}^\infty \{b_s(E,T_s) - b_e(E,0,T_a)[\exp(qV/k_B T_a) - 1]\}\mathrm{d}E \quad (3\text{-}66)$$

由式(3-58) 和式(3-66)，可以得到：

$$J(V) = J_{\text{sc}} - J_0[\exp(qV/k_B T_a) - 1] \quad (3\text{-}67)$$

其中包含了二极管模型的肖克莱方程：

$$J_{\text{dark}} = J_0[\exp(qV/k_B T_a) - 1] \quad (3\text{-}68)$$

其中，反向饱和电流 J_0 依赖于半导体材料的带隙 E_g 和环境温度 T_a：

$$J_0 = q \int_{E_g}^\infty b_e(E,0,T_a)\mathrm{d}E \quad (3\text{-}69)$$

假设半导体材料的带隙 $E_g = 0.7\text{eV}$，环境温度 $T_a = 300\text{K}$，太阳光谱为 $T_s = 5960\text{K}$ 的黑体辐射。光生电流依赖于电池可以吸收的太阳光子通量 $[b_s(E,T_s)QE(E)]$，它们较均匀地分布在光子能量 E 的范围内。但是，暗电流依赖于自发辐射的净光子通量 $b_e(E,qV,T_a) - b_e(E,0,T_a)$，它们集中分布在接近带隙 0.7eV 附近。因此，净光子通量为上述二者的叠加 $b_s(E,T_s)QE(E) - b_e(E,qV,T_a) + b_e(E,0,T_a)$，它决定电流 J，并且在带隙 E_g 附近表现为自发辐射为主，在更大的光子能量 E 范围内表现为受激吸收为主，如图 3-18 所示。当电压增加，自发辐射增加，电流 J 减小；当电压增加到开路电压 V_{oc}，自发辐射和受激吸收满足精细平衡原理，电流 J 为 0，而且开路电压总是比 E_g/q 小。若电压继续增加，超过 V_{oc}，自发辐射将超过受激吸收，太阳电池变为发光器件 LED，电压 V 的电能转换成发射的辐射能。

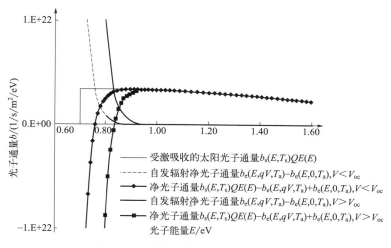

图 3-18 受激吸收和自发辐射的平衡

3.6 太阳电池的特性

3.6.1 伏安特性曲线

如 3.5 节所述，太阳电池在光照情况下首先因受激吸收会产生光生电流 J_{ph}，如果加上负载，太阳电池的两个电极间会形成电压 V，在该电压的作用下电池自发辐射会产生与光生电流方向相反的暗电流 J_{dark}，使得太阳电池实际输出的电流 $J = J_{ph} - J_{dark}$。太阳电池利用了 p-n 结的非对称结构分离载流子，所以与单向导通的二极管一样，在黑暗状态及电压 V 条件下，具有整流特性，如图 3-19 所示。当有一定强度的稳态光照射到电池上时，产生的光生电流是一个固定值，与暗电流方向相反，使得第一象限的曲线整体向下平移 J_{ph} 到第四象限。如果我们定义光生电流的方向为正，将第四象限的曲线映射到第一象限，则得到太阳电池的伏安特性曲线，见图 3-20，数学表达式为式(3-67)，考虑二极管理想因子 n 得到式(3-70)，n 的数值一般在 1～2 之间。

$$J(V) = J_{sc} - J_0 \left[\exp(qV/nk_B T_a) - 1 \right] \tag{3-70}$$

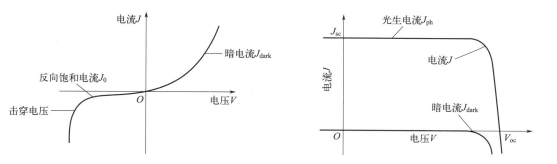

图 3-19 理想二极管的伏安特性曲线   图 3-20 太阳电池在光照和黑暗条件下的伏安特性曲线

太阳电池的伏安特性曲线表征在一定光照和环境温度（通常 $T_a = 300K$）的条件下，电流（I，A）和电压（V，V）的函数关系。因为电流与太阳电池面积（A，cm^2）成正比，所以常使用电流密度（J，A/cm^2）代替电流来描述伏安特性：

$$J = \frac{I}{A} \tag{3-71}$$

太阳电池将太阳能转换为电能，使用功率密度（P，W/cm^2）衡量电能的大小：

$$P(V) = J(V)V \tag{3-72}$$

如果电路中加上负载电阻 R，则有：

$$J(V) = \frac{V}{AR} \tag{3-73}$$

$J(V)$ 函数形式的欧姆定律是一条斜率为 $\frac{1}{AR}$ 的直线，它与伏安特性曲线的焦点，即对应太阳电池的工作电压和工作电流。随着负载 R 的增加，工作电压增加，工作电流降低，如图 3-21 所示。如果将太阳电池开路，即负载电阻 $R \to \infty$，负载上的电流密度 $J \to 0$，此时的电压称为开路电压（V_{oc}，V），是伏安特性曲线在电压轴上的截距。如果将太阳电池短路，即负载电阻 $R \to 0$，负载上的电压 $V \to 0$，此时的电流密度称为短路电流密度（J_{sc}，mA/cm^2），是伏安特性曲线在电流轴上的截距。

太阳电池和普通的化学蓄电池虽然都可以连接负载，为负载提供电能，但二者之间有明显的差别，如图 3-22 所示。首先，普通化学电池的电动势由正负电极间恒定的化学势差引起，而太阳电池的光生电压，由太阳光照引起，这使得化学电池在负载上产生的功率相对稳定，而太阳电池在负载上产生的功率和入射光强有关。普通电池在耗尽其所有的能量后，电池即达到使用寿命，完全失效。但是太阳电池的能量来自太阳光，理论上是用之不竭的。其次，普通化学电池是电压源，在寿命期间其电压几乎不变，而电流会随着负载功率的增加而增加；而太阳电池是电流源，在入射光子通量不变的情况下，电流几乎不变化，电压则随着负载功率的增加而增加。如果入射光子通量增加，电流 J 会增加。太阳电池的伏安特性会随着入射光子通量和温度的变化而变化，因此伏安特性通常需要在标准测试条件（Standard Test Condition，STC，AM1.5，$1000W/m^2$，25℃）下获得。

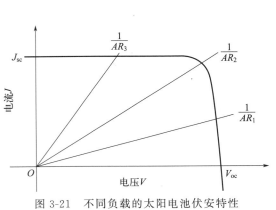

图 3-21 不同负载的太阳电池伏安特性
（$R_1 > R_2 > R_3$）

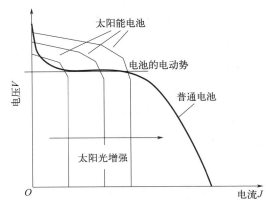

图 3-22 太阳电池与普通电池的伏安特性比较

3.6.2 短路电流

如式(3-51)，太阳电池的短路电流来源于光生载流子的产生和收集。对于理想的太阳电池，短路电流等于光生电流，所以短路电流是电池能输出的最大电流。短路电流的大小取决于以下 5 个因素：

① 入射光的光谱。对于大多数地面使用的太阳电池，通常采用 AM1.5 光谱；

② 光子的数量（光谱固定的前提下，即入射光强度）。电池输出的 J_{sc} 的大小直接取决于光照强度（3.5.1 节）；

③ 电池的光学特性。包括吸收和反射特性（第 2 章）；

④ 电池的收集概率。主要取决于电池表面钝化情况和基区的少数载流子寿命；

⑤ 太阳电池的表面积。要消除太阳电池对表面积的依赖，通常用短路电流密度描述（J_{sc} 单位为 mA/cm^2）。

在太阳电池内部，光生电流也可以表示为：

$$J_{ph} = q \int_0^w G(x) \eta_c(x) dx \tag{3-74}$$

其中，$G(x)$ 为半导体中任意一点载流子的产生率。根据式（2-10）可知，光线经过半导体被吸收从而产生载流子，考虑单色光情况，到达材料中距离表面 x 处的某一个薄层的光子通量 N 可表示为：

$$N = N_0 e^{-ax} \tag{3-75}$$

其中，N_0 为电池表面的光子通量。假设减少的那部分光线能量全部用来产生电子空穴对，因此，在材料中某一个薄层的产生率就由光子通量经过这个薄层的变化决定，对式（3-75）微分得到：

$$G(x) = N_0 \alpha e^{-ax} \tag{3-76}$$

以晶体硅材料为例，电子空穴对的产生率与进入硅的深度、波长的关系见图 3-23（a）。由图可见，产生率在表面处均为最大，然后呈指数下降。由于晶体硅对 $0.45\mu m$ 蓝光的吸收系数较高，约 $10^5 cm^{-1}$，使蓝光在表面很薄（几十纳米）的区域内就几乎全部吸收，因此产生率也主要集中在表面的薄层内。硅对 $0.8\mu m$ 的红光吸收系数约 $10^3 cm^{-1}$，吸收长度长，因此在距离表面较深的地方（$30\mu m$）仍有载流子产生。硅对 $1.1\mu m$ 的红外光吸收系数约 $3.5cm^{-1}$，因此在 $100\mu m$ 深度仍有 90% 的载流子产生率。

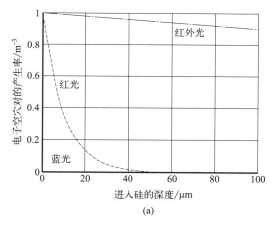
(a)

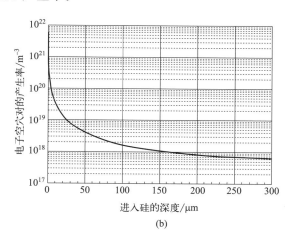
(b)

图 3-23 光在硅材料中的产生率
（a）不同波长的单色光；（b）标准太阳光

计算一系列不同波长光的总产生率时，净产生率等于每种波长的总和。图 3-23（b）显示入射到硅片的光为标准太阳光谱时，不同深度的产生率大小。纵坐标是对数坐标，显示在电池表面产生了数量巨大的电子空穴对，而在电池的更深处（200μm 后），产生率几乎是常数。

收集概率 η_c 描述了光照射到电池的某个区域产生的载流子被 p-n 结收集并参与到电流流动的概率，它的大小取决于光生载流子需要运动的距离和电池的表面特性。电池的表面钝化情况和扩散长度对收集概率有显著的影响，如图 3-24 所示。耗尽区由于有内建电场作用，收集概率最大，假设其为 100%，其他区域的收集概率均低于此部分。对于前后表面钝化效果较好的电池（强钝化），非耗尽区的收集概率明显高于弱钝化太阳电池。对于载流子扩散长度较低的电池，收集概率也会显著下降。如果扩散长度过低，可使得载流子的收集效率很快降低到零。

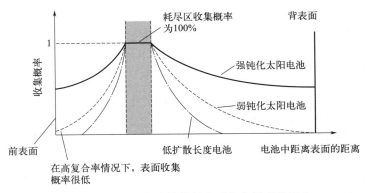

图 3-24　表面钝化和扩散长度对收集概率的影响

式（3-74）表明载流子的产生率与收集概率的乘积决定了电池光生电流的大小。图 3-25 将载流子的产生率与收集概率放于同一张图，可见载流子产生率最大的表面并不是收集概率最大的区域，收集概率在各处的不一致产生了光生电流的光谱效应。例如，当表面的收集概率非常低时，由于蓝光在硅表面几十纳米范围几乎被全部吸收，则蓝光将不对光生电流作出贡献。

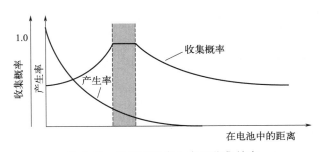

图 3-25　载流子的产生率和收集效率

3.6.3　光生电压

与式（3-70）相对应，不考虑寄生电阻的理想太阳电池的等效电路如图 3-26 所示。太阳电池可看作是稳定的恒流源与单向导通的二极管并联组成。与入射光强成正比的光生电流分配在二极管和负载电阻 R 上。当负载 R 为 0 时，太阳电池短路，流过外电路的电流最大，而二极管两端的电压为 0，因此流过二极管的暗电流 J_{dark} 为 0，此时短路电流 $J_{sc}=J_{ph}$。随着负载 R 增大，负载和二极管两端的电压增大，光生电流不变，而二极管暗电流 J_{dark} 随着电压呈 e 指数关系上升，因此流过负载的电流逐渐变小。当负载增加到无穷大，即开路状态时，二极管暗电流增加到与光生电流大小相

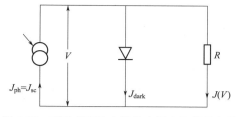

图 3-26　不考虑寄生电阻的太阳电池等效电路

等，但方向相反，流过负载的电流为零。将式（3-70）的 J 等于 0，得到开路电压的表达式为：

$$V_{oc} = \frac{nk_B T_a}{q} \ln\left(\frac{J_{sc}}{J_0} + 1\right) \tag{3-77}$$

由式（3-77）可知，V_{oc} 取决于太阳电池的短路电流 J_{sc} 和暗饱和电流密度 J_0。由于短路电流密度的变化很小，而暗饱和电流密度大小可以改变几个数量级，所以影响开路电压的主要因素是暗饱和电流密度。暗饱和电流密度 J_0 主要取决于电池的复合效应，即可以通过测量变温开路电压计算电池的复合效应。从半导体物理学可知，J_0 的最小值与半导体禁带宽度 E_g 的关系为[10]：

$$J_0 = \frac{q}{k} \frac{15\sigma}{\pi^4} T^3 \int_u^\infty \frac{x^2}{e^x - 1} dx \tag{3-78}$$

其中，σ 为斯特潘-玻尔兹曼常数；k 为玻尔兹曼常数；T 为温度；u 满足：

$$u = \frac{E_g}{kT} \tag{3-79}$$

上式积分比较复杂，按照 M. Y. Levy 等人的方法处理后可得到图 3-27（a）[11]，图中曲线表明，J_0 即随着 E_g 的增加而减小。由式（3-78）计算得到的 J_0 可直接代入式（3-77），得到 V_{oc} 与 E_g 的关系如图 3-27（b），可知 V_{oc} 随着 E_g 的增加而增加。当禁带宽度增加到 4.0eV 以上时，太阳光谱中能激发产生非平衡载流子的光子数已经较少，J_{sc} 明显下降，所以 V_{oc} 开始下降。

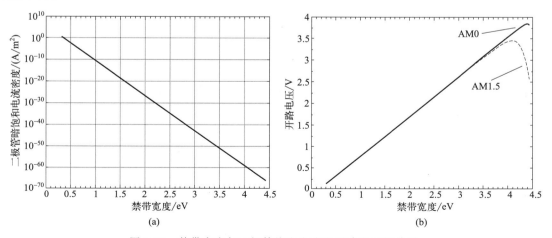

图 3-27　禁带宽度与二极管饱和电流和开路电压的关系

（a）二极管暗饱和电流 J_0；（b）太阳电池 V_{oc}

与电子学中的规定不同，在太阳电池的伏安特性中，习惯把光生电流的方向作为电流的正方向。在图 3-20 的伏安特性曲线中，电压在 $0 \sim V_{oc}$ 时，电压和电流的乘积为正值，表明太阳电池产生电能。当 $V < 0$，电压为负值，电压和电流的乘积为负值，器件消耗功率。此时因为二极管单向导通的特性决定反向饱和电流 J_o 很小，光生电流与电压 V 无关但与入射光强成正比，可以利用此特性制作辐照度探测器。当 $V > V_{oc}$ 时，暗电流大于光生电流，电流为负值，电压和电流的乘积也为负值，器件开始发光，消耗功率，可利用此特性制作 LED 照明灯。

3.6.4 填充因子和转换效率

如前所述，太阳电池的电压工作范围为 $0 \sim V_{oc}$，在这个范围内，发电功率为：

$$P(V) = J(V)V \tag{3-80}$$

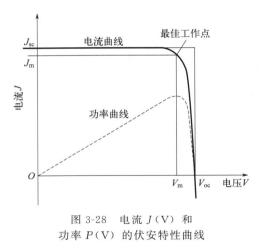

图 3-28 电流 $J(V)$ 和
功率 $P(V)$ 的伏安特性曲线

在功率曲线上，每一点都对应一个电流与电压的乘积，即在该工作情形下的输出功率，因此功率曲线上存在一个最大输出功率，称为太阳电池的最佳工作点，对应最佳工作电压（optimum voltage，V_m，V）、最佳工作电流（optimum current density，J_m）和最佳负载电阻（optimum load，R_m，Ω），如图 3-28 所示。在强烈日光照射下（$1 \mathrm{kW/m^2}$），最大功率点的输出功率被称为太阳电池的"峰值功率"，因此太阳电池板的效能通常用"峰值瓦数"（W_p）来评定。根据式（3-81）计算的最佳工作电阻 R_m 使用太阳电池，可以最大程度地利用太阳电池。

$$R_m = \frac{V_m}{A J_m} \tag{3-81}$$

其中，A 为太阳电池的面积，单位为 $\mathrm{cm^2}$。

填充因子（fill factor，FF，%）是衡量电池 p-n 结质量和串联电阻的参数，它的定义是：

$$FF = \frac{P_m}{V_{oc} J_{sc}} = \frac{V_m J_m}{V_{oc} J_{sc}} \tag{3-82}$$

图 3-28 中，小长方形面积等于最大功率 P_m，大长方形面积等于 $J_{sc} V_{oc}$，填充因子代表了两个长方形面积的接近程度。太阳电池的转换效率 η 是最大功率 P_m 和地面太阳辐照度 P_s 的比值：

$$\eta = \frac{P_m}{P_s} = \frac{V_m J_m}{P_s} = \frac{P(V_m)}{P_s} \tag{3-83}$$

转换效率与短路电流、开路电压和填充因子存在如下关系：

$$\eta = \frac{P_m}{P_s} = \frac{V_{oc} J_{sc} FF}{P_s} \tag{3-84}$$

从上式可见，填充因子（FF）越接近 1，太阳电池的转换效率越高。在理想情况下，FF 仅是开路电压的一个函数，而且可以用以下经验公式计算[12]：

$$FF_0 = \frac{v_{oc} - \ln(v_{oc} + 0.72)}{v_{oc} + 1} \tag{3-85}$$

在这里 v_{oc} 的定义为"归一化的 V_{oc}",即：

$$v_{oc} = \frac{qV_{oc}}{nkT} \tag{3-86}$$

以上表达式只适用于计算理想情况下的填充因子 FF_0，它忽略了寄生电阻造成的损耗。对于简单的复合，n 为 1，对于其他特别是效应很强的复合类型，n 为 2。n 值大不仅会降低 FF，还会因为高复合效应而降低 V_{oc}。上述方程中一个重要的限制是，它求出的是最大填充因子。但实际上因为电池中寄生电阻的存在，FF 会更低一些。因此，测量填充因子最常用的方法还是测量伏安曲线，即最大功率除以开路电压与短路电流的乘积。

对太阳电池来说，开路电压、短路电流、填充因子和转换效率是最重要的四个参数。以现在占据市场份额最大的 PERC 单晶硅电池为例（158.75mm 方单晶），其开路电压 0.69V，电流 10.2～10.3A，填充因子 80%～82%，转换效率约 23%[13]。根据表 3-1 所示的各类太阳电池的实验室转换效率记录[14]，将不同太阳电池的开路电压和短路电流关系做成图 3-29。由图可见，开路电压大的太阳电池的短路电流小，而开路电压小的太阳电池的短路电流大。这是因为带隙大的半导体材料有更大的 p-n 结内建场，开路电压因此更大，但是电子从价带向导带的跃迁更难，所以短路电流小，见式(3-69)。

表 3-1　各类太阳电池的实验室转换效率记录[14]

太阳电池类型	带隙 E_g/eV	太阳电池面积 A/cm²	开路电压 V_{oc}/V	短路电流 J_{sc}/(mA/cm²)	填充因子 FF/%	转换效率 η/%
单晶硅	1.12	274.4	0.7514	41.45	86.1	26.8
CZTSSe	1.13	0.2694	0.5554	36.93	72.5	14.9
CIGS	1.21	1.043	0.734	39.58	80.4	23.35
InP	1.35	1.008	0.939	31.15	82.6	24.2
GaAs	1.42	0.998	1.1272	29.78	86.7	29.1
CdTe	1.44	0.4491	0.8985	31.69	78.9	22.3
钙钛矿	1.48	0.07461	1.190	26.00	84.0	26.0
CZTS	1.50	0.2039	0.7458	21.79	69.9	11.4
非晶硅	1.75	1.001	0.896	16.36	69.8	10.2
有机	/	0.0326	0.9135	26.61	79.0	19.2
染料敏化	/	0.1155	1.0396	15.55	80.4	13.0

3.6.5　量子效率和光谱响应

3.6.5.1　量子效率

由 3.5.1 节可知，电池的短路电流 J_{sc} 与入射光子能量及光子通量有关。当单个光子的能量比构成电池的半导体材料的禁带宽度大时，太阳电池就会吸收这个光子并产生一个电子空穴对，在这种情况下，太阳电池对入射光的光子产生响应。3.5.1 节已引入量子效率 QE 表征短路电流与入射光谱的关系，QE 描述了不同能量的光子对短路电流的贡献。

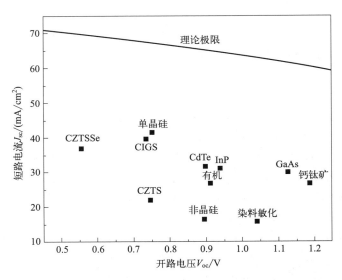

图 3-29　不同材料太阳电池的开路电压和短路电流的关系

QE 是入射光能量的函数，有两种表述方式。一是外量子效率（external quantum efficiency，EQE），它的定义是：对整个入射太阳光谱，每个波长为 λ 的入射光子能对外电路提供一个电子的概率。在式（3-53）中，考虑波长为 λ 的单色光，E 为固定值，则有：

$$J_{sc}(\lambda) = q b_s(\lambda) EQE(\lambda) \tag{3-87}$$

所以，

$$EQE(\lambda) = \frac{J_{sc}(\lambda)}{q b_s(\lambda)} \tag{3-88}$$

其中，b_s 为能量大于 E_g 的入射光子通量，q 为电荷电量。EQE 反映的是对短路电流有贡献的光生载流子数量与入射光子数量之比。

量子效率的另一种描述是内量子效率（internal quantum efficiency，IQE）。它定义为被电池吸收的波长为 λ 的一个入射光子能对外电路提供一个电子的概率。内量子效率反映了对短路电流有贡献的光生载流子数量与电池吸收的光子数量之比。

$$IQE(\lambda) = \frac{J_{sc}(\lambda)}{q b_s(\lambda)[1 - R(\lambda) - T(\lambda)]} \tag{3-89}$$

其中，R、T 分别是电池表面的光反射率和电池背面的光透射率。结合式（3-88），得到内量子效率与外量子效率的关系为：

$$IQE(\lambda) = \frac{EQE(\lambda)}{[1 - R(\lambda) - T(\lambda)]} \tag{3-90}$$

比较这两个量子效率的定义，外量子效率的分母没有考虑入射光的反射、透射损失等，因此 EQE 通常小于 1。而内量子效率的分母考虑了以上损失，因此 IQE 可以等于 1。

对于太阳电池，经常使用量子效率来表征光电流与入射光谱的响应关系。因为量子效率从另一个角度反映了电池的光电转换性能，分析量子效率可以了解材料的质量、电池几何结构及工艺等与电池性能之间的关系。图 3-30 是晶体硅太阳电池的典型量子效率曲线。在短波部分，光子主要在电池表面区域被吸收，晶体硅的前表面通常有较高的载流子复合率，会引起收集损失，降低电池的蓝光响应；在中间波长区域，光子主要是在靠近空间电荷区内被吸收，较短的少子扩散长度会降低收集效率和量子效率；在长波区域，能量低于禁带宽度的光子不能被吸收，量子效率为零。此外，电池表面的反射损失和背面的透射损失也会带来外量子效率的普遍降低。

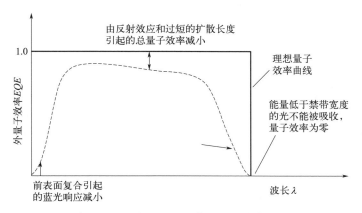

图 3-30　硅太阳电池的典型量子效率曲线

外量子效率可以通过测量电池在单色光波长下的短路电流计算得到。对外量子效率谱式（3-88）积分，可以得到电池在特定光谱辐照下的短路电流密度。测量并分析量子效率谱可以帮助我们了解电池结构及工艺对电池性能的影响，从而指导结构改进和工艺优化。

3.6.5.2　光谱响应

光谱响应（spectral response，SR）是指太阳电池产生的电流大小与入射能量的比值，如式（3-91），单位为 A/W，可通过测量得到。

$$SR = \frac{J_{sc}}{P} = \frac{qb_s EQE}{b_s E} = \frac{qEQE}{hc/\lambda} = \frac{q\lambda EQE}{hc} \tag{3-91}$$

由上式可知，量子效率可通过光谱响应计算得到。图 3-31 给出了太阳电池的典型光谱响应曲线。由图可见，光谱响应在长波段受到限制，因为半导体不能吸收能量低于禁带宽度的光子，这与量子效率一样。光谱响应随着波长的减小而下降，这是因为短波长的光子能量很高，使得在相同的入射功率下，短波光子的数量显著下降。在光子能量中，超出禁带宽度的部分都不能被电池利用，而只能加热电池。因此在太阳电池中，高能量光子的不能完全利用和低能量光子的无法吸收，是最显著的能量损失。

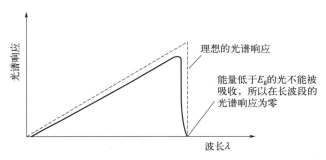

图 3-31　太阳电池的典型光谱响应曲线

3.7 影响太阳电池性能的因素

3.7.1 寄生电阻

在真实的太阳电池中，能量被耗散在接触电阻和太阳电池边缘的漏电电流上，效果分别相当于串联电阻（series resistance，R_s，Ω）和并联电阻（shunt resistance，R_{sh}，Ω）这两种寄生电阻。在图 3-37 的理想模型基础上，考虑串联电阻和并联电阻对太阳电池的影响，得到的等效电路如图 3-32 所示。引线、前表面和背表面的接触电极、基区和顶层的电阻以及材料的电阻，都会引起串联电阻 R_s。当电流很大时，例如在聚光电池中，串联电阻的影响特别明显。另外，如果太阳电池边缘有漏电或制造太阳电池过程中产生缺陷，如针孔、微裂纹、划痕等形成漏电，会减小通过负载的电流，影响整流效果，用并联电阻 R_{sh} 来等效表示这类漏电短路。

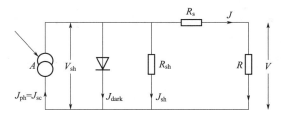

图 3-32　考虑寄生电阻的太阳电池等效电路

从图 3-32，可以得到如下关系：

$$J_{sh} = \frac{V_{sh}}{AR_{sh}} \tag{3-92}$$

$$J = J_{sc} - J_{dark} - J_{sh} \tag{3-93}$$

$$V_{sh} = V + AJR_s \tag{3-94}$$

式中，J_{sh} 是分流电流，V_{sh} 是分流电压。

将式(3-68)、式(3-92) 代入式(3-93)，得到：

$$J = J_{sc} - J_0 \left[\exp(qV_{sh}/nk_B T_a) - 1 \right] - \frac{V_{sh}}{AR_{sh}} \tag{3-95}$$

将式(3-94) 代入式(3-95) 得到：

$$J = J_{sc} - J_0 \left\{ \exp \left[q(V + AJR_s)/nk_B T_a \right] - 1 \right\} - \frac{V + AJR_s}{AR_{sh}} \tag{3-96}$$

考虑串联电阻和并联电阻后，光伏效应在负载上产生的伏安特性，体现在电流和电压的关系曲线上，如式(3-96) 所示。这是一个电流和电压的隐函数，不容易表达为显函数形式。串联电阻会降低负载上的电压，并联电阻会降低负载上的电流，它们都会降低填充因子和转换效率，如图 3-33 所示。在开路电压附近 I-V 曲线受串联电阻影响很大。

串/并联电阻对开路电压和短路电流的影响如下。

当电池短路时，$V=0$，则有：

$$J = J_{sc} - J_0 \left[\exp(qAJR_s/nk_B T_a) - 1 \right] - \frac{JR_s}{R_{sh}} \tag{3-97}$$

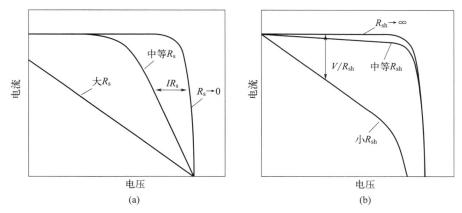

图 3-33　寄生电阻 R_s（a）和 R_{sh}（b）对电池伏安特性的影响

由式（3-97）可知，串联电阻 R_s 越小或并联电阻 R_{sh} 越大，短路电流密度越大。但在一般情况下，$JR_s \ll R_{sh}$，所以式（3-97）的第三项可忽略不计，短路电流密度主要受串联电阻影响，较大的串联电阻会降低短路电流密度。

当电池开路时，$J = 0$，则有：

$$J_{sc} = J_0 \left[\exp(qV/nk_B T_a) - 1 \right] - \frac{V}{AR_{sh}} \tag{3-98}$$

由式（3-98）可知，并联电阻 R_{sh} 越大，J_{sc} 越大，开路电压越大。较低的并联电阻会降低开路电压。开路时由于串联电阻上的电流为 0，因此开路电压不受串联电阻的影响。

3.7.2　温度的影响

像所有其他半导体器件一样，太阳电池对温度非常敏感。测试太阳电池的效率时会发现，温度越高电池效率越低，而且不同材料制作的太阳电池随温度的变化幅度也不一样。由半导体物理中 p-n 结的电流电压特性可知，二极管暗饱和电流是温度的函数，与本征载流子浓度 n_i 的关系可以表示为：

$$J_0 \approx q \left(\frac{D_n}{\tau_n} \right)^{\frac{1}{2}} \frac{n_i^2}{N_A} \propto T^{3 + \frac{\gamma}{2}} \exp\left(-\frac{E_g}{k_B T} \right) \tag{3-99}$$

因此分析电池 I-V 温度特性主要是讨论 n_i 随温度的变化。n_i 可以表示为下式：

$$n_i^2 = 4(m_n^* m_p^*)^{\frac{3}{2}} \left(\frac{2\pi k_B T}{h^2} \right)^3 \exp\left(\frac{-E_g}{k_B T} \right) = B T^3 \exp\left(\frac{-E_g}{k_B T} \right) \tag{3-100}$$

除本征载流子浓度与温度有直接关系外，电子与空穴的有效质量也与温度有关，它们通过能带的 $E(k)$ 与温度发生关联，是间接的弱依赖关系。另外，禁带宽度也是温度的函数，它们的关系可表示为：

$$E_g(T) = E_g(0) - \frac{\alpha T^2}{T + \beta} \tag{3-101}$$

式中 α，β 是因材料而异的常数，$E_g(0)$ 是半导体在绝对零度时的禁带宽度。式（3-101）表明温度上升带隙减小。虽然温度升高降低了半导体的禁带宽度，拓宽了电池的光吸收范围，短路电流有所提高，但带隙减小的另一个结果是 n_i 增加。由于 n_i 与 E_g 呈指数关系，所以温度上升会使 n_i 迅速增加，总的结果是 V_{oc} 下降。对于一个简单的 p-n 结电池，开路电压和温度的关系可近似表示为：

$$\frac{\mathrm{d}V_{oc}}{\mathrm{d}T} \approx \frac{-\left(V_{GO} - V_{oc} + \gamma\frac{k_B T}{q}\right)}{T} \tag{3-102}$$

其中，$V_{GO} = E_g(0)/q$。式（3-102）表明，太阳电池的开路电压越大，受温度影响越小。以硅太阳电池为例，开路电压、短路电流和填充因子的变化分别约为：

$$\frac{1}{V_{oc}}\frac{\mathrm{d}V_{oc}}{\mathrm{d}T} \approx -0.0032/℃ \tag{3-103}$$

$$\frac{1}{I_{sc}}\frac{\mathrm{d}I_{sc}}{\mathrm{d}T} \approx +0.0006/℃ \tag{3-104}$$

$$\frac{1}{FF}\frac{\mathrm{d}FF}{\mathrm{d}T} \approx -0.0015/℃ \tag{3-105}$$

因此，温度对最大输出功率 P_m 的影响为：

$$\frac{1}{P_m}\frac{\mathrm{d}P_m}{\mathrm{d}T} = \frac{1}{V_{oc}}\frac{\mathrm{d}V_{oc}}{\mathrm{d}T} + \frac{1}{I_{sc}}\frac{\mathrm{d}I_{sc}}{\mathrm{d}T} + \frac{1}{FF}\frac{\mathrm{d}FF}{\mathrm{d}T} \approx -0.4\%/℃ \tag{3-106}$$

式（3-106）也给出了太阳电池温度系数的定义，即每上升 1℃，电池的最大输出功率下降的百分比，单位为 %/℃。图 3-34 给出了温度引起太阳电池 I-V 特性的变化情况。可见，对所有太阳电池，随温度上升，开路电压显著下降，短路电流略微增加，电池的最大输出功率下降，因此转换效率随温度的上升而下降。由上面分析可知，开路电压下降是电池效率下降的最重要因素，因此电池吸收层的禁带宽度越大，开路电压也越大，受温度的影响就越小，温度系数也越低。例如 GaAs 的温度系数就只有 Si 电池的一半左右。

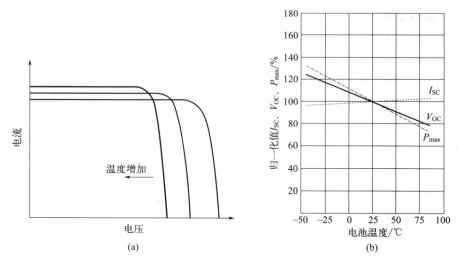

图 3-34　温度对太阳电池特性的影响
（a）I-V 特性；（b）电池参数随温度的变化

3.7.3　光强的影响

改变入射光的强度将改变太阳电池的所有参数，包括短路电流、开路电压、填充因子、转换效率以及并联电阻和串联电阻对电池性能的影响。通常，将标准辐照强度 $1000\mathrm{W/m^2}$

称为 1 个太阳（1sun）的辐照强度，它的 10 倍称为 10 个太阳（10sun）强度，100 倍称为 100 个太阳（100sun）强度，目前最高的聚光强度可以达到 1000 个（1000sun）太阳辐照强度以上。如果光强不到 $1000\mathrm{W/m^2}$，则称为弱光。强光与弱光对太阳电池的影响规律不同，以下分别进行讨论。

3.7.3.1 强光影响

通常把在大于 1 个太阳下工作的电池称为聚光太阳电池，把聚光得到的辐照强度与标准辐照强度的比称为聚光比，并把聚光比在 10 以下的称为低倍聚光，聚光比在 $10\sim100$ 的称为中倍聚光，聚光比在 100 以上的称为高倍聚光。

聚光太阳电池的设计目的是通过提高单位面积的入射光强度增加电流密度，从而增加单位面积太阳电池的功率输出。而且，聚光光学器件的单位面积成本更低，聚光太阳电池的理论转换效率更高。因此聚光太阳电池是在有效空间内高效输出电能的重要手段，尤其在航天器、卫星和空间站等应用领域有不可替代的优势。起初，人们主要采用最熟悉的晶体硅作为聚光太阳电池材料，但随着其他更高转换效率材料的发展和聚光比的提高，Ⅲ-Ⅴ族砷化镓系列的半导体多结太阳电池逐渐成为聚光光伏的主流，而晶体硅电池在聚光比提高后因无法承受高密度的光照，仅保留在低倍聚光方面的应用。

由于太阳光被聚焦成高强度光束入射到太阳电池中，短路电流大小与光强成线性关系，因此 X 个太阳照射下的电池短路电流是在 1 个太阳下的 X 倍。但短路电流的提升并没有带来转换效率的提高，因为入射功率也随光强提高到原来的 X 倍。然而，开路电压是随光强的上升呈对数形式增加的，如式(3-107)：

$$V'_{\mathrm{oc}}=\frac{nkT}{q}\ln\left(\frac{XI_{\mathrm{sc}}}{I_0}\right)=\frac{nkT}{q}\left\{\ln\left(\frac{I_{\mathrm{sc}}}{I_0}\right)+\ln X\right\}=V_{\mathrm{oc}}+\frac{nkT}{q}\ln X \qquad (3\text{-}107)$$

其中，V'_{oc} 是电池在聚光后的开路电压。假设太阳电池的填充因子在聚光前后没有变化，则聚光后电池的转换效率会由于开路电压的提高而提升一些，见图 3-35。这就是聚光太阳电池的理论转换效率大于非聚光电池的原因。

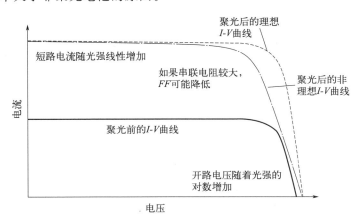

图 3-35 太阳电池在聚光前后的电流电压特性

但是，聚光电池的效率优势很可能因为串联电阻的增加而有所减小。因为短路电流在串联电阻上引起的功率损失与电流的平方成正比，所以串联电阻造成的能量损失也与光强的平方成正比。而且，短路电流线性增加的同时，电池温度也会迅速上升引起电池效率的降低。

3.7.3.2 弱光影响

当太阳光强度减小到低于 1 个太阳时，并联电阻对电池的影响将慢慢变大。因为通过电池的偏置偏压和电流会随着光强度的减小而减小，而电池的最佳负载电阻也逐渐接近并联电阻的大小。当这两种电阻大小相近时，分流到并联电阻的电流将增加，即增大了并联电阻带来的能量损失。因此在多云的天气下，并联电阻大的太阳电池比并联电阻小的太阳电池保留了更大部分的输出功率，表现出更好的弱光响应。

3.8 理论转换效率极限

通过 3.5.1 节对光生电流的分析可知，只有那些被电池吸收后能产生电子-空穴对的光子才对电流有贡献，所以计算光子能量的积分范围是 $E_g \sim \infty$，E_g 是电池可以吸收的能量下限。能量小于 E_g 的光子不能被电池吸收利用，只有那些 $E > E_g$ 的光子被电池吸收后，化学势差或辐射化学势 $\Delta\mu = qV$ 才可以被转换为电能。对于能量为 E 的光子，只有比例为 $\Delta\mu / E_g$ 的能量被转换；即使对能量恰好等于 E_g 的入射光子，由于 $\Delta\mu = qV < E_g$，所以仍然只有 $\Delta\mu / E_g$ 的能量被转换，这极大地限制了太阳电池的转换效率。

理想太阳电池的转换效率依赖于带隙和太阳光谱。如果太阳光谱确定，则转换效率可以表述为带隙的函数。若 E_g 太小，由于 $V_m < V_{oc} < E_g / q$，开路电压 V_{oc} 和最佳工作电压 V_m 会很小，转换效率也会较小。若 E_g 太大，电子发生跃迁很难，短路电流密度 J_{sc} 和最佳工作电流密度 J_m 也会很小，转换效率也较小。因此，对于特定的光谱，一定的最佳带隙对应一定的转换效率极限。根据 Shockley 与 Queisser 在 1961 年提出的基于精细平衡原理的计算方法[9]，假设电池足够厚，能吸收所有能量在 $E_g \sim \infty$ 的光子，一个光子能产生一对电子空穴，辐射复合是电池的唯一复合机制，且迁移率无穷大、表面复合为 0，使得载流子无论在哪里产生都可以被收集，这样计算出的最高理论转换效率约为 30%，对应的最佳带隙为约 1.1eV。后来通过更精确的计算，AM0 光谱的理论效率极限约为 31%，对应最佳带隙为约 1.3eV；AM1.5 光谱的理论效率极限约为 33%，对应最佳带隙为约 1.4eV[15]，如图 3-36 所示。

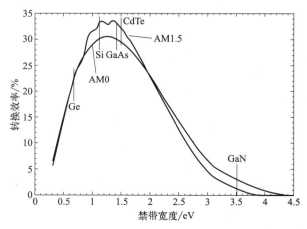

图 3-36　AM0 和 AM1.5 光谱下太阳电池的理论转换效率极限

如果太阳温度 T_s 增加,理论转换效率极限将增加。如果太阳温度减小,太阳光谱向红光方向漂移,理论转换效率极限和最佳带隙都将减小。在太阳温度 T_s 接近环境温度 T_a 的极端情况下,即黑暗中,太阳电池和环境温度处于热平衡状态,光生电流 $J_{ph} \rightarrow 0$,电池电流将等于暗电流 $J = J_{dark}$。如果在环境温度 $T_a \rightarrow 0$ 的极端情况下,太阳电池温度与环境温度相同,没有自发辐射,因此暗电流 $J_{dark} \rightarrow 0$。电池电流等于光生电流 $J = J_{ph}$,电流不再依赖于电压 V,电压 $V = E_g/q$,所有载流子都被收集,化学势差 $\Delta\mu = qV$ 被全部转换为电能。

环境温度 $T_a \rightarrow 0$ 时的转换效率可以表示为:

$$\eta = \frac{E_g \int_{E_g}^{\infty} b_s(E, T_s) \mathrm{d}E}{\int_0^{\infty} E b_s(E, T_s) \mathrm{d}E} \tag{3-108}$$

由上式计算的理论转换效率极限约为 44%,最佳带隙为约 1.1eV。

此外,提高理论转换效率极限的另一个方法是采用聚光系统,将太阳半角从 θ_s 增大到 $X\theta_s$。太阳电池的自发辐射发生在各个方向,而太阳受激吸收只发生在太阳半角 θ_s 内。如果太阳半角增大,太阳几何因子 F_s 和太阳光子通量 b_s 将增大。因此,转换效率和带隙的函数关系将被改变,理论转换效率极限会增加,最佳带隙会减小。对聚光倍数 $X = 1000$ 的聚光太阳电池,最佳带隙为约 1.1eV,理论转换效率极限约为 37%[16]。聚光倍数的理论最大值为 46570,对应的理论转换效率极限约为 40%。事实上,在高倍数的聚光条件下,由于太阳电池发热显著,自发辐射会增加,实际的转换效率要比理论值低。

3.9 太阳电池的设计原则

在上面的论述中,给定了一些关于太阳电池的假设:

①在两能级系统中,初始的基态 E_V 完全充满,初始的激发态 E_C 完全空缺,基态和激发态之间的带隙为 E_g;②能量 $E < E_g$ 的光子不能使电子从基态跃迁到激发态,能量 $E > E_g$ 的光子被吸收后使电子从基态跃迁到激发态;③每个 $E > E_g$ 的光子,产生一对电子空穴对;④半导体材料没有缺陷,光生载流子复合的唯一方式是辐射复合;⑤光生载流子被完全分离;⑥通过接触电极,载流子无损耗地被输运到外部电路。

在以上假设下,可以提出设计太阳电池的一些具体原则和要求如下:

(1) 材料带隙

虽然很多固体材料都满足带隙条件,但是良好的导电性使半导体材料更适合制备太阳电池。带隙在 0.5~3eV 的半导体材料可以吸收可见光,使电子从基态跃迁到激发态。Ⅲ-Ⅴ族半导体 GaAs 和 InP,在 300K 的带隙分别为 1.42eV 和 1.35eV,与最佳带隙 1.4eV 非常接近,是高转换效率太阳电池的理想材料。使用最广泛的太阳电池材料是晶体硅 c-Si,带隙为 1.12eV,也比较理想,理论转换效率极限为 29.4%,它比Ⅲ-Ⅴ族半导体的制备成本更低,材料来源丰富,目前是光伏市场最主要的电池类型。Ⅱ-Ⅵ族半导体 CdTe 的带隙为 1.44eV,Ⅰ-Ⅲ-Ⅵ族半导体 CuInGaSe 的带隙可在 1.04~1.7eV 之间变化,它们的带隙宽度较理想,已被开发为多晶薄膜太阳电池。以有机金属三卤化物 $CH_3NH_3PbX_3$(X=Cl,Br,I)为代表的钙钛矿类薄膜的带隙约为 1.5eV,也很适合,其发展非常迅速,是未来太阳电池的一个重要发展方向。

（2）光吸收

希望对于能量 $E > E_g$ 的光子，其本征吸收系数尽可能高。增加吸收层的厚度可以增强吸收。对于具有间接能隙结构的晶体硅，吸收层厚度需要几百微米，而对于具有直接带隙结构的 GaAs、CdTe 等材料，吸收层只需要几微米厚。此外，为了保证载流子的有效收集，要求半导体材料的缺陷尽可能少。

（3）载流子分离

为了产生电流，需要将光生电子空穴对在产生后及时分离。外加电压可以起到分离载流子的作用，内部由于电子浓度的非均匀分布产生的内建电场也可以起到这种作用，因此在不加电源的情况下实现载流子的分离就可实现太阳电池的功能。电子浓度的非均匀分布可以由太阳电池的经典模型 p-n 结实现。p-n 结的非对称结构可以由两种半导体材料组成异质结，也可以由不同方法处理的同一种半导体材料组成同质结。p-n 结的面积要尽可能大，以实现最大的光吸收。为了提高转换效率，要尽可能提高 p-n 结的质量以减小电子因陷阱复合而引起的损耗。p-n 结的质量主要取决于材料中的缺陷密度，材料中的杂质或结构上的不完整都可能产生缺陷。

（4）载流子输运

为了把载流子有效地输运到外电路，要求半导体材料的导电性能良好，避免载流子和缺陷或杂质发生复合，也避免电阻损耗引起的串联电阻 R_s 和漏电短路引起的分流电阻 R_{sh}。半导体和金属电极之间的欧姆接触要尽量优化到电阻最小。载流子的产生、分离和输运都可以通过 p-n 结来实现。p-n 结的两种半导体分别带正电和负电，通过静电力分离载流子。

（5）负载电阻

在最大工作点，太阳电池实现最大功率输出，此时的负载电阻为最佳匹配电阻。单个太阳电池的电压一般小于 1V，使用范围有限，需要将电池串联成组件。根据实际需求，还可以把组件进行串联和并联，形成阵列。负载需要和组件或阵列的最佳工作点匹配。

但是，真实的太阳电池往往不能满足以上设计要求，具体体现在以下几方面。

① 太阳电池对入射光的吸收不充分，光生电流较小。一部分入射光会被电池的上表面或接触电极反射，一部分没有吸收的透射光会穿过太阳电池，这两部分分别称为反射和透射损失。在第四章将以硅太阳电池为例，详细介绍减少光学反射和透射损失的具体技术方法和效果。

② 光生载流子的陷阱复合。光生载流子被收集前在陷阱处发生复合，在具有较高缺陷密度的表面、p-n 结界面或与电极之间的欧姆接触更容易发生陷阱复合。陷阱复合影响了载流子的收集，增加了暗电流，降低了转换效率。

③ 太阳电池和外电路之间的串联电阻，使得 $\Delta\mu \neq qV$。

为了使制备的实际太阳电池更接近理论转换效率，需要提高半导体材料的质量，同时优化太阳电池的器件结构。

3.10 叠层太阳电池

由本章前述内容可知，用单一材料成分制备的单结太阳电池效率的提高受到限制，这是因为太阳光谱的能量范围很宽，分布在 $0.3 \sim 10 \text{eV}$ 的范围，而材料的禁带宽度是一个固定值 E_g，太阳光谱中能量小于 E_g 的光子不能被太阳电池吸收，能量远大于 E_g 的光子虽被太阳电池吸收，激发出高能光生载流子，但这些高能光生载流子会很快弛豫到能带边，将能量大于 E_g 的部分传递给晶格，变成热能浪费掉。在 AM1.5G 光谱下，由单一材料最佳带隙限制的太阳电池极限效率约为 33%（Shockley-Queisser 极限效率）。再加上太阳辐射的能量密度较低，单位面积的发电功率非常有限。为了解决这个问题，一个重要的途径是寻找能充分吸收太阳光谱的太阳电池结构，其中最有效的方法就是采用叠层太阳电池。

3.10.1 叠层太阳电池原理

叠层太阳电池的原理是用具有不同带隙 E_g 的材料做成多个子电池，然后把它们按照带隙的大小从宽到窄顺序叠加在一起，形成一个串联式的多结太阳电池。其中，第 i 个子电池只吸收、转换太阳光谱中能量大于带隙 E_{gi} 的光子，即每个子电池吸收、转换不同波段的光，叠层电池对太阳光谱的利用等于各个子电池的利用总和。因此，叠层电池比单结电池更能充分利用太阳光能，从而提高电池的转换效率。以三结叠层电池为例来说明叠层电池的工作原理，选取 3 种半导体材料，它们的带隙分别为 E_{g1}、E_{g2} 和 E_{g3}，其中 $E_{g1} > E_{g2} > E_{g3}$，按顺序、以串联方式将这三种材料分别连续制备出 3 个子电池，于是形成由这 3 个子电池构成的叠层电池。带隙为 E_{g1} 的子电池在最上面（称为顶电池），带隙为 E_{g2} 的子电池在中间（称为中电池），带隙为 E_{g3} 的子电池在最下面（称为底电池）。理想情况下，顶电池吸收和转换太阳光谱中 $h\nu \geqslant E_{g1}$ 部分的光子，中电池吸收和转换太阳光谱中 $E_{g1} \geqslant h\nu \geqslant E_{g2}$ 部分的光子，而底电池吸收和转换太阳光谱中 $E_{g2} \geqslant h\nu \geqslant E_{g3}$ 部分的光子。即太阳光谱被分成 3 段，分别被 3 个子电池吸收并转换成电能。很显然，这种三结叠层电池对太阳光的吸收和转换比任何一个带隙为 E_{g1}、E_{g2} 或 E_{g3} 的单结电池有效得多，因而它可大幅度地提高太阳电池的转换效率。

根据叠层电池的原理，构成叠层电池的子电池的数目越多，叠层电池可望达到的效率越高。Henry 等人[16] 对叠层电池的效率与子电池数目的关系进行了理论计算，在地面光谱，1 个太阳光强的条件下，计算出了 1 个、2 个、3 个和 36 个子电池组成的单结和多结叠层电池的极限效率，分别为 37%、50%、56% 和 72%。从计算结果看出，两结叠层电池比单结电池的极限效率高很多。而当子电池的数目继续增加时，效率提高的幅度变缓。另外，从实验角度考虑，制备 4 结以上的叠层电池非常困难，各子电池材料的选择和生长工艺都会变得极其复杂，因此电池的转换效率与理论值相差较远。综合考虑转换效率的增益和制备工艺的复杂程度，通常制备 2 结或 3 结叠层电池。

3.10.2 叠层太阳电池结构

叠层太阳电池按输出方式可分为两端器件、三端器件和四端器件。以两结叠层电池为例来说明这几种结构的区别。两端器件是指叠层电池只有上、下两个输出端，即只有上电极和下电极，与单结电池的输出方式相同，如图 3-37(a) 所示。三端器件是指除了上、下两个电极外，在两个子电池之间还有一个中间电极，如图 3-37(b) 所示。中间电极既是顶电池的下电极，也是底电池的上电极。顶电池通过上电极和中电极向外输出电能，而底电池通过中电极和下电极向外输出电能。四端器件是指顶电池和底电池各有自己的上、下两个电极，分别向外输出电能，互不影响，如图 3-37(c) 所示。两端器件中的两个子电池在光学和电学意义上都是串联的，而三端器件和四端器件中的两个子电池在光学意义上是串联的，而在电学意义上是相互独立的。三端器件和四端器件中的两个子电池的极性不要求一致，可以不同（如顶电池为 p/n 结构，而底电池可以为 p/n 结构，也可以是 n/p 结构）。此外，三端器件和四端器件对两个子电池的电流和电压没有限制。计算叠层电池的效率时，先分别计算两个子电池的效率，然后把两个效率相加，便是叠层电池的总效率。

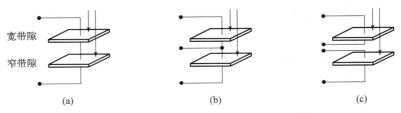

图 3-37　叠层太阳电池的结构
(a) 两端；(b) 三端；(c) 四端

3.10.3　两端叠层太阳电池的性能与设计

两端叠层太阳电池从外观看和单结太阳电池没有区别，但其包含的两个子电池在电学上属于内部串联连接，因此有许多限制。首先要求两个子电池的极性相同，即都是 p/n 结构或都是 n/p 结构；其次，叠层电池构成了串联电路，其电压 $V(I)$ 是各子电池的电压 $V_i(I)$ 之和；最后，叠层电池的电流 I 必须满足电流连续性原理，即流经各子电池的电流相等。

$$V(I) = V_1(I) + V_2(I) \tag{3-109}$$

其中，

$$I = I_1 = I_2 \tag{3-110}$$

如果不考虑连接上下电池的隧道结的损失，叠层电池的开路电压 $V_{oc}(I=0)$ 应为各子电池的开路电压 V_{oci} 之和，即 $V_{oc} = V_{oc1} + V_{oc2}$。叠层电池的短路电流 I_{sc} 由于串联关系，将受到子电池中短路电流 I_{sci} 最小值的限制，因为一般情况下，各子电池的短路电流 I_{sci} 不尽相同。

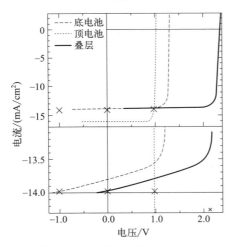

图 3-38　两端两结叠层电池在
光照下的 I-V 特性曲线
（下图为在 $V=0$ 附近的局部放大图）

但是，叠层电池的 I_{sc}，严格讲并不等于 I_{sci} 中的最小者。因为在叠层电池短路（$V=0$）的条件下，有 $V_1 + V_2 = 0$，$V_1 = -V_2$，即在短路电流最小的子电池上会施加有其他子电池在光照下所产生的负偏压，因此叠层电池的 I_{sc} 应当略大于最小的 I_{sci}。图 3-38 给出了顶电池限制的两结叠层电池在光照下的 I-V 特性曲线。该图的下半部分为电流的局部放大图，以显示叠层电池的 J_{sc}（14.0mA/cm²）是如何受到电流密度较小的顶电池 J_{sc}（13.8mA/cm²）的限制，注意二者并不相等。它们差值的大小不仅与两子电池短路电流的差值有关，而且取决于起限制作用的子电池的 I-V 曲线在 $V=0$ 附近的倾斜程度，即取决于其等效并联电阻的大小。

为了获得两端结构的高效叠层太阳电池，需要合理设计各子电池的带隙宽度和厚度，使它们在最大功率点附近的电流相等。而在实际的两结叠层电池结构中，在选定子电池带隙宽度的情况下，调节子电池的基区厚度会影响电池的填充因子和开路电压，因此需要综合考虑电池设计和工艺参数。图 3-39 给出了两结叠层电池效率与子电池带隙宽度和厚度的关系。图 3-39（a）是针对 AM1.5 光谱和顶电池无限厚度计算的。在顶电池带隙（E_{gt}）与底电池带隙（E_{gb}）最佳匹配（$E_{gt} = 1.75eV$，$E_{gb} = 1.13eV$）条件下，叠层电池效率接近 38%；而在 $E_{gt} = 1.85eV$（GaInP 带隙），$E_{gb} = 1.42eV$（GaAs 带隙）时，叠层电池效率下降到 30%。图 3-39（b）显示在相似子带隙条件下，具有满足电流匹配的最佳顶电池厚度的叠层电池的计算效率为 35%。图 3-39（c）是针对 AM0 光谱和顶电池最佳厚度计算的。

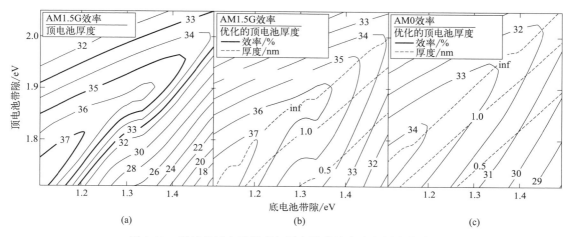

图 3-39　两结叠层电池效率与子电池带隙宽度和厚度的关系
［图中实线表示电池效率，虚线为顶电池厚度（μm）］
（a）针对 AM1.5 和顶电池厚度无限计算的结果；（b）AM1.5 和
最佳顶电池厚度计算的结果；（c）针对 AM0 和最佳顶电池厚度计算的结果

　　此外，高效叠层电池最好由晶格完美的外延薄膜材料构成，不同带隙宽度的子电池材料的晶格应当匹配，这就限制了子电池材料的可选范围。在获得最佳电流匹配的同时又能获得最佳晶格匹配的机会是很小的，往往需要容忍一定程度的晶格失配，并将晶格失配的影响控制在缓变层内，这是外延工艺面临的课题。

　　两端叠层太阳电池器件，虽然存在上述的一些限制，使它的制备工艺过程比较复杂，但因为它能大幅度地提高效率，而且电池的制备工艺过程相对简单，因而受到广泛重视，已成为Ⅲ-Ⅴ族太阳电池研究和应用的主流。三端和四端的叠层电池器件，虽然对子电池的限制较少，也能获得高效率，但因器件工艺复杂，而且在实际应用中需要相对复杂的外电路，通过各种串、并联实现电压和电流的匹配，因此实用价值较差。近年来对这类叠层电池器件的研究报道并不多。第五章将以砷化镓电池为例重点介绍叠层电池的设计思路和技术路线。

3.11　小结

　　太阳电池在受到太阳辐射产生受激吸收的同时，电子发生自发辐射，是限制转换效率的一个重要因素。在热平衡状态的太阳电池中，精细平衡原理要求受激吸收率等于自发辐射率。在准热平衡状态下，受激吸收的太阳光子通量 b_s 形成光生电流，自发辐射光子通量 b_e $(E，qV，T_a)$ 与环境光子通量 $b_e(E，0，T_a)$ 的差值形成暗电流，结合黑体辐射的理论模型可以计算出理想太阳电池的伏安特性 $J(V)$。肖克莱-奎塞尔最早计算的理论转换效率极限约为 31%。后来经过更精确的计算得出，AM0 的理论转换效率极限约为 31%，对应最佳带隙约为 1.3eV；AM1.5 的理论转换效率极限约为 33%，对应最佳带隙约为 1.4eV。为了提高对太阳光谱的利用率，常采用多结叠层电池结构，两结、三结叠层电池的极限效率可分别达到 50% 和 56%。

第 4 章到第 8 章将以晶体硅太阳电池、砷化镓太阳电池、非晶硅太阳电池、碲化镉太阳电池、铜铟镓硒太阳电池和钙钛矿太阳电池为例，结合本章对太阳电池设计的基本要求，详细讲解各类太阳电池的结构设计思路和效率提高策略。

思考题与习题

1. 一个太阳电池受到 100mW/cm^2 的单色光均匀照射，300K 时的最小暗饱和电流密度为 10^{-8}mA/cm^2，如果单色光波长为 ①450nm，②900nm，分别计算在此温度下该电池的转换效率上限（假设每种情况下，光子能量都大于禁带宽度）；③解释计算出的效率之间的差别。

2. 两个太阳电池的开路电压分别为 $V_{oc1}=0.55\text{V}$ 和 $V_{oc2}=0.6\text{V}$，短路电流分别为 $I_{SC1}=1.3\text{A}$ 和 $I_{SC2}=0.1\text{A}$。假设两个电池均服从理想二极管定律，二极管理想因子为 1，分别计算两个太阳电池在串联情况和并联情况下总的开路电压 V_{oc} 和短路电流 I_{sc}。解释计算的结果，并讨论电流串并联成组件时应遵循的选片原则。

3. 太阳电池的开路电压的来源有哪些？

4. 哪些半导体界面组态可以分离载流子？

5. 哪些半导体界面组态可以形成欧姆接触？

6. 画出含有寄生电阻的太阳电池的等效电路图，并说明各部分含义。

7. 太阳电池暗饱和电流的来源是什么，如何减小暗饱和电流？

8. 太阳电池的 $I\text{-}V$ 特性曲线方程是什么？请解释其物理意义。

9. 什么是太阳电池的光谱响应？

10. 什么是太阳电池的外量子效率和内量子效率？

11. 转换效率与开路电压和短路电流有什么关系？为何太阳电池有最佳匹配的带隙？

12. 太阳电池的性能与温度有什么关系？

13. 太阳电池的性能与光强有何关系？

14. 描述太阳电池的一般设计原则。

参考文献

[1]　刘恩科. 光电池及其应用 [M]. 北京：科学出版社，1989：39-67.

[2]　Anderson R L. Germanium-Gallium Arsenide Heterojunctions [J]. IBM Journal of Research and Development,

1960，4（3）：283-287.

[3] Bardeen J. Surface States and Rectification at a Metal Semi-Conductor Contact [J]. Physical Review，1947，71（10）：717-727.

[4] Goetzberger A，Klausmann E，Schulz M J. Interface states on semiconductor/insulator surfaces [J]. C R C Critical Reviews in Solid State Sciences，1976，6（1）：1-43.

[5] Hezel R. Silicon nitride for the improvement of silicon inversion layer solar cells [J]. Solid-State Electronics，1981，24（9）：863-868.

[6] 纳尔逊. 太阳能电池物理 [M]. 高扬，译. 上海：上海交通大学出版社，2011：27-36.

[7] Vos A D. Thermodynamics of solar energy conversion [M]. Wiley-VCH，2008.

[8] Wurfel P. The chemical potential of radiation [J]. Journal of Physics C：Solid State Physics，1982，15（18）：3967-3985.

[9] Shockley W，Queisser H J. Detailed Balance Limit of Efficiency of p-n Junction Solar Cells [J]. Journal of Applied Physics，1961，32（3）：510-519.

[10] Baruch P，De Vos A，Landsberg P T，et al. On some thermodynamic aspects of photovoltaic solar energy conversion [J]. Solar Energy Materials and Solar Cells，1995，36（2）：201-222.

[11] Levy M Y，Honsberg C. Rapid and precise calculations of energy and particle flux for detailed-balance photovoltaic applications [J]. Solid-State Electronics，2006，50（7）：1400-1405.

[12] Green M A. Solar cells：Operating Principles，Technology，and System Applications [M]. United States，Englewood Cliffs：Prentice Hall，1982.

[13] 中国可再生能源学会光伏专业委员会. 2020 年度中国光伏技术发展报告 [J]，2021：30.

[14] Green M A，Dunlop E D，Yoshita M，et al. Solar cell efficiency tables (Version 62) [J]. Progress in Photovoltaics：Research and Applications，2023，31（7）：651-663.

[15] Rühle S. Tabulated values of the Shockley-Queisser limit for single junction solar cells [J]. Solar Energy，2016，130：139-147.

[16] Henry C H. Limiting efficiencies of ideal single and multiple energy gap terrestrial solar cells [J]. Journal of Applied Physics，1980，51（8）：4494-4500.

第4章

晶体硅太阳电池

晶体硅太阳电池是目前光伏市场上最主流的太阳电池类型。本章首先介绍硅材料的光电学性质及与硅太阳电池结构之间的内在联系，回顾晶体硅太阳电池的发展历史，介绍器件结构的演变过程，了解研究人员对硅太阳电池器件原理的逐步认知过程。随后重点分析硅太阳电池的效率损失机制，讨论了降低损失的思路和策略。最后以钝化发射极和背接触（PERC）、异质结（HJT）、钝化接触（TOPCon）和背接触背结（IBC）等几种高效硅太阳电池为例，讨论了它们的设计原则，旨在让读者理解并掌握提高硅太阳电池转换效率的思路和方法。

4.1 单晶硅材料的性质

4.1.1 基本性质

硅在地壳中是第二丰富的元素，构成地壳总质量的 26.4%，但它却较少以单质形式出现在自然界，而常常以复杂的硅酸盐或二氧化硅的形式广泛存在于岩石、砂砾、尘土之中。

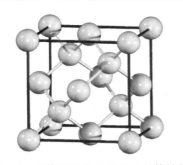

图 4-1　晶体硅的类金刚石型晶体结构

晶体硅为灰黑色，密度约为 2.34g/cm³，熔点 1410℃，沸点 2355℃。晶体硅属于原子晶体，不溶于水、硝酸和盐酸，溶于氢氟酸和碱液，质硬且有金属光泽。硅是Ⅳ族元素，具有正四面体金刚石晶体结构，如图 4-1 所示。每个原子最外层都具有四个价电子，每个价电子都参与共价键，材料表现出半导体的特性。

硅的禁带宽度随温度而变化。在 T 为 0K 时，高纯硅的禁带宽度 E_g 约为 1.169eV，随着温度升高，E_g 按照式（4-1）规律减小：

$$E_g(T) = E_g(0) - \frac{\alpha T^2}{T + \beta} \tag{4-1}$$

式中，$E_g(T)$、$E_g(0)$ 分别为温度为 T 和 0K 时的禁带宽度；α 为温度系数，4.9×10⁻⁴ eV/K；β 为 655K[1]。

4.1.2 光吸收特性

硅的能带结构表明它为间接带隙跃迁半导体，即电子在实现禁带跃迁时需要声子参与以满足动量守恒，因此入射光子能量与禁带宽度相近时，引起的电子跃迁概率比直接带隙跃迁半导体低得多，体现在光吸收系数也比直接跃迁半导体低 1～2 个数量级。由图 2-9 可知，砷化镓等直接带隙材料，只需 $1\sim2\mu m$ 厚度即可充分吸收太阳光谱中能量超过其带隙的光子。图 4-2 给出了单晶硅材料的吸收长度与入射光波长的关系。由图可见，对于波长小于 400nm 的太阳光，在硅表面仅 100nm 的深度就被吸收了绝大部分，而 1000nm 以上的太阳光则需要几百 μm 以上的厚度才行。

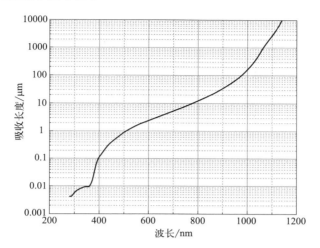

图 4-2　单晶硅材料的吸收长度与波长的关系

但是晶体硅材料的制备成本较高，为了降低成本，晶体硅电池用的硅片厚度一直在减小，目前产业化应用的硅片厚度约为 $160\mu m$。因此，晶体硅如果只经过一次吸收对太阳光的吸收并不充分，很多光会从电池背面透射出去而产生损失。所以，需要开发高效率的陷光结构使得进入硅太阳电池中的光尽可能多地被限制在电池内部，增大吸收次数，延长有效光程。一般采用在电池背面引入背反射层来实现此目的。此外，由于单晶硅的折射率约为 3.8，空气的折射率为 1，二者差别较大，光照射在平整的晶体硅表面时产生 30%～40% 的反射光。为了减小硅表面的光反射，通常在电池表面沉积单层或多层减反射膜，或者形成织构化的粗糙表面以达到陷光的目的。后文 4.3.2 节和 4.3.3 节将详细介绍减反射和陷光的原理及实现手段。

4.1.3　掺杂特性

硅在室温下的禁带宽度为 1.12eV，本征载流子浓度 n_i 约为 $1.5\times10^{10}\,cm^{-3}$。在一般半导体器件中，载流子主要来源于杂质电离，而将本征激发忽略不计。在本征载流子浓度没有超过杂质电离提供的载流子浓度的温度范围，如果杂质全部电离，载流子浓度是一定的，器件就能稳定工作。而当温度足够高时，本征激发占主要地位，器件将不能正常工作。因此每一种半导体材料制成的器件都有一定的极限工作温度。硅器件的极限温度约为 520K，对于禁带宽度更小的锗，器件的极限工作温度约为 370K，对于禁带宽度更大的砷化镓，极限工作温度可达 720K 左右，适宜制造大功率器件。总之，本征载流子浓度随温度的变化过于迅速，因此用本征材料制作的器件性能很不稳定，制造半导体器件通常都用含有适当杂质的半导体材料。

晶体硅的 n 型和 p 型掺杂都比较容易。如图 4-3 所示，n 型掺杂一般是引入元素周期表中的第 V 族元素，如磷、砷等，最常用的是磷。磷具有 5 个价电子，其中 4 个用来满足硅晶格的 4 个共价键。磷在硅中的掺杂能级离导带边非常近（几倍 kT 以内），所以只要有足够的热能就可将多出的电子激发到导带变成可以导电的自由电子，磷施主原子变为带正电荷的磷离子。p 型掺杂一般是引入第Ⅲ主族的元素，如硼、镓、铝等。以硼为例，硼有 3 个价电子，只能与 3 个硅原子形成共价键。硼在硅中的掺杂能级离价带顶很近，很容易将硅的电子从价带激发到硼的掺杂能级上，在价带留下可以导电的空穴，硼原子变为带负电荷的硼离子。

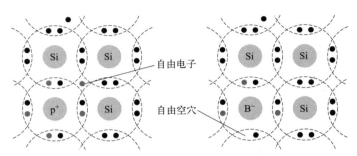

图 4-3　晶体硅中磷原子的 n 型掺杂和硼原子的 p 型掺杂

掺杂会引入杂质从而降低半导体的纯度和少子寿命，但发射极的掺杂浓度需要达到一定水平以降低串联电阻、增加内建电压 V_{bi} 进而增加开路电压 V_{oc}。

4.1.4　载流子复合特性

4.1.4.1　体复合

第 2 章介绍了半导体中的复合类型有辐射复合、俄歇复合和陷阱辅助复合。单晶硅是间接带隙跃迁半导体，由于需要声子参与保持动量守恒，所以辐射复合较慢，相应的少子寿命 τ_{rad} 一般在 ms 数量级，因此可以忽略不计。

硅的载流子浓度越高，俄歇复合越重要。以 p 型硅为例，在低注入情况下的俄歇少子寿命为：

$$\tau_A^{low \cdot p} = \frac{1}{C_p N_A^2} \tag{4-2}$$

式中，C_p 为空穴过程的俄歇系数。可见，俄歇少子寿命与受主浓度（N_A）的平方成反比。

陷阱复合是除了高纯硅外所有硅材料的主要复合机理，p 型硅的陷阱复合率如下式所示：

$$\tau_{SRH} = \tau_n \approx \frac{1}{N_t r_n}$$

式中，r_n 为电子俘获系数，反映了复合中心俘获电子能力大小的统计平均值；N_t 为陷阱浓度。

如果掺杂引入的杂质能级距离导带底和价带顶都比较远，温度不足以提供电子跃迁需要的激活能，那么这种能级称为深能级。深能级对半导体的室温导电性影响很小，但它会显著增加半导体内载流子的复合率，缩短少子寿命，从而降低太阳电池的光电转换效率。不同掺杂元素在硅内部形成的杂质能级位置不同，图 4-4 给出了晶体硅内部主要杂质缺陷能级分布情况[2]。

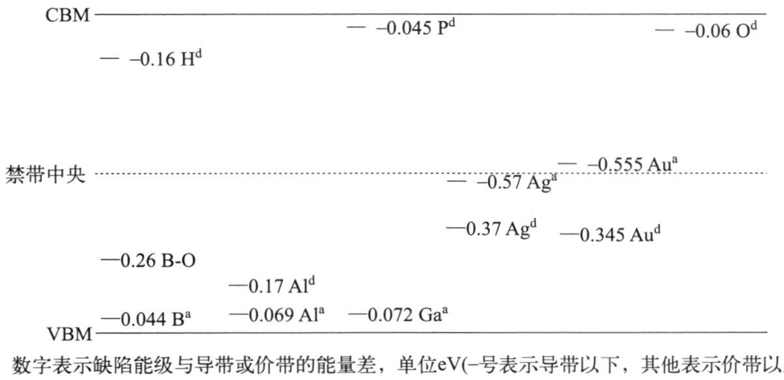

CBM ———————————————— ———0.045 P[d] ————————————————— ——0.06 O[d]

—— —0.16 H[d]

禁带中央 ··· —— —0.555 Au[a]

—— —0.57 Ag[a]

——0.37 Ag[d] ——0.345 Au[d]

——0.26 B-O

——0.17 Al[d]

VBM ——0.044 B[a] ——0.069 Al[a] ——0.072 Ga[a]

数字表示缺陷能级与导带或价带的能量差，单位eV(—号表示导带以下，其他表示价带以上)

图 4-4 晶体硅内部主要的杂质缺陷能级分布[2]

([d]—施主杂质；[a]—受主杂质)

硅中的缺陷通过影响体少子寿命影响电池性能，例如 PERC 太阳电池中的光致衰减 (light induced degradation，LID) 问题，普遍认为是 p 型硅经过光照后形成的硼氧复合对缺陷成为捕获少子的复合中心，从而造成少子寿命降低。事实上，其他常用的掺杂原子（如磷、镓等）的浓度和电池制备中的高温扩散工艺都会影响杂质能级的位置和分布，从而影响器件性能。因此，研究这些缺陷的性质和对电池工艺的依赖关系对提高硅太阳电池性能具有重要意义。

综上，硅的体内复合有三种机理，所以有：

$$\frac{1}{\tau_b} = \frac{1}{\tau_{rad}} + \frac{1}{\tau_A} + \frac{1}{\tau_{SRH}} \tag{4-3}$$

式中，τ_b 为体内总复合寿命。三种复合机理对掺杂的依赖关系不同。在低掺杂情况下 SRH 复合机理占主导，在高掺杂时（$>10^{16}\,cm^{-3}$）俄歇复合是最主要的复合机理。目前，硅太阳电池基区掺杂浓度在 $10^{15} \sim 10^{16}\,cm^{-3}$ 量级，因此基区复合主要以 SRH 复合为主。

4.1.4.2 表面复合

硅表面存在大量的悬挂键，反映在能带中就是在禁带中形成一定数量和一定分布的陷阱能级，这些表面陷阱能级还会带正电或负电，对运动到表面的非平衡载流子有吸引或排斥作用，因此非常有必要对表面复合做单独研究。采用第 2 章的表面复合速率概念 S_p，其单位为 cm/s。

对于低表面复合速率情况，硅的表面复合少子寿命可写为：

$$\tau_s = \frac{W}{2S} \tag{4-4}$$

$\frac{SW}{D_n} < \frac{1}{4}$。以硅片厚度 W 为 $200\mu m$、扩散系数 D_n 为 $30\,cm^2/s$ 为例，满足上式的条件变为 $S < 375\,cm/s$，即硅片越薄，此时成立所允许的表面复合速率越高。

对于高表面复合速率情况，硅的表面复合少子寿命可写为：

$$\tau_s = \frac{1}{D_n} \left(\frac{W}{\pi}\right)^2 \tag{4-5}$$

式中，$\frac{SW}{D_n} > 100$。按照上面的硅片尺寸和参数，此式的成立条件为 $S > 1.5 \times 10^5\,cm/s$。将

式（4-4）和式（4-5）结合起来得到一般条件下的表面复合少子寿命为：

$$\tau_s = \frac{W}{2S} + \frac{1}{D_n}\left(\frac{W}{\pi}\right)^2 \tag{4-6}$$

由此式计算的有效少子寿命在从低到高的所有表面复合速率范围内与精确值的偏差均小于 5%[3]。

表面存在的悬挂缺陷态在半导体禁带中产生相应的缺陷能级，可以用单位能量单位面积的缺陷态密度 D_{it} 表示，单位为 $cm^{-2} \cdot eV^{-1}$。根据 SRH 理论，并忽略表面空间电荷引起的能带弯曲，即平带近似情况，可得到表面复合速率为[4]：

$$S(\Delta n_s, n_0, p_0) = (\Delta n_s + n_0 + p_0) \int_{E_V}^{E_C} \frac{v_{th} D_{it}(E) dE}{\sigma_p^{-1}(\Delta n_s + n_0 + n_1) + \sigma_n^{-1}(\Delta n_s + p_0 + p_1)} \tag{4-7}$$

其中，$v_{th} = \sqrt{8kT/\pi m_{th}^*}$ 为平衡热载流子速度。虽然上式无法用函数关系解出，但可以给出两种重要的特殊情况下的数值解。

（1）低注入近似

低注入情况下，假设 D_{it} 为常数，有如下关系：

$$\begin{aligned} &\text{p 型半导体，} S_{li,max} = v_{th} D_{it} E_g \sigma_n \\ &\text{n 型半导体，} S_{li,max} = v_{th} D_{it} E_g \sigma_p \end{aligned} \tag{4-8}$$

可见，在低注入时表面复合速率决定于少子的捕获截面。

（2）局域能级近似

对于密度为 $N_{it}(cm^{-2})$ 的局域能级，有关系式 $D_{it} = N_{it}\delta(E - E_t)$，将此式代入式（4-7）可得：

$$S(\Delta n_s, n_0, p_0) = \frac{\Delta n_s + n_0 + p_0}{S_{p0}^{-1}(\Delta n_s + n_0 + n_1) + S_{n0}^{-1}(\Delta n_s + p_0 + p_1)} \tag{4-9}$$

其中，$S_{p0} = v_{th} N_{it} \sigma_p$，$S_{n0} = v_{th} N_{it} \sigma_n$。

从以上关系式可知，平带近似下的表面复合速率与表面缺陷密度、电子和空穴俘获截面及表面的载流子注入水平有关。图 4-5 和图 4-6 分别给出了表面陷阱能级和掺杂浓度对复合速率的影响[5]。对低注入情况，深能级复合速率比浅能级大得多。低注入时浅能级复合速率较低，随着注入水平增加，导带中的电子数量增加，使浅能级复合速率上升，虽然深能级的复合速率有所下降，但总复合速率在高注入时会上升。图 4-6 说明掺杂浓度越高，表面复合也越严重，在高注入时趋于一致。

由以上内容可知，要想降低表面复合速率，提高少子寿命，可以采取以下两种钝化方法：

① 化学钝化。从式（4-7）可见，表面复合速率 S 与表面态密度 D_{it} 成正比，因此可以通过减小 D_{it} 降低复合速率。

② 场钝化。通过在表面施加电荷或电场，加大两种载流子的传输差别，使其偏离最大复合速率 $n_s\sigma_n = p_s\sigma_p$ 的区间，从而达到降低复合速率的目的。

在硅太阳电池的实际制备过程中，表面钝化通常是在电池表面沉积一层介质钝化膜来实现，例如 SiO_2、SiN_x、Al_2O_3 等，这层钝化膜往往会同时起到化学钝化和场钝化的作用，关于钝化膜及钝化技术在 4.3.6 节有更详细的介绍。

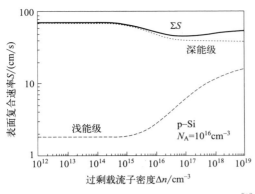 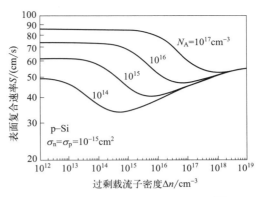

图 4-5　不同深度的表面陷阱能级对 S 的影响[5]　　　　图 4-6　不同掺杂浓度对 S 的影响[5]

4.1.5　载流子输运特性

在晶体硅太阳电池中，载流子的输运可以靠漂移和扩散两种过程实现。在漂移过程中，载流子不但会受到电场的作用，还会受到晶格原子、杂质、缺陷等的碰撞和散射，以及载流子之间的相互作用，从而使载流子表现出恒定的漂移速率。漂移速率等于载流子迁移率与电场的乘积。图 4-7 给出了晶体硅中电子和空穴迁移率与掺杂浓度的关系。由图可见，电子迁移率约为空穴迁移率的 3 倍，且它们均随着掺杂浓度的上升而下降。太阳电池在光照时，不同于一般 p-n 结，多子和少子均对漂移过程有贡献，由于多子数量远大于少子数量，因此漂移电流主要是多子的贡献。

在扩散过程中，载流子从高浓度区域流向低浓度区域，由于太阳电池中的少子浓度梯度远大于多子浓度梯度，因此扩散电流主要是少子贡献。少子从产生到复合所经过的距离为少子扩散长度，它可以表示为：

$$L = \sqrt{D\tau} \qquad\qquad (4\text{-}10)$$

根据第 2 章的爱因斯坦关系式(2-102)，硅的电子迁移率比空穴迁移率大，电子扩散系数 D_n 也大于空穴扩散系数 D_p。如果 n 型硅和 p 型硅有相近的少子寿命，则 p 型硅的少子扩散长度 L_n 会更大。然而图 4-8 表明，在掺杂和缺陷浓度大致相当的情况下，n 型硅片的复合速率远小于 p 型硅片，因此 n 型硅片的少子寿命远大于 p 型硅片[6]。从表 4-1 隆基公司提供的硅片参数也可看出，在电阻率大致相当的情况下（$1\Omega\cdot cm$），n 型硅片少子寿命约为 p 型硅片的 20 倍。究其原因，一是因为影响硅少子寿命的主要是过渡金属，它们对电子的俘获截面比对空穴的俘获截面大得多[7]；二是因为 CZ 法生长的硅中有相当浓度的氧，p 型硅掺硼后会形成硼氧对复合缺陷从而降低少子寿命，而 n 型硅掺磷则不会出现此问题。

表 4-1　隆基公司的 p 型与 n 型单晶硅片的主要参数

硅片类型	p 型	n 型
掺杂元素	镓（Ga）	磷（P）
少子寿命/μs	≥50	≥1000
电阻率/($\Omega\cdot cm$)	0.4～1.1	1.0～7.7

综上，n 型硅具有更长的少子寿命和扩散长度，因此有更大的潜力获得更高效率的硅太

阳电池，这也是目前高效硅太阳电池均采用 n 型硅片的根本原因。

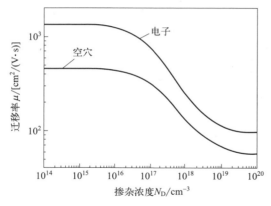

图 4-7　晶体硅中电子和空穴迁移率与掺杂浓度的关系[3]

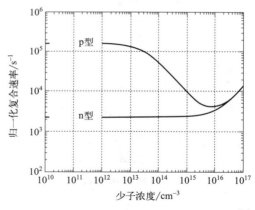

图 4-8　晶体硅中复合速率与少子浓度的关系[6]

4.2　晶体硅太阳电池的早期结构演变

硅太阳电池起源于 20 世纪 60 年代，但早期由于性能、成本等多种因素主要局限在空间应用。直到 90 年代初，以日本和德国为代表的发达国家首先制定了太阳电池应用的一系列商业补贴后，有效推动了晶体硅电池的商业化生产和技术进步。再加上铝背场技术具有工艺简单、技术成熟和成本低廉等优势，使得晶体硅太阳电池终于大规模发展起来。

4.2.1　早期硅太阳电池

公认的第一个真正有实用意义的太阳电池是在 1954 年由贝尔实验室的 Pearson、Fuller 和 Chapin 发明的，转换效率约 6%，其电池结构如图 4-9（a）所示。它在单晶硅片上通过扩散掺杂形成 p-n 结，正负电极均制备在电池背面。这种电池有两个显著优点：表面没有电极遮挡，正负电极同在背面易于连接。但其缺点也很突出，就是电阻较高，因为这种环绕型结构会使得电流需沿着硅表层传输很长一段距离才能被电极收集。后来将一个电极制备在硅片的上表面后，便使电池效率在 1960 年很快提升到了 14%[8]，并最终发展成栅线电极的概念。

在这一时期，由于空间飞行器对太阳电池的迫切需求，研究者的重心从 n 型硅片转向 p 型硅片，尽管 n 型硅片拥有更长的少子寿命，但 p 型硅片具有更好的抗辐射特性。典型的空间电池的器件结构如图 4-9（b）所示，其主要特点是，用 p 型硅衬底作为主要光吸收层，用方块电阻为 40Ω/□、结深 0.5μm 的磷扩散形成 n-p 结。对于同质结来说，结越浅蓝光响应越好，但为了防止在前电极金属化过程中引起 p-n 结漏电，因此还是采用了较深的结[9]。对于 2cm×2cm 的空间应用标准电池，前电极通常由 6 条子栅和一条在电池一侧的主栅构成，以达到降低串联电阻、增强电流收集的目的。为了减小电池表面的反射率，在电池前表面镀一层二氧化硅（SiO_2），但 SiO_2 薄膜会强烈吸收 500nm 以下的光。这种电池作为标准空间电池应用了十多年，其转换效率在 AM0 条件下为 10%～11%，在 AM1.5 条件下会提高至 10%～20%。

4.2.2 背面场

Cummerow 首次把 Shockley 扩散理论应用到光电转换器中[10]，论述了少数载流子的反射边界条件并指出减薄电池的重要性。Wolf 论述了内建电场对电池收集电流的影响，及可由梯度掺杂产生有效电场等概念[11]。20 世纪 70 年代，背面铝处理的优势逐渐被发掘，背铝主要由三部分构成：Al 背场、Al-Si 合金和体铝（按光线到达的先后顺序）。Al 背场厚度约 $5\mu m$，下面是约 $2.8\mu m$ 厚的 Al-Si 合金层，再下面是约 $20\mu m$ 厚的体铝。Al 的掺杂可以形成 p-p$^+$ 高低结，Al 背场的主要作用有：①加速光生少子输运，增加光生电流；②由于少子复合下降减少了暗电流，提高了开路电压；③减少了金属和半导体的接触电阻，提高了电池的填充因子。但当基体材料电阻率低于 $0.5\Omega \cdot cm$，即掺杂浓度大于 $10^{17} cm^{-3}$ 时，背场不起作用。在 $10\Omega \cdot cm$ 的 p 型硅衬底上，采用铝背场技术可以把效率提高约 $5\% \sim 10\%$[12]，这种结构的电池又被称为铝背场电池（Al-BSF，Al back surface field）。

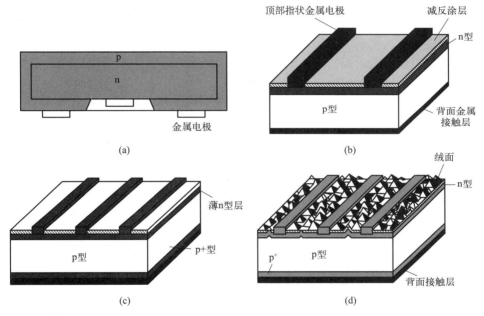

图 4-9　第一个硅太阳电池（a）、硅空间电池（b）、浅结"紫电池"（c）和"黑硅电池"（d）的器件结构

4.2.3 紫电池

传统的硅空间电池的扩散结较深，加上 SiO_2 减反膜会吸收 500nm 以下的光，所以电池的蓝光响应较差。20 世纪 70 年代早期，采用了浅结（250nm）和高方块电阻结，同时重新设计整个电池结构显著提升了电池的性能，如图 4-9(c) 所示。具体设计要点有：①浅扩散层使前电极下方的薄层电阻增加，因此设计了更密集的栅线，使电池的串联电阻比传统电池更低；②减反膜用透明度更高的 TiO_2 及 Ta_2O_5 替代 SiO_2，并调整薄膜厚度使其对短波响应优于传统 SiO_2 薄膜，因电池表面呈现出特有的紫色，因此被称作"紫电池"；③采用较低电阻率（$2\Omega \cdot cm$）的 p 型衬底，使电池在蓝光波段获得了很好的抗辐射性能，其他波段的抗辐射性能也与原来电池相当。综合以上因素，电池的开路电压、短路电流和填充因子均明

显提升，从而使电池性能比传统的空间电池显著提升约 30％。

4.2.4 黑硅电池

在"紫电池"取得优异性能的几乎同一时期，发展的硅表面制绒技术使电池前表面的反射几乎为零，颜色显示为黑色，从而大幅提升了电池性能，如图 4-9(d) 所示。其设计要点为：借助单晶硅晶面各向异性的特点，通过对不同晶向的选择性腐蚀，在（100）晶向的硅衬底上将（111）面裸露出来，显露出的（111）面交界在电池表面随机形成不同尺寸的等边类金字塔形。这种技术不但增加了光线被电池吸收的机会而且延长了光在电池内部传播的路径，因此等效于增加了光吸收系数或体扩散长度（详见 4.3.3 节）。制绒工艺提高了电池的长波响应，但对于空间电池而言却是个缺点。因为电池背电极处对低能光子的吸收增加会升高电池温度，若无有效的散热措施，电池将在较高温度下工作，从而大大抵消上述增益，同时在封装过程中可能对金字塔的塔尖造成磨损，所以表面制绒技术并未在空间领域得到应用。

如图 4-10 所示，与传统空间电池相比，"紫电池"和"黑硅电池"在光电性能方面的优势主要体现在短路电流密度的增加上，其原因为：①两种电池不存在表面"死层"，在短波范围的光谱响应明显提高，黑硅电池的表面反射损失更小，提高更显著；②在长波范围内，黑硅电池由于金字塔绒面光线倾斜入射到电池表面，增加了光在电池内部的吸收长度，从而提高了长波光谱响应。此外，后两种电池比传统电池在开路电压上有提高是因为使用了 $2\Omega \cdot cm$ 的低阻衬底代替 $10\Omega \cdot cm$ 衬底，但使用 $10\Omega \cdot cm$ 衬底加上背面场技术也同样可以实现开路电压的提高。黑硅电池在地面标准测试条件下（AM1.5，$100mW/cm^2$，25℃）转换效率约为 17.2％，这几乎代表了 20 世纪 70 年代最先进的硅太阳电池技术。

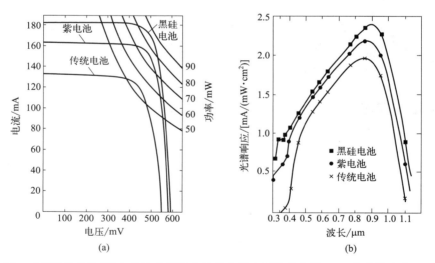

图 4-10　"黑硅电池""紫电池"和传统电池的电流电压特性曲线（a）和光谱响应（b）[13]

这以后，晶体硅电池的效率提高主要归因于研究人员对器件效率损失机理的深入认识，以及发展出来的各种减少光、电学损失的技术手段。通过对电池结构和制备技术进行多次革新，先后发展了钝化发射极和背面太阳电池（passivated emitter and rear cell，PERC）、背接触太阳电池（back contact cells）、硅异质结电池（silicon hetero-junction，SHJ）和隧穿氧化层钝化接触电池（tunneling oxide passivated contact，TOPCon）等高效电池技术。下面首先讨论晶硅太阳电池的能量损失机制，然后介绍减少光电损失的技术手段及其原理，最后以几种高效电池为例介绍高效晶硅太阳电池的设计思路和特点。

4.3 晶体硅太阳电池的效率损失及提高策略

4.3.1 效率损失机制

太阳电池是一种光电转换器件，效率损失的根本原因来自器件在能量转换过程中发生的光学和电学损失。对所有单结电池而言，均不能利用小于吸收层材料 E_g 的光子能量和超过 E_g 的多余能量，这两种损失在所有硅太阳电池中都无法避免，因此本节只讨论硅太阳电池效率损失的其他部分，并在后文介绍优化改进的技术手段及原理。

图 4-11 分析了硅太阳电池的其他效率损失来源。光学损失主要有反射损失、透射损失和电极遮挡损失，电学损失主要有各功能层材料带来的串联电阻损失和来自吸收层体内、空间电荷区及前后表面、界面带来的复合损失。

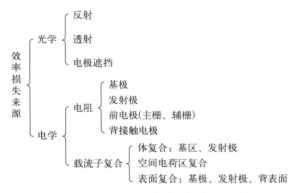

图 4-11　晶体硅太阳电池的效率损失来源

根据效率损失的物理本质，可分为以下六类：
① 电池前表面的光反射损失；
② 电池后表面的光透射损失，指因电池材料吸收不完全而透射出去的那部分光；
③ 电池前表面的金属栅线电极遮挡引起的光照面积损失；
④ 电池各部分材料的体电阻带来的串联电阻损失；
⑤ 电池各部分材料的体内及空间电荷区的载流子复合损失；
⑥ 电池前、后表面及器件内不同界面的载流子复合损失。

针对以上光、电学损失，研究人员已发展出一系列共性技术，并研究了相关机理。减少光学损失的主要措施是通过镀减反膜以降低电池前表面的反射率，在前后表面设计陷光结构增加光程以减少透射损失，以及优化前电极设计减少光线遮挡等。减少电阻损失的主要措施是优化金属栅线设计，降低栅线接触电阻等。减少载流子复合损失的主要措施是改进掺杂工艺、采用有效的体钝化和表面钝化技术等。下面分别介绍这些技术措施及其原理。

4.3.2 减反射技术

太阳光从空气中入射到硅电池表面时总会发生反射，这是因为入射介质和出射介质的折射率不一样。二者的折射率差别越小，光发生反射的可能越小。利用薄膜的干涉现象，在太阳电池表面沉积一层或多层薄膜均可以不同程度地减小反射率。减反效果最好的应当是沉积从电池表面折射率渐变到空气折射率的多层减反膜或沉积具有可变折射率的非均匀薄膜，但这些方法的制备工艺更复杂，制造成本更高。结合晶体硅太阳电池的实际工艺，下面主要介绍单层薄膜的减反射原则和方法。

（1）减反膜的设计

当光从折射率为 n_0 的介质进入折射率为 n_2 的介质中时，光会在两种介质界面发生反射。根据第 2 章中式(2-17)，如果介质吸收很弱（κ 约为 0），界面为光学面，光垂直入射，反射率 R 可写为：

$$R = \frac{(n_0 - n_2)^2}{(n_0 + n_2)^2} \tag{4-11}$$

例如，空气和硅的折射率分别为 1 和 3.4，光从空气中照射到平整的晶体硅表面，反射率约为 30%。为了减少反射，最简单的方法是在硅表面沉积一层低折射率的薄膜。

如图 4-12 所示，假设减反膜的厚度为 d_1，折射率为 n_1，入射光的折射角为 θ_1。反射率可以表示为：

$$R = \frac{r_1^2 + r_2^2 + 2r_1 r_2 \cos\varphi}{1 + r_1^2 r_2^2 2r_1 r_2 \cos\varphi} \tag{4-12}$$

式中，r_1、r_2 分别为薄膜上下表面的反射率；φ 为相邻两个出射光束间的相位差，$\varphi = \frac{4\pi}{\lambda} n_1 d_1 \cos\theta_1$。

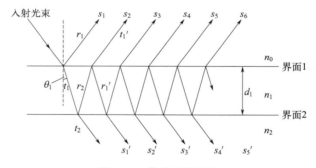

图 4-12　薄膜干涉原理

当光线垂直入射到薄膜表面时，r_1、r_2 可以表示为：

$$r_1 = \frac{n_0 - n_1}{n_0 + n_1}$$
$$r_2 = \frac{n_1 - n_2}{n_1 + n_2} \tag{4-13}$$

此时，反射率 R 为：

$$R = \frac{(n_0 - n_2)^2 \cos^2 \dfrac{\varphi}{2} + \left(\dfrac{n_0 n_2}{n_1} - n_1\right)^2 \sin^2 \dfrac{\varphi}{2}}{(n_0 + n_2)^2 \cos^2 \dfrac{\varphi}{2} + \left(\dfrac{n_0 n_2}{n_1} + n_1\right)^2 \sin^2 \dfrac{\varphi}{2}} \tag{4-14}$$

当 $n_1 < n_2$，且满足 $n_1 d_1 = (2k+1)\dfrac{\lambda}{4}$ 时，即 $\varphi = (2k+1)\pi$，反射率 R 达到最小值：

$$R = \frac{(n_0 n_2 - n_1^2)^2}{(n_0 n_2 + n_1^2)^2} \tag{4-15}$$

如果选择 $n_1 = \sqrt{n_0 n_2}$，则反射率 $R = 0$，反射光被完全抵消。当 $n_1 = n_2$ 时，相当于没有减反膜的情况，此式与式(4-11) 相同。

当 $k = 0$ 时，得到减反膜的最小厚度为：

$$d_1 = \frac{\lambda}{4n_1} \tag{4-16}$$

由式(4-16) 可以看出，单层减反膜只能尽可能减小某一特定波长的反射，其他相近波长的反射光虽然也能不同程度地减弱，但不是最弱。要取得更好的减反效果，需要设计多层减反膜，考虑不同膜层的厚度和折射率，多层膜的设计比较复杂，计算也很复杂。然而目前已开发出较成熟的光学模拟软件，如 Macleod、TFCalc 等，可以在确定减反膜的层数后，利用软件根据设计目标自动优化设计。

（2）常用减反膜实例

对于晶体硅太阳电池，常用的减反膜有 MgF_2、SiO_2、TiO_2、Al_2O_3、SiN_x 等。以 MgF_2（$n = 1.38$）、SiO_2（$n = 1.46$）、Al_2O_3（$n = 1.9$）、TiO_2（$n = 2.3$）等薄膜为例，由计算机仿真得到在空气中的反射率变化曲线[14]，如图 4-13、图 4-14 所示。由图 4-13 可见，波长一定时，反射率随厚度的变化非常大，并且折射率大的材料对厚度的变化更敏感。由图 4-14 可见，对于单层膜，采用 72nm 的 Al_2O_3 减反效果最好，但对整个太阳光谱而言，远离中心波长的反射率依然较高。

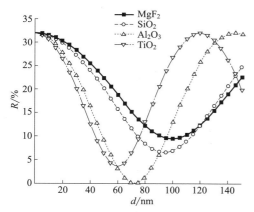

图 4-13 单层膜反射率 R 随
厚度 d 的变化曲线（波长为 550nm）[14]

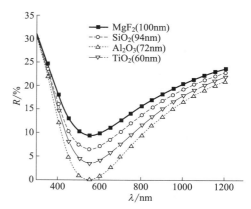

图 4-14 单层膜反射率 R 随
波长 λ 的变化曲线[14]

在此基础上，人们研究了双层和三层减反膜的效果[14]，如图 4-15、图 4-16 所示。可见，双层膜在很宽的范围内都有较低的反射率，三层减反膜的效果则更好。双层减反膜的折

射率应满足 $n_0 < n_1 < n_2 < n_3$，n_0、n_3 分别为入射介质和基底的折射率，n_1、n_2 分别为双层膜材料的折射率。对于三层减反膜，与基底相邻的材料厚度较小时，会取得较好的减反射效果。

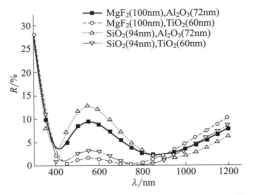

图 4-15　双层膜反射率 R 随波长 λ 的变化曲线[14]

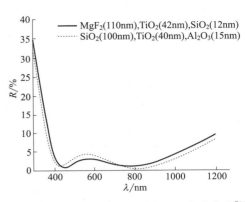

图 4-16　三层膜反射率 R 随波长 λ 的变化曲线[14]

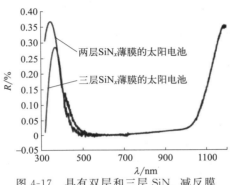

图 4-17　具有双层和三层 SiN_x 减反膜的硅太阳电池的反射率曲线[15]

目前 p 型硅电池正面一般采用 SiN_x 薄膜作为减反射材料，因为采用等离子体辅助气相沉积（PECVD）工艺制备氮化硅，除了减反还能起到钝化硅表面缺陷的作用，一举两得。除了使用单层 SiN_x 薄膜，由高低折射率组合而成的叠层 SiN_x 薄膜也广泛应用于硅电池正面。底层高折射率 SiN_x 膜具有良好的钝化效果，厚度约 10～20nm，顶层低折射率 SiN_x 膜具有良好的减反效果，两层总厚度约 80nm。图 4-17 给出了双层和三层 SiN_x 薄膜用于硅太阳电池时实测的减反效果[15]。在 300～600nm 波长范围，三层 SiN_x 薄膜具有更好的减反效果，而在 600～1000nm 范围，二者的反射率基本都在 3% 以下。

4.3.3　陷光技术

对于晶体硅太阳电池，减小硅片厚度既可以降低材料成本，又可以减少硅体内的本征俄歇复合损失从而提高开路电压，因此硅片薄片化是电池发展的一个重要方向。对于薄硅片，为了在获得高开路电压的同时获得较高的短路电流密度，就需要采用陷光技术以增加光在硅片内的传输长度，从而增强对光的吸收。

陷光技术是指将硅片表面织构化，有两种实现方式[16]。第一是在硅片背表面采用朗伯面使光线到达背表面后被随机反射到各个方向，增加光在硅内的传播次数，如图 4-18（a）所示。第二是基于规则的几何结构，使光线在硅内部多次反射，从而在逃逸前可以传播最长距离，如图 4-18（b）所示。

第二种几何结构已经被广泛用于硅的前表面，又称硅表面制绒技术，用来实现表面陷光，原理如图 4-19（a）所示。这种结构会使入射到表面的光线改变传播方向，部分光线被表面反射后会再次入射到硅表面产生吸收。对于单晶硅，常采用碱性腐蚀液在硅表面进行各向

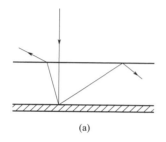
(a)

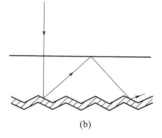
(b)

图 4-18　两种陷光方式

异性刻蚀得到随机分布的金字塔绒面，其显微照片见图 4-19（b）。对于多晶硅，常采用酸性腐蚀液在硅表面进行各向同性刻蚀得到随机分布的腐蚀坑，如图 4-19（c）。

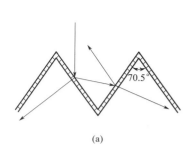
(a)

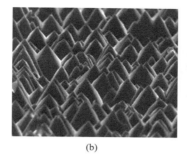
(b)

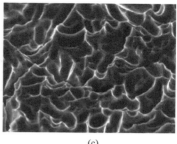
(c)

图 4-19　表面制绒的晶体硅的光路示意图（a）和单晶硅（b）、多晶硅（c）表面制绒的显微照片

Campbell 和 Green 研究了具有单绒面结构的硅太阳电池的陷光特性[16]，如图 4-20。当前表面是朗伯面时，光线在硅内部的平均传播长度 $\overline{P}$ 为：

$$\overline{P} = \frac{2W(1+R)}{1-R(1-f)} \qquad (4-17)$$

式中，W 为硅片平均厚度；R 为背面反射率；f 为光线每次到达前表面时耦合输出的光线比例。当前表面透射率和背表面反射率均为 100% 时，$f=1/n^2$，$R=1$，这正是理想太阳电池的情形。此时，光线在硅内的平均传播长度 $\overline{P}=4n^2W$。以硅折射率 3.4 估

反射率为R

图 4-20　太阳电池前后表面示意
（前表面为织构面，背表面为反射率为 R 的平面）

算，$\overline{P}$ 长达 46W，即为硅片厚度的 46 倍，表明陷光非常有效。如果背表面没有反射涂层，反射率 $R=1-f$。此时，光线的平均传播长度 $\overline{P}=2n^2W$。

当前表面绒面为规则金字塔形状时，如图 4-21 所示，如果硅片厚度 W' 满足下式：

$$W' = \frac{md}{2}\tan(\theta_1 + \theta_2) \qquad (4-18)$$

式中，$\theta_1 = \cot^{-1}(\sqrt{2})$，$\theta_2 = \sin^{-1}\left(\frac{\cos\theta_1}{n}\right)$，$d$ 为金字塔间距，m 为正整数，可获得最理想的陷光效果，$\overline{P}$ 达到 43W，仅比朗伯面略低。但是，当入射光偏离式（4-18）的条件时，$\overline{P}$ 仅为 12W。研究表明，随机金字塔的陷光效果优于规则金字塔结构，而砖砌结构的倒金字塔效果最好[16]。

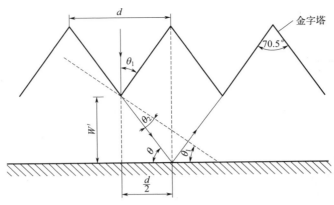

图 4-21　规则金字塔绒面的截面

如果硅片的上下表面均为绒面结构，双朗伯面的陷光效果和单朗伯面很接近，而双金字塔绒面的陷光效果则明显优于单金字塔绒面结构。

Campbell 和 Green 计算了在 AM1.5 太阳光谱下，具有不同陷光结构的硅电池在不同厚度时的短路电流密度[16]，如图 4-22 所示。可见，具有垂直沟槽陷光结构的电池的短路电流密度最高，其次是朗伯面结构，二者差别不大。双面金字塔结构的器件短路电流密度明显高于单面金字塔结构器件，说明了陷光效果的巨大差异。尽管如此，陷光最差的单面金字塔器件的短路电流密度也明显高于抛光器件。事实上，目前具有单面或双面金字塔结构的硅电池的短路电流密度已基本达到此图中的数值，在 $160\mu m$ 厚度的硅片上获得了 $40\sim42mA/cm^2$ 的短路电流密度。

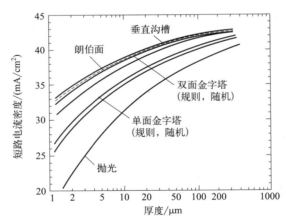

图 4-22　硅太阳电池选用特定陷光结构可能达到的最大短路电流密度[16]
（AM1.5 太阳光谱，入射光功率密度 $97mW/cm^2$）

在考虑实际光伏产品的光学优化时，还需要考虑晶体硅电池在形成组件时的外加膜层或衬底（如 EVA 膜、玻璃等）的折射率，将这些介质与电池的光学特性放在一起设计优化，仍可以获得明显的效率增益。

4.3.4　电极优化

晶体硅太阳电池除了背接触结构电池外，电极一般包括前电极和背电极。由于前电极对光线有遮挡，通常采用包括主栅和辅栅在内的栅线电极。在现有单面 PERC 电池生产线上背电极通常采用全铝背电极，在一些双面电池中，背电极也可以采用和前电极一样的栅线电极。

金属的电阻率最低，因此硅电池普遍采用金属电极，由此造成的损失包括遮光损失、串联损失、并联损失和复合损失。由于前电极处于光照面，在收集电流和减少遮光方面有天然矛盾，需要同时考虑光、电学损失，协同优化使电池的转换效率达到最大。下面首先分析这些损失，然后给出前电极的设计优化原则。

（1）光学损失

金属电极阻止了光进入电池内部，用遮光率表示光学损失，其大小取决于金属栅线面积占电池总面积的比例。遮光率由金属栅线的宽度和线间距决定，栅线越窄、间距越大、遮光率越低，光线有更多比例进入电池。最大限度减少入射光损失的办法是将前电极移到电池背面，如 Sunpower 公司设计的叉指背接触（interdigitated back contact，IBC）太阳电池。

（2）串联电阻损失

图 4-23 给出了晶体硅太阳电池的串联电阻构成[4]。考虑晶体硅电池普遍使用全铝背电极，因此 Al 背电极横向电阻 R_1、背电极与基区接触电阻 R_2 可以忽略。基区电阻 R_3 受硅片掺杂浓度影响一般比较固定。可优化的串联电阻主要包括发射极横向电阻 R_4、发射极与栅线（前电极）接触电阻 R_5 和栅线电阻 R_6。

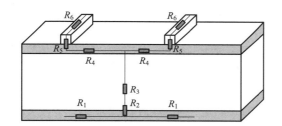

图 4-23　晶体硅太阳电池串联电阻[4]
R_1—前电极横向电阻；R_2—背电极与基区接触电阻；
R_3—基区电阻；R_4—发射极横向电阻；R_5—发射极与栅线接触电阻；R_6—栅线电阻

① 发射极横向电阻　前电极栅线之间有一定距离，载流子要被收集必须在发射区内横向输运一段距离以到达栅线，因此产生发射极横向电阻。该电阻与栅线间隔距离有关。对于高方块电阻的发射极，栅线应密集以减少发射极横向电阻，但密栅线会增大遮光面积和复合损失，可以在栅线变密的同时减小宽度和增加高度。

② 发射极与前电极接触电阻　发射极硅与前电极金属的接触大多为肖特基接触，形成肖特基势垒，阻碍多子的输运。接触电阻的大小由势垒高度和掺杂浓度决定。肖特基势垒高度由第 3 章式(3-29) 给出。Bardeen[17] 给出了实际测试和拟合的肖特基势垒与金属功函数之间的关系，如图 4-24 所示。可见实测与理论有偏差，这是因为半导体表面态密度较高引起费米能级钉扎的缘故，具体分析参见本书 3.2.4 节。

半导体金属接触电阻 ρ_C 与 n 型发射区掺杂浓度 N_D 和势垒高度 ϕ_B 之间的关系如图 4-25 所示。从模拟结果看出，在相同势垒高度下，N_D 越高 ρ_C 越小；在相同掺杂浓度下，ϕ_B 越低

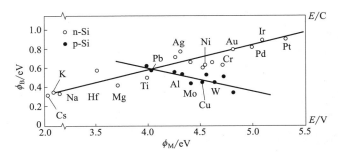

图 4-24 不同功函数的金属与 n 型/p 型硅形成的肖特基势垒高度 ϕ_B 及拟合关系[17]

ρ_C 越小。当 n 型发射极掺杂浓度过高时,尽管接触电阻低,但电池表面会形成一层"死层",降低蓝光响应,关于掺杂工艺的详细分析参见 4.3.5 节。

③ 栅线电阻 栅线电阻大小依赖于栅线的电阻率和体积,电阻率与栅线的材料种类相关,栅线体积则取决于栅线的高度和宽度。

(3)并联电阻损失

太阳电池在制备过程中产生漏电通道、降低并联电阻的原因主要有两个:一是由于去边工艺的不充分导致的电池 p-n 结产生漏电通道;二是电极制备过程中的烧结工艺可能造成金属离子扩散到 p-n 结使得金属与 p 型衬底直接接触。另外制造过程中的机械损伤等也可能降低并联电阻。通常认为大于 $1000\Omega \cdot cm^2$ 的并联电阻是可以接受的。

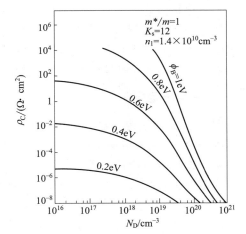

图 4-25 接触电阻 ρ_C 与 n 型发射区掺杂浓度 N_D 和势垒高度 ϕ_B 之间的关系(模拟结果)

(4)金属半导体接触复合损失

金属电极除了给电池带来串联和并联电阻损失,还会在电极与半导体接触区域,由于晶格失配造成的悬挂键形成大量的复合中心,影响载流子的输运。为减少这类复合损失而发展的缺陷钝化技术将在 4.3.6 节详细讨论。

(5)电极优化原则

由上可知,电极优化原则主要考虑遮光损失、串联电阻和复合损失,这三者有一定矛盾。要想降低遮光和复合损失,需要减小栅线宽度增加栅线间距;但为降低串联电阻,则需要增加栅线宽度减小栅线间距。因此,Green 等[18]对上述遮光损失和三种串联电阻损失进行了量化分析计算,几种因素对输出功率的损失可分别表示为:

$$P_{sf} = \frac{W_F}{S} \tag{4-19}$$

$$P_{rf} = \frac{1}{m}B\rho_{smf}\frac{J_{mp}}{V_{mp}} \times \frac{S}{W_F} \tag{4-20}$$

$$P_{cf} = \rho_C \frac{J_{mp}}{V_{mp}} \times \frac{S}{W_F} \tag{4-21}$$

$$P_{tl} = \frac{\rho_s}{12} \times \frac{J_{mp}}{V_{mp}} S^2 \tag{4-22}$$

式中，P_{sf} 是电极遮光造成的功率损失；P_{rf} 是金属栅线本身电阻造成的功率损失；P_{cf} 是接触电阻造成的功率损失；P_{tl} 是发射区横向电阻造成的功率损失；B 是电池面积；W_F 是电极栅线的宽度；S 是电极栅线的横截面积；ρ_C 是接触电阻；ρ_s 是发射极的方块电阻。如果电池面积内部栅线分布均匀则 $m=3$，不均匀则 $m=4$。P_{rf}、P_{cf} 和 P_{tl} 之和为串联电阻造成的损失。综上，优化原则是 $P_{sf} + P_{rf} + P_{cf} + P_{tl}$ 的和最小。

Volker Witter 等模拟了不同电极宽度下总功率损失的情况，如图 4-26 所示。对于固定的接触电阻 ρ_C，存在一个最佳栅线宽度。栅线太宽引起损失增加的原因是过多的遮光损失，栅线太窄引起损失增加的原因是发射区横向电阻和金属栅线电阻损失过大。对于同样的栅线宽度，接触电阻越小功率损失越小，当接触电阻越小时，最佳栅线宽度也越窄。这是因为接触电阻的下降大大降低了串联电阻，即使栅线电阻增加一些也能维持较低的总串联电阻。栅线变窄还能减少遮光损失。因此，接触电阻对功率损失的影响大于栅线宽度的影响。

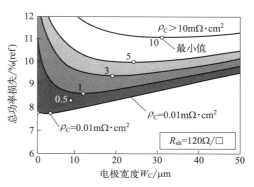

图 4-26　不同电极宽度下总功率的
损失情况（模拟结果）

为了提高效率降低成本，晶体硅太阳电池前表面的栅线电极不断改进，如图 4-27 所示，已从传统的主栅＋辅栅结构（a）逐渐发展为 5BB 结构（b），再到目前普遍采用的 MBB 结构（c）。

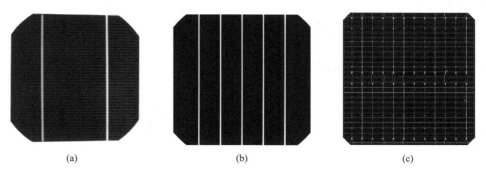

图 4-27　晶体硅太阳电池的前电极栅线形状的改进
（a）传统栅线结构；（b）5BB 结构；（c）MBB 结构

4.3.5 掺杂工艺优化

在晶体硅太阳电池中，由于各功能层作用不同，对应的适当掺杂浓度也应不同。例如基区，由于硅片厚度在 $100\mu m$ 以上，光生载流子主要靠扩散到达背电极，因此掺杂浓度不宜太高，一般低于 $10^{17} cm^{-3}$，避免因掺杂带来的缺陷降低载流子寿命。再如发射极部分，为了获得良好的欧姆接触，近表面扩散层的掺杂浓度可高达 $10^{19} \sim 10^{20}\,\mathrm{cm}^{-3}$。当晶体硅中杂质浓度高于 $10^{18}\,\mathrm{cm}^{-3}$ 时，不但不能提高电池的开路电压，反而会降低开路电压，出现高掺杂效应。下面首先分析晶体硅电池的常规扩散工艺造成的扩散区高掺杂效应（又称重掺杂效应）对电池性能的影响，然后介绍为减小高掺杂效应的负面影响而发展的选择发射极技术。

4.3.5.1　高掺杂效应的影响

当掺杂浓度很高时，电子和杂质之间的相互作用变得很复杂，能带结构会发生改变，如图 4-28 所示[19]。硅禁带中的杂质能级扩展，在能带边缘出现局域化带尾，并与硅的能带简并，硅的晶格发生畸变等，这些因素都会导致禁带收缩。

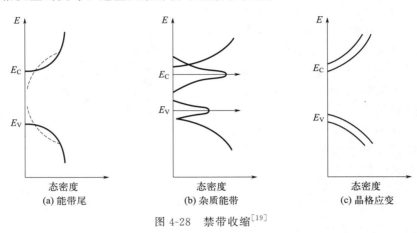

图 4-28　禁带收缩[19]

高掺杂效应对太阳电池的影响主要有以下三方面。

（1）引起禁带宽度变窄

高掺杂造成禁带宽度变窄的根本原因是，半导体重掺杂时会产生能带尾和杂质能带，掺杂浓度很高会引起带尾态和杂质能带扩展，导致能带尾和杂质能带重叠，使禁带宽度 E_g 变窄 ΔE_g。

以 n 型材料为例，其表观带隙变窄量 ΔE_g 可以写为[19]：

$$\Delta E_\mathrm{g} = k_\mathrm{B}T\ln\!\left(\frac{p_0 N_\mathrm{D}}{n_\mathrm{i}^2}\right) \tag{4-23}$$

式中，p_0 为少子浓度；N_D 为扩散区中的施主浓度；n_i 为本征载流子浓度。

在硅太阳电池中，经常使用的 n 型硅和 p 型硅的禁带变窄量可写为：

$$\Delta E_\mathrm{g} = -(0.45qV)\sqrt{N_\mathrm{D}/10^{21}}\,k_\mathrm{B}T\ln\!\left(\frac{p_0 N_\mathrm{D}}{n_\mathrm{i}^2}\right)$$

（2）导致载流子寿命急剧下降

当掺杂浓度很高时，缺陷密度增加，隧穿效应增强，俄歇复合增多，这将使载流子寿命急剧下降。在高掺杂区域，缺陷密度按照掺杂浓度的 4 次方增加，禁带变窄，耗尽区宽度收缩，加强了通过隧穿效应的复合。另外，由于表面层的载流子浓度很高，加强了通过晶格碰撞发生的俄歇电子复合。这些因素都使得 L_p 和 L_n 急剧减小，载流子寿命 τ 显著降低。

当电阻率小于 $0.1\Omega\cdot cm$ 时，俄歇复合很严重，由本章式(4-2)，对 p 型半导体，俄歇少子寿命与掺杂浓度 N_A 的关系为：

$$\tau_A^{low,p} = \frac{1}{C_p N_A^2} \tag{4-24}$$

式中，俄歇复合系数 $C_p = 1.2\times10^{-31} cm^6/s$。

在晶硅电池前表面的扩散区，由于高掺杂带来大量的填隙磷原子、位错和缺陷，光子在此区域产生的光生载流子可能全部被复合，少子寿命极短（<1ns），形成"死层"。如图 4-29 所示，当结深为 $0.4\mu m$ 时，在靠近表面宽约 $0.15\mu m$ 的薄层杂质浓度高达 $5\times10^{20} cm^{-3}$，且不随距离而变化，这就是死层[20]。在死层区域，只有部分杂质原子电离，已电离的杂质浓度（有效杂质浓度）下降为[21]：

$$N_{eff} = \frac{N_D}{1 + 2e^{\Delta E_D/kT}} \tag{4-25}$$

式中，N_D 为施主杂质浓度；ΔE_D 为施主杂质电离能。当 $N_D \leqslant 10^{18} cm^{-3}$ 时，$N_{eff} \approx N_D$；当 $N_D > 10^{18} cm^{-3}$ 时，$N_{eff} < N_D$。当表面浓度大于 $10^{19} cm^{-3}$ 时，近表面处会出现不正常的电离杂质分布，形成一个阻止少子向 p-n 结边缘扩散的反向电场，从而增加了少子的复合。如图 4-30 所示，$N_s = 10^{19} cm^{-3}$ 已是表面掺杂浓度的上限，超过它就会出现死层。

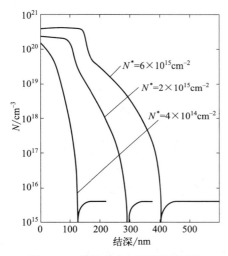

图 4-29　晶体硅中三种不同结深的扩散层中磷杂质的浓度分布
（N^* 为积分杂质浓度）

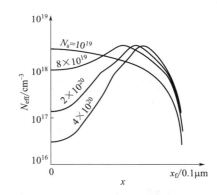

图 4-30　$0.1\Omega\cdot cm$ 晶体硅太阳电池扩散层中的有效杂质分布

越靠近晶体硅表面吸收的光子总数越多，表面 $0.5\mu m$ 厚的晶体硅薄层即可吸收约 9% 的太阳光能量，而晶体硅太阳电池 p-n 结的结深一般为 $0.3\sim0.5\mu m$，因此死层会明显降低太阳电池的蓝光响应进而降低电池性能。

（3）导致暗电流密度和二极管因子增大

第 3 章已给出了 p-n 结太阳电池的电流表达式(3-68)，考虑到复合电流因素，应增加一个二极管因子 n，考虑到高掺杂情况会产生隧穿电流 J_t，应增加第二项，因此暗电流表达式应修订为[22]：

$$J_{dark} = J_0 \left[\exp(qV/nk_B T_a) - 1 \right] + k_1 N_t e^{BV} \tag{4-26}$$

式中，n 为太阳电池的二极管因子，反映了太阳电池的品质优劣。在第二项隧穿电流表达式中，k_1 是与电子有效质量、内建电场、掺杂浓度、介电常数和普朗克常量等有关的系数，N_t 是能够为电子或空穴提供隧穿的能态密度，且有：

$$B = \frac{8\pi}{3h}(m^* \varepsilon_s N_{D,A})1/2 \tag{4-27}$$

式中，$N_{D,A}$ 为 p-n 结区的平均掺杂浓度；m^* 为载流子的有效质量。

对于品质优良的太阳电池，以注入扩散电流为主，$n \approx 1$；随着掺杂浓度增加，缺陷密度按照浓度的高次方增加，载流子寿命迅速下降，势垒区复合电流、边界区复合电流和隧穿电流同步增加，n 趋向于 2，如果存在并联电阻效应，则 n 可能更大。随着掺杂浓度增加，第二项隧穿电流也会同步增加。因此在高掺杂情况下，二极管因子和暗电流均会增大。

由上述分析可知，高掺杂效应会明显影响太阳电池的性能，降低电池的转换效率。为了提高太阳电池的转换效率，必须解决这个问题。选择性发射极技术就是为减小高掺杂效应而成功设计的一个典型例子，对应的太阳电池称作选择发射极太阳电池。

4.3.5.2 选择发射极技术（selective emitter，SE）

晶体硅选择发射极太阳电池与常规硅太阳电池的差异主要在前表面的 n 区扩散层部分，如图 4-31 所示[23]，选择发射极在有电极的区域采用高掺杂（n++）以获得较低的接触电阻和良好的欧姆接触，在没有电极的区域采用低掺杂（n+）以降低表面复合速率，避免产生高掺杂效应。采用选择发射极技术，可以显著增加开路电压、短路电流和填充因子，从而提高太阳电池的光电转换效率。

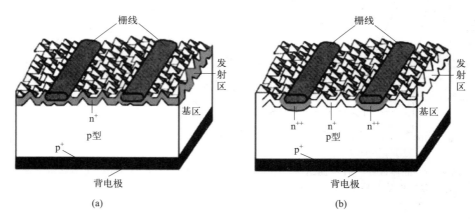

图 4-31 常规太阳电池（a）与选择发射极太阳电池（b）的结构比较[23]

图 4-32 为扩散区单边突变掺杂制造的选择发射极太阳电池结构示意图。由图可见，选择发射极的结构设计是在太阳电池前电极栅线之间的受光区域对应的活性区形成低掺杂浅扩散区，在栅线正下方的非受光区域形成高掺杂深扩散区；在电极间隔区形成与常规太阳电池同样的 p-n+ 结，在低掺杂区和高掺杂区的交界处形成横向 n+n++ 高低结，在电极栅线下方形成 p-n++ 结[24]。这些能带结构，同时有利于 n 型区的空穴向 p 区流动和 p 型区的电子向 n 区流动，即载流子的流动具有选择性，所以被称为选择发射极。

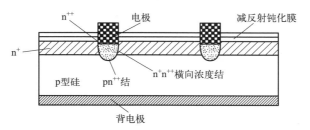

图 4-32 扩散区单边突变掺杂制造的选择发射极太阳电池结构[23]

采用选择发射极技术有如下优点:

（1）减少光生少子的表面复合

如本章 4.1.4 节讨论的表面复合情况所述，硅片表面由于存在大量悬挂键、表面缺陷和其他深能级中心，表面电子能态在禁带中形成了复合中心能级，光生少子主要通过这些复合中心进行复合。按照式(4-9)，$S_{p0} = v_{th} N_{it} \sigma_p$，$S_{n0} = v_{th} N_{it} \sigma_n$，表面复合速率 S_{p0}/S_{n0} 与局域能级密度 N_{it} 成正比，N_{it} 与表面掺杂浓度 N 有关。图 4-6 也说明，表面掺杂浓度越高表面复合越严重。选择性发射极太阳电池在光活性区的表面掺杂浓度比常规太阳电池低，因此显著减少了光生少子的表面复合；同时，较低的表面杂质浓度在表面钝化后可以获得更好的钝化效果，从而进一步减少表面复合。

（2）减少扩散死层的影响

对于常规硅太阳电池，扩散层表面区域的杂质浓度可高达 $10^{20} \, \mathrm{cm}^{-3}$ 以上，由 4.1.4 节内容可知，此时硅的体复合以俄歇复合为主。俄歇复合与掺杂浓度密切相关，按照式(4-2)，表面 n 型扩散区的俄歇少子寿命表示为：

$$\tau_D^{\mathrm{low,n}} = \frac{1}{C_n N_D^2} \tag{4-28}$$

式中，C_n 是电子的俄歇复合系数，约为 $(1.7 \sim 2.8) \times 10^{-31} \, \mathrm{cm}^6/\mathrm{s}$；$N_D$ 为表面 n 型硅的掺杂浓度。当掺杂浓度 $N_D = 5 \times 10^{18} \, \mathrm{cm}^{-3}$ 时，可得 $\tau_n = 0.14 \sim 0.24 \mu\mathrm{s}$，可见俄歇复合严重降低了硅表面的少子寿命。

在常规硅太阳电池中，硅片的表面扩散深度约为 100nm，在这个区域杂质浓度很高，严重的俄歇复合使得这一区域失去活性形成死层。而选择发射极太阳电池由于在无栅线区域的硅表面采用较低的掺杂浓度（约 $10^{19} \, \mathrm{cm}^{-3}$），可有效减薄甚至避免出现死层，从而显著提高少子寿命，改善电池性能。

（3）提高光生载流子的收集效率

与常规太阳电池相比，选择性发射极太阳电池在电极栅线下方增加了横向的 n^+-n^{++} 高低结和 p-n^+ 结，这个变化对电池能带结构的影响如图 4-33 所示。图 4-33 中的（a）、（b）两个图中，均有 p^+p 高低结和 p-n^+ 结，其势垒高度分别为 qV_{p^+p} 和 qV_{pn^+}。此外，选择性发射极太阳电池在前表面还有 n^+n^{++} 高低结，其势垒高度为 $qV_{n^+n^{++}}$，此高低结特别有利于将活性表面产生的光生电子输运到 n^{++} 区域进而被电极收集，同时排斥空穴远离 n^{++} 和电极区域，从而提高电池表层因短波光子产生的载流子的收集效率。

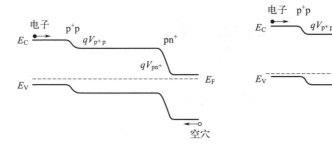

|(a) 常规背表面场(BSF)太阳电池结构的能带 | (b) 选择性发射极太阳电池结构的能带|

图 4-33　常规背表面场（BSF）和选择性发射极太阳电池结构的能带[23]

（4）提高太阳电池的开路电压

由 3.1 节内容可知，对于同质 p-n 结，内建静电场为开路电压的唯一来源。对于常规 BSF 硅太阳电池，内建静电场来源于电池内的接触势垒，其表达式为：

$$qV_{bi} = qV_{p^+p} + qV_{pn^+} \tag{4-29}$$

而选择发射极太阳电池的接触势垒除了上面两部分的贡献，还有来自 n^+n^{++} 高低结的贡献，其表达式为：

$$qV''_{bi} = qV_{p^+p} + qV_{pn^+} + qV_{n^+n^{++}} \tag{4-30}$$

比较式（4-29）和式（4-30）可知，$qV''_{bi} > qV_{bi}$，因此选择发射极太阳电池具有更高的开路电压。

（5）减小太阳电池的串联电阻

由 4.3.4 节的电极优化内容可知，与电极接触的硅掺杂浓度越高，与金属电极的接触电阻就越小。当硅片掺杂浓度较低时，电流传输机制主要为热电子发射；当掺杂浓度较高（$\geqslant 10^{19} cm^{-3}$）时，势垒宽度变窄，导电机制主要为隧穿效应，使接触电阻减小。当硅片的掺杂浓度为 $10^{19} cm^{-3}$ 时，$R_c \approx 0.1\Omega \cdot cm^2$；当掺杂浓度为 $10^{20} cm^{-3}$ 时，$R_c \approx 10^{-5}\Omega \cdot cm^2$。因此如果在硅与金属电极接触的区域，采用 $10^{20} cm^{-3}$ 的掺杂浓度，可以得到很低的接触电阻，即有效减小电池的串联电阻。

因此，选择性发射极技术通过利用金属电极下方的非活性区域实现局部重掺杂，在减小串联电阻的同时，避免了高掺杂效应带来的负面影响；减小了受光区域的表面复合，减小了暗电流，改善了表面钝化效果和短波量子效率，增加了短路电流，最终有效提高太阳电池的光电转换效率。

4.3.6　钝化技术

除了硅体内的缺陷外，硅的表面、背面以及和电极接触的区域都是载流子复合概率很高的地方，因此钝化主要围绕着硅的前后表面和电极区域开展，经过多年研究，人们已在钝化机理、钝化技术和提高电池效率方面取得了明显进步。

关于电极区域钝化，目前已有三种工艺可以证明能达到较好的电极区域钝化效果：①采用选择性发射极技术，在电极区域局部重掺杂，详见 4.3.5 节；②尽可能缩小电极区域面积，详见 4.3.4 节电极优化部分；③金属电极与半导体不直接接触，中间加一层几纳米的氧化层，如 SiO_2、Al_2O_3 等。

由 4.1.4.2 节可知，表面钝化主要采用两种方式：其一是在硅表面制备一层薄膜，通过薄膜中的原子（如氧原子、氢原子、氮原子等）与表面悬挂键结合，使这些陷阱饱和；其二是通过调制表面势场使载流子远离表面，从而减少表面陷阱对载流子的复合。

下面以 SiO_2、SiN_x 和 Al_2O_3 为例，分别介绍这些薄膜的钝化机理和效果。

4.3.6.1 SiO_2 钝化

在 Si 上通过热氧化等技术制备一层几纳米的 SiO_2 薄膜来做钝化在半导体领域已经非常成熟，Si-SiO_2 体系也研究得非常透彻，有非常清晰的硅表面缺陷结构图像。如图 4-34 所示，在该体系内存在 4 种电荷。

① 固定电荷 Q_f。在 SiO_2 一侧 2nm 范围内存在一层带正电的、固定的、对费米能级不敏感的电荷，其密度一般为 $10^{11} \sim 10^{12}\,cm^{-2}$。该层电荷会引起场致钝化效应，吸引电子排斥空穴，因此比较适合钝化 n 型硅表面，同时方便电子的传输。Q_f 对有效表面复合速率有很大影响，其大小与表面结构和 SiO_2 的制备工艺均有密切关系[25]。

② 界面陷阱电荷 Q_{it}。在 Si-SiO_2 界面上存在着一层由于界面态占据而产生的电荷，通过改变硅表面势可以使其带正电、带负电或不带电。这种电荷与硅表面的悬挂键和氧化键有关。表面悬挂键或氧化键在靠近表面的带隙中形成陷阱能级，这些能级形成准连续的带隙态。如 4.1.4.2 节所述，可采用带隙态密度 D_{it} 表示，将所有带隙态所带的电荷对所有能级加权求和即可得到表面电荷密度 Q_{it}。表面的不同处理工艺对 D_{it} 和 Q_{it} 有非常显著的影响。例如经过热氧化后的硅片的表面态密度可从 $10^{13}\,cm^{-2}$ 降低到 $10^9\,cm^{-2}$。

③ 氧化陷阱电荷 Q_{ot}。在氧化层中（除了表面 2nm 之外的其余部分）具有固定电荷，产生原因与 SiO_2 层中的缺陷有关，包括离子辐照、雪崩注入或氧化层中的大电流，该电荷对表面势的形成有一定影响。

④ 可移动氧化层电荷 Q_m。主要来源于氧化层中存在的一些碱性正离子（Li^+、Na^+、K^+）和负离子或重金属离子，该类电荷密度为 $10^{10} \sim 10^{12}\,cm^{-2}$。碱性离子在有电场存在的情况下可以迁移，尤其是 Na^+ 很重要，因为它存在于环境和人体中且很容易迁移。

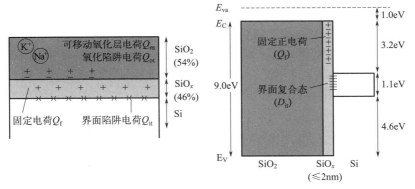

图 4-34 Si-SiO_2 薄膜的表面电荷及其理想能带结构[26,27]

Si-SiO_2 体系的表面缺陷态包括本征缺陷 U_T、U_M，以及外来缺陷 P_L、P_H 和 P_{OX}[4]。U_T 为带尾态，U_M 为对称中间带隙态。P_L 和 P_H 分别对应含有 1 个氧和 2 个氧的悬挂键形成的类施主的带隙态，P_{ox} 代表含有 3 个氧的悬挂键，它也会形成类施主的带隙态，但其位置深入到了导带中，带正电荷，是介质层中固定电荷（Q_f）的来源之一。

需要指出的是，对于不同的 SiO_2 薄膜的制备方法以及不同的后处理条件，表面陷阱态的密度分布和俘获截面都大不相同。许多研究者对此进行了相关研究，虽然获得的结果可能差异较大，但规律性的认知还是比较统一。图 4-35 和图 4-36 给出了 p 型和 n 型硅上制备 SiO_2 薄膜得到的少子寿命情况。可见，随着载流子注入水平的降低，p-Si-SiO_2 的少子寿命会降低，但对于 n 型硅片表面就没有这种效应。

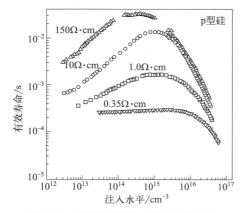

图 4-35 不同电阻率 p 型硅衬底上的
Si-SiO_2 界面少子寿命随注入水平 Δn 的变化[28]

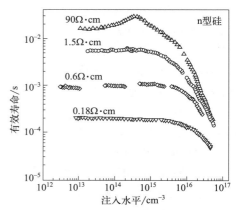

图 4-36 不同电阻率 n 型硅衬底上的
Si-SiO_2 界面少子寿命随注入水平 Δn 的变化[29]

总之，尽管 Si-SiO_2 界面处存在硅的本征缺陷和氧化缺陷，但通过高温氧化或后退火工艺可以将界面态密度降到非常低的水平（$10^{10}\ cm^{-2}/eV$），使得 SiO_2 不仅可以钝化 n 型硅表面，也可以钝化 p 型硅。虽然 SiO_2 的固定电荷 Q_f 为正值，不利于 p 型硅的场钝化，但因其 Q_f 相对较小减少了这种不利。

4.3.6.2 SiN_x 钝化

早在 1973 年，Wang 等就报道了 SiN_x 在半导体行业的应用[30]，随后几年被引入到光伏领域，目前在光伏产业已被广泛采用同时用作减反射膜和钝化膜。

制备 SiN_x 薄膜通常采用等离子体化学气相沉积（PECVD）技术，在诸多工艺参数中，最重要的是 Si/N，它对薄膜的折射率影响最明显，而大量研究发现，折射率与减反效果和钝化作用密切相关。由图 4-37 可见，不同研究者的数据体现了相同的折射率与 Si/N 的变化关系，均可得出图中所示的经验公式[4]。从减反效果考虑，并匹配空气折射率（1）和硅折射率（3.4），则 SiN_x 的折射率应为 1.84。从图 4-38 可见，在折射率为 1.9 左右时，少子寿命最低，对应于图 4-37 中的 Si/N 接近 Si_3N_4 化学计量比[4]。当折射率增加时，少子寿命显著提高，直到折射率达到 2.2 左右时，少子寿命达到饱和不再上升。除了 Si/N，PECVD 工艺参数中的气体压力、沉积温度、总流量、沉积时间及薄膜厚度等都对 SiN_x 薄膜的结构、性质和样品的少子寿命有显著影响。

SiN_x 薄膜的电荷特性分为薄膜体内及其与 Si 界面上的电荷特性。界面电荷主要包括两种电荷：①表面介质层固定电荷 Q_f，SiN_x 薄膜中的固定电荷密度很高，可以达到（1×10^{11}）～（5×10^{12}）cm^{-2}。一般认为 Q_f 有两部分，一部分 Q_{f1} 是与氧原子相关的悬挂键形成的正电荷，分布在距离表面 2nm 的范围内，浓度约 $10^{11}\,cm^{-2}$，带正电荷不可移动。另一部分 Q_{f2} 分布在距表面 20nm 的范围内，称为可移动电荷，其机理目前还有争议。②表面陷阱电荷 Q_{it}，用 PECVD 制备的 SiN_x 表面陷阱电荷密度 D_{it} 比热氧化制备的 SiO_2 薄膜表面要高得多，可以达到 $(1\times10^{11})\sim(5\times10^{12})\,cm^{-2}/eV$。

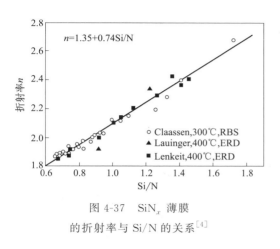

图 4-37　SiN_x 薄膜
的折射率与 Si/N 的关系[4]

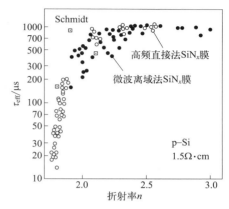

图 4-38　p 型硅衬底上制备的 SiN_x 薄膜
的折射率与有效少子寿命的关系[4]

图 4-39 和图 4-40 分别给出了 p 型硅和 n 型硅衬底上制备 SiN_x 薄膜后的少子寿命[4]。对于 p 型硅，随着折射率的增加，少子寿命也增加，折射率为 3.2 时达到最大。另外，p 型硅的少子寿命随过剩载流子浓度的增加先增加后减少，且变化，可达一个数量级。对于 n 型硅，当过剩载流子在 $10^{13}\sim10^{15}\,cm^{-3}$ 范围内变化时，少子寿命仅在 2~3ms 之间变化。

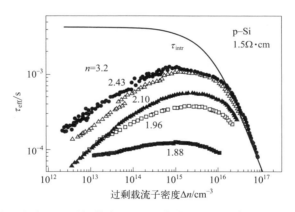

图 4-39　p 型硅衬底上制备的不同折射率的 SiN_x 薄膜的少子寿命与过剩载流子浓度的关系[4]

图 4-41 给出了在各种掺杂浓度的 p 型硅和 n 型硅衬底上制备双面 SiN_x 薄膜后的少子寿命与注入浓度的变化关系[4]。对于低注入时的 n 型硅，其少子寿命几乎不随注入水平变化，当注入水平超过 $10^{15}\,cm^{-3}$ 时，少子寿命随注入水平显著下降；掺杂浓度越低少子寿命越高。对于 p 型硅，低注入时少子寿命随注入水平有较大变化，掺杂越低少子寿命越高。

由于太阳电池短路时少子注入浓度约为 $10^{13}\,cm^{-3}$，而开路时少子浓度约为 $10^{15}\,cm^{-3}$，因此对于 p 型 Si-SiN_x 体系，在低注入时少子寿命下降，会影响电池的短路电流，弱光效率

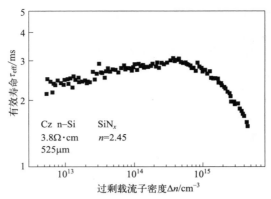

图 4-40　n 型硅衬底上制备的 SiN_x 薄膜的少子寿命与过剩载流子浓度的关系[4]

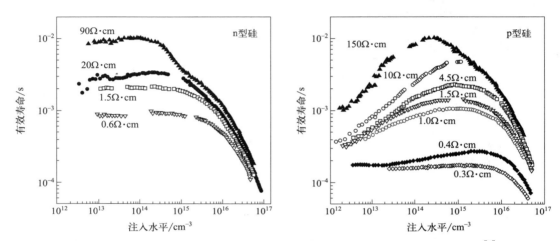

图 4-41　n 型硅和 p 型硅衬底上制备的 SiN_x 薄膜的少子寿命随注入水平的变化[4]

也会下降。而 n 型 $Si-SiN_x$ 界面不会出现这种低注入浓度时少子寿命的下降，因此 SiN_x 更适合钝化 n 型硅表面。另外，由于 $Si-SiN_x$ 界面存在高浓度的表面固定正电荷，会在 p 型硅中吸引大量电子到表面，使表面积累的电子超过了表面的空穴，形成局部反型层，该反型层在 p 型硅表面形成了一个感生的 p-n 结，它与前面的主 p-n 结方向相反，相当于一个与主结并联的二极管，形成漏电通道将一部分电流分走，其结构、等效电路图和能带结构如图 4-42 所示[4]。

4.3.6.3　Al_2O_3 钝化

随着电池效率的不断提升，对晶体硅前表面钝化技术的开发已接近极限，因此背面钝化对电池的影响显得越来越重要。对于 Al 背场电池，p 型硅的表面除了考虑化学钝化外，还要考虑采用具有负电荷的薄膜形成场钝化效应。对于采用 n 型硅片的电池，如 HIT、IBC 电池（详见 4.4.3 小节、4.4.6 小节）等，由于 n 型硅衬底的发射区要用 p 型，其钝化膜也要考虑带负电的场致钝化。半导体行业已对 Al_2O_3 薄膜进行了大量研究，发现 $Si-Al_2O_3$ 体系的表面固定电荷为负电荷，且密度较高，非常适合钝化 p 型硅表面。

制备 Al_2O_3 薄膜的方法有原子层沉积（ALD）、等离子体辅助 ALD、分子束外延等方法，工业上常用 ALD 方法。图 4-43 给出了 p 型和 n 型硅衬底上使用两种 ALD 技术制备的

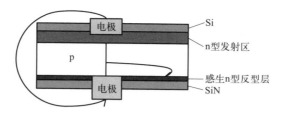

(a) SiN$_x$作为背表面钝化形成的反型层构成了一个感
生的反向p-n结(浮结)，与正面扩散制备的p-n结相反

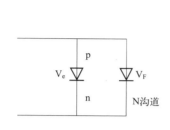

(b) 具有正面p-n结和反型感生p-n结的等效电路

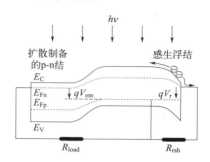

(c) 正表面p-n结与背表面感生反向浮结的能带结构

图 4-42　p 型硅衬底太阳电池使用 SiN$_x$ 薄膜做背表面 p 型层的钝化[4]

Al$_2$O$_3$ 薄膜的少子寿命随载流子注入水平的变化关系[31]。无论使用哪种 ALD，在 400℃ 退火后的少子寿命都很接近。退火后等离子体 ALD 生长的钝化膜比热 ALD 生长的膜的钝化水平稍高，但对于刚沉积的 Al$_2$O$_3$ 薄膜，热 ALD 的钝化效果却明显高于等离子体 ALD 的水平。而且，从图 4-43 还可以看出，随着载流子注入水平的下降，p 型硅上制备的 Al$_2$O$_3$ 薄膜的少子寿命不变，而 n 型硅上的 Al$_2$O$_3$ 薄膜的少子寿命却在下降。分析原因很可能是，对于 n 型硅表面，Al$_2$O$_3$ 薄膜的固定负电荷使表面吸引大量空穴，形成反型层，造成少子寿命的下降。此外，退火条件、Al$_2$O$_3$ 薄膜厚度等参数对钝化效果都有较显著的影响。

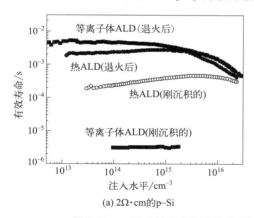

(a) 2Ω·cm的p-Si

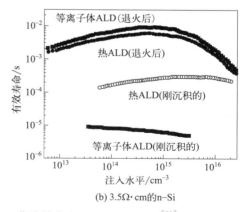

(b) 3.5Ω·cm的n-Si

图 4-43　p 型硅衬底太阳电池使用 SiN$_x$ 薄膜做背表面 p 型层的钝化[31]

Si-Al$_2$O$_3$ 界面缺陷类似于 Si-SiO$_2$ 界面的情况。Al$_2$O$_3$ 薄膜表面固定负电荷 Q_f 的来源有本征和外来两种缺陷。Al$_2$O$_3$ 薄膜的 UV 辐照性能很稳定，甚至在紫外辐照后的少子寿命还增加了一些。Al$_2$O$_3$ 薄膜在 800℃ 的高温烧结条件下不稳定。因此，很多研究者结合上面

的钝化膜性质，设计出 $Al_2O_3/a\text{-}SiN_x$、SiO_2/Al_2O_3 叠层钝化膜，这些叠层薄膜不仅可以优化光学和物理性质，而且可以调控衬底材料的钝化效果。

本节介绍了三种钝化薄膜，总的来说，SiO_2 和 SiN_x 带有正的固定电荷，适合钝化 n 型硅，Al_2O_3 带有负的固定电荷，适合钝化 p 型硅。三种钝化膜与硅形成的表面体系中，热氧化 SiO_2 薄膜的界面态密度最低，固定电荷密度也低于其他两种，不会与 p 型硅接触形成反型层，因此也可以作为 p 型硅的表面钝化材料。SiN_x 除了界面态密度较高外，固定电荷密度也较高，因此对 n 型硅有优异的钝化效果，但在 p 型硅表面会形成反型层，导致漏电，使电池效率下降。Al_2O_3 适合钝化 p 型硅，对 n 型硅会形成类似的反型层产生漏电现象。事实上，钝化技术一直在发展，除了以上三种薄膜，还有非晶 Si 薄膜、多晶 Si 薄膜都大量用于晶体硅前后表面的钝化，相关机理和技术也在不断地研究和发展中。

4.4 高效电池结构

4.4.1 高效电池的设计思想

太阳电池的技术迭代非常快，为了提高光电转换效率，已经发展出很多种结构的硅太阳电池，它们的光电转换效率纪录也不断被刷新，本章不介绍这些硅电池的具体制备工艺，仅以几种典型的硅太阳电池为例，介绍高效器件的设计思想。根据提高效率的不同思路，可分为三类：第一是背电极优化类，包括 PERC、PERL 和 PERT 太阳电池；第二是钝化类，包括 SHJ 和 TOPCon 太阳电池；第三是提高光利用率类，包括刻槽埋栅、IBC 和硅球太阳电池等。

4.4.2 PERC、PERL 和 PERT 太阳电池

PERC（passivated emitter and rear cell）电池是澳大利亚新南威尔士大学光伏器件实验室 1989 年提出的一种电池结构。PERC 在对前表面发射极 n^+ 采用 SiN_x 薄膜钝化的基础上，为了减少传统铝背场电池中载流子在与铝电极接触的背面区域复合，在 Si 背面制备了 Al_2O_3/SiN_x 复合钝化膜，再用激光在钝化膜上开孔，最后印刷铝电极，其结构如图 4-44（b）所示。根据光伏行业协会数据，2021 年 PERC 电池的平均量产效率已达 23.2%[32]，产能达到 300GW，占据了晶体硅电池大约 91% 的市场份额，是 2022 年以前的主流技术。

PERL（passivated emitter and rear locally diffused）电池是澳大利亚新南威尔士大学光伏器件实验室在 PERC 电池的基础上发展的一种高效电池结构，其结构如图 4-44（c）所示。它与 PERC 电池的主要不同点，一是采用 n 型硅片以获得更高的转换效率，二是在它的背电极与硅的接触区域进行了浓磷掺杂定域扩散，显著降低了背面接触孔处的薄层电阻，缩短了孔间距，减小了横向电阻，使得 PERL 电池的效率高于 PERC 电池的效率。

在 PERL 电池的基础上，又发展出一种 PERT（passivated emitter and rear totally diffused）电池，其结构如图 4-44(d) 所示。它不仅在电池背面进行局域掺杂，还在背面的其他区域进行淡磷掺杂，使太阳电池可以在高电阻率的衬底上实现高光电转换效率。

由于 n 型硅片的少子寿命比 p 型硅片高 1~2 个数量级，且 n 型硅片对金属污染的容忍度高于 p 型硅片，再加上 n 型硅片无光致硼氧对复合衰减，因此随着 PERC 电池效率的逐

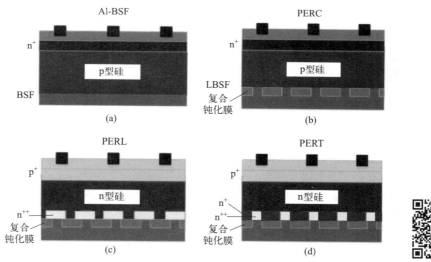

图 4-44　Al-BSF、PERC、PERL 和 PERT 太阳电池的典型结构

步攀升即将到达瓶颈，研究者把提高效率的重点更多地放在了 n 型硅片衬底的结构上。虽然最初新南威尔士大学研发的 PERL 电池使用的是 p 型硅片，但后来更多研究专注于 n 型硅片的 PERL 和 PERT 电池结构。

4.4.3　硅异质结太阳电池

硅异质结（SHJ）太阳电池是一种单晶硅和非晶硅结合的异质结电池，最典型的结构为 HIT，最早由日本三洋公司开发并实现产业化，电池具有对称结构，如图 4-45 所示。

硅异质结太阳电池通常采用扩散长度更长的 n 型单晶硅片作光吸收区，厚度小于 $200\mu m$，正面是 p 型非晶硅薄膜（膜厚为 $5\sim10nm$），与硅衬底一起构成异质 p-n 结。但由于该发射极是非晶硅薄膜，电阻率不低且厚度很薄，因此有很大的横向电阻，为了减少电流收集时的串联电阻，需要再沉积一层透明导电薄膜，例如氧化铟锡薄膜（ITO）。这层 ITO 除了透光导电还能起到一定的减反射作用，为了与其折射率匹配，其厚度通常只能做到 $80\sim100nm$。结果是，掺杂非晶硅薄膜加上 ITO 的横向电阻依然偏大，因此需要在 ITO 上再制备金属栅线电极。为了进一步提高电池转换效率，在背面继续制备一层非晶硅/晶体硅异质结背场，这样就形成了双面异质结太阳电池。考虑到在非晶硅/晶体硅界面存在较多界面态，为了降低它们的影响可以在二者之间插入一层本征非晶硅薄膜作为钝化层。

硅异质结电池有四个明显的优点：①PECVD 制备非晶硅的温度一般在 200℃ 左右，与传统的 800℃ 以上高温扩散工艺相比，消耗能量小、工艺简单且可避免高温给硅片带来的变形和热损伤，有利于制造薄硅片太阳电池。②异质结电池采用带隙更宽（约 1.7eV）的非晶硅薄膜做钝化，使它与晶体硅之间容易形成比较大的接触势垒，增强内建电场，有利于载流子的分离，图 4-46 给出了异质结电池的能带结构；同时本征非晶硅对硅有很好的钝化作用，可减少载流子的复合，降低反向饱和电流密度约 2 个数量级，显著提高开路电压，因此硅异质结电池的开路电压比常规硅电池的要高几十毫伏。③较低的载流子复合速率带来较小的温度系数（−0.25%），使异质结电池在高温条件下产生更高的功率输出。④异质结电池是天然的双面电池，可以有效利用地面的反射光，额外增加电池的功率输出，与单面电池相比，平均年输出电能可提高 6%～8%。

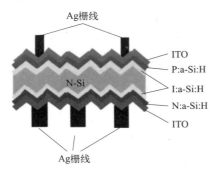

图 4-45　硅异质结太阳电池的典型结构

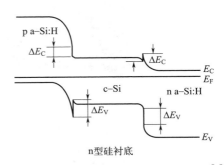

图 4-46　硅异质结太阳电池的能带结构[4]

2022 年 11 月，中国隆基绿能科技股份有限公司以 26.81% 的效率刷新了硅异质结太阳电池的效率纪录[33]，这也是全球硅太阳电池效率的最高纪录，不分技术路线。同年 12 月，隆基绿能在 M6 全尺寸单晶硅片上，继续创造了 p 型 HJT 电池 26.56%、无铟 HJT 电池 26.09% 转换效率的新世界纪录[34]。在产业化方面，多家光伏企业已建成 GW 级 HJT 电池的生产线。由于 HJT 的生产线设备与现有 PERC 生产线不兼容，因此产业化难点主要是成本问题，一旦突破，HJT 电池将占据可观的市场份额。

4.4.4　TOPCon 太阳电池

背面隧穿氧化层钝化接触（tunnel oxide passivated contact，TOPCon）太阳电池是 2013 年德国 Fraunhofer 研究所提出来的高效电池结构，如图 4-47 所示。

TOPCon 电池的背面采用 1～2nm 的氧化物层钝化晶体硅表面，然后沉积一层掺杂非晶硅或多晶硅薄膜，二者共同形成钝化接触，为硅片背面提供良好的钝化。该结构的氧化物层很薄，尽管不和背电极接触，也能利用隧穿效应使电子进入掺杂多晶硅层，同时阻挡空穴，可将背面复合速率从传统金属接触区域的约 $200fA/cm^2$ 降低至约 $7fA/cm^2$，从而显著提高少子寿命，提升电池效率；同时该结构避免了氧化物层钝化需要开孔接触的问题，简化了工艺，降低了太阳电池的制造成本。

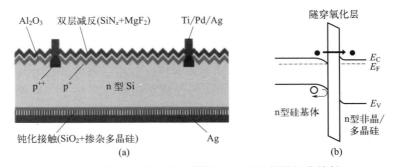

图 4-47　TOPCon 太阳电池的结构（a）和选择性钝化接触（b）

小面积 TOPCon 太阳电池的最高效率为德国 Fraunhofer 研究所创造的 26%，全尺寸硅片上 TOPCon 电池的最高效率 25.3% 由中国晶科能源控股有限公司创造[3]。由于 TOPCon 电池与 PERC 电池具有继承性，可以在原有 PERC 电池基础上增加一些设备和工艺达到技术提升。因此，传统 PERC 电池生产商在 2023 年开始大规模扩产 TOPCon 电池，落地产能

约 $400\sim500\mathrm{GW}$，总产量已达到太阳电池总出货量的 $30\%^{[35]}$。TOPCon 电池的产线平均效率已达到 25.6%，具有比 PERC 电池更优的性价比，正在成为市场的新主流技术。

4.4.5　刻槽埋栅太阳电池

刻槽埋栅太阳电池（buried contact solar cell，BCSC）是由澳大利亚新南威尔士大学光伏器件研究室在 20 世纪 80 年代首先提出，其结构如图 4-48 所示。制造 BCSC 电池时，先在硅片表面用激光、机械刻划或化学腐蚀方式刻出沟槽，然后在沟槽上进行化学镀镍、镀铜，再浸银形成电极，电极只占太阳电池表面积的 $2\%\sim4\%$，显著减小了电极遮光面积，提高了短路电流密度。电极与沟槽接触区域采用重掺杂，降低了接触电阻损耗，提高了电池的开路电压。表面除电极外的其他部分采用淡磷扩散，分别形成 p-n$^+$ 结和 p-n^{++} 结，既防止了死层的形成，又提高了对周围光生载流子的收集效率，改善了短波光谱响应。此外，正面采用减反膜和绒面相结合，背面也采用了反射层，增加了对光的吸收率。

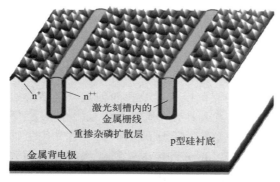

图 4-48　BCSC 太阳电池的结构

4.4.6　背接触背结太阳电池

背接触背结太阳电池（interdigited back contact，IBC）又称为叉指状背结太阳电池，是 Schwartz 和 Lammert 最早提出并为聚光太阳电池研发的。电池的早期结构如图 4-49 所示，其主要特征是 p-n 结和正负电极均在背面，前表面没有金属电极。采用 n 型硅片作为衬底，载流子寿命在 1ms 以上；正面采用浅磷扩散，形成前表面场，改善短波响应，避免死层出现；正面和背面都采用热氧钝化，减少表面复合，改善长波响应；正面采用绒面结构和减反射膜，提高开路电压；p-n 结靠近背面，正、负电极呈叉指状全部在电池背面，前表面对光没有任何遮挡；电极与硅片采用定点接触，减小接触面积，降低电极表面复合，提高了开路电压。

因此，IBC 太阳电池与传统的正面有金属电极的硅电池相比，有以下优点：①前表面没有金属栅线带来的遮光损失且采用更优化的陷光技术，增加了太阳电池的短路电流密度；②前表面没有低电阻接触的要求，采用适合的表面钝化技术可获得更高的开路电压；③因为所有金属电极都在电池背面，所以金属栅线的比例对电池没有影响，从而可以调整栅线以降低串联电阻提高填充因子；④电池的正面颜色一致均匀，很适合对外观要求较高的应用场景，如建筑物立面等。

IBC 太阳电池结构要求硅片具有较高的体少子寿命和较低的前表面复合速率。由于 p-n

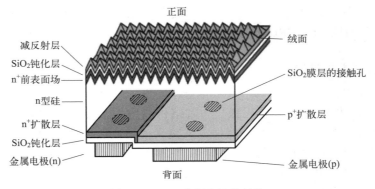

图 4-49　IBC 太阳电池的结构

结在电池背面，光生载流子在钝化很差的前表面很容易发生复合损失从而不能到达背面结区。即使前表面有很好的钝化，在硅体内也存在复合概率。如果材料的体寿命不够高，产生的载流子在体内发生复合的概率也会增加，因此体寿命和前表面复合速率是很重要的参数。IBC 太阳电池的最高效率 26.7％由日本 Kaneka 公司创造[36]。

4.4.7　硅球太阳电池

硅球太阳电池最早是美国德克萨斯仪器公司的创意，其结构如图 4-50 所示。一个硅球就是一个独立的 p-n 结电池，放置于具有一定聚光倍数的金属反射碗中，采用透明导电薄膜

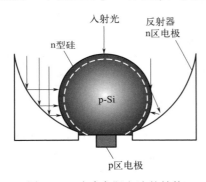

图 4-50　硅球太阳电池的结构

作为 n 区的电极。入射光由上而下照射到硅球表面，一部分直接透射到硅球的迎光面，一部分照在反射金属碗的内壁上再反射到硅球表面，从而增加对光的利用率。开路电压方面，由于 p-n 结的深度远小于硅球直径，因此 p-n 结面积大约为 $4\pi r^2$，是光辐照面积的 4 倍；而一般平面硅电池的 p-n 结面积是光辐照面积的 1～2 倍。较大的 p-n 结面积与光辐照面积的比会增加暗饱和电流密度 J_0，降低开路电压。硅球太阳电池的开路电压一般比平面硅电池低 40～60mV。

硅球太阳电池经过日本 CV21 公司开发，具有如下特点：①对太阳光的利用率较高；②电池制作过程中没有切割硅片的废料损失，降低了硅原材料的使用量；③硅球直径仅 1mm 左右，固定封装在一定形状的金属碗中，在弯折过程中不易破碎，具有薄膜电池的柔性和轻质特点，效率接近硅太阳电池，因此兼具晶体硅和薄膜硅的优点，可用于便携式能源系统、光伏建筑一体化等领域。

4.4.8　多种高效技术结合的太阳电池

在各种高效电池技术的研究基础上，人们将一些高效技术结合在一起，有望获得更高的光电转换效率。例如，将 IBC 与 TOPCon 技术叠加发展出"TBC"电池，将 IBC 与 HJT 技术叠加发展出"HBC"电池。还有将正面的局部选择性发射极技术和背面的隧穿氧化层钝化接触技术结合在一起的高效双面电池等。需要特别提及的是，隆基绿能科技股份有限公司研发的 HBC 电池在 2023 年 12 月达到了 27.09％的光电转换效率[36]，再次刷新了单结晶体

硅太阳电池效率的世界纪录。可以预见，这些电池技术将不断优化和相互借鉴，逐步提高硅太阳电池的光电转换效率接近其理论值 29.4％。

思考题与习题

1. 画出晶体硅太阳电池的基本结构，简述各部分的主要作用。
2. 晶体硅太阳电池的效率损失机制有哪些？
3. 从减少光学损失方面，简述晶体硅太阳电池的设计原则和优化技术。
4. 从减少电学损失方面，简述晶体硅太阳电池的设计原则和优化技术。
5. 简要阐述选择发射极太阳电池的设计思想和优点。
6. 分析硅异质结太阳电池的特点，并讨论效率损失来源。
7. 分析硅钝化接触太阳电池的特点，并讨论效率损失来源。
8. 讨论晶体硅太阳电池的发展趋势，并说明原因。

参考文献

[1] Alex V，Finkbeiner S，Weber J. Temperature dependence of the indirect energy gap in crystalline silicon [J]. Journal of Applied Physics，1996，79(9)：6943-6946.

[2] Madelung. Semiconductors：Data Handbook [M]. 3rd edition. Springer，2004.

[3] Sproul A B. Dimensionless solution of the equation describing the effect of surface recombination on carrier decay in semiconductors [J]. Journal of Applied Physics，1994，76(5)：2851-2854.

[4] 王文静，李海玲，周春兰，等. 晶体硅太阳电池制造技术 [M]. 北京：机械工业出版社，2013：88-91，107-112，121，129，139-142，176-180.

[5] Dauwe S. Low-temperature surface passivation of crystalline silicon and its application to the rear side of solar cells [D]. Universität Hannover，2004.

[6] Cotter J E，Guo J H，Cousins P J，et al. P-type versus n-type silicon wafers：prospects for high-efficiency commercial silicon solar cells [J]. IEEE Transactions on Electron Devices，2006，53(8)：1893-1901.

[7] Macdonald D，Geerligs L J. Recombination activity of interstitial iron and other transition metal point defects in p-and n-type crystalline silicon [J]. Applied Physics Letters，2004，85(18)：4061-4063.

[8] Wolf M. Limitations and possibilities for improvement of photovoltaic solar energy Converters：part I：considerations for earth's surface operation [J]. Proceedings of the IRE，1960，48(7)：1246-1263.

[9] Gereth R，Fischer H，Link E，et al. Contribution to silicon solar cell technology [J]. Energy Conversion，1972，12(3)：103-107.

[10] Cummerow R L. Use of silicon p-n junctions for converting solar energy to electrical energy [J]. Physical Review，1954，95：561-562.

[11] Wolf M. Drift fields in photovoltaic solar energy converter cells [J]. Proceedings of the IEEE，1963，51(5)：674-693.

[12] Mandelkorn J，Mcafee C，Kesperis J，et al. Fabrication and characteristics of phosphorous-diffused silicon solar cells [J]. Journal of the Electrochemical Society，1962，109(4)：313-318.

[13] Haynos J，Allison J，Arndt R，et al. The comsat nonreflective Si solar cells [C]. International Conference Record of Photovoltaic Power Generation，Hamburg，1974：487.

[14] 杨文华，李红波，吴鼎祥. 太阳电池减反射膜设计与分析 [J]. 上海大学学报（自然科学版），2004，10(01)：39-42.

[15] 马新尖，司志华，杨东，等. 三层氮化硅减反射膜在单晶硅太阳电池中的应用 [J]. 激光与光电子学进展，2018，55(06)：325-330.

[16] Campbell P，Green M A. Light trapping properties of pyramidally textured surfaces [J]. Journal of Applied Physics，1987，62(1)：243-249.

[17] Bardeen J. Surface states and rectification at a metal semi-conductor contact [J]. Physical Review，1947，71(10)：717-727.

[18] Green M A. Solar cells：Operating principles，technology，and system applications [M]. United States，Englewood Cliffs：Prentice Hall，1982.

[19] Wagner J，Del Alamo J A. Band gap narrowing in heavily doped silicon：A comparison of optical and electrical data [J]. Journal of Applied Physics，1988，63(2)：425-429.

[20] Lindmayer J，Allison J F. The violet cell：An improved silicon solar cell [J]. Solar Cells，1990，29(2)：151-166.

[21] 中国科学技术情报研究所. 太阳能利用译文集（下集)[M]. 北京：科学技术文献出版社，1980，64-67.

[22] Hovel H，Seraphin B. Semiconductors and semimetals，Vol 11：Solar Cells [J]. Physics Today，1976，29：65-68.

[23] 陈哲艮. 晶体硅太阳电池物理 [M]. 北京：电子工业出版社，2020.

[24] 屈盛，陈庭金，刘祖明，等. 太阳电池选择性发射极结构的研究 [J]. 云南师范大学学报（自然科学版），2005(03)：21-24.

[25] Sze S M. VLSI technology [M]. The United States of America，New York：McGraw-Hill book company，1983.

[26] Abele A G. Crystalline silicon solar cells：advanced surface passivation and analysis [C]. Centre for Photovoltaic Engineering，University of New South Wales，1999.

[27] Leguijt C，Lölgen P，Eikelboom J A，et al. Low temperature surface passivation for silicon solar cells [J]. Solar Energy Materials and Solar Cells，1996，40(4)：297-345.

[28] Kerr M. Surface，Emitter and bulk recombination in silicon and development of silicon nitride passivated solar cells [D]. The Australian National University，2002.

[29] Flietner H. Passivity and electronic properties of the silicon/silicon dioxide interface [J]. Materials Science Forum，1995，185-188：73-82.

[30] Wang E Y，Yu F T S，Simms V L. et al. Optimum design of antireflection coating for silicon solar cells [C]. in Proc 10th Photovoltaic Specialists Conf，Palo Alto，1974：168-173.

[31] Puurunen R L. Surface chemistry of atomic layer deposition：A case study for the trimethylaluminum/water process [J]. Journal of Applied Physics，2005，97(12)：121301.

[32] 中国可再生能源学会光伏专业委员会. 2022 年中国光伏技术发展报告 [R]. 2022.

[33] 隆基绿能科技股份有限公司. 26.81%！隆基打破硅太阳能电池效率世界纪录 [EB/OL]. 2022-11-19. [2023-01-27]. https：//www. longi. com/cn/news/propelling-the-transformation/.

[34] 隆基绿能科技股份有限公司. 26.56%！26.09%！隆基 p 型及无铟 HJT 电池效率再获突破 [EB/OL]. 2022-12-15. [2023-01-27]. https://www. longi. com/cn/news/new-record-cell-for-hjt/.

[35] 中国可再生能源学会光伏专业委员会. 2024 中国光伏技术发展报告 [J]. 2024 年 5 月：62，3.

[36] Green M A，Dunlop E D，Yoshita M，et al. Solar cell efficiency tables（Version 62)[J]. Progress in Photovoltaics：Research and Applications，2023，31(7)：651-663.

砷化镓太阳电池

砷化镓（GaAs）是一种典型的Ⅲ～Ⅴ族化合物半导体材料，因其具有较强的光吸收系数、较高的光电转换效率、良好的耐高温能力和较强的抗辐射能力，已被广泛地应用于空间太阳能发电领域。我国天宫空间站就是采用转换效率高达 30％ 的砷化镓太阳电池作为电源。砷化镓太阳电池从 20 世纪 50 年代开始发展，其主体材料历经液相外延沉积到金属有机化学气相沉积，沉积方式从同质外延到异质外延，结构也从单结到多结发生变化，受光形式丰富多样，效率不断提高。本章首先介绍砷化镓材料的性质及其制备技术，然后以目前常见的单结与多结器件为基础，给出该类电池的结构设计与优化策略，并分析其作为空间用太阳电池面临的挑战。

5.1 砷化镓材料的性质

作为一种电子材料，GaAs 具有很多优越的特性，表 5-1 给出了砷化镓材料在 300K 时的一些基础特性[1]。

表 5-1 砷化镓材料性质

性质	参数	性质	参数
热膨胀系数	$6.5 \times 10^{-6} K^{-1}$	电子迁移率	$8500 cm^2/(V \cdot s)$
比热容	$0.318 J/(kg \cdot K)$	空穴迁移率	$400 cm^2/(V \cdot s)$
热导率	$0.46 W/(cm \cdot ℃)$	熔点	1238℃
光学介电常数	13.9	电子亲和能	4.05eV
静电介电常数	13.18	硬度	$1238 kgf/mm^2$
击穿场强	350kV/cm	断裂应力	100MPa

注：1kgf＝9.80665N。

5.1.1 砷化镓的晶体结构

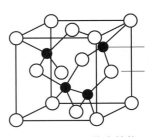

GaAs 在室温下呈深灰色，有金属光泽，化学性质稳定，在空气或水蒸气中能稳定存在；在 600℃ 时可与空气发生氧化反应，高温（800℃ 以上）产生化学解离。GaAs 常以立方相闪锌矿型结构存在（图 5-1），类似于金刚石结构，但不同的是，GaAs 的晶胞可以被看作是 Ga 原子和 As 原子各自组成的面心立方晶格，沿着对角线滑移 1/4 而构成。每个原子都可以被看作是被 4 个异族原子包裹在一起。原子之间以共价键结合，但也有一些离子键的成分。在 $T=300K$ 时，

图 5-1 GaAs 晶胞结构

GaAs 的晶胞大小、原子密度和晶体密度等信息如表 5-2 所示[2,3]。

表 5-2　在 $T=300K$ 时，砷化镓的结晶学特性

性质	参数	性质	参数
单位立方边长 A_{300}	5.65325Å	分子密度 $N/2V=4/A^3$	$2.2139\times10^{22}cm^{-3}$
最近邻距离 $r_0=\sqrt{3}A/4$	2.44793Å	原子密度 $N/2V=8/A^3$	$4.4279\times10^{22}cm^{-3}$
单位立方体积 A^3	$1.80674\times10^{-22}cm^{-3}$	晶体密度 ρ_{300}	$5.3174g/cm^3$

5.1.2　砷化镓的能带结构

　　图 5-2 给出了在 k 空间中砷化镓的第一布里渊区和能带结构示意图[2]。由于闪锌矿具有面心立方的平移对称性，第一布里渊区与面心立方形状相同。砷化镓的导带最小值与价带最大值位于 $k=0$ 的 Γ （000）处，这也是第一布里渊区的中心，所以砷化镓的等能面即为球面，这意味着电子可从导带底直接跃迁到达价带顶。$T=300K$ 时，砷化镓的禁带宽度为 1.42eV，理想的直接带隙使得砷化镓被广泛地应用于光电探测、光伏发电等领域。

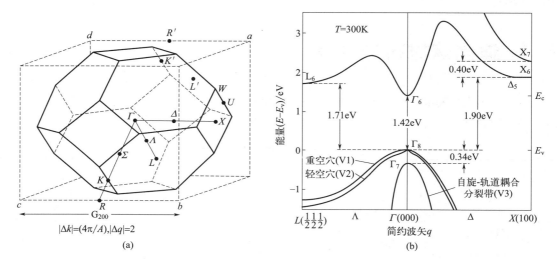

图 5-2　砷化镓 k 空间第一布里渊区（a）和室温下价带系统最高部分和最低导带极小值能量随波矢的变化（b）

5.1.3　砷化镓作为太阳电池材料的优缺点

　　砷化镓光伏材料与硅材料比较，具有以下优势[3,4]：

　　① 直接带隙半导体材料，光吸收系数大。砷化镓具有直接跃迁型能带结构，当入射光能量高于带隙后，光吸收系数可达 10^4cm^{-1} 以上，仅几微米厚度的砷化镓就能吸收 99% 以上的光，而硅材料则需要几百微米的厚度才能完全吸收太阳光。因此，砷化镓是一种薄膜太阳电池材料。

　　② 温度系数小，高温特性好。砷化镓太阳电池的温度系数约为 $-0.2\%/℃$，仅为晶体硅太阳电池的一半。200℃ 时，晶体硅太阳电池的效率下降约 75%，而 GaAs 太阳电池的效率下降仅约 50%。这主要是因为 GaAs 的带隙比 Si 大，因温度上升材料带隙减小从而降低开路电压的负面影响较小；其次由于 Si 的载流子复合与声子数量有关，温度上升会增加声

子数量进而增加载流子复合概率。

③ 抗辐照能力强。作为直接带隙半导体材料，GaAs 材料的少数载流子寿命较短，在离 p-n 结结区几个扩散长度外产生的损伤对其光电流和暗电流均无影响。因此，砷化镓薄膜太阳电池对高能粒子辐照的抵抗性能比间接带隙的硅太阳电池要好。比如，在 1MeV 电子辐照后，砷化镓的光电转换效率仍能保持在原值的 75% 以上，而硅太阳电池只能保持在原值的 66%，因此，砷化镓太阳电池常被应用在太空发电系统中。

④ 高的能量转换效率。砷化镓光学能隙为 1.4eV，非常接近太阳电池的最佳能隙，理论转换效率高。另外，由于抗辐照性能强和高温特性好，常被应用于具有高的能量输出的聚光太阳电池。

砷化镓太阳电池的缺点也非常明显：

① 材料价格高，不适于地面商业化使用，虽然聚光技术能减少砷化镓电池用量，降低成本，但其商业化进程仍很缓慢；

② 制备技术复杂。单晶砷化镓薄膜的制备方式主要有液相外延（liquid phase epitaxy，LPE）、金属有机化学气相沉积（metal organic chemical vapor deposition，MOCVD）和分子束外延（molecular beam epitaxy，MBE）。随着 MOCVD 技术的日益进步，砷化镓薄膜的生长制备技术也日趋成熟，传统 LPE 技术已经被 MOCVD 取代。但以上技术均以复杂著称。

③ 材料的机械强度低，易碎，需要采用昂贵的锗衬底来克服这个问题。在制备多结电池时，还需要考虑晶格失配和其他问题。

④ 材料毒性大。无机砷化合物的毒性较有机砷化合物强，而三价砷毒性较五价砷毒性大，其中三氧化二砷毒性最强，限制了该类材料的应用领域。

5.1.4　砷化镓薄膜材料的制备

目前制备砷化镓薄膜的主要方法有液相外延法（LPE）、金属有机化学气相沉积法（MOCVD）和分子束外延（MBE）技术[5]。

5.1.4.1　液相外延法

LPE 法的原理是用低熔点金属（如 Ga、In 等）为溶剂，用待生长材料（如 GaAs、Al 等）和掺杂剂（如 Zn、Te、Sn 等）为溶质，使溶质在溶剂中饱和或过饱和，然后降温冷却析出，并在单晶衬底上定向生长出一层晶体结构和晶格常数与单晶衬底一致的晶体材料（通常为 Ga），实现晶体的外延生长，其厚度可以从几百纳米到几百微米。

5.1.4.2　金属有机化学气相沉积法

金属有机化学气相沉积（MOCVD）也叫金属有机物气相外延法（metal organic vapor phase epitaxy，MOVPE），其原理是以 H_2 作为载流气体，利用Ⅲ族金属有机物[三甲基镓（TMGa)或三乙基镓和Ⅴ族氢化物]或烷基化合物[砷烷(AsH_3)]在高温下进行分解，并在衬底上反应沉积薄膜的技术。常用的衬底为砷化镓(GaAs)、磷化镓(GaP)、磷化铟(InP) 等。

其化学反应方程式为

$$(CH_3)_3Ga + AsH_3 \longrightarrow GaAs + 3CH_4 \tag{5-1}$$

但实际反应更为复杂。

与 LPE 相比，MOCVD 在制备砷化镓薄膜上有着巨大的优势。MOCVD 能实现异质衬底外延，能精确控制外延层厚度、浓度和组分，实现薄层、超薄层和多层生长，大面积均匀性好，外延层可多达几十层，并可引入超晶格结构，电池结构更加完善，可制备多结叠层太阳电池。

图 5-3 为 MOCVD 沉积系统示意图。

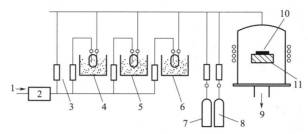

图 5-3　外延生长 $Ga_{1-x}Al_xAs$ 的垂直式 MOCVD 沉积系统

1—氢气；2—净化器；3—质量流量计；4—四甲基胍（TMG）；5—三甲胺（TMA）；
6—二乙基锌（DEZ）；7—AsH_3；8—H_2Se；9—出气口；10—衬底；11—石墨架

5.1.4.3　分子束外延

分子束外延（MBE）技术的原理是在超高真空条件下，将一种或几种组分的热原子束或分子束喷射到加热的衬底表面，与衬底表面反应，沉积生成单晶薄膜。到达衬底表面的元素与衬底表面不但要发生迁移、吸附和脱附等物理变化，还要发生分解、化合等化学变化，最后与衬底结合成为致密的化合物薄膜。分子束外延可看成是一个一个原子直接在衬底上生长，逐渐形成薄膜。在 GaAs 外延生长中，一般在 GaAs 为主体的衬底上进行。As 的黏附系数与 Ga 密切相关：有 Ga 存在时，As 的黏附系数为 1；没有 Ga 存在时，As 的黏附系数为 0。这意味着只要比 Ga 多出来的那些 As 分子到达 GaAs 单晶上，就可以全部再蒸发，从而获得化学计量比的 GaAs 外延层。MBE 巧妙地利用了这一点，As 和 Ga 分别由严格控温的分子束源发出射向基板，同时利用各种测试技术在线原位分析薄膜在生长过程中的性质，从而获得高质量的 GaAs 单晶膜。图 5-4 为 MBE 装置示意图。

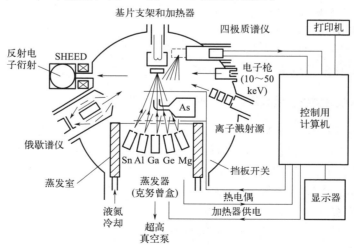

图 5-4　分子束外延装置

5.2 砷化镓太阳电池的设计和优化

5.2.1 砷化镓太阳电池的发展

由 3.8 节内容可知，带隙为 1.4eV 的砷化镓单结太阳电池的理论转换效率高达 33%。因此，研究者从 20 世纪 50 年代就开始研究砷化镓太阳电池，随后 10 年，Gobat 等研制出第一个掺 Zn 的 GaAs 太阳电池，但转换效率只有 9% ～ 10%，远低于理论值。20 世纪 70 年代，以 IBM 公司和苏联 Ioffe 物理技术研究所等为代表的研究单位，采用 LPE 技术引入 GaAlAs 异质窗口层，降低了 GaAs 表面的复合速率，使 GaAs 太阳电池的效率提高到 16%。不久后，美国的 HRL（Hughes Research Lab）及 Spectro Lab 通过改进的 LPE 技术使得电池的平均效率达到 18%，并实现了批量生产。之后，砷化镓电池经历了从单结到多结叠层结构的几个发展阶段，其发展速度日益加快，效率也不断提高。目前单结砷化镓薄膜太阳电池效率最高为 (29.1 ± 0.6)%（开路电压 1.13V，短路电流密度 29.78mA/cm^2，填充因子 86.7%）[6]，而多结 InGaP/GaAs/InGaAs 结构太阳电池的转换效率达到 (37.9 ± 1.2)%（开路电压 3.065V，短路电流密度 ·14.27mA/cm^2，填充因子 86.7%），另外，NREL 研发了 AlGaInP/AlGaAs/GaAs/GaInAs 六结电池，最高可达 47.1% 的转换效率[7]。

5.2.2 砷化镓太阳电池类型

常见的单结砷化镓太阳电池有同质结 GaAs/GaAs 和异质结 GaAs/Ge 两类。为了更有效地利用太阳光谱，可以将不同禁带宽度的 Ⅲ～Ⅴ 族材料制备的单结电池，按带隙大小进行叠层构建得到多结太阳电池，进而选择性地吸收和转换太阳光谱中不同波长的光。四结 GaAs 太阳电池的光谱吸收原理如图 5-5 所示。在外太空，硅电池的效率很低，而且容易受到辐射的损害。在 20 世纪 80 年代末，砷化镓电池由于光电转换效率高和具有比硅电池更强的抗辐射能力而被用来制造空间电池阵列[8]。

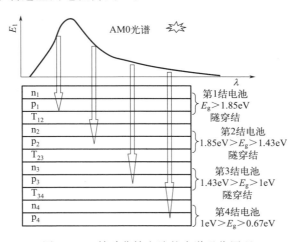

图 5-5 四结砷化镓电池的光谱吸收原理

5.2.2.1 单结 GaAs 太阳电池

单结 GaAs 同质结太阳电池是最早研究的Ⅲ～Ⅴ族化合物太阳电池之一。由于太阳光进入类似 GaAs 这样的直接带隙半导体中会被迅速吸收，在近表面处产生大量的光生载流子，除一部分流向 n-GaAs 区提供光生电流外，还有相当一部分流向表面形成表面复合电流而损失掉，这使得同质结 GaAs 太阳电池复合率比硅基太阳电池更严重，光电转换效率低，无法与硅太阳电池竞争，发展缓慢。

目前，较成熟的单结 GaAs 太阳电池的结构如图 5-6 所示[3]。在 n-GaAs 衬底上，首先生长 n-GaAs 缓冲层，再生长 n-AlGaAs 作为背场层，在此基础上生长 n-GaAs，然后生长 p-GaAs 作为发射层，再利用一层 p-Al$_x$Ga$_{1-x}$As 薄膜作为窗口层，最终构成单结 GaAs 太阳电池。在电池中，GaAs 与 Al$_x$Ga$_{1-x}$As 晶格匹配良好。

薄膜太阳电池本身由于厚度太薄不能自支撑，因此需要衬底。早期 GaAs 电池为方便一般都采用同质的 GaAs 单晶片作衬底，后来为了降低高昂的衬底成本，人们研究了多晶 GaAs、单晶/多晶 Ge，甚至玻璃等衬底。因为 Ge 的晶格常数（5.646Å）与 GaAs 的晶格常数（5.653Å）非常相近，两者的热膨胀系数也比较接近，所以比较容易在 Ge 衬底上实现 GaAs 单晶外延生长，并成功地获得异质外延结构。而且，Ge 衬底不仅比 GaAs 衬底便宜，其机械强度更是 GaAs 的两倍，不易破碎，明显提高了电池的成品率。尽管人们早已认识到 Ge 衬底是理想的衬底，但在 MOCVD 和 MBE 技术应用到 GaAs 电池领域前，一直未能生长出实用的 GaAs/Ge 异质结构。单结 Ge 衬底上生长 GaAs 太阳电池的结构如图 5-7 所示。在 Ge 衬底上首先生长出 GaAs 作核化层，进而沉积电池的其他各功能层。需要指出的是，在该电池结构中，发射极 p$^+$GaAs 与基区 GaAs 之间插入了一层未掺杂的 GaAs 间隔层（过渡层），用以阻止 p$^+$区与在 n 区晶粒间界上形成的载流子的隧穿，进而减小暗电流，改善电池性能。

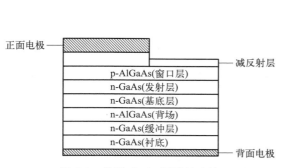

图 5-6　单结 GaAs 同质结电池

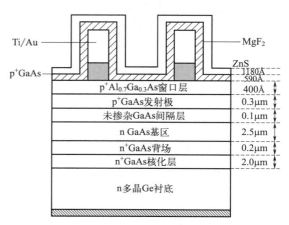

图 5-7　Ge 衬底的单结 GaAs 同质结电池

图 5-8 是 AlAs/GaAs 异质结电池的结构示意图[9]。AlAs 的间接带隙较大，因此顶层相当于一个窗口层，允许大部分光透过并在结区内被吸收。由于 AlAs 和 GaAs 电子亲和势不匹配，导致异质结的导带能级产生一个尖峰（图 5-9）。通过重掺杂 AlAs 层，可以将这种尖峰的不利影响降到最低。

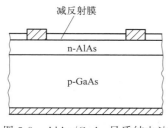

图 5-8 AlAs/GaAs 异质结电池

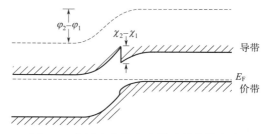

图 5-9 电子亲和势失配导致的能带尖峰

5.2.2.2 双结 GaAs 太阳电池

双结 GaAs 太阳电池采用一个隧道结将底电池与顶电池连接起来。由于单结 GaAs 太阳电池只能吸收特定波长的太阳光谱，而且同质 GaAs 界面的表面复合率也较大，所以常将两种以上不同禁带宽度的薄膜材料叠加在一起，形成双结异质结太阳电池，以吸收并响应更多波长的太阳光谱。双结 GaAs 太阳电池有两种：AlGaAs/GaAs（Ge）和 GaInP/GaAs。采用异质面（hetero-face）结构可以克服直接带隙 GaAs 材料表面复合速度大这一缺点，如图 5-10 所示。GaAs 与 AlAs 的结构十分接近，这就可能在同质结电池的表面形成一个 $Al_x Ga_{1-x} As/GaAs$ 外延层。若 $x = 0.37$，$Al_{0.37} Ga_{0.63} As$ 薄膜的禁带宽度为 1.93eV，与 GaAs 的吸收光谱相匹配，在 AM0 时，AlGaAs/GaAs 薄膜太阳电池的光电转换效率达到 27.6%。

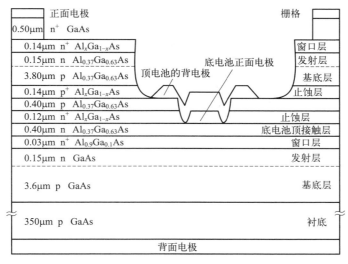

图 5-10 AlGaAs/GaAs 双结太阳电池结构

$Ga_{0.5} In_{0.5} P$ 薄膜的禁带宽度为 1.85eV，与 GaAs 的吸收光谱相匹配，复合速度比 AlGaAs/GaAs 太阳电池更低，它们适合构建叠层太阳电池。图 5-11 展示了两种 GaInP/GaAs 太阳电池的结构。该类结构的电池中存在光子耦合效应，会降低顶电池的开路电压，但也会增加底电池的光生电流，能够改善底电池对于整个多结器件电流的传输，并减弱器件对于光谱成分和光强不稳定的敏感性[10]。

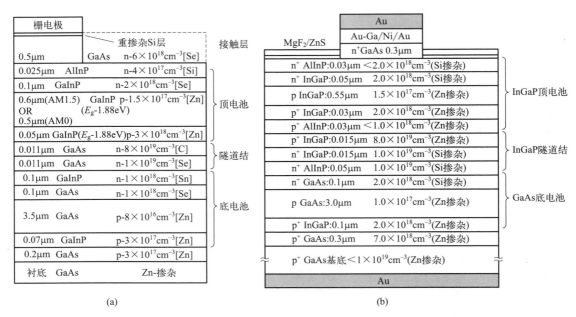

图 5-11 双结 GaInP/GaAs 太阳电池（a）与隧道结改进双结 GaInP/GaAs 太阳电池（b）

5.2.2.3 三结 GaAs 太阳电池

三结 GaAs 太阳电池有良好的高温特性（可在 200℃下正常工作），通过聚光系统能够大幅提高电流输出。通过结构设计，三结电池的顶电池、中电池和底电池可以分别吸收太阳光谱的短波、中波和长波光子能量。比如，GaInP、GaAs 和 Ge 的带隙宽度分别为 1.9eV、1.4eV 和 0.67eV，这种带隙组合与太阳光谱较为匹配，可以构成比较理想的晶格匹配三结串联叠层太阳电池。图 5-12 是三结 GaInP/GaAs/Ge 太阳电池的结构示意图。

图 5-12 三结 GaInP/GaAs/Ge 太阳电池结构

图 5-13 为三结 GaInP/GaAs/GaInAs 太阳电池结构示意图。GaInP、GaAs、GaInAs 的带隙宽度分别为 1.9eV、1.4eV、1.0eV，接近理想值。常采用 GaInP 组分渐变缓冲层结构解决 GaAs 与 GaInAs 之间的晶格失配问题。通过结构设计与优化，在 AM1.5、10 Sun 下，该太阳电池的光电转换效率可达 37.9%。

p^+GaInAs接触层
n/p/GaInAs/GaInP DH
组分渐变n GaInP
p^+/n^+ GaAs隧道结
n/p/GaAs/GaInP DH
p^+/n^+ GaAs隧道结
n/p/GaInP/AlInP DH
n^+ GaAs接触层
n^+ GaInP缓冲层
CaAs衬底

图 5-13　三结 GaInP/GaAs/GaInAs 太阳电池结构

5.2.3　单结砷化镓太阳电池的设计与优化

5.2.3.1　单结砷化镓电池的设计

因为 p 型 GaAs 的电子扩散长度 $L_n \approx 1.5\mu m$，n-GaAs 的空穴扩散长度 $L_p \approx 3\mu m$，都远大于吸收长度 $1/\alpha$，因此，砷化镓太阳电池可以设计成 p-n 结或 n-p 结，但都要求薄的发射极和小的串联电阻 R_s。对于 p-n 结，典型的 p 型发射极厚度约 $0.5\mu m$，受主浓度 $N_A \approx 10^{18} cm^{-3}$，由于 n-GaAs 的电导率 σ 较大，n-p 结的 n 型发射极厚度可以薄至 200nm。GaAs 的基极厚约 $2\sim4\mu m$，与少子扩散长度 L_n、L_p 相当，相比晶体硅太阳电池的基极薄很多，如图 5-14 所示。由于 p 型 GaAs 的电子迁移率远大于 n 型 GaAs 的空穴迁移率，所以，p^+n 结的性能普遍比 n^+p 结好[11]。

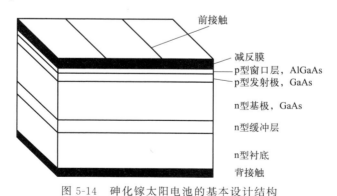

图 5-14　砷化镓太阳电池的基本设计结构

5.2.3.2　单结砷化镓太阳电池的设计优化

与晶体硅不同，砷化镓材料对各波长光的吸收系数都较高，因此发射极和空间电荷区产生的载流子较多，使得对 GaAs 太阳电池进行设计有以下考虑：①前表面复合、空间电荷区的陷阱复合与辐射复合是主要复合机理；②对所有波长的光而言，前表面复合和空间电荷区的陷阱复合比其他体内复合更重要；③因为吸收系数高，背表面的复合可以忽略不计。对应的设计优化途径包括[12]：

（1）减少前表面的载流子复合

根据前表面的材料构成及功能分布，相应的设计要点包括：

① 窗口层　在前表面制备一层宽带隙的窗口层，通过界面处的导带势垒可以反射电子，减小表面复合，如图 5-15 所示。窗口层需满足对可见光透明、带隙大于 GaAs 且与 GaAs 的界面缺陷密度低等条件。

② 发射极　减少 GaAs 太阳电池表面复合的影响，可以将同质结的发射极减薄到相当于光子吸收的平均深度，比如几百纳米水平。

③ 掺杂层　通过扩散在砷化镓太阳电池的前表面制备一层重掺杂层，形成 p^+p 前表面场，从而阻止电子输运到前表面与空穴发生复合，这与晶体硅太阳电池的背表面场功能相似。

④ 异质结结构　砷化镓太阳电池发射极用 $Al_xGa_{1-x}As$，而基极用 GaAs 形成 p-n 异质结，能够减小前表面的表面复合。其原因是：发射极可以更好地吸收短波长入射光，减小了非辐射复合，改善了对蓝光的响应；可以提高 p-n 结内建电场进而增加开路电压；避免同质结由于重掺杂而增加俄歇复合损失。但是，异质结界面会引入新缺陷，增大空间电荷区的载流子被陷阱复合的概率，一个折中的办法是构建梯度变化层。如图 5-16 所示，空间电荷区的带隙 E_g 较小，而前表面的窗口层带隙 E_w 较大。通过调节 $Al_xGa_{1-x}As$ 合金中 Al 的组分 x，可以在 p 型层形成一个成分梯度，从而产生带隙梯度。由成分梯度引入的电场有助于电子更好地漂移到空间电荷区，通过改善少数载流子收集而有效提高光生电流。梯度层还额外地起到了窗口层的作用，能够减小少子的表面复合，使长波光子的吸收转移到空间电荷区，产生的光生载流子被更好地收集。

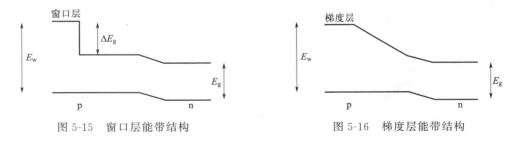

图 5-15　窗口层能带结构　　　　　图 5-16　梯度层能带结构

（2）减少空间电荷区的陷阱复合

提高 GaAs 材料的纯度，并控制掺杂浓度 N_A、N_D，可以减少空间电荷区的陷阱复合，并增大电池的旁路电阻 R_{sh}。

（3）减少串联电阻

串联电阻 R_s 是所有太阳电池共同面临的问题。为了尽可能地减小表面遮蔽，扩大前表面的受光面积，前电极的面积不能太大；但前电极的面积减少后，串联电阻 R_s 将增加。这部分优化原则和方法与晶体硅太阳电池相同。

（4）降低衬底成本

生长衬底需要与砷化镓实现晶格匹配从而避免在背表面引入过多的晶格缺陷。最理想的衬底是 GaAs 本身，但是成本太高。如果将 GaAs 制备在常见的硅衬底上，晶格失配又会引入大量缺陷。工业生产常用晶格常数相似的 Ge 作为生长衬底。虽然 Ge 晶格常数与 GaAs 相同，但是 Ge 属于稀有金属，在自然界的储量有限。

为了降低衬底成本可以运用外延层剥离技术，实现衬底反复使用。通过刻蚀或裂解，将生长在 GaAs 衬底上的 GaAs 单晶薄膜分离。被分离的 GaAs 薄膜很脆，仍然需要其他衬底的支撑。为了解决基极和衬底晶格常数不匹配的问题，也可以在基极和衬底之间制备一层缓冲层。如果采用多晶 GaAs 制备 p-n 结，晶格常数匹配就不再是问题，但多晶 GaAs 电池效率明显低于单晶，成本又比晶体硅昂贵，不具备差异化的竞争优势，因此未能广泛应用。

5.2.4 多结砷化镓太阳电池的设计与优化

在设计多结砷化镓太阳电池时，并不是简单地将各个子电池机械叠加。如果单纯从结构上考虑，GaAs 基Ⅲ～Ⅴ族多结电池效率的提升主要与各个子电池之间的带隙匹配、晶格匹配、光学匹配、电流匹配和隧道结匹配等紧密关联。比如效率为 32.9% 的砷化镓电池设计关键是引入一系列超薄层的交替半导体，获得应变平衡结构，使得电池底部的吸收层形成量子阱结构，如图 5-17 所示[13]。

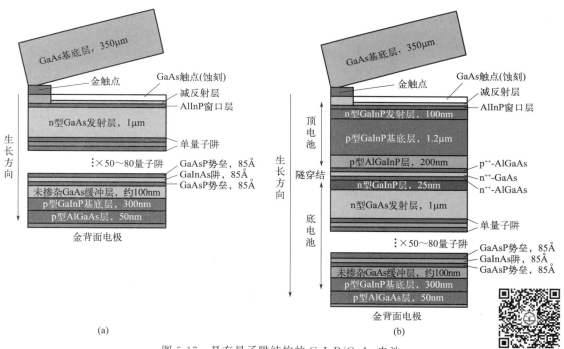

图 5-17　具有量子阱结构的 GaInP/GaAs 电池

5.2.4.1 带隙匹配

带隙匹配在叠层太阳电池的设计中非常重要，但在实际电池设计中并不能达到最佳的带隙匹配。对于 GaAs 基材料体系而言，虽然可以通过多元合金实现带隙可调，但也并不能任意实现各种带隙可调，就算是达到了目标带隙，材料本身也不一定适合用作太阳电池。再进一步，即使是各子电池实现最佳带隙匹配，但随之而来的可能会是晶格失配等问题。对于带隙的组合，首先要考虑接近理想值，但也会因为要满足晶格匹配等情况做出取舍。

对于 GaInP/GaAs/Ge 三结电池，在 GaAs 中加入 In 组分可以把中间电池的带隙从 1.42eV 调整到有利于增加电流的 1.23eV，制作出 GaInP/GaInAs/Ge 三结叠层电池。这样的设计基本保证了 GaInP 与 GaInAs 晶格匹配，但却与 Ge 衬底严重失配，造成短路电流下降，实际转换效率反而没有晶格完全匹配的 GaInP/GaInAs/Ge 三结高。

5.2.4.2 晶格匹配

晶格匹配可以保证光生载流子的寿命足够长，产生较大的光电流输出。多结电池的电流设计原则一方面要求子电池具有与光谱和电池结数相匹配的带隙，另一方面也要求各子电池具有较大的光电流输出，这就要求在每个子电池内以及子电池之间具有良好的晶格匹配设计。晶格失配将给电池带来较多的结构缺陷，这些缺陷带来较多的复合中心，导致电子空穴对的复合，最终降低光生电流密度。

在 GaInP/GaAs/Ge 电流匹配设计中，室温下衬底 Ge 的晶格常数较 GaAs 晶格常数大。少量加入 In 会提高与锗的晶格匹配性，并且即使不使用缓冲层也可以提高电池效率。若要实现更高的效率则需要通过生长缓冲层来减少层间应变。

同样，顶电池采用 GaInP 化合物，通过控制 In 的组分，可以调节晶格使其与中间电池匹配。但是材料合金化将导致在改变晶格匹配性的同时也会改变带隙。晶格较好匹配的 GaInP/GaAs/Ge，顶电池和中间电池带隙将进一步降低，带隙也不再保持 1.9eV/1.4eV/0.67eV（300K）。这样的电池结构，按电流匹配要求设计比按带隙匹配要求设计的偏离大，无法提高电池整体效率。

另外一个设计思路是利用晶格常数较小的 GaAs 或 GaInAs 作为衬底，制作 GaInP/GaAs 二结和 GaInP/GaAs/GaInAs 三结叠层太阳电池。对于失配度相差较大的外延层，也可以通过多梯度生长应变层的方式，减小生长缺陷密度。图 5-18 给出了 $Ga_{0.68}In_{0.32}As_{0.34}P_{0.66}$/$Ga_{0.79}In_{0.21}As$ 一体化双结叠层薄膜电池结构[14]。该结构的电池以硅片作支撑衬底，采用倒装生长晶格失配体系制得，以 n^+-GaInP/p-GaInAsP 异质结为顶电池，以 n^+-GaInAs/p-GaInAs 同质结为底电池，中间插入 p^{++}-AlGaAs/n^{++}-GaAs 隧道结以及 $Al_xGa_{1-x}InAs$ 渐变组分应变缓冲层。通过研究衬底表面吸附原子反应和重构动力学，在 650℃ 下，借助衬底切角和反应温度精确调控了沉积原子排列，解决了多元相分离以及渐变层之间位错残余穿越等关键技术，两个子电池的材料带隙-电压差（$W_{oc} = E_g/q - V_{oc}$）为 0.39V，均具有很好的结特性。在 AM1.5 标准测试条件下，单个该结构太阳效率达到 32.6%，在 38.1 倍聚光条件下，效率达到 35.5%，创造了该类结构砷化镓电池的世界纪录。

5.2.4.3 光学匹配

多结薄膜太阳电池中，有限厚度的功能层不会吸收所有满足 $h\nu > E_g$ 条件的光子。薄膜越薄，透过的光子数就越多。以一个双结电池为例，将顶电池减薄，两个子电池吸收的光将会重新分配，在降低顶电池电流的同时也会提高底电池的电流。因此，对输出电流较大的子电池，特别是顶电池，采用减薄设计的方法，减小其有效本征吸收长度，透过部分高能量光子让下级子电池吸收，以此达到电流匹配的目的。

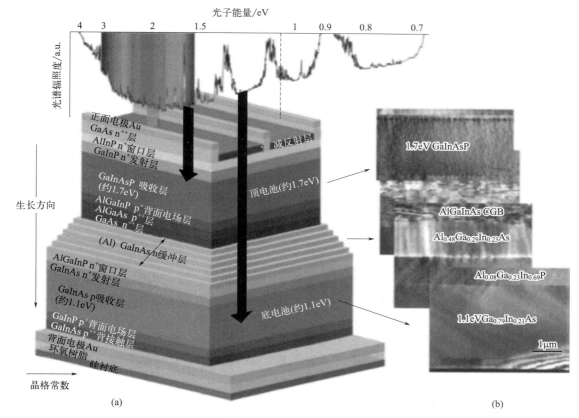

图 5-18　晶格匹配的 GaInAsP/GaInAs 一体化双结叠层电池结构

5.2.4.4　电流匹配设计

在叠层结构电池中，各子电池以串联的形式连接，电池总的输出电压 $V=V_1+V_2+\cdots+V_n$，而总电流 $I_{总}$ 受子电池最小电流 I_{min} 的限制，$I_{总}$ 近似等于 I_{min}。叠层太阳电池的电流匹配设计原则，就是要根据各子电池产生的实际光生电流进行电流匹配，尽可能地使它们的电流大小相等，避免最小子电流电池对总输出电流的限制，即设计目的是使 $I_1=I_2=\cdots=I_n=I_{总}$，这样设计才能最大限度提高叠层太阳电池的输出功率和转换效率。

5.2.4.5　隧穿结的优化

隧穿结的特性与掺杂浓度有关，理论上掺杂浓度越高，隧穿结的特性就越好，电导率就越高。但是在高掺杂下，掺杂剂扩散问题就比较突出，因此要根据太阳电池最大输出电流，选择合适的掺杂浓度。在满足应用条件的基础上，尽可能选择比较低的掺杂浓度，并减小掺杂剂的扩散问题。

5.2.4.6　其他优化

多结太阳电池设计的核心是精细的光电管理，形成良好的子电池功能与整个电池功能的匹配。因此，在砷化镓多结太阳电池设计中，可以在第二结和第三结之间加入带隙接近 1eV 的子电池，形成四结或更多结电池结构，这需要深入研究材料匹配和相关生长技术，以取得更大突破。目前，多采用在 GaAs 电池中加入 In，形成 GaInAs 中间电池，优化各材料带隙，同时实现与 Ge 衬底晶格的精确匹配。但是，为了使 GaInP 顶电池与之晶格匹配，增加 In 组分反而会降低顶电池的带隙，影响三结电池对太阳光的有效使用。不改变 GaAs 中间电池（或 GaInAs）晶格，采用类似量子点特殊中间电池结构，可以实现中间电池带隙的红移，实现与更宽太阳光谱的匹配，即制作量子点电池。另外，有关Ⅲ～Ⅴ族与 Si 基叠层电池方面的研究不断深入。例如 GaAs/Si（机械叠层）实现了 32.8％的效率，GaInP/GaAs/Si（机械叠层）实现了 35.9％的效率，GaInP/AlGaAs/Si（键合式）实现了 34.5％的效率，而集成式 GaInP/GaAs/Si 则实现了 25.9％的效率[7]。

5.3 聚光太阳电池与空间太阳电池原理与设计

5.3.1 聚光太阳电池

与非聚光太阳电池相比，聚光太阳电池的单位面积成本更低，转换效率更高。此外，对太阳电池进行聚光还能够使高性能但昂贵的多结砷化镓电池有可能获得在地面上的应用[15]。

但是，地面应用的实践证明，聚光光伏的市场化进程非常缓慢。对聚光系统的研究更多集中在目前已经开发成熟并商业化的太阳电池本身。主要的技术障碍来源于高热和高电流密度造成的电池封装难度，以及更为经济可靠的跟踪系统及组件的设计[16,17]。

5.3.2 聚光太阳能发电系统组件

一个完整的聚光光伏系统主体包括四大部分：聚光器、高效聚光太阳电池、散热系统和跟踪系统。其中高效聚光太阳电池的研发路线比较成熟，影响聚光太阳电池输出功率高低的主要因素在于聚光器的品质。

5.3.2.1 聚光器

聚光器按照聚光方式可分为反射式聚光器和折射式聚光器；也可以按照光学维度划分成点聚焦型和线聚焦型，即汇聚的太阳光是在一个点还是一条线上；还可以按照成像属性分为成像聚光器和非成像聚光器。本小节只介绍常见的反射式聚光器和折射式聚光器。

（1）反射式聚光器

反射式聚光器是通过反射的方式使太阳光线聚集到太阳电池上。根据反射方式的不同，又可分为：

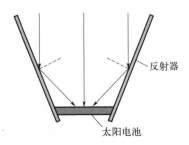

反射器

太阳电池

图 5-19　槽面聚光器原理

① 槽形平面聚光器　将平面镜做成槽形，平行光经过槽形平面镜反射后集中在底部的太阳电池上，增加投射到太阳电池表面的辐射量，聚光比的范围在 1.5～2.5。镜子的角度取决于支架倾角、纬度以及组件的设计，但通常是固定的。图 5-19 是槽面聚光器原理图。

② 抛物面聚光器　可采用拼接的方式获得抛物面聚光镜，其制作工序要比平面镜复杂，但其聚光效果更优，目前低倍聚光光伏发电系统中，很多都采用抛物面聚光器。图 5-20

是抛物面聚光器原理图。

为进一步提高聚光比，研究人员提出了二次及多次抛物面聚光。以二次抛物面聚光为例，平行的太阳光入射到第一个比较大的抛物面反射镜上后，经过反射再聚集在第二个比较小的抛物面反射镜的焦点上，后又经过第二次反射入射到太阳电池上，这样经过两次反射，可进一步提高太阳辐射强度。图 5-21 为二次抛物面聚光原理图。

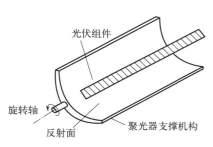

图 5-20 抛物面聚光器原理

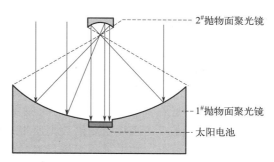

图 5-21 二次抛物面聚光原理

③ 复合抛物面聚光器 复合抛物面聚光器是一种常用的聚光器，其基本结构和光学原理如图 5-22 所示。该聚光器由两个抛物面组成，但是每一个轴倾斜 $\pm\theta_{max}$，同时，焦点分别位于接收器两个边上。抛物线一直向上延伸，直到表面是垂直为止，这样入射孔径可以尽可能大。当光线以最大的入射角入射时，所有的光线将会照射在一侧抛物面上，并最终聚集在接收器的边缘上。当光慢慢地转到垂直入射时，所有的光线将会直接进入，并到达接收器上。它的主要优点是不需要精确跟踪太阳，只需要在一定时间内适当调整即可[18]。

④ 荧光式聚光器 荧光式（luminescent）聚光器是无跟踪聚光器的一种新形式。其结构如图 5-23 所示，在一个玻璃或塑料薄板中掺入一种荧光物质，将太阳电池安装在平板的一个侧面上，而其他三个侧面都做成反射面。入射的阳光被添加剂吸收，然后以一窄波长范围的荧光形式发射出来。大部分的荧光，或由于全内反射，或由于侧面反射而被限制在平板内，直到它们到达太阳电池上为止。这种系统可达到的聚光比不受前面所述的极限约束。各个角度的入射光都可接受，最大聚光比只受到如放射光在平板中的吸收等实际因素的限制。

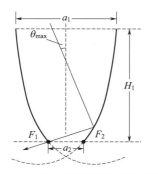

图 5-22 复合抛物面聚光器原理

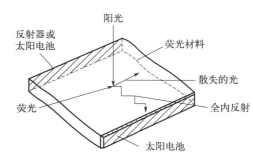

图 5-23 荧光式聚光器原理

（2）折射式聚光器

折射式聚光器一般采用菲涅耳透镜，相较于一般的连续透镜，其重量轻、成本低，更适合实际应用。一个菲涅耳透镜可以被认为是一个标准的平凸透镜，这个透镜在某些位置变得比较薄。如果透镜很小且数目很多，表面可以是平的，或者只是一个弯曲透镜表面的一部分。菲涅耳透镜可以做成点聚焦，相对于轴呈圆形对称，或者线聚焦，沿横轴具有恒定截面，这类透镜将光聚焦到一条线上，如图 5-24 所示。

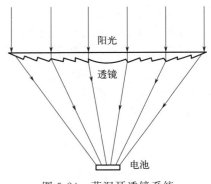

图 5-24　菲涅耳透镜系统

5.3.2.2　高效聚光太阳电池

聚光光伏最初使用晶硅材料电池，但随着其他更高转换效率材料的发展和聚光比的提高，Ⅲ～Ⅴ族砷化镓系列的半导体多结材料逐渐成为聚光光伏使用的主流材料，特别是在高倍聚光系统中的应用，而晶硅材料在聚光比提高后无法承受高倍数光照带来的热聚集，仅停留在低倍聚光上应用[3]。

与硅基材料相比，基于Ⅲ～Ⅴ族材料的多结太阳电池具有极高的光电转换效率，且具有比硅优异的耐高温性能，在强辐照度下仍有很高的转换效率，因此可以采用高倍聚光技术，这意味着在产生同等大小的电流下所需的电池面积更小。

目前，使用最多的高效聚光太阳电池是 GaInP/GaAs(GaInAs)/Ge 三结叠层电池，在这种多结太阳电池中，不但三种材料的晶格常数基本匹配，而且每一种半导体材料具有不同的禁带宽度，能够分别吸收不同波段的太阳光谱，从而实现宽光谱响应。

5.3.2.3　散热系统

阳光照射到太阳电池上时，一部分光能通过太阳电池转换成电能，大部分光能转换成热量。在不同的聚光比下，一般而言，随着电池工作温度的升高，其效率下降。聚光光伏系统中，电池一般处于强光照条件，产生的短路电流较大，其发热会更加严重，导致电池性能随着温度的升高而急剧下降。长期处于高温下运行的聚光太阳电池还会加速老化。因此，散热系统在控制电池温度中起着至关重要的作用。热的传递有三种方式，分别是传导、对流和辐射，进行散热时，往往几种方法联合应用。在高倍聚光光伏系统中，有主动式冷却散热和被动式冷却散热两种方式。

主动式冷却散热是指将聚光光伏电池运行时所生成的热量通过流动的水或其他介质带走，从而降低聚光电池温度。被动式冷却散热是通过散热器将聚光伏电池产生的热量直接散发到大气中。主动冷却的方式能更好地减小光伏电池的工作温度，然而冷却系统的可靠性是主动式冷却存在的最大问题，一旦冷却系统出现故障，聚光电池可能会因为过高的工作温度而损毁。相比较而言，被动式冷却的可靠性更高，是降低聚光电池工作温度的主要方式。为了增加散热效率，有时会引入强制对流措施，并同时利用多种方式进行互补散热[19]。

5.3.2.4　跟踪系统

光伏发电设备不带转动部件一度被认为是光伏发电的一大亮点，可实现光伏建筑一体化。随着跟踪系统技术的进步和成本下降，特别是可靠性增加，带跟踪系统的光伏发电方案正逐渐被行业接受。

追踪装置的主要作用是保证太阳电池组件表面时时与入射阳光垂直（特别是聚光系统要求

太阳光垂直入射到光学系统中），延长太阳电池组件的直接辐照时间，提高其单位时间发电量。

随着聚光比的提高，聚光光伏系统所接收到光线的角度范围逐渐变小，为了更加充分地利用太阳光，对日跟踪器装置必不可少。通过对聚光光伏系统跟踪信号的产生、自动控制的机理、驱动执行部分的实现以及应急保护措施的考虑，研究出跟踪精度高、运行安全可靠、抗干扰能力强、制造和运用成本低、用户操作界面友好的跟踪器，对于成功开发聚光电池跟踪发电系统尤为重要。目前，对日跟踪器的设计方案众多，形式不拘一格。点聚光结构的聚光器一般要求双轴跟踪，线聚光结构的聚光器仅需单轴跟踪。由于聚光跟踪发电系统常经受安装地区恶劣的气候条件，如风、沙、雨、雪、冰雹、霜冻等的侵蚀和损坏，所以，跟踪系统的可靠性仍需进一步提高[5]。

5.3.3　聚光太阳电池设计

对于光伏发电，高转换效率是最重要的，聚光组件合理的结构设计与材料选择将大大提高系统的效率，减少系统的维护成本。如第 3 章所述，提升效率的方法主要是减少光学损失和电学损失。此外，聚光系统的寿命也应重点考虑。

5.3.3.1　减少光学损失

① 聚光器的光学损失　聚光镜镜面的反射涂层、粗糙度、镜面型线的精确度等因素会影响到聚光镜表面的反射效率，对于做工精良的反射镜，其光学反射效率可以达到 95% 以上。此外，任何电池表面都对光有反射作用，即使采用较好的减反射工艺，入射光也有损失。

对于折射式聚光器，菲涅耳透镜并不能将所有入射光传输到焦点上。首先，光学界面的菲涅耳反射损失大约为 8%（对于短焦距透镜，因为出射光线与镜面夹角非常小，光学损失更大），这种损失可以通过引入减反膜而降低。目前的平面压模透镜具有大约 85% 的光学透过率。此外，光斑均匀性、焦距、工艺一致性、像差、抗紫外、抗风沙能力等都是评估透镜的重要指标。

② 组件的遮光损失　电池的金属化区域会增加反射和表面遮蔽，损失达到 10%～20%。可以将太阳电池封装在棱镜以下，将入射光直接折射到太阳电池表面，避开接触栅线。比如斯坦福大学和 SunPower 公司开发的背面点接触太阳电池就是一种很好的聚光电池，为了减小金属条的遮光效应，金属电极设计在电池的背面，可以采用很宽的金属条，同时为了减少背面结面积，位于背面的发射区被设计成点状[20]。

③ 跟踪系统的光学损失　聚光光伏系统对于太阳方位角十分敏感。如果系统与太阳光线角度存在 2° 的偏差，就会因垂直射入的辐射能减少而使光伏阵列的输出功率下降 1% 左右。

5.3.3.2　减少电学损失

在高光强引起的高电流密度下，串联电阻损耗的影响变得更加重要。降低太阳电池的电阻，减少电学损失，可采用以下设计措施：

① 引入陷光结构。引入陷光结构可以减小太阳电池的厚度，从而减小高注入情况下载流子扩散引起的电阻损失。

② 扩散得到的顶层薄层电阻尽可能小。

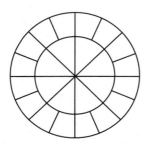

图 5-25　聚光太阳电池
的圆形栅线

③ 将接触电极设计为埋栅结构，同时降低串联电阻和表面遮蔽，已成为设计聚光太阳电池的一个重要方向。

④ 采用细副栅线图案的上电极，减少横向电流引起的损耗，采用厚的金属接触层，减少在副栅线和主栅线上的电阻损耗。

⑤ 设计合适的发射极。聚光太阳电池的发射极要求栅线厚、密集并且对称。典型的聚光太阳电池栅线呈圆形对称分布，如图 5-25 所示。根据聚光比设计栅线分布以便达到最佳发电性能。

⑥ 采用具有背表面场的低阻衬底，以降低体电阻和接触电阻损耗。

5.3.3.3　其他设计

（1）封装玻璃

对于聚光太阳电池组件，需要考虑光照带来的老化问题以及散热问题，应尽量减少紫外波段与波长大于 1100nm 红外波段的透过，这对封装玻璃的透过性提出了要求。

（2）EVA 封装材料

高强度的太阳辐射会加速聚光组件的老化。太阳辐射中，紫外光只占整个辐射能量强度的 4%～6%，但它是造成组件老化，尤其是有机材料老化的主要原因。在组件封装材料中，EVA 膜易受到紫外光的影响而出现老化、降解、龟裂、变黄等现象，进而减少透光率，降低太阳电池的光电转换效率。采用抗紫外光老化作用的 EVA 膜对聚光组件来说非常重要[19,21]。

5.3.4　空间太阳电池

外太空卫星及空间电站的主要能量来源就是太阳电池。在轨运行时太阳电池阵列面临着苛刻的环境，包括极高的真空度、巨大的温差、强烈的辐照、静电放电、原子氧的侵蚀和空间碎片、微流星的撞击等。为了能够长期可靠地工作，空间用太阳电池必须具备以下能力：①抗质子、电子和紫外辐照能力强；②耐温度交变范围大；③耐热真空；④耐原子氧化；⑤抵抗空间碎片撞击。

目前航天用太阳电池阵列已从简单的体装式发展到折叠式和卷式，从刚性结构发展到柔性结构以及聚光结构。对空间太阳电池设计的基本要求是：可靠的封装形式，可重复的大规模稳定生产技术，光电转换效率高，抗外太空辐照，质量比功率、面积比功率以及收拢体积比功率高，耐紫外线衰减，长期苛刻条件下的稳定性，以及由于偏离标准条件的强度和温度而进行的校准等。图 5-26 左图为中国天宫空间站，右图为神舟十二号载人飞船，它们的电源供给系统采用了三结柔性砷化镓太阳电池阵列，寿命可以达到 15 年。

5.3.4.1　空间太阳电池设计要求

空间太阳电池阵列要满足航天器的负载要求，其发电能力是由工作环境、质量、制造成本、可靠性要求等共同驱动的，其中工作环境最为关键。空间太阳电池要经历地面制造，发射和在轨运行等几个阶段，各个阶段的独特环境都对太阳电池提出了相应的设计要求：

① 地面制造阶段　地面空气中的水汽、氧气及其他杂质气体容易对太阳电池电极造成

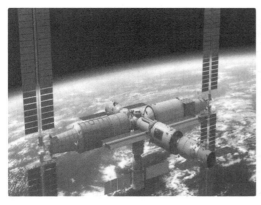

图 5-26　天宫空间站及神舟飞船太阳翼

侵蚀，要求太阳电池有高可靠的封装，能够长时间地面储存而不发生性能变化。

②　发射阶段　由于受到火箭运载能力的限制，太阳电池阵列必须体积小，质量轻，有很高的质量比功率和面积比功率。另外在火箭发射时，太阳电池必须能够经受住强烈的振动和噪声冲击。

③　在轨运行阶段　不同的轨道环境，对太阳电池的设计要求也略有差异，表 5-3 给出了各种轨道环境对太阳电池阵特性的要求。

表 5-3　各种轨道环境对太阳电池阵特性提出的要求[4]

轨道特性	环境特征	太阳电池阵面临问题	解决手段
低轨道 LEO，2000km 以内	稀薄中性气体；原子氧含量高并与太阳电池高速撞击；等离子密度高，能量低；空间碎片量大，在 800km 达到峰值（1×10^8 个/km^3）	对太阳电池造成阻力，影响航天器轨道精度；对太阳电池表面材料剥蚀严重；造成静电放电效应，可能导致太阳电池局部短路；与太阳电池撞击导致电池功率损失；温度较高，温度交变频繁	太阳电池面积不宜过大或者有强大的推进系统；做好原子氧防护；做好静电放电防护；注重空间碎片防护；注重温度交变防护
中高轨道 MEO，约 20000km	位于范艾伦辐射带内	质子电子辐照通量大，对电池积累损伤明显，造成太阳电池功率衰退	对太阳电池进行抗辐射防护
地球同步轨道 GEO，36000km	等离子体密度低，能量高，易受到太阳影响；连续日照时间长，每年进出阴影约 90 次，最长地影期达 72min；电子辐照剂量大	短期内静电放电明显，造成太阳电池局部短路；光照期太阳电池工作温度高，地影期工作温度低，温度交变范围可达 $-160 \sim +120℃$，造成电池性能衰退	做好静电放电防护；做好高低温交变防护；做好电子辐照防护
深空环境，远离太阳	光照强度低；临近各行星表面会有各种不同的磁热气场	太阳电池输出功率较低，工作温度较低，太阳电池阵列所需面积增加	降低电池的禁带宽度，增加长波利用率来优化电池性能；做好太阳电池低温防护工作；减少电池的剩磁，增加其除尘功能等；应用聚光太阳电池阵列
近日探测，靠近太阳	光照强度增加；太阳活动的影响明显	太阳电池工作温度升高；高能质子及宇宙射线等造成电池性能衰退	提高电池的禁带宽度来减少长波吸收，优化电池性能；做好太阳电池高温防护工作；对太阳电池做好高能质子辐照防护

5.3.4.2 常用空间太阳电池

硅太阳电池是所有空间太阳电池技术中最成熟的，而且相对便宜，适合低功率（数百瓦）和短任务周期（3～5 年）的应用。通常电池的效率越低，抗辐射能力越强。在工作温度下，由于带电粒子辐射损伤，在对地静止轨道中运行超过 10 年的硅太阳电池的效率将降低约 25%～35%。在高辐射环境中，如靠近木星轨道或中地球轨道的位置，电池性能降低更明显（通常降低超过 50%）。硅电池相对较大的温度系数也将导致高温下效率的极大衰减。尽管硅电池的转换效率不断上升，而且材料密度和成本都较低，但它仍然不太适合用于空间辐射环境。

砷化镓具有较理想的 1.4eV 带隙，且具有比硅电池更好的抗辐射性能。目前，太空中应用的效率最高的电池是 GaInP/GaAs/Ge 三结叠层电池。Ⅲ～Ⅴ族多结太阳电池和硅太阳电池相比，在相同功率情况下尺寸更小、重量更轻[12]。

5.3.4.3 空间太阳电池的挑战

低成本薄膜太阳电池表现出了在太空发电方面的潜能，最好的空间太阳电池是三结Ⅲ～Ⅴ族电池，在 AM0 时效率达到 34%，常规电池阵列已经达到了 70W/kg 的功率比。这些参数能满足许多近地飞行任务，但仍有几方面需要设计改进：①完成太阳能电力推进和更高的功率比（150～200W/kg）的任务；②完成恶劣环境下的任务（低温/低太阳光强外星环境、高太阳光强近日环境、高辐射木星环境和火星环境等）；③日地连接任务，需要无静电阵列，该阵列不允许阵列电压对等离子环境造成扰乱，无静电阵列表面维持与航天器相同的电势。

5.4 砷化镓太阳电池的发展趋势

我国在砷化镓太阳电池的研发和生产方面已取得快速发展，空间用砷化镓三结太阳电池的光电转换效率普遍超过 30%，接近国际先进水平。多结Ⅲ～Ⅴ族薄膜太阳电池研制技术获得持续突破，特别是在柔性高效多结太阳电池中高质量材料的生长、大尺寸外延材料剥离和转移等关键技术。GaAs 太阳电池除了继续发展各类晶格和能带匹配的外延层结构之外，还将在降低成本等方面进行研发。未来的发展趋势如下[22]。

① 带隙≥1.8eV 的 GaInP、AlInP、AlGaInP 等材料作为顶电池异质结发射极或窗口层，带隙≤1eV 的 GaInAs、GaInAsP 等材料作为底电池结构的深入研究，以及相关的晶格失配外延和反向生长等技术发展。新型多结叠层技术深入研究，开发应变缓冲层、循环退火等先进技术，未来的研究领域将不再局限于Ⅲ～Ⅴ族和硅材料的机械叠层或是键合技术[15]。

② 新型高效技术的应用，包括量子点、量子阱材料在光吸收层的插入，上下转换的荧光材料拓展 GaAs 吸收光谱、等离激元散射体对太阳光谱的增强吸收等。

③ 大产能快速外延技术的发展，比如 MOCVD 设备，一些降低气源成本的改进设备（动态氢化物气相外延）也将得到普遍应用。

④ 柔性轻质 GaAs 薄膜太阳电池的耐候性、抗辐射等的研究。随着 GaAs 薄膜超轻柔封装结构的不断完善，其在各使用环境下的性能将获得检验，尤其是在极端环境下的抗辐射技术的开发将获得重视。

思考题与习题

1.简述砷化镓光伏材料的特点。

2.简述砷化镓双结太阳电池结构及制备工艺。

3.Ⅲ～Ⅴ族化合物太阳电池与硅太阳电池比较有哪些独特的优势？

4.如果要在距离地面 3 万公里的外太空安装相当于三峡总装机容量（22.5GW）的空间太阳能电站（24h 面对太阳），全部采用三结砷化镓太阳电池做发电阵列，请调研相关文献，计算出该电站需要的最小面积，并给出理由。

5.结合文献，试分析如何发展砷化镓太阳电池的地面应用。

参考文献

[1] 杨德仁.太阳电池材料［M］.2 版.北京：化学工业出版社，2018：204-207.

[2] Blakemore J S. Semiconducting and other major properties of gallium arsenide ［J］. Journal of Applied Physics，1982，53(10)：R123-R181.

[3] 段光复，段伦.薄膜太阳电池及其光伏电站［M］.北京：机械工业出版社，2013：137-141.

[4] 魏光普，张忠卫，徐传明，等.高效率太阳电池与光伏发电新技术［M］.北京：科学出版社，2017：235-237.

[5] 侯海虹，张磊，钱斌，等.薄膜太阳能电池基础教程［M］.北京：科学出版社，2019：48-52.

[6] 中国可再生能源学会.2020 年中国光伏技术发展报告［R］.北京，2020：253.

[7] Martin A Green，Ewan D Dunlop，Jochen Hohl-Ebinger，et al. Solar cell efficiency tables（Version 60）［J］. Progress in Photovoltaics：Research and Applications，2022，30：687-701.

[8] Razykov T M，Ferekides C S，Morel D，et al. Solar photovoltaic electricity：Current status and future prospects ［J］. Solar Energy，2011，85(8)：1580-1608.

[9] 马丁·格林.太阳电池工作原理、工艺和系统应用［M］.李秀文，等译.北京：电子工业出版社，1987：189，198-201.

[10] Kayes B M，Zhang L，et al. Flexible Thin-Film Tandem Solar Cells with ＞30％ Efficiency ［C］. IEEE Journal of Photovoltaics 4，2014(no. 2)：729-733.

[11] 李雷.太阳能光伏利用技术［M］.北京：金盾出版社，2017：35-37.

[12] Jenny Nelson.太阳能电池物理［M］.高扬，译.上海：上海交通大学出版社，2011：170-171，220.

[13] Steiner Myles A，France Ryan M，Buencuerpo Jeronimo，et al. High Efficiency Inverted GaAs and GaInP/GaAs Solar Cells With Strain-Balanced GaInAs/GaAsP Quantum Wells ［C］. Advanced Energy Materials，13 December，2020.

[14] Jain Nikhil，Kevin L Schulte，et al. High-Efficiency Inverted Metamorphic 1. 7/1. 1eV GaInAsP/GaInAs Dual-Junction Solar Cells ［C］. Applied Physics Letters 2018，112(5)：053905.

[15] Bosi M，Pelosi C. The potential of Ⅲ-Ⅴ semiconductors as terrestrial photovoltaic devices ［J］. Progress in Photovoltaics Research ＆ Applications，2010，15(1)：51-68.

[16] 沈文忠.太阳能光伏技术与应用［M］.上海：上海交通大学出版社，2013：331-333，384-386.

[17] 卢克，等.光伏技术与工程手册［M］.王文静，等译.北京：机械工业出版社，2019：316-318，

338-340.

[18] Tao T，Zheng H，He K，et al. A new trough solar concentrator and its performance analysis ［J］. Solar Energy，2011，85(1)：198-207.

[19] 曾广根，谭峰，朱喆，等.电子封装材料与技术 ［M］.成都：四川大学出版社，2020：248-249.

[20] Wennerberg J，Kessler J，Hedstrm J，et al. Thin film PV modules for low-concentrating systems ［J］. Solar Energy，2001，69：243-255.

[21] 张臻，马骜骐.低倍聚光太阳电池组件设计 ［J］.电源技术，2014(10)：1965-1968.

[22] 中国可再生能源学会. 2022 年中国光伏技术发展报告 ［R］.北京，2022：154-155.

第 6 章

非晶硅太阳电池

非晶态硅（amorphous silicon）又称为无定形硅，简称为非晶硅，英文缩写为 a-Si，属于非晶态半导体。1975 年，英国科学家 Spear 等利用硅烷（SiH_4）的辉光放电方法，首先制备得到氢化非晶硅薄膜，实现了掺杂并研制出 p-n 结，这是非晶半导体发展史上划时代的大事件。一年后，美国 RCA 实验室的 Carlson 等成功地制成了光电转换效率为 2.4% 的 p-i-n 型非晶硅薄膜太阳电池，不久又提高到 8%，开创了非晶硅薄膜太阳电池的新时代。1983 年，H. W. Deckman 把表面陷光结构用于 a-Si:H 太阳电池以增强非晶硅的吸收。由于 a-SiGe:H 薄膜具有窄的带隙，可以与 a-Si:H 材料构成叠层电池，在此基础上，a-Si:H/a-SiGe:H 叠层电池和 a-Si:H/a-SiGe:H/a-SiGe:H 三结电池出现[1-3]。本章首先介绍了非晶硅材料的结构与电子态，讨论了该类光伏材料的光、电学性质，然后围绕非晶硅薄膜太阳电池的优缺点，给出了非晶硅太阳电池的结构设计与制备工艺优化策略，最后介绍了非晶硅叠层太阳电池的典型结构设计与发展趋势。

6.1 非晶硅材料结构与电子态

6.1.1 非晶硅材料结构

a-Si:H 材料与晶体硅材料的重要区别在于 a-Si:H 材料内没有固定的原子结构，即 a-Si:H 原子结构具有短程有序而长程无序的特点。图 6-1 为单晶硅原子与非晶硅原子结构示意图。在晶体硅结构中，每个硅原子通过共价键与周围 4 个硅原子键合，键长一致，键角相同，所有硅原子的配位数都是 4，硅原子排列具有周期性的结构，即硅原子结构在短程与长程范围内均是有序结构。而从非晶硅原子结构示意图中可以看出，尽管硅原子排列在长程上是无序的，但是在短程上依然保持着有序结构，大部分硅原子的配位数都是 4。在非晶硅原子结构中，邻近的键角与键长存在较大的差异，导致晶格发生应变，出现弱键，这些弱键在吸收一定的能量后容易发生断裂，导致非晶硅网格中形成缺陷。非晶硅薄膜中主要的缺陷包括：三配位硅悬挂键、Si—Si 弱键、5 配位 Si 浮键、微孔洞以及 Si-H-Si 三中心键等，另外还有多种结构缺陷与杂质形成的络合物。

单晶硅与非晶硅的结构特征可以使用其原子排列的径向分布函数 $g(r)$ 来说明，如图 6-2 所示。分子动力学模拟计算表明，晶体硅的 $g(r)$ 具有一系列的峰值，对应于一系列的原子配位壳层，表明单晶硅原子结构同时存在短程有序与长程有序。而非晶硅的 $g(r)$ 只显示出第一与第二个峰，表明非晶硅中只有最近邻与次近邻的短程有序[2]。

6.1.2 非晶硅材料的电子态

晶体硅是周期性结构，所以其电子波函数可以用周期性的布洛赫（Bloch）函数描述，

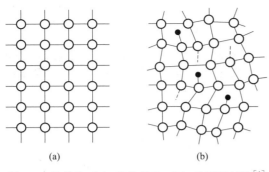

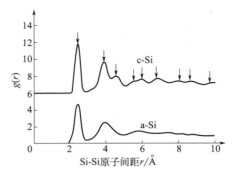

图 6-1 单晶硅（a）和非晶硅（b）的原子结构[4]

图 6-2 晶体硅与非晶硅原子排列的径向分布函数 $g(r)$

电子态是共有化态或扩展态。但是对于非晶态材料，原子结构不再具有长程有序，因此 Bloch 函数不再适用于非晶态材料电子态的描述，波矢 k 不再是好的量子数。1958 年，P. W. Anderson 首先提出在无序系统中产生电子态的局域化概念。随后，在 Anderson 局域化理论的基础上，X 迁移率边和局域化带尾态两个概念被 Mott-CFO 引入非晶态的能带结构中。N. F. Mott 和 M. H. Cohen 等提出了非晶态半导体中的 Mott-CFO 能带模型（图 6-3），为非晶硅薄膜材料和器件的研究提供了理论基础。

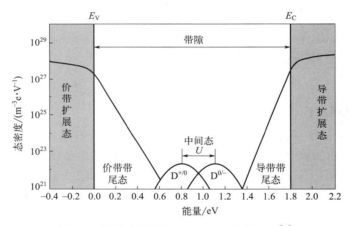

图 6-3 非晶硅材料的 Mott-CFO 能带模型[5]

一般认为非晶硅的能带与晶体硅一样存在导带和价带，其中的载流子可以自由运动，构成扩展态。然而在非晶硅中，四面体键的键长和键角都在一定程度上呈混乱分布，而且还存在很多悬挂键等结构缺陷，这些缺陷大都在非晶硅禁带中形成局域态。所以非晶硅的能带结构不像晶体硅的能带那样具有明锐的带边，而是在导带底和价带顶附近具有一定的带尾态，在禁带中部也会存在着一些缺陷态和局域态。图 6-4 是晶体硅和非晶硅的能带结构对比示意图。图 6-5 是非晶硅中电子态密度随能量分布的示意图，从图中可以看出在能带扩展态与带尾态之间存在明显的分界线，通常把它们称为导带迁移率边 E_c 和价带迁移率边 E_v[5]。

由于局域态的存在，非晶硅薄膜的迁移率带隙（mobility gap）达到 1.7～1.8eV，高于单晶硅 1.1eV 的带隙。处于局域态的电子受原子实的束缚力并不很强，在原子热振动或外电场作用下，容易脱离原子实的束缚并在原子之间移动。所以处于局域态的电子在定向电场作用下，也可以进行定向运动并产生电导，这种运动是通过电子在导带和局域态之间的跳跃或电子在局域态之间的跳跃来实现的，又称为跳跃电导。图 6-6 表示非晶硅禁带中的局域态密度分布情况与可能的电导模型示意图，其中图 6-6(a) 表示电子在导带和局域态之间的跳跃引起的定向运动，图 6-6(b) 表示电子在局域态之间的跳跃引起的定向运动。当局域态的密度较大时，局域态之间的跳跃电导占优势。

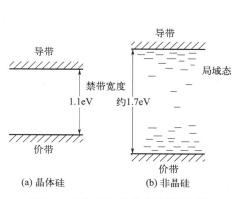

图 6-4　晶体硅和非晶硅的能带对比

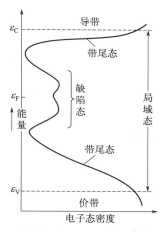

图 6-5　非晶硅中电子态密度随能量分布

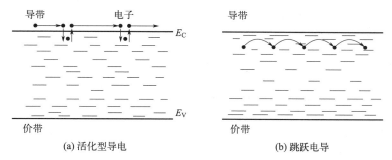

图 6-6　非晶硅禁带中的局域态密度与可能的电导模型

6.2 非晶硅材料的光学特性

6.2.1 非晶硅材料的光吸收

非晶硅薄膜的光学特性通常使用吸收系数、光学带隙进行表征。图 6-7 为非晶硅薄膜的吸收系数随着光子能量的变化图，它主要分为三个吸收区域，即本征吸收、带尾吸收和次带吸收。本征吸收 A 区域主要反映电子从价带到导带扩展态的跃迁吸收，吸收系数通常大于 $10^3 \sim 10^4 \, \mathrm{cm}^{-1}$，在吸收边（本征吸收的长波限）随着光子能量增大而增加[4]。由于晶体硅是间接带隙材料，本征吸收必须有声子参与。而非晶硅材料是无序结构，电子态没有波矢，电子在跃迁的过程中不需要满足动量守恒的限制，因此非晶硅的本征吸收系数通常要高于晶体硅的吸收系数 1～2 个数量级。非晶硅的光学带隙可以用两种方法获得：一是采用经验的方

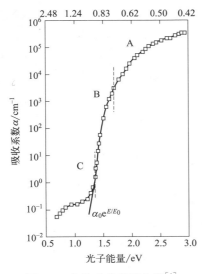

图 6-7　非晶硅的光吸收谱[4]

法，即固定吸收系数 $\alpha = 10^4 \mathrm{cm}^{-1}$ 时，获得对应的光子能量值即光学带隙；二是根据 Tauc 曲线进行计算。

带尾吸收 B 区域对应电子从价带边扩展态到导带带尾态的跃迁，或电子从价带尾态到导带扩展态的跃迁。这一区域材料的吸收系数 α 为 $1 \sim 10^3 \mathrm{cm}^{-1}$，吸收系数与光子能量 $h\nu$ 是指数的关系：

$$\alpha = \alpha_0 e^{h\nu/E_0} \tag{6-1}$$

式中，α_0 是常数；E_0 是 Urbach 能量，由 F. Urbach 于 1953 年首先发现。Urbach 能量与带尾结构有关，它反映出带尾态的宽带及无序结构的程度，E_0 越大，带尾越宽，结构越无序。非晶硅材料的典型 $E_0 \leqslant 0.05\mathrm{eV}$。

次带吸收 C 区域反映的是缺陷吸收，对应的是从价带到中间带隙的跃迁或中间带隙到导带的跃迁，这一区域可以反映材料质量的优劣。一般当吸收系数 $\alpha < 1\mathrm{cm}^{-1}$ 时，材料具有较高的质量。

6.2.2　非晶硅材料的光谱响应

图 6-8 为几种典型的太阳电池相对光谱响应曲线示意图。从图中可以看出，非晶硅电池的光谱响应主要集中在可见光波段，加上微晶硅叠层后的非晶/微晶复合电池响应范围可扩展至 1000nm 的近红外波段。

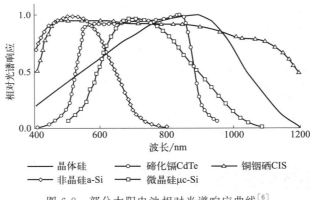

图 6-8　部分太阳电池相对光谱响应曲线[6]

6.2.3　非晶硅材料的红外吸收及拉曼光谱

图 6-9 给出了 a-Si:H 薄膜的典型红外吸收谱。通常，在 a-Si:H 薄膜中既含有 SiH，也含有 SiH_2、SiH_3、$(SiH_2)_n$ 等。图 6-10 给出了 a-Si:H 薄膜中 SiH、SiH_2 官能团的振动模式，基本上可分为三类：Si-H 键长度的变化、H-Si-H 类型键角的变化以及 H 原子绕着键的弯曲和扭曲等。红外吸收所测键的振动模式可以分两类：一类是成键原子间有相对位移变化的振动模式，包括伸缩振动模式和弯曲振动模式；另一类是成键原子间没有相对位移的转动模式，如摆动模式、滚动模式和扭动模式[4]。常见非晶硅薄膜的红外吸收峰及振动模式列于表 6-1。

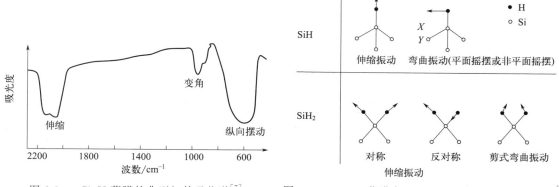

图 6-9　a-Si:H 薄膜的典型红外吸收谱[7]　　　　图 6-10　a-Si:H 薄膜中 SiH、SiH₂ 官能团的振动模式[7]

表 6-1　常见非晶硅薄膜的红外吸收峰及振动模式[7]

成键方式	吸收峰波数/cm⁻¹	振动模式
Si-H	2000 630	伸缩 摇摆
(Si-H₂)ₙ	2090 880，890 630	伸缩 弯曲 摇摆
Si-H₃	2140 905 630	伸缩 弯曲 摇摆
Si-O	1050～1100	伸缩
Si-C	607.2	伸缩

研究红外吸收谱随硅烷浓度的变化发现，非晶硅薄膜的质量可以用微结构因子 R 来表征，计算方法如下式：

$$R = I_{2090}/(I_{2090} + I_{2000}) \tag{6-2}$$

式中，I_{2090}、I_{2000} 分别是振动峰位于 2090cm⁻¹、2000cm⁻¹ 处的红外吸收峰的积分强度，通常本征非晶硅的 R 应小于 0.1。研究发现，非晶硅的微结构因子 R 随着材料内部微孔洞的增加而提高，同时非晶硅的光致衰退也随之增加。

利用红外吸收谱 630cm⁻¹ 处摇摆键的振动峰的积分强度，可估算出样品中的氢含量 C_H：

$$C_H = 1.6 \times 10^{19} \int \frac{\alpha(\omega)}{\omega} d\omega \tag{6-3}$$

图 6-11 是用高斯拟合拉曼位移峰得到的 a-Si:H 的 4 个振动模式[8]。由于非晶硅网络的无序性，光学跃迁的动量选择定则放宽，原有的禁阻模式获得不同程度的激活，其峰位基本上对应于声子态密度谱的峰值，这些峰形有明显的展宽，如图 6-11 中 TO 模的半高宽达 51.3cm⁻¹。

非晶硅拉曼散射谱的峰位、强度和峰度受到薄膜微结构的影响。例如，拉曼散射谱的 TO 模是非晶硅短程有序的灵敏量度，TO 模散射峰的面积对应着 Si-Si 键角振动的态密度，

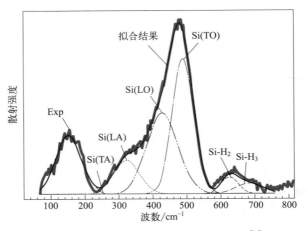

图 6-11　a-Si:H 样品典型的拉曼散射谱[8]

利用 TO 模的半高宽可以计算出薄膜中硅的平均键角畸变。另外 TA 模是薄膜中程有序度的表征，TA 模散射峰的面积与二面角振动的态密度有关，TA 模强度的降低，表明薄膜的中程有序度提高[9]。

6.2.4　光致衰减效应

a-Si:H 薄膜经光照后（光强为 $200mW/cm^2$，波长为 $0.6\sim0.9\mu m$），其暗电导和光电导随时间增加而逐渐减小［图 6-12(a)］，并趋向于饱和，但经 150℃ 以上温度退火处理 1～3h 后，光暗电导又可恢复到原来的状态［图 6-12(b)］，这种非晶硅光致亚稳变化称为光致变化效应[9,10]，即 Staebler-Wronski(S-W) 效应，是 D. L. Staebler 等 1977 年首先发现的。

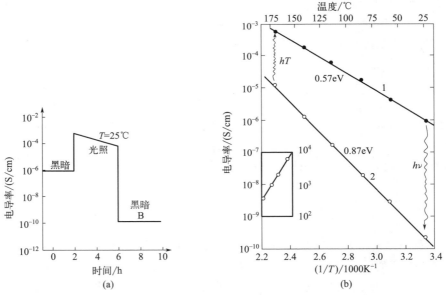

图 6-12　非晶硅薄膜室温下的电导率在光照前后的变化（a）和
光照前后的样品的暗电导随测量温度的变化（1 为光照前，2 为光照后）(b)[11]

S-W 是 a-Si:H 膜的一种本征体效应，经电子自旋共振和次带吸收谱等技术测定，光照在 a-Si:H 材料中产生了亚稳悬键缺陷态，其饱和缺陷浓度约为 $10^7\,cm^{-3}$，这些缺陷态的能量位置靠近带隙中部，主要起复合中心的作用，导致 a-Si:H 薄膜材料光电性质和器件性能的退化，限制了 a-Si:H 电池可达到的最高稳定效率。光照还会引起 a-Si:H 物理性质的一系列变化，比如：费米能级向带隙中心移动，载流子寿命降低，扩散长度减小，带尾态密度增加，光致发光主峰强度下降，缺陷发光峰强度增加，光致发光的疲劳效应等。

一般认为，氢在 S-W 效应中起了重要的作用。1998 年 H. Branz 提出一个氢碰撞理论来解释 S-W 效应：光生载流子的非辐射复合释放能量打断 Si-H 弱键，形成一个 Si 悬键和一个可运动的氢。氢在运动的过程中，不断地打断 Si-Si 键，形成 Si-H 键和 Si 悬键，当氢离开后，每个被打断的 Si-Si 键又恢复到打断之前的状态，这会产生两种结果：一是运动的氢又重新陷落在一个不动的 Si 悬键缺陷中，形成 Si-H 键；二是两个运动的 H 在运动时相遇或发生碰撞，最后形成一个亚稳的复合体，用 $M(Si-H)_2$ 表示，这个过程发生的概率要远小于上一个过程，但却是产生 S-W 效应关键的一步。

除了氢碰撞理论，另外还有 Si-Si 弱键断裂理论：在 a-Si:H 中存在 $10^{18}\sim10^{19}\,cm^{-3}$ 弱 Si-Si 键（带尾态的来源），光照时产生了电子-空穴对，但是电子-空穴对直接无辐射复合提供的能量会使 Si-Si 弱键断裂，断裂的悬键很容易重构而消失，很不稳定，邻近的 Si-H 弱键有可能与新生成的悬键交换位置，而使两个悬键分离，产生亚稳态键，导致 S-W 效应。

S-W 效应的产生，还来源于 Si-H 键和非晶硅结构的光致亚稳变化：

① 光照使 Si 原子 2p 峰发生了可逆的 0.1eV 位移，而不只是产生了一个峰肩；同时使 a-Si:H 的 1/f 噪声谱发生了从非高斯型向高斯型的转变，表明光照使整个（至少大部分）材料结构发生了变化；光照使得 Si-H 键伸缩振动模（$2000\,cm^{-1}$）的强度增加了 1.3%，这可能是 Si-H 键振子强度和数目增加的缘故；另外，偶极自旋弛豫时间与较大范围的键合氢原子有关。

② 光照导致与非晶硅键角无序相关的长程网络应变发生，使各向同性和各向异性极化电吸收的比例发生显著变化；并使 a-Si:H 低频介电常数发生可逆变化，甚至使材料的体积发生可逆膨胀。

6.3 非晶硅材料的电学特性

6.3.1 本征非晶硅材料的电学特性

半导体材料的电学特性一般用暗电导率 σ_d、光电导率 σ_{ph} 和迁移率寿命乘积 $\mu\tau$ 描述。用于太阳电池的 a-Si:H 的暗电导率一般小于 $10^{-10}\,\Omega^{-1}/cm$，对应的电流在 pA 量级。测试时先将 a-Si:H 薄膜沉积在绝缘玻璃上，样品上再沉积 1～2cm 长、相距小于 1mm 的金属电极，测试通常在真空或惰性气体气氛下进行，样品测试前需经过 150℃ 退火半小时。一般在 $1\mu m$ 厚的 a-Si:H 薄膜上加 100V 电压，从而获得几十皮安的电流，暗电导率为

$$\sigma_d = \frac{I}{U} \times \frac{\omega}{ld} \tag{6-4}$$

式中，U 是外加电压；I 是测量得到的电流；l 是电极的长度（1～2cm）；ω 是电极之间的距离（0.5～1mm）；d 是薄膜厚度。

通过暗电导率 σ_d 对温度依赖关系的测量，可以确定暗电导率激活能（dark conductivity activation energy，E_a）。半导体材料的 E_a 是导带底到费米能级之间的能量差值，即将电子由费米能级激发到导带需要的能量。对本征材料，E_a 越大说明越接近于理想的本征材料。对掺杂材料，E_a 越小说明材料的电学特征越好。σ_d 对温度 T 的依赖关系为[10]：

$$\sigma_d(T) = \sigma_0 \exp\left(-\frac{E_a}{k_B T}\right) \tag{6-5}$$

式中，σ_0 是电导率因子，Ω^{-1}/m；T 是热力学温度，K；k_B 是玻尔兹曼常数。

将式两边取对数，有 $\ln\sigma_d = \ln\sigma_0 - \frac{E_a}{k_B} \times \frac{1}{T}$，根据斜率 $\frac{E_a}{k_B}$ 可以推算出 E_a，结合 E_a 和光学带隙 E_{opt} 可以计算出薄膜的杂质浓度。对于未掺杂的非晶硅，E_a 约为 0.8eV。

由于非晶硅材料原子排列的长程无序性，原子势场高低起伏，电子自由程及波函数的相关长度只在一个原子间距的量级。因此，在非晶硅当中的电子输运特性与在单晶硅中的电子输运特性相比是明显不同的。即使在扩展态内，电子和空穴在传输当中也会遭到散射，空穴迁移率一般在 $1\sim5cm^2/(s \cdot V)$。电子在带隙内缺陷态上的迁移，是一种借助声子的跳跃电导，其迁移率约为 $10\sim20cm^2/(s \cdot V)$。

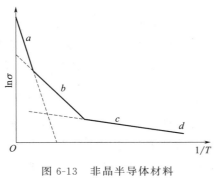

图 6-13 非晶半导体材料的 $\ln\sigma$ 与 $1/T$ 的关系曲线

非晶硅材料中的电导包括：禁带中费米能级附近的定域态近程跳跃电导和变程跳跃电导、带尾定域态中的跳跃电导、扩展态电导。利用 $\ln\sigma$ 与 $1/T$ 的关系曲线可以求得各种不同导电机制的激活能。图 6-13 表示非晶半导体材料的 $\ln\sigma$ 与 $1/T$ 的关系曲线。在图中，a、b、c 三段分别对应扩展态电导率、带尾定域态电导率和带隙中缺陷定域态电导率三种不同的导电机制，即在不同的温度区间往往表现出以某种导电机制为主。极低温度下的 d 段反映了带隙定域态的变程跳跃导电情况[2]。

6.3.2 非晶硅的掺杂特性

通过在硅烷的等离子体中引入磷烷（PH_3）气体实现非晶硅的 n 型掺杂，而引入硼烷（B_2H_6）气体则可实现 p 型掺杂。非晶硅的掺杂特性可以用图 6-14 来表示。根据掺杂浓度的不同，电导率可以控制在 $10^{-11}\sim10^{-2}S/cm$。对其他非晶硅合金材料（a-SiGe 和 a-SiC 等），其掺杂效果相对较差，电导率控制范围较窄[5]。

通过测量非晶硅材料的激活能发现，n 型非晶硅的激活能随着掺杂浓度的提高，从本征材料的 0.8eV 可降至 0.15eV，而 p 型非晶硅的激活能随着掺杂浓度的提高，可降至 0.3eV，由此可见，非晶硅材料的掺杂效率远低于晶体硅的掺杂效率。随着掺杂气体浓度的增加，非晶硅材料的掺杂效率迅速降低，因此不能通过提高掺杂气体浓度使非晶硅的费米能级移动到导带或价带位置，这是因为非晶硅的无序结构使磷或硼原子可以处于 4 配位，也可以处于能量更低的 3 配位，化学上更稳定，因此大部分的磷或硼原子都处在 3 配位态，起不了掺杂的作用。而少部分的 4 配位态，能量位于非晶硅的带尾态，起到浅施主或受主的作用。随着掺杂浓度的提高，会在非晶硅薄膜里产生更多的悬挂键，在带隙中部引入缺陷态，掺杂所产生的电子或空穴反而被这些新产生的缺陷态俘获，从而降低了自由载流子的密度，因此 n 型和

p 型非晶硅具有高的缺陷态密度，其光生载流子的复合速率较高，只能在非晶硅电池中用来建立内建电场或欧姆接触，而不能作为吸收层使用[3]。

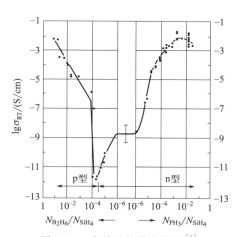

图 6-14　非晶硅的掺杂特性[5]

$N_{B_2H_6}$、N_{PH_3}、N_{SiH_4}—硼烷、磷烷和硅烷的浓度

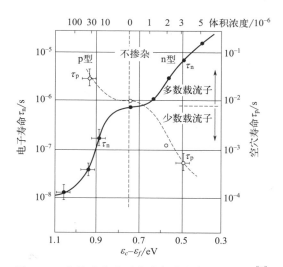

图 6-15　非晶硅载流子寿命与费米能级的关系[5]

图 6-15 给出了非晶硅载流子寿命与费米能级的关系曲线，对不掺杂的本征非晶硅而言，处于浅的局域态（如带尾态）的载流子，其电子寿命约为 10^{-6}s，空穴寿命约为 10^{-2}s。处于纯扩展态的自由载流子寿命约为 10^{-7}s，空穴寿命约为 10^{-6}s。这些测量结果受非晶硅中复合中心（主要是悬挂键）的密度以及能量位置的影响，另外还与测量时的测试条件有关[5]。本征非晶硅中空穴扩散长度约为 1000Å，而电子扩散长度为 2000～3000Å。

非晶硅半导体中的缺陷包括悬挂键、弱键、空位和微孔，如图 6-16 所示。而对应于这些缺陷的电子状态就是非晶半导体的隙态。隙态是非晶半导体与晶态半导体最大的区别。如果非晶硅隙态密度较低，适当地掺杂原子就可以改变电子的填充水平，提高费米能级。如果隙态密度很高，即使对非晶硅进行重掺杂仍然无法改变电子对隙态的填充水平，不能升高费米能级，形成费米能级"钉扎"效应。然而通过 H 补偿非晶硅的悬键等缺陷，可以降低非晶硅的隙态密度，提高掺杂效果[12]。

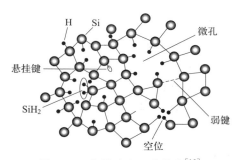

图 6-16　非晶硅中 4 种缺陷[12]

6.3.3　非晶硅的光电导

一般来说，光电导率和暗电导率相差比较大的材料制作太阳电池比较好。但光电导率数值与费米能级有很大关系，光电导率高的材料不一定是理想的光伏材料。图 6-17 是 a-Si、a-SiGe 和 a-SiC 的光电导率和暗电导率与光学禁带宽度 E_0 的关系曲线[5]。

光电导与载流子的产生、输运及复合相关，测试光强采用 AM1.5：$100mW/cm^2$。假设非晶硅光电导由电子决定，电子输运与寿命分别用扩展态迁移率 μ 与 τ 表征，非晶硅的光电导率用下式表示：

$$\sigma_{ph} = q\mu\Delta n = q\mu\tau G \tag{6-6}$$

式中，q 是单位价电子；Δn 是光生电子的浓度。载流子的产生速率 G 依赖于吸收系数 α 与载流子的量子产生效率 η_g。非晶硅材料的吸光度 A 通过朗伯-比尔关系计算得出：

$$A = I_0(1-R)[1-\exp(-\alpha d)] \tag{6-7}$$

式中，I_0 是入射光子强度；R 是非晶硅与空气界面的反射；d 是厚度。

载流子的产生速率 G 用式（6-8）表示：

$$G = \eta_g \frac{A}{d} = \eta_g \frac{I_0(1-R)[1-\exp(-\alpha d)]}{d} \tag{6-8}$$

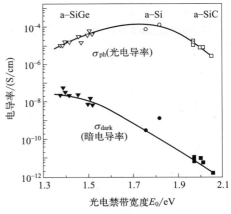

图 6-17　a-Si、a-SiGe 和 a-SiC 的光电导率和暗电导率与光学禁带宽度 E_0 的关系曲线[5]

光电导率用式（6-9）表示：

$$\sigma_{ph} = q\mu\tau\eta_g \frac{I_0(1-R)[1-\exp(-\alpha d)]}{d} \tag{6-9}$$

其中量子效率、迁移率及少子寿命的乘积 $q\mu\tau\eta_g$ 与非晶硅材料的吸收、输运及复合相关。选用 600nm 的光进行测量，$q\mu\tau\eta_g$ 用式（6-10）计算：

$$(\mu\tau\eta_g)_{600} = \frac{\sigma_{ph}d}{qI_0(1-R)[1-\exp(-\alpha d)]} \tag{6-10}$$

当 $\eta_g = 1$ 时，非晶硅的 $\mu\tau$ 应大于或等于 $1\times10^{-7}\,cm^2/V$。

6.4　非晶硅太阳电池设计和优化

6.4.1　非晶硅电池特点

非晶硅太阳电池具有以下特点[5]：

① 原材料成本低。作为薄膜太阳电池，核心层硅材料消耗少。由于非晶硅对光的吸收系数大，通常硅膜厚度只有 $1\mu m$ 左右，是单晶硅或多晶硅电池厚度的 1/100；可以采用玻璃、不锈钢、塑料等多种廉价刚性或柔性衬底材料；生产非晶硅太阳电池的主要原料为硅烷（SiH_4）、磷烷（PH_3）、硼烷（B_2H_6）和氢气（H_2）等，资源丰富且便宜。

② 能量消耗少。由于 SiH_4 分解沉积温度只有 200℃ 左右，能量消耗少，能量回收期短（约 2 年）；适于大规模自动化生产，且关键技术成熟度高，单个组件的面积可达数平方米，整齐美观；弱光响应性能比较好，非晶硅太阳电池与相同额定功率的晶体硅电池对比，每年可以多发电 15%～20%，适合建筑一体化发展。

③ 高温发电性能较好。非晶硅的光学带隙大（1.75eV），有较低的温度系数，在较高温度下仍可保持高的开路电压和填充因子。

④ 光电转换效率较低。由于非晶硅材料的禁带宽度大，长波响应范围不够宽，光电转换率效率在 11.9% 左右[13]。虽然采用多结电池可以改善光谱响应，但光生载流子寿命短、迁移率低等缺点仍然存在。

⑤ 稳定性较差。非晶硅由于其内部结构为无序的亚稳态结构，并且有大量氢原子存在，

导致非晶硅太阳电池具有光疲劳效应，长期光照后，效率会降低。

6.4.2 非晶硅电池结构设计

6.4.2.1 本征层设计

a-Si 太阳电池采用 p-i-n 结构（图 6-18），p 层是掺杂硼的材料，i 层是本征材料，n 层是掺杂磷的材料。对于 p-i-n 结构，在没有光照的热平衡状态下，三层中具有相同的费米能级，本征层中导带和价带从 p 层向 n 层倾斜形成内建势。图 6-19 为 a-Si 太阳电池的 p-i-n 能带示意图。由第 3 章可知，在理想情况下，p 层和 n 层费米能级的差值决定电池的内建电势。

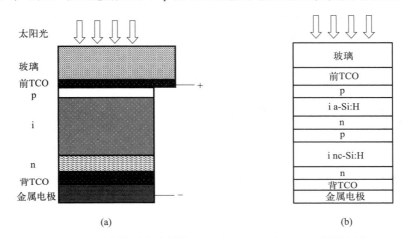

图 6-18　p-i-n 型非晶硅电池结构（a）与 a-Si:H/nc-Si:H 叠层电池（b）

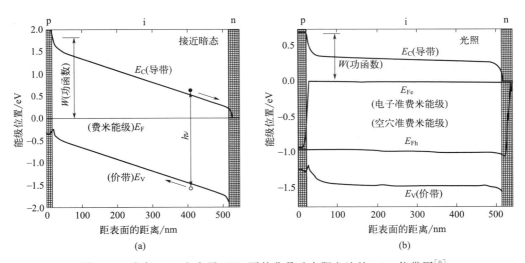

图 6-19　暗态（a）和光照（b）下的非晶硅太阳电池的 p-i-n 能带图[9]

掺杂引起的缺陷密度比本征 a-Si:H 高 2～3 个数量级，但少子扩散长度非常短，光生载流子在到达 p-n 结耗尽区之前将全部复合。因此，晶体硅太阳电池依靠 p-n 结电中性区进行少数载流子输运的结构不适用于非晶硅薄膜太阳电池。但是，光学带隙约为 1.75eV 的本征层具有"吸收层"的作用。在吸收层中产生的电子-空穴对将被内建电场分离为自由的电子和空穴。本征层的材料质量和内建电场的强度分布，决定了光生载流子的收集和非晶硅薄膜太阳电池的性能。

确定本征 a-Si：H 层的最优厚度，是非晶硅薄膜太阳电池结构设计的关键，更厚的本征层有利于光子的吸收，而更薄的本征层有利于光生载流子的收集，这依赖于光子吸收和载流子收集的细致平衡。由于载流子的收集依赖于光生载流子在内建电场中的漂移，载流子迁移率和寿命以及本征层内的内建电场强度决定了载流子的收集。但是，内建电场在本征层范围内不是均匀的，强烈地依赖本征层中空间电荷的分布，本征 a-Si：H 层中的空间电荷由带隙中尾态和缺陷态俘获的载流子引起，这些空间电荷不能像在晶体硅太阳电池中那样被忽略。由于带隙中局域态密度较大，俘获的载流子对器件的总体电荷分布有很大贡献，并决定了内建电场分布。掺杂层界面处有较大的缺陷密度，会在界面区域形成较大的电场强度，而本征层体内的电场强度相对较低。图 6-20 展示了 320nm 厚的本征层中两种不同缺陷密度分布对器件性能的影响。在标准模型中，本征层范围内的缺陷密度分布是均匀的。而在缺陷模型中，将按照缺陷理论计算缺陷密度分布和缺陷态能量分布。

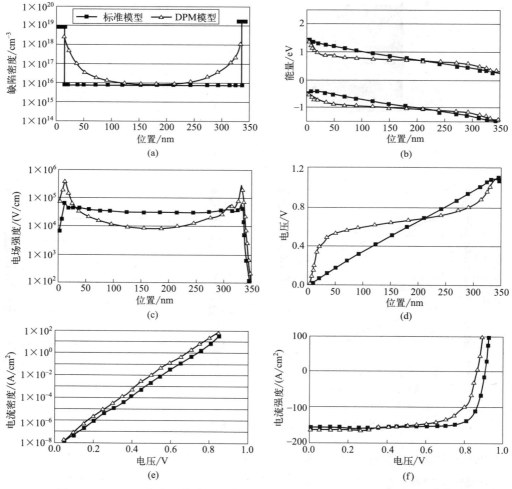

图 6-20　p-i-n 型非晶硅薄膜太阳电池特性的模拟，其中本征层厚 320nm[10]
(a) 缺陷密度分布；(b) 能带结构；(c) 电场强度分布；(d) 电压分布；
(e) 暗态下的伏安特性曲线；(f) 光照下的伏安特性曲线

另外，在光照下，较高的光生载流子浓度也会影响非晶硅薄膜太阳电池中的空间电荷。当光生载流子浓度太大，大量低迁移率的空穴会形成空间电荷，使电池背表面的电场崩溃。当本征层的厚度增加，太阳电池的功率将饱和，这依赖于吸收的入射光强。对于吸收能量约2.3eV的光子，入射光子功率饱和厚度>100nm，这是光子被吸收的典型距离。对于能量约1.8eV的低吸收光子，功率饱和厚度>300nm。载流子收集长度依赖于电场强度、载流子迁移率和寿命的乘积。而图中给出的电子和空穴漂移不对称性也解释了由p型层接收入射光的非晶硅薄膜太阳电池转换效率更高。图6-21给出了电池短路电流密度与厚度的关系[14]。

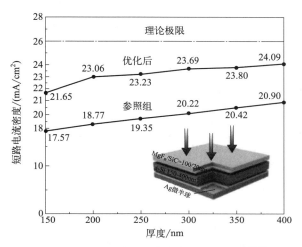

图 6-21 电池短路电流密度与厚度的关系[14]

6.4.2.2 吸收层设计

吸收层设计主要是引入微晶硅材料以降低光致衰减效应。微晶硅材料被认为是一种非晶与微晶硅颗粒组成的混合相材料，其带隙调整可以通过制备过程中的氢稀释比调整实现，最低可接近单晶硅的1.1eV。另外，微晶硅材料制备与现有的非晶硅技术兼容性好，而且微晶硅材料稳定性高，其电池性能基本无衰退。另外采用非晶硅/微晶硅叠层电池相对于非晶硅单结电池而言，可以拓宽电池长波光谱响应，提高太阳光的利用率，同时降低了较不稳定的非晶硅顶电池厚度，有利于提高整体稳定性。因此，具有微晶硅层的太阳电池是实现高效、低成本薄膜太阳电池的重要技术途径，是硅基薄膜电池产业化发展方向[9]。

6.4.3 制备工艺设计优化

20世纪80年代，采用了氢稀释技术降低光致衰减效应：在PECVD制备a-Si:H过程中，用氢稀释硅烷、乙硅烷以增强原子态氢和生长表面的反应，腐蚀掉一些能量较高的缺陷结构。用氢稀释可以使反应基团在生长表面的迁移率增加，从而找到低能量的生长位置。用氢稀释还可使一些原子态氢扩散到薄膜体内，增强钝化效果。因此，氢稀释技术改善了a-Si:H的网络结构，降低了缺陷密度和光致退化程度。20世纪90年代，发展了热丝分解硅烷化学气相沉积（HWCVD）技术制备a-Si:H薄膜，可将薄膜的H含量降低到1%以下，并且可获得更有序的硅网络结构。无序网络结构的改善最终将导致结构的微晶化[9]。

除了氢稀释技术以外，沉积工艺条件对a-Si:H的微结构有重要的影响：

① 沉积功率。一般而言，射频电源频率越高，放电空间内粒子的能量分布函数越稳定，有利于制备大面积均匀膜。沉积功率需要作精确的配置，以确保放电区内电子的能量将硅烷分解成合适的原子团。电子能量太小，只能将硅烷分解成有害的 SiH_3 或者 SiH_2 原子团，如果电子能量被调整到 10.4eV 左右，硅烷就被分解成理想的 SiH 原子团，它在合适的衬底温度下离解成氢化硅，其中的氢原子足以补偿无序网络中的悬挂键。但是功率太高会使膜内氢含量减少，不足以补偿无序网络中的空位和悬挂键，同时使已沉积好的薄膜受到轰击损伤。

② 衬底温度。分解 SiH 原子团的温度必须高于 175℃，分解 SiH_3 或者 SiH_2 则需要更高的温度。温度太高，会降低膜层内氢的成分，使得带隙变窄，降低电池的开路电压；温度太低，成膜质量下降。另外，衬底温度的选择和衬底材料性质有关，要防止膜和衬底材料之间扩散形成低共熔合金。比如铝在 275℃ 时可以和 a-Si 形成合金，破坏硅膜。铜合金在更低的温度下可以和 a-Si 发生作用。银和 a-Si 膜的结合力差不宜作衬底。石英、玻璃是良好的衬底材料，但是有些玻璃含有碱金属，在沉积膜时会向膜内扩散造成掺杂，常采用低碱玻璃。衬底温度一般控制在 220～300℃。

③ 反应压力和气体流量。反应压力与放电空间内带电粒子的浓度有关。气体流量提高可防止剥离和发灰。另外在辉光放电时采用氢气稀释硅烷效果较好，薄膜晶粒大，电导率高。采用纯硅烷作反应气体，用比硅烷电离电位低的乙硅烷作反应气体可进一步提高沉积速率。

另外，电极材料必须能耐带电粒子的轰击以免出现溅射物污染薄膜的情况。常用金属材料的抗溅能力按以下次序逐渐递增：Ag、Au、Cu、Pu、Pt、Ni、Fe、Al。

6.5 非晶硅叠层太阳电池

6.5.1 非晶硅叠层电池概述

目前，多结非晶硅薄膜太阳电池主要是指双结非晶硅薄膜太阳电池和三结非晶硅薄膜太阳电池。图 6-22(a) 和 (b) 分别为双结和三结非晶硅薄膜太阳电池的结构示意（以不锈钢衬底为例）。双结非晶硅薄膜太阳电池通常由宽带隙的顶电池、隧道结和窄带隙的底电池三部分依次串联而成。顶电池的吸收层通常为 a-Si：H，底电池的种类较多。较为常见的双结非晶硅薄膜太阳电池的结构主要有 a-Si：H/a-SiGe：H 结构、a-Si：H/μc-Si：H（微晶硅）结构。如果在双结电池上再增加第三个子电池，得到的三结非晶硅薄膜太阳电池将具有更高的光电转换效率。三结非晶硅薄膜太阳电池的结构主要有 a-Si：H/a-SiGe：H/a-SiGe：H、a-Si：H/a-SiGe：H/μc-Si：H、a-Si：H/μc-Si：H/μc-Si：H、a-Si：H/a-Si：H/μc-Si：H 等[15,16]。

6.5.2 a-Si：H 双结叠层太阳电池

1.1eV 和 1.75eV 的带隙组合非常接近理想的叠层电池设计。如果所有能量大于带隙的入射光子都能够被顶电池和底电池吸收，根据带隙和 p-i-n 型结构对填充因子 FF 和开路电压 V_{oc} 的计算，可以得到半理论半经验的转换效率极限，如图 6-23 所示。相比非晶硅，微晶硅在长波响应和稳定性方面的性能较好，因此 a-Si：H/μc-Si：H 双结电池是广泛研究的器

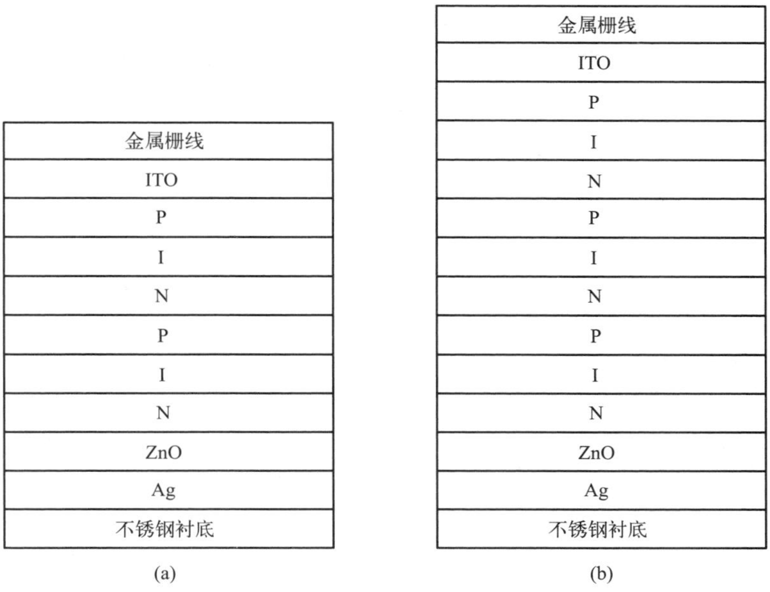

金属栅线
ITO
P
I
N
P
I
N
ZnO
Ag
不锈钢衬底
(a)
金属栅线
ITO
P
I
N
P
I
N
P
I
N
ZnO
Ag
不锈钢衬底
(b)

图 6-22 双结非晶硅薄膜太阳电池结构（a）与三结非晶硅薄膜太阳电池结构（b）

件结构。微晶硅的禁带宽度与单晶硅接近，可以作为底电池。在具有较好背反射层的情况下，单结微晶硅电池的短路电流密度可超过 $30mA/cm^2$。但需要合理地设计顶电池和底电池的光吸收层厚度，以得到相同的光生电流，满足电流匹配要求。因为 μc-Si:H 是间接带隙半导体材料，能量略高于带隙的光吸收系数较低。这意味着，在 a-Si:H/μc-Si:H 叠层电池中，μc-Si:H 底电池比 a-Si:H 顶电池更厚，以满足电流匹配的要求。

9%
19%
29%
39%
底电池带隙/eV
顶电池带隙/eV
0.4
0.6
0.8
1
1.2
1.4
1.6
1
1.2
1.4
1.6
1.8
2
2.2

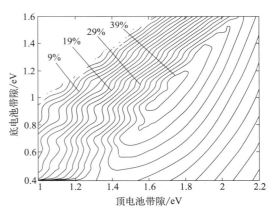

图 6-23 叠层电池中顶电池和底电池带隙与半理论半经验转换效率极限关系

但 a-Si:H/μc-Si:H 叠层电池的典型结构仍然不能最有效地吸收所有能量大于带隙的入射光子。由于光致衰减效应，a-Si:H 顶电池的厚度限制在约 0.25μm，而沉积时间和相对较高的制备成本将 μc-Si:H 底电池厚度限制在 1～2μm。因为这些限制，小面积（$1cm^2$）的叠层电池目前的稳定转换效率约 12%。值得一提的是，光致衰减大多发生在 a-Si:H 顶电池内，而 μc-Si:H 底电池几乎不发生光致衰减效应。可能的原因是底电池仅仅能够接收 a-Si:H 顶电池剩余吸收后的红光和红外光。

为了与底电池的电流相匹配，顶电池的电流密度要达到 $13\sim15mA/cm^2$，需要较厚的本征层。而较厚的本征层会带来两个问题：一是会降低顶电池的填充因子，从而影响双结太阳电池的转换效率；二是影响双结太阳电池的稳定性。较厚的本征层会减弱内建电场，造成载流子收集困难，这一点在光照后表现得更为明显。为解决上述问题，研究人员在 a-Si:H 顶电池和微晶硅底电池之间插入一层起半反射膜作用的中间层，如图 6-24 所示。利用半反射层将部分光子反射回顶电池，从而增大顶电池的电流，并维持顶电池稳定性，但底电池的电流会相应减小。半反射膜一般采用氧化锌（ZnO）或其他电介质材料，其厚度和折射率是两个重要的参数。顶电池的电流随半反射层厚度的增大而增大，而底电池的电流则随半反射层厚度的增大而减小。

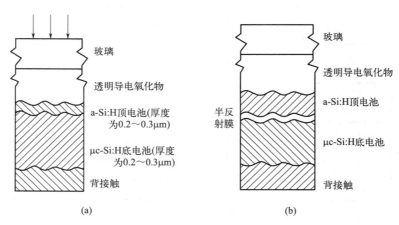

图 6-24　a-Si：H/μc-Si：H 双结叠层太阳电池
（a）无中间层；（b）ZnO 作为中间层

6.5.3　a-Si:H 三结叠层太阳电池

美国联合太阳能公司开发了 a-Si：H/a-SiGe：H/a-SiGe：H 结构三结太阳电池，并以不锈钢薄片作为柔性衬底，如图 6-25 所示。前接触是约 70nm 厚的氧化铟锡 ITO，同时起到前电极和减反膜的作用。为了降低前电极的接触电阻，需要在 ITO 层上制作收集电流的金属栅线。这种三结电池的结构比较复杂，不但有梯度层，而且材料体系也不同，图 6-25 还给出了对应的电池能带结构。美国联合太阳能公司三结电池的初始转换效率为 14.6%，最高稳定转换效率为 13.0%。

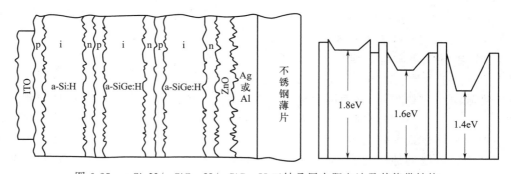

图 6-25　a-Si：H/a-SiGe：H/a-SiGe：H 三结叠层太阳电池及其能带结构

日本 AIST 使用等离子体增强化学气相沉积在具有蜂窝状纹理衬底上生长出未掺杂氢化非晶硅（a-Si：H），获得 a-Si：H/μc-Si：H/μc-Si：H 三结电池，实现了 14.04% 的稳定效率，最小光致退化为 4%[16]。该结构的三结电池的优点不仅是底电池的长波响应好，中间电池的长波响应也延伸到了 1100nm，如图 6-26 所示，更重要的是稳定性更好。

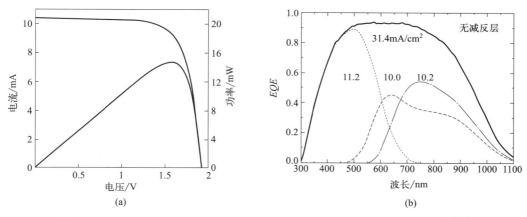

图 6-26   a-Si：H/μc-Si：H/μc-Si：H 电流-电压曲线（a）和量子效率曲线（b）[16]

6.6 非晶硅太阳电池的发展趋势

硅基薄膜太阳电池曾因其低廉的成本使其在 21 世纪初有一个较迅猛的发展，但随着晶体硅太阳电池的成本大幅下降和效率提升，硅薄膜太阳电池已失去了在传统光伏发电领域的竞争优势。近年来该类薄膜电池的研究逐渐从器件性能优化和组件开发等方面拓展到光伏建筑一体化、基于物联网的应用甚至和其他供能系统相结合，以期在新的领域获得机会。非晶硅太阳电池可以做成半透明甚至不同的颜色，形成幕墙或者太阳瓦，白天可以发电，又能保证柔和的阳光透过进入室内，满足采光采暖的要求；另外，非晶硅电池还广泛地用作各种照明电源以及弱光下的应用，比如手表、显示牌、计算器、传感器供电等不能直接照射阳光的场景。

思考题与习题

1. 简述非晶硅光伏材料的特点。
2. 简述非晶硅双结太阳电池结构及关键制备技术。
3. 非晶硅中光致衰减效应产生的原因是什么？如何降低这种效应？
4. 简述带尾态吸收的特点。
5. 试比较非晶硅材料与单晶硅材料中的电子输送特性差异。
6. 简述非晶硅材料中的电导类型。

参考文献

[1] Almeida M A P. Recent Advances in Solar Cells［M］//Sharma S K，Ali K. Solar Cells：From Materials to Device Technology. Cham：Springer International Publishing，2020：238-239.

[2] 沈文忠.太阳能光伏技术与应用 [M].上海：上海交通大学出版社，2013：173-174，177-178.

[3] 赵志强.薄膜太阳电池 [M].北京：科学出版社，2018：24-25，31-32.

[4] 陈凤翔，汪礼胜，赵占霞.太阳电池：从理论基础到技术应用 [M].武汉：武汉理工大学出版社，2017：101-102，106-109.

[5] 魏光普，张忠卫，徐传明，等.高效率太阳电池与光伏发电新技术 [M].北京：科学出版社，2017：210-213，226-227.

[6] 鲁大学.光伏玻璃透光性能检测标准的探讨 [J].太阳能，2011，05：34-37.

[7] 黄海宾.光伏物理与太阳电池技术 [M].北京：科学出版社，2019：197.

[8] Vichery C，Le nader V，Frantz C，et al. Stabilization mechanism of electrodeposited silicon thin films [J]. Phys Chem Chem Phys，2014：22222-22228.

[9] 段光复，段伦.薄膜太阳电池及其光伏电站 [M].北京：机械工业出版社，2013：107，119-120.

[10] 波特曼斯，阿尔希波夫.薄膜太阳能电池 [M].高扬，译.上海：上海交通大学出版社，2014：164-165，170-171，183，188-191.

[11] 杨德仁.太阳电池材料 [M].北京：化学工业出版社，2018：179.

[12] 冯仁华.PECVD 法制备本征/掺硼纳米非晶硅薄膜及其性能研究 [D].杭州：浙江大学，2007：18.

[13] Sai H，Matsui T，Kumagai H，et al. Thin-film microcrystalline silicon solar cells：11.9% efficiency and beyond [J]. Appl Phys Express，2018，11(2)：022301.

[14] Li H，Hu Y，Wang H，et al. Full-Spectrum Absorption Enhancement in a-Si：H Thin-Film Solar Cell with a Composite Light-Trapping Structure [J]. Solar RRL，2021，5(3)：2000524.

[15] 侯海虹，张磊，钱斌，等.薄膜太阳能电池基础教程 [M].北京：科学出版社，2016：38-39.

[16] Sai H，Matsui T，Koida T，et al. Stabilized 14.0%-efficient triple-junction thin-film silicon solar cell [J]. Appl Phys Lett，2016，109：572-575.

碲化镉太阳电池和铜铟镓硒太阳电池

碲化镉太阳电池和铜铟镓硒太阳电池的吸收层分别为碲化镉和铜铟镓硒薄膜，二者均属于多晶半导体材料，晶粒尺寸在 $1\mu m$ 左右，因此本章先讨论多晶材料的晶界特性，给出晶界的简单理论模型，以"窗口层/吸收层/背接触层"作为多晶薄膜太阳电池的基本结构，介绍晶界性质对光伏发电性能的影响及多晶薄膜太阳电池的设计原则，最后通过回顾碲化镉太阳电池和铜铟镓硒太阳电池的发展历程，概述两类太阳电池的发展现状及主要优化方向。对晶界的理论模型及多晶半导体太阳电池的设计优化原则是理解本章内容的关键，而对碲化镉太阳电池和铜铟镓硒太阳电池的设计优化实例则可以为多晶半导体薄膜太阳电池性能的提升提供更多思路。

7.1 引言

7.1.1 电池结构

碲化镉和铜铟镓硒太阳电池是以 $A^{II}B^{VI}$ 和 $A^{I}B^{III}C_2^{VI}$ 基化合物半导体作为吸收层的光伏器件，其器件结构如图 7-1 所示，主要包括金属背电极、半导体吸收层及可允许大部分太阳光透过的窗口层。吸收层的典型厚度为 $1\sim3\mu m$，这样的厚度足以吸收转换绝大部分的入射太阳光，也与晶粒尺寸及吸收长度的量级相当。相比硅基电池，碲化镉和铜铟镓硒太阳电池的制备方法要简单得多，目前在面积约 $0.5cm^2$ 薄膜太阳电池器件中，铜铟镓硒和碲化镉太阳电

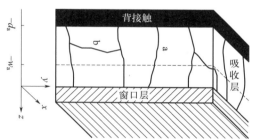

图 7-1　多晶薄膜太阳电池结构
d_w, d_a —窗口层和吸收层的厚度；
w_a —吸收层内空间电荷区的宽度；
a—垂直于空间电荷区的晶界；
b—平行于空间电荷区的晶界

池的光电转换效率分别达到了 23.6% 和 22.6% [1]。本章对薄膜太阳电池设计优化原则等的介绍中，一般以简化的吸收层/窗口层模型为默认结构，引入其他功能层的情况都会特别说明。

7.1.2 发展历史

20 世纪 50 年代，J. Loferski 首先提出碲化镉用于光伏转换器件的可能性并从理论上预测碲化镉太阳电池效率将高于硅基太阳电池 [2]。1959 年，P. Rappaport 制备出第一块单晶同质结碲化镉太阳电池，效率为 2% [3]。之后法国的 G. Cohen-Solal 等人通过近空间气相输运法在 n 型单晶碲化镉上沉积 As 掺杂的 p 型碲化镉薄膜并先后获得 7% 和 10.5% 的效率 [4,5]，此后基于碲化镉同质结太阳电池的工作便鲜见报道。基于单晶碲化镉异质结太阳电

池的研究也于 20 世纪 60 年代开始，分为 n 型碲化镉和 p 型碲化镉两个方向。最先大量研究的是 n 型碲化镉单晶或多晶薄膜与 p 型 Cu_2Te 组成的异质结电池，到 1970 年该类电池获得的最高效率为 7%，由于 Cu_2Te 的形成过程较难控制，而铜的扩散则会导致电池性能的不稳定，加上缺乏适合的 p 型透明导电层等因素，最终迫使研究的重心转移到 p 型碲化镉的异质结结构上来。单晶 p 型碲化镉与稳定的 n 型氧化物如 In_2O_3:Sn（ITO）、ZnO、SnO_2 和 CdS 形成的异质结结构随之被更广泛地研究。1977 年，K. Mitchell 等在 p 型单晶碲化镉上沉积 ITO 作窗口层制备的电池效率达到 10.5%[6]，10 年后，K. Nakazawa 等在 p 型单晶碲化镉上用反应溅射法沉积 In_2O_3 制得的电池效率达到 13.4%，开路电压达 892mV[7]。此类电池的最高纪录开路电压一直保持到 2013 年才被打破。此外，一种结构为 p 型单晶碲化镉/n 型硫化镉薄膜的电池在 20 世纪 60 年代刚开发时效率不到 5%[8,9]，1977 年 K. Yamaguchi 等人在 p 型碲化镉单晶上用气相外延法沉积一层 500nm 左右的硫化镉，制得的电池效率为 11.7%[10]。

人们对 I-III-V 族三元黄铜矿半导体太阳电池的研究略晚于碲化镉，第一例是贝尔实验室 S. Wagner 等人于 1974 年研制的单晶铜铟硒太阳电池，其光电转换效率为 5%[11]。晶体 $CuInSe_2$ 由熔体生长技术制备，经切片、抛光、王水刻蚀，最后在 Se 气氛中进行 600℃、2h 退火得到 p 型半导体材料。一年后，经器件优化，单晶 $CuInSe_2$/CdS 太阳电池效率达到了 12%[12]。

虽然碲化镉和铜铟镓硒太阳电池在初始研究阶段均基于单晶材料，单晶碲化镉同质结太阳电池的研究也曾如火如荼，但是目前高效器件都是基于多晶薄膜异质结结构，其主要原因在于以下两点：其一，多晶薄膜太阳电池潜在的低能耗和低材料损耗，将明显降低光伏发电的成本；其二，异质结电池相较于同质结器件有更高的开路电压和光电转换效率。目前主流的高效铜铟镓硒和碲化镉太阳电池的吸收层分别为铜铟镓硒和碲化镉，它们都属于多晶半导体，因此本章将从多晶半导体的特点出发，讨论晶界的特性，介绍多晶化合物半导体材料的共同特点及其与太阳电池性能的关系，并据此给出多晶化合物半导体太阳电池的结构设计和性能优化原则。最后从碲化镉太阳电池和铜铟镓硒太阳电池的材料性质出发，介绍两种电池的器件结构设计和优化效果。

7.2 多晶半导体材料

如图 7-2 所示，多晶半导体材料是由晶向各异、任意排布的完整晶体——晶粒组成。铜铟镓硒或碲化镉多晶材料的晶粒尺寸通常约为 $1\sim3\mu m$，它们的能带结构和吸收系数 α 都与单晶半导体材料一样。不同之处在于多晶半导体材料中的载流子动力学特性如输运、复合等均受晶粒之间的界面影响。因此本节将介绍多晶半导体材料晶粒之间的界面，即晶界性质的相关知识，这将有助于理解多晶半导体太阳电池的设计原则。

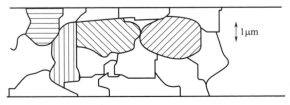

图 7-2　多晶半导体的晶粒和晶界

7.2.1 晶界

在本就容易产生缺陷的多晶半导体材料中，由于相邻晶界的晶向不同，在晶界上会形成更多的缺陷，如晶格位错、间隙原子和空位、非本征杂质等。晶界是不同晶粒的边界，原子层不规则，是非理想晶体，容易形成晶格位错。晶格位错会产生键角扭曲和键距扭曲。由于晶格位错产生的键角扭曲和键距扭曲如图7-3所示。在化合物半导体中，原子容易占据错误的晶格，形成间隙原子，间隙原子原来的晶格形成空位，空位的不饱和共价键具有受主掺杂的作用，而间隙原子的不饱和共价键具有施主掺杂的作用。成对出现的间隙原子和空隙称为弗伦克尔缺陷，没有

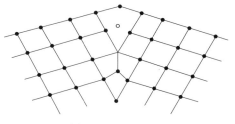

图 7-3　晶格位错

产生间隙原子的空位称为肖特基缺陷。此外，在生长多晶材料时，难免发生污染，引入其他原子，形成非本征杂质，非本征杂质容易聚集在晶界上。

多晶半导体材料中不同类型的缺陷都会引入缺陷态，这些局域态不满足晶体的对称性，在带隙内形成缺陷能级E_t。在带隙内接近导带底E_C的缺陷态会俘获电子，形成电子陷阱，具有受主特性；在带隙内接近价带顶E_V的缺陷态会俘获空穴，形成空穴陷阱，具有施主特性。如果陷阱缺陷在带隙中央，既能俘获电子，又能俘获空穴，而且不容易发生热激发，这样的缺陷态称为复合中心。

晶界的缺陷较多，在带隙内形成的缺陷态会俘获载流子，形成势垒，改变能带结构。掺杂半导体中，表面缺陷形成表面态，界面缺陷形成界面态。表面态和界面态都会俘获多数载流子，改变电场强度F，阻挡多数载流子的运动。多晶材料中晶界的情况类似于带有较多缺陷的表面或界面。假设多晶材料是n型半导体，缺陷能级E_t在带隙内均匀分布，从而中性能级φ_0在带隙中央，如图7-4所示。假设晶界是独立的，仅有中性能级以下的缺陷态被电子填满，n型半导体的电子费米能级E_{Fn}在中性能级φ_0以上。在热平衡状态，具有受主特性的缺陷态俘获了电子，晶界具有负电性，晶界两边各有一层被耗尽的正电荷分布，在n型半导体中形成很窄的空间电荷区。缺陷态在导带底E_C中形成了势垒，阻碍多数载流子电子的运动；缺陷态也在价带顶E_V中形成了势阱，吸引空穴，使晶界上的载流子复合概率增大。

图 7-4　n型多晶材料的晶界
（a）假设晶界独立；（b）热平衡状态的晶界

晶界电荷面密度（Sheet charge density on grain boundary，Q_{gb}，C/cm²）如式（7-1）所示，用于描述多晶材料上累积的负电荷：

$$-Q_{\mathrm{gb}} = -q \int_{\varphi_0}^{E_{\mathrm{C}}-E_{\mathrm{n}}-E_{\mathrm{B}}} g_{\mathrm{gb}}(E) \, \mathrm{d}E \qquad (7\text{-}1)$$

$$E_{\mathrm{B}} = q V_{\mathrm{bi}} \qquad (7\text{-}2)$$

$$E_{\mathrm{D}} = E_{\mathrm{C}} - E_{\mathrm{n}} \qquad (7\text{-}3)$$

式中，$g_{\mathrm{gb}}(E)$ 是晶界缺陷态密度，反映了单位晶界面积上单位能量的缺陷态数量，$\mathrm{cm}^2/\mathrm{eV}$；$E_{\mathrm{n}}$ 是 n 型半导体的施主电离能，描述了导带底 E_{C} 和施主能级 E_{D} 的能级差；E_{B} 是势垒高度，eV。势垒高度 E_{B} 和其引起的内建电压 V_{bi} 都可由泊松方程确定；晶界电荷面密度为 $-Q_{\mathrm{gb}}$，晶界旁很窄的空间电荷区带有正电荷 $+\frac{1}{2}Q_{\mathrm{gb}}$。

如果多晶材料是 p 型半导体，晶界的缺陷态俘获空穴，形成对多数载流子空穴的势垒，晶界带正电荷，而晶界旁的 p 型半导体被耗尽，带负电荷。

7.2.2 晶界对载流子输运的影响

在铜铟镓硒薄膜太阳电池或碲化镉薄膜太阳电池的 p-n 结中，窗口层的厚度与晶粒尺寸相近，如图 7-5 所示。p-n 结界面与电流 J 的方向垂直，而晶界的方向是随机的，不一定与电流 J 的方向一致。晶界具有的缺陷态会对载流子的输运产生影响，但其影响程度决定于晶界的方向。如果晶界方向与电流 J 的方向垂直，影响最大；而如果晶界与电流 J 的方向平行，影响最小。

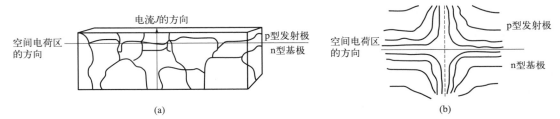

图 7-5　晶界对载流子输运的影响
(a) p-n 结中晶界的方向；(b) 在晶界与 p-n 结界面平行的情况下，电势形成的势垒

如果晶界方向垂直于电流 J 的方向，电流 J 横穿晶界，多数载流子受势垒的阻挡最大，限制了多数载流子的迁移率 μ_{n} 或 μ_{p}。而势垒驱动少数载流子在晶界发生复合，减小了少子扩散长度 L_{p} 或 L_{n}，也减小了少子寿命 τ_{p} 或 τ_{n}。

这些晶界的影响依赖于晶界缺陷态密度 $g_{\mathrm{gb}}(E)$、掺杂浓度 N_{D} 或 N_{A} 和光生载流子浓度 $n-n_0$ 或 $p-p_0$。通过建立简单的模型，可以得出以下结论[13-15]：

(1) 如果晶界的缺陷态增多，缺陷态密度 $g_{\mathrm{gb}}(E)$ 增大，晶界上累积的电荷 Q_{gb} 增大，从而势垒 E_{B} 升高，电导率 σ 减小，载流子的复合增加。

(2) 如果掺杂浓度 N_{D} 或 N_{A} 增大，那么势垒高度 E_{B} 升高。但是，当掺杂浓度 N_{D} 或 N_{A} 过大，晶界的缺陷态饱和，势垒高度 E_{B} 降低。

(3) 在光照下，光生载流子浓度 $n-n_0$ 或 $p-p_0$ 增大，晶界上累积的电荷 Q_{gb} 减小，从而势垒高度 E_{B} 减小。在聚光条件下，发生高注入，缺陷态的载流子复合出现饱和，电导率比较高，晶界对载流子输运的影响非常小。

如果晶界方向平行于电流 J 的方向，平行于晶界运动的多数载流子不会遇见势垒。而少数载流子仍然会被缺陷俘获，发生复合，从而降低载流子分离的效率。而且在这种情形下，虽然载流子输运受到的影响较小，但是施主或受主离子容易沿着晶界通过缺陷态从 n 型层向 p 型层扩散或者反之，形成分流路径。这些分流路径会减小器件的并联电阻 R_{sh}，降低器件性能。

7.2.3　晶界的耗尽层近似

　　采用耗尽层近似可以分析 p-n 结，也可以分析多晶半导体材料的晶界。耗尽层近似可以给出电阻率 ρ 对掺杂浓度 N_D 或 N_A、晶界缺陷态密度 $g_{gb}(E)$ 和入射光强 b_s 的依赖关系。如图 7-6 所示，在满足耗尽层近似的晶界一维理论模型中，晶界为 $x=0$ 的平面，具有一定的缺陷面密度 N_{def}^s，单位是 cm^{-2}。晶界两边的晶粒都是掺杂浓度为 N_D 的 n 型半导体，而邻近的晶界在 $x=\pm\dfrac{1}{2}d$ 处，d 是周期性晶粒尺寸（μm）。晶界的陷阱能级 E_t 是较窄的能带，E_t 比施主能级 $E_D=E_C-E_n$ 低。假设晶界是独立的，独立晶界的中性能级 φ_0 在电子费米能级 E_{Fn} 以下（图 7-4），在热平衡状态，n 型半导体中的电子被晶界的缺陷态俘获，在 $x=0$ 的晶界具有负电性，周围的 n 型薄层具有正电性，晶界的导带 E_C 形成势垒，价带 E_V 形成势阱，势垒高度为 E_B。

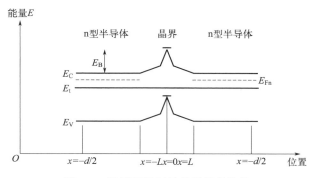

图 7-6　耗尽层近似的晶界能带结构

　　晶粒能带结构可以用一维函数 $E(x)$ 描述导带电子能量曲线，导带电子的能量曲线 $E(x)$ 与电势 $\phi(x)$ 具有如下关系：

$$E(x)=-q\phi(x) \tag{7-4}$$

在三维情况下，关于电势 ϕ 的泊松方程仍然为：

$$\nabla^2\phi=\frac{q}{\varepsilon_s}(-\rho_{fixed}+n-p) \tag{7-5}$$

根据耗尽层近似，晶界是耗尽的，没有自由载流子，但是晶界仍然是 n 型半导体，固定电荷密度 ρ_{fixed} 依赖于掺杂浓度 N_D：

$$n=p=0 \tag{7-6}$$

$$\rho_{fixed}=N_D \tag{7-7}$$

在一维情况下，将上两式代入泊松方程可得：

$$\frac{d^2\phi(x)}{dx^2}=-\frac{qN_D}{\varepsilon_s} \tag{7-8}$$

耗尽层近似认为，作为空间电荷区的晶界附近没有自由的载流子，$-L<x<L$ 的区域被耗尽，L 是晶界耗尽宽度（μm）。在空间电荷区的边界 $x=-L$ 和 $x=L$，内建电场 $F(x)$ 消

失，电势 $\phi(x)$ 具有柯西边界条件：

$$F(x) = -\frac{\mathrm{d}\phi(x)}{\mathrm{d}x} = 0, x = -L, L \tag{7-9}$$

根据柯西边界条件式(7-9)，求解二阶常微分方程式(7-8)：

$$\frac{\mathrm{d}\phi(x)}{\mathrm{d}x} = \frac{qN_D}{\varepsilon_s}(-L-x), -L \leqslant x < 0 \tag{7-10}$$

$$\frac{\mathrm{d}\phi(x)}{\mathrm{d}x} = \frac{qN_D}{\varepsilon_s}(L-x), 0 \leqslant x \leqslant L \tag{7-11}$$

由式(7-4)，关于电势 $\phi(x)$ 的方程式(7-10) 和式(7-11) 可以变换为关于导带电子能量曲线 $E(x)$ 的方程：

$$\frac{\mathrm{d}E(x)}{\mathrm{d}x} = \frac{q^2 N_D}{\varepsilon_s}(L+x), -L \leqslant x < 0 \tag{7-12}$$

$$\frac{\mathrm{d}E(x)}{\mathrm{d}x} = \frac{q^2 N_D}{\varepsilon_s}(-L+x), 0 \leqslant x \leqslant L \tag{7-13}$$

在空间电荷区的边界 $x = -L$ 和 $x = L$，导带电子能量曲线 $E(x)$ 满足狄利克雷边界条件：

$$E(x) = E(L), x = -L, L \tag{7-14}$$

根据狄里克雷边界条件式，求解一阶常微分方程式(7-12) 和式(7-13)：

$$E(x) = E(L) + \frac{q^2 N_D}{2\varepsilon_s}(L+x)^2, -L \leqslant x < 0 \tag{7-15}$$

$$E(x) = E(L) + \frac{q^2 N_D}{2\varepsilon_s}(L-x)^2, 0 \leqslant x \leqslant L \tag{7-16}$$

如果合并式(7-15) 和式(7-16)，得到耗尽层近似下描述晶界能带结构的导带电子能量曲线：

$$E(x) = E(L) + \frac{q^2 N_D}{2\varepsilon_s}(L - |x|)^2, -L \leqslant x \leqslant L \tag{7-17}$$

为了继续用耗尽层近似分析晶界，需要分两种情况讨论，见表 7-1。

表 7-1　耗尽层近似分析晶界的两种情况

情况	条件	晶粒	缺陷态	掺杂浓度和缺陷面密度
1	低掺杂	完全耗尽	完全填满	$N_D d < N_{\mathrm{def}}^s$
2	高掺杂或高注入	部分耗尽	部分填满	$N_D d > N_{\mathrm{def}}^s$

（1）低掺杂

在低掺杂情况下，$N_D d < N_{\mathrm{def}}^s$，晶粒完全耗尽，空间电荷区覆盖多晶的周期性晶粒。

$$L = \frac{d}{2} \tag{7-18}$$

将式(7-18) 代入耗尽近似的导带电子能量曲线 $E(x)$ 式(7-17)，得到势垒高度：

$$E_B = E(0) - E(L) = \frac{q^2 N_D d^2}{8\varepsilon_s} \tag{7-19}$$

在完全耗尽的晶粒中，费米能级 E_{Fn} 没有钉扎在施主能级 E_D 上，在晶粒的中间位置，发生费米能级下移（Δ，eV）：

$$\Delta \approx E_D - E_{Fn} \tag{7-20}$$

相对没有耗尽的 n 型半导体，导带 E 的电子浓度 n 减小为：

$$n \approx N_D \exp\left(-\frac{\Delta}{k_B T}\right) \tag{7-21}$$

为了得到费米能级下移 Δ 后的费米能级 E_{Fn}，需要讨论缺陷态的填充程度。被占据的缺陷态表面密度为：

$$N_D d = \sum_{traps, t} f_0(E_t, E_{Fn}, T) g_{gb}(E_t) \tag{7-22}$$

式中，$f_0(E_t, E_{Fn}, T)$ 是费米-狄拉克分布，满足：

$$f_0(E, E_F, T) = \frac{1}{\exp\left[(E - E_p)/k_B T\right] + 1} \tag{7-23}$$

晶界缺陷态状态密度 $g_{gb}(E)$ 是大小为缺陷面密度 N_{def}^s 的单位脉冲函数 δ：

$$g_{gb}(E) = N_{def}^s \delta(E - E_t) \tag{7-24}$$

假设自旋简并为 1，将式(7-23) 和式(7-24) 代入式(7-22)，被占据陷阱态的表面密度为：

$$N_D d = \frac{N_{def}^s}{\exp\left[(E_t - E_{Fn})/k_B T\right] + 1} \tag{7-25}$$

由式(7-25)，得到下移后的费米能级：

$$E_{Fn} = E_t - k_B T \ln\left(\frac{N_{def}^s}{N_D d} - 1\right) \tag{7-26}$$

费米能级 E_{Fn} 没有在施主能级 E_D 钉扎，而与陷阱能级 E_t 有关。

（2）高掺杂或高注入

在高掺杂或高注入情况下，$E_D d \gg N_{def}^s$，晶粒部分耗尽，缺陷态完全填满。

$$L = \frac{N_{def}^s}{2 N_D} < \frac{d}{2} \tag{7-27}$$

将式(7-24) 代入导带电子能量曲线 $E(x)$ 式(7-17)，得到势垒高度：

$$E_B = E(0) - E(L) = \frac{q^2 (N_{def}^s)2}{8 \varepsilon_s N_D} \tag{7-28}$$

高掺杂或高注入使晶粒中间具有没有耗尽的区域，导带电子能量曲线 $E(x)$ 没有发生弯曲，也没有费米能级下移 Δ，费米能级 E_{Fn} 钉扎在施主能级 E_D 上。

$$E_{Fn} = E_D \tag{7-29}$$

$$n = E_D \tag{7-30}$$

由式(7-19) 和式(7-28)，在晶粒完全耗尽情况下，$E_D d < N_{def}^s$，势垒高度 E_B 随掺杂浓度 N_D 递增；在晶粒部分耗尽情况下，$N_D d > N_{def}^s$，势垒高度 E_B 随掺杂浓度 N_D 递减；在 $N_D d = N_{def}^s$，势垒高度 E_B 达到最大值，如图 7-7 所示。

在晶粒完全耗尽和晶粒部分耗尽的两种情况下，n 型晶界具有不同的电荷分布、内建电场 F 和能带结构，如图 7-8 所示。晶粒完全耗尽的能带结构具有费米能级下移 Δ，而晶粒部分耗尽的能带结构具有费米能级的钉扎。

由式(7-17)、式(7-19) 和式(7-28)，用 MathCAD 软件也可以模拟掺杂浓度 N_D 对晶界势垒高度 E_B 和能带结构的影响，结果表明势垒高度 E_B 的最大值发生在 $N_D d = N_{def}^s$ 时。

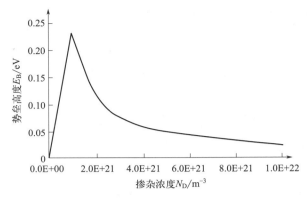

图 7-7　晶界势垒高度 E_B 与掺杂浓度 N_D 的关系

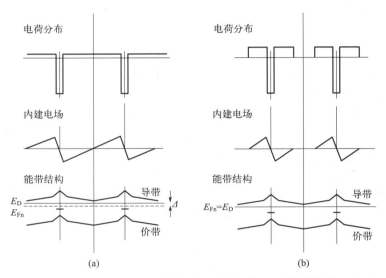

图 7-8　n 型晶界的电荷分布、内建电场 F 和能带结构
（a）晶粒完全耗尽；（b）晶粒部分耗尽

7.2.4　多数载流子的输运

描述多数载流子输运的物理量是电导率 σ 和迁移率 μ_n 或 μ_p。多晶半导体材料的电导率是单位外加电场强度 F 作用下，通过晶界的电流 J：

$$\sigma = \frac{J}{F} \tag{7-31}$$

n 型多晶半导体材料的多数载流子是电子，而电子迁移率 μ_n 是单个电荷的电导率：

$$\mu_n = \frac{\sigma}{q_n} \tag{7-32}$$

为了得到 n 型多晶半导体材料的电导率 σ 和电子迁移率 μ_n，需要先计算通过晶界的电流 J。

假设晶界平行于空间电荷区的方向，垂直于电流 J 的方向，电流 J 横穿晶界，多数载流子电子受势垒的阻挡较大，如图 7-9 所示。作用在晶界上的外加电场 F 是常数，周期性晶粒两端的功函数的梯度为：

$$\Phi\left(-\frac{d}{2}\right)-\Phi\left(\frac{d}{2}\right)=qFd \qquad (7\text{-}33)$$

根据量子力学，可以形成电流 J 的电子需要具有一定的动能（E_k，eV），发生隧道效应。在图 7-9 中，电子由右向左贯穿势垒 E_B 比较容易，需要的动能为：

$$E_k \geqslant E_B - qFd \qquad (7\text{-}34)$$

而电子由左向右贯穿势垒 E_B 更加困难，需要的动能为：

$$E_k \geqslant E_B \qquad (7\text{-}35)$$

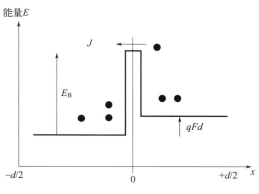

图 7-9　外加电场 F 下通过晶界的电流 J

根据统计力学，具有动能 E_k 的电子满足一维的麦克斯韦速度分布。由式（7-34）和式（7-35），在外加电场 F 下，向右穿过晶界的净电流为：

$$J = qnv\exp(-E_B/k_BT)\left[\exp(qFd/k_BT)-1\right] \qquad (7\text{-}36)$$

$$v=\left(\frac{k_BT}{2\pi m_C^*}\right)^{\frac{1}{2}} \qquad (7\text{-}37)$$

式中，v 是 x 方向电子的速度；m_C^* 是导带的电子有效质量。

因为 $Fd < k_BT/q$，根据指数函数的幂级数展开，式（7-36）成为：

$$J=\frac{q^2nvFd}{k_BT}\exp(-E_B/k_BT) \qquad (7\text{-}38)$$

由式（7-31）和式（7-38），多数载流子电子穿过晶界的电导率 σ 为：

$$\sigma=\frac{q^2nvd}{k_BT}\exp(-E_B/k_BT) \qquad (7\text{-}39)$$

由式（7-32）和式（7-39），多晶半导体材料的电子迁移率 μ_n 为：

$$\mu_n=\frac{qvd}{k_BT}\exp(-E_B/k_BT) \qquad (7\text{-}40)$$

式（7-32）和式（7-40）表明，电导率 σ 通过势垒高度 E_B 和电子浓度 n 依赖于掺杂浓度 N_D 和缺陷面密度 N_{def}^s，而电子迁移率 μ_n 仅通过势垒高度 E_B 依赖于掺杂浓度 N_D 和缺陷面密度 N_{def}^s。显然，当势垒高度 E_B 增大时，电子迁移率 μ_n 减小。为了准确地描述电导率 σ，还需要讨论电子浓度 n。

在轻掺杂的非简并条件下，晶粒内的电子浓度为：

$$n=\frac{2}{d}\int_0^{\frac{d}{2}}N_C\exp\{[E_F-E_C(x)]/k_BT\}\,\mathrm{d}x \qquad (7\text{-}41)$$

由式（7-17）和式（7-41），在晶粒完全耗尽和部分耗尽两种情况下，电子浓度分别为：

$$n\approx n_i\exp[(E_B+E_F)/k_BT],\ N_Dd\ll N_{def}^s \qquad (7\text{-}42)$$

$$n\approx N_D,\ N_Dd\gg N_{def}^s \qquad (7\text{-}43)$$

多晶半导体材料中电阻率 p 对掺杂浓度 N_D 的依赖关系可以通过模拟计算得到，作为比较的理想单晶没有势垒，$E_B=0$。多晶半导体材料的各参数为：缺陷面密度 $N_{def}^s=10^{15}\ \mathrm{m}^{-2}$，周期性晶界尺寸 $d=1\mu m$，半导体介电系数 $\varepsilon_s=10\ \varepsilon_0$。当掺杂浓度较小，$N_Dd < N_{def}^s$，多晶半导体材料的电导率 σ 较小，电阻率 ρ 较大，对掺杂浓度 N_D 的变化不敏感。由式（7-39）和

式(7-42)，电导率 σ 不依赖于势垒高度 E_B，几乎是一个与掺杂浓度 N_D 无关的常数。当掺杂浓度较大，$N_D d > N_{def}^s$，电导率 σ 随掺杂浓度 N_D 递增，电阻率 ρ 随掺杂浓度 N_D 递减。由式(7-28) 和图 7-7，势垒高度 E_B 随掺杂浓度 N_D 递减，掺杂浓度 N_D 过高会使势垒高度 $E_B \rightarrow 0$。再由式(7-39)，电导率 σ 与势垒高度 E_B 的变化趋势相反，而电阻率 ρ 与势垒高度 E_B 的变化趋势一致。在高掺杂情况下，势垒高度 $E_B \rightarrow 0$，电导率 σ 和电阻率 ρ 接近单晶的情况。如图 7-10 所示。

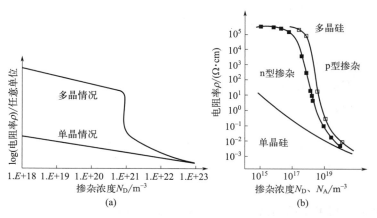

图 7-10 半导体材料电阻率与掺杂浓度的关系

为了优化多晶半导体材料多数载流子的输运，提高电导率 σ 和迁移率 μ_n，需要提高掺杂浓度 N_D、N_A。但是，过高的掺杂浓度 N_A 或 N_D 会增加少数载流子在晶界的复合，影响少数载流子的输运。所以，用 CIGS 或 CdTe 制备薄膜太阳电池时，需要将掺杂浓度 N_D 或 N_A 控制在适当范围。

7.2.5 光照的影响

对多晶半导体材料的光照会影响载流子浓度 n、p 和势垒高度 E_B，从而改变晶界的能带结构。类似于对体内复合的分析，也可以得到晶界中电子浓度 n 在准热平衡状态下的统计分布。对晶界的一个特定缺陷能级 E_t，缺陷分布函数 f_t 可以描述陷阱态被占据的比例。晶界的陷阱分布函数为：

$$f_t = \frac{S_n n - S_p p_t}{S_n(n + n_t) + S_p(p + p_t)} \tag{7-44}$$

式中，n 和 p 分别是晶界的电子浓度和空穴浓度；n_t 是电子缺陷系数；p_t 是空穴缺陷系数；S_n 是晶界的电子表面复合速度；S_p 是晶界的空穴表面复合速度。

如果入射光强 b_s 增加，n 型晶界的电子浓度 n 和空穴浓度 p 都增加，但是少数载流子空穴的浓度 p 增加得更多。由式(7-44)，即使电子浓度 n 和空穴浓度 p 增加相同比例，缺陷分布函数 f_t 也会减小。这意味着更少的缺陷态被占据，其原因是晶界更加容易俘获空穴。更多的载流子复合减小了载流子浓度 n、p，减小了晶界耗尽宽度 L，也减小了势垒高度 E_B，如图 7-11 所示。

如果入射光强 b_s 足够大，少数载流子空穴的准费米能级低于陷阱能级 $E_{Fp} < E_t$，那么空穴浓度大于空穴陷阱系数，$p > p_t$，晶界耗尽宽度 L 减小，势垒高度 E_B 降低，光照的作用比较明显，见表 7-2。当足够的光照使势垒高度 E_B 降低，多数载流子电子的迁移率 μ_n 和

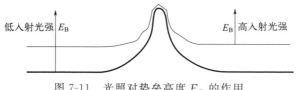

图 7-11 光照对势垒高度 E_B 的作用

电导率 σ 都会增加。在多晶半导体材料中，迁移率 μ_n、电导率 σ 对入射光的依赖关系是常见的现象。

表 7-2 光照的作用

入射光强 b_s	空穴准费米能级和陷阱能级	空穴浓度和空穴陷阱系数	势垒高度 E_B	光照的作用
低	$E_{Fp} > E_t$	$p < p_t$	几乎不变	不明显
高	$E_{Fp} < E_t$	$p > p_t$	降低	明显

7.2.6 少数载流子的输运

少数载流子的复合是影响晶界中少数载流子输运的最重要因素，而晶界复合类似于表面复合。晶界复合电流（J_{gb}，A/cm^2）是单位电荷 q 和晶界复合通量（$U_{gb}\delta x$，cm^2/s）的乘积：

$$J_{gb} = qU_{gb}\delta x = \frac{q(np - n_i^2)}{\dfrac{1}{S_n}(p + p_t) + \dfrac{1}{S_p}(n + n_t)} \tag{7-45}$$

式中，n 和 p 分别是晶界的电子浓度和空穴浓度；U_{gb} 是晶界复合率（cm^{-3}s^{-1}）。在晶界上形成的空间电荷区中，电子浓度 n 比体内的值低 $\exp(-E_B/k_BT)$，而空穴浓度 p 比体内的值高 $\exp(-E_B/k_BT)$，晶界复合率 U_{gb} 随少子浓度 p 的增加而增加，表面复合率 U_s 不再简单与过剩少子浓度 $n - n_0$ 或 $p - p_0$ 成正比。但是，仍然可以用晶界复合速度（S_{gb}，cm/s）描述晶界复合程度：

$$S_{gb} = -\frac{J_{gb}}{q[p(L) - p_0]} = -\frac{J_p(L)}{q[p(L) - p_0]} \tag{7-46}$$

式中，L 是晶界耗尽宽度；p_0 是热平衡状态的空穴浓度；负号表明晶界复合引起的空穴电流 $J_p(L)$ 方向为 $-x$。

在没有光照的情况下，晶界处于热平衡状态，由式(7-46)，晶界复合电流 $J_{gb} = 0$，没有晶界复合。但是，入射光减少了自由的载流子，减小了晶界耗尽宽度 L，降低了势垒高度 E_B。当入射光强 b_s 足够大，空穴浓度超过空穴陷阱系数，$p > p_t$，由式(7-46)，晶界复合速度 S_{gb} 减小。一般用晶界少子寿命（τ_{gb}，s）描述晶界复合，而晶界复合和其他主要的复合机理共同决定了多晶半导体材料的少数载流子输运。由式(7-46)，晶界少数载流子发生晶界复合的概率为：

$$\frac{1}{\tau_{gb}} = \frac{|J_{gb}|}{qL[p(L) - p_0]} = \frac{S_{gb}}{L} \tag{7-47}$$

对 n 型多晶半导体材料，少子寿命需要修正为：

$$\frac{1}{\tau_p} = \frac{1}{\tau_{rad}} + \frac{1}{\tau_{Aug}} + \frac{1}{\tau_{trap}^p} + \frac{1}{\tau_{gb}} \tag{7-48}$$

空穴扩散长度仍为：

$$L_p = \sqrt{\tau_p D_p} \qquad (7\text{-}49)$$

在一些情况下，晶界复合比较明显，对少数载流子输运的影响较大：

① 低掺杂，掺杂浓度 N_D 较低；

② 高晶界缺陷，缺陷面密度 N_{def}^s 较高；

③ 低光照，入射光强 b_s 较低。

这些情况下的晶界复合速度 S_{gb}、空穴寿命 τ_p 和空穴扩散长度 L_p 依赖于电压 V 和入射光强 b_s。当入射光强 b_s 足够大，空穴扩散长度 L_p 达到饱和。对 $N_A < 10^{17} \mathrm{cm}^{-3}$ 的低掺杂多晶半导体材料，入射光强对晶界复合的影响较明显，较低的入射光强具有较大的晶界复合和较小的少子扩散长度；较高的入射光强具有较低的晶界复合和较大的少子扩散长度，而过高的入射光则不会再增加少子扩散长度，出现饱和。

7.2.7 晶界效应

如果用多晶半导体材料制备太阳电池，晶界效应会对伏安特性 $J(V)$ 产生一定的影响：

① 晶界效应会减小多数载流子的迁移率 μ_n、μ_p，因此会增加串联电阻 R_s。

② 晶界效应也会增加少数载流子的复合，减小少子寿命 τ_n、τ_p，从而增加暗电流 J_{dark}。当晶界缺陷 N_{def}^s 足够高，发生晶界复合的空间电荷区中，电子浓度和空穴浓度相当，$n \approx p$，所以空间电荷区电流 J_{scr}（式 7-50）是主要的暗电流 J_{dark} 形式，修正肖克莱方程的理想因子 $m=2$。

$$J_{scr}(V) = J_{scr}^0 \left[\exp\left(\frac{qV}{2k_B T}\right) - 1 \right] \qquad (7\text{-}50)$$

在多晶半导体材料中，少子寿命 τ_n、τ_p 和少子扩散长度 L_n、L_p 都依赖于载流子浓度 n、p，从而暗电流 J_{dark} 依赖于入射光强 b_s，光生电流 J 依赖于电压 V，并且偏离短路电流 J_{sc}。

如果不能较好地控制晶界效应，理想二极管模型式（式 7-51）并不成立[16]。

$$J(V) = J_{sc} - J_0 \left[\exp\left(\frac{qV}{K_B T_a}\right) - 1 \right] \qquad (7\text{-}51)$$

另一个影响伏安特性 $J(V)$ 的载流子复合问题是异质结的界面引起的，将在下文中继续讨论。

7.3 多晶异质结薄膜太阳电池的设计原则

异质结太阳电池的光电转换效率与各功能层单层膜的性质及电池参数密切相关。电池参数是指能带结构、掺杂特性、薄膜厚度及其他相关参数。当然这些电池参数也决定了器件的能级分布。在这一节，将基于理论计算或数值模拟得到的器件参数进行结构设计，从而得出异质结电池的设计原则。

对于异质结来说，特定的能带结构将影响载流子的复合。界面处费米能级的位置会影响界面复合；内建电场的强度会影响空间电荷区复合；能带梯度则会影响准中性区的复合；内建电场和膜厚则会影响背表面的复合。界面处费米能级的位置虽然会带来载流子的复合并对器件的性能产生严重的负面影响，但即使是在界面态大量存在的前提下，也可以通过精细的调控和设计尽可能地避免载流子的复合损失。为了最大限度地减小复合损失从而优化电池性能，器件的能级设计至关重要。因此，本部分将会从几个方面来讨论异质结的能带结构设计，见表7-3。器件模拟会从最简单的吸收层/窗口层异质结结构切入，之后逐步引入其他参数，从而给出最终的"理想"器件结构概念。

表 7-3   异质结太阳电池结构相关参数及设计原则[17]

参数	主要影响	原则
吸收层禁带宽度	光生电流的产生、$E_{Fn}-E_{Fp}$ 的最大分裂	$1eV < E_{g,a} < 1.6eV$
能带结构	界面复合	$\Delta E_C \geqslant 0$
窗口层掺杂	界面复合、光学损失	$N_{D,w} \gg N_{A,a}$
费米能级钉扎	界面复合	无钉扎
吸收层掺杂	收集长度、复合位置、界面复合	$10^{15} < N_{A,a} < 10^{17} \, cm^{-3}$
晶界	有效扩散长度、饱和电流	$S_{n0,p0,gb} \leqslant 10^3 \, cm \, s^{-1}$ 无平行于空间电荷区的晶界
背接触势垒	阻抗、复合速率	$\phi_b^p < 0.3eV$
缓冲层厚度	光电流、光学反射	d_b 最小
前表面带隙梯度	界面复合	$E_{g,IF} > E_{g,a}$，$d_{min,front}$ 最小
后表面带隙梯度	体复合、后表面复合复合	$d_{min} = f(d'_a)$

在正式引入异质结太阳电池设计原则之前，先就本章模拟相关的基本物理概念做一简要介绍。

图 7-12 给出了半导体的能带示意图，非平衡态非均匀半导体的价带顶 E_V、导带底 E_C，半导体内部不设置真空能级，参考能级 $E=0$，在异质结能带结构中，假设所有半导体的导带顶均为 0，将使用 ΔE_C 和 ΔE_V 的理论计算值或实测结果来描述异质结界面处的能带不连续。对于参考能级，静电势 ϕ 同样也不确定，因此在能带图中仅涉及因空间电荷区或外电场引入电势 $-q\phi$ 的变化 $-q\mathrm{d}\phi/\mathrm{d}z$。

如图 7-12 所示的非平衡态半导体中各载流子有各自的准费米能级，电子和空穴在化学势作用下的准费米能级分别为：

$$E_{Fn} = -q\phi + \zeta'_n \tag{7-52}$$

$$E_{Fp} = -q\phi - \zeta'_p \tag{7-53}$$

由图 7-12 可知，ζ'_n 和 ζ'_p 分别是电子和空穴的化学势，假设化学势与带边相关，电子和空穴化学势的减少量为 ζ_n 和 ζ_p，在非简并半导体中，$-\zeta_n$ 和 $-\zeta_p$ 大于 $3kT$，电子和空穴化学势的减少量 ζ_n 和 ζ_p 可表示为 $\zeta_n = kt\ln\{n/N_C\}$ 和 $\zeta_p = kt\ln\{p/N_V\}$，因此化学势的减少量决定于电子和空穴的粒子数密度 n、p 及导带与价带的态密度 N_C 和 N_V。还有一部分与态密度无关的化学势减少 ζ_{n0} 和 ζ_{p0}，如下式所示：

$$\zeta_n = \zeta'_n - \zeta_{n0} \tag{7-54}$$

$$\zeta_p = \zeta'_p - \zeta_{p0} \tag{7-55}$$

这部分与态密度无关的化学势减少 ζ_{n0} 和 ζ_{p0} 表示为电子亲和势，如图 7-12 中箭头方向所示（向下代表能量为负值，反之则为正值），化学势减少 ζ_n 和 ζ_p 为负值，E_n 和 E_p 分别为半导体的导带底 E_C 与电子的费米能级 E_{Fn} 及空穴的费米能级 E_{Fp} 与半导体的价带顶 E_V

之间的能量差，即 $E_n = -\zeta_n$ 和 $E_p = -\zeta_p$。

一般来说半导体内部的杂质密度为 N_d，其电子跃迁能标记为 E_d，而 E_D 和 E_A 则分别指代施主和受主的电子跃迁。例如，一个施主态的电子跃迁能用以描述当施主从 D^0 变为 D^+ 时费米能级的位置，因而准费米能级可表述为：

$$E_{Fn}(z) = -q\phi(z) - \chi(z) - E_n(z) \tag{7-56}$$

$$E_{Fp}(z) = -q\phi(z) - \chi(z) - E_g(z) + E_p(z) \tag{7-57}$$

其中 z 为如图 7-12 左下角所示的空间坐标。

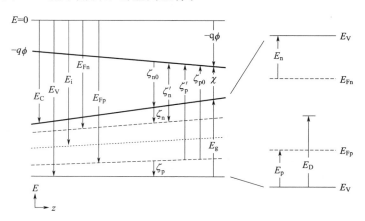

图 7-12　处于非平衡态半导体的能带结构
（可变的电子亲和势和禁带宽度代表不同的半导体）

电子和空穴的载流子输运方程分别为：

$$J_n(z) = \mu_n n(z) \frac{dE_{Fn}(z)}{dz} \tag{7-58}$$

$$J_p(z) = \mu_p p(z) \frac{dE_{Fp}(z)}{dz} \tag{7-59}$$

其中电子和空穴的电流密度 $J_n(z)$ 和 $J_p(z)$ 的单位为 A/cm^2，n、p 分别为电子和空穴的载流子浓度，μ_n 和 μ_p 是电子和空穴迁移率。

图 7-12 给出了本书的符号规则，根据 z 的坐标方向，$\frac{dE_{Fn}(z)}{dz}$ 和 $\frac{dE_{Fp}(z)}{dz}$ 都为正，因此电流密度 J_n 和 J_p 为正。电子将向 E_{Fn} 更小的方向（左边）移动而空穴则向 E_{Fp} 更大的方向（右边）移动，总电流密度 $J(z) = J_n(z) + J_p(z)$ 为正，在图 7-12 中由左向右流动。

一般来说，太阳电池由背接触（bc）、吸收层（a）、缓冲层（b）、窗口层（w）及前接触（fc）组成，每层之间均有一个界面（IF）。此处以最简单的半导体吸收层（a）和窗口层（w）的接触为例，在已知能带偏移 ΔE_C 和 ΔE_V 及吸收层和窗口层的平衡态费米能级位置 $E_{p,a}$ 和 $E_{n,w}$ 的前提下，能带图的形成过程如图 7-13 所示：（1）接触之前两个半导体的 E_C、E_V、E_F 及能级位置；（2）费米能级拉平，在远离 p-n 结的位置，两个半导体的 E_C 和 E_V 保持初始值；（3）能级偏移程度取决于两个半导体的掺杂浓度。如果 n 型半导体掺杂浓度远高于 p 型半导体，则 ΔE_C 更靠近费米能级，反之如果 p 型半导体具有更高的掺杂浓度，则 ΔE_V 更靠近费米能级；如果两个半导体掺杂浓度接近，那么 ΔE_C 和 ΔE_V 与费米能级之间的距离相同；（4）对于 p 型半导体，带状边缘连接是凸形的，而 n 型半导体带边是凹型，可先画出与多数载流子相关的 p 型半导体的导带和 n 型半导体的价带。

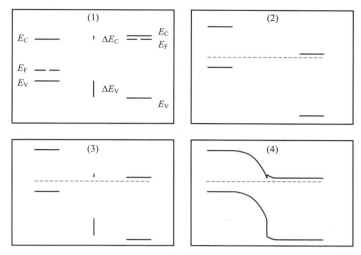

图 7-13　异质结形成过程

该过程也可以扩展到三种半导体接触的异质结中。图 7-14(a) 展示了三种半导体和两种金属接触前的能带图。这里假设每个半导体的有效状态密度、掺杂密度、静态介电常数、带隙和电子亲和力方面都是均匀的。本章内容中对于能带偏移的讨论使用如下符号定义规则：带隙差 $\Delta E_g = E_g^l - E_g^s$，价带差 $\Delta E_V = E_V^s - E_V^l$，导带差 $\Delta E_C = E_C^l - E_C^s$，其中上角标 l 和 s 分别代表界面两侧半导体能隙的"大"和"小"。界面处带隙差也可由式(7-60) 表示：

$$\Delta E_g = \Delta E_C + \Delta E_V \tag{7-60}$$

由此可以定义能带偏移的"正"和"负"：如果载流子必须耗费动能来克服从小带隙到大带隙半导体的势垒，则能带偏移为正；反之，能带偏移为负时，载流子获得动能。

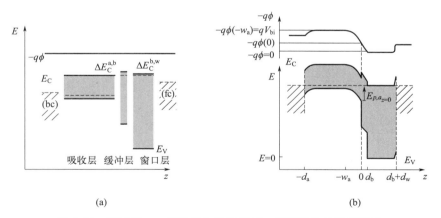

图 7-14　窗口层 w、缓冲层 b 及吸收层 a 的接触及异质结形成

(a) 接触之前带边位置为实验或理论偏移量，三种材料的静电势相同而费米能级各异；

(b) 接触后形成了导带偏移及能带不连续，不同半导体的接触引起载流子迁移，

使得费米能级达到平衡态。(由于异质结界面处不存在电偶极子，因而界面处电势是连续的)

如图 7-14 所示，由于材料具有不同的费米能级，为形成平衡态，载流子需在转移途中经过各个新形成的界面。从窗口层到前接触层的电子将形成一个仅具有隧穿长度的狭窄耗尽

区；从缓冲层到窗口层及从缓冲层到吸收层的电子使得缓冲层完全耗尽；从吸收层到缓冲层的空穴在吸收层形成耗尽区；从吸收层到背接触层的空穴形成背面能带弯曲，能带弯曲过大则会形成二极管电流势垒。

另外，在本章能带图中，默认太阳光从右边入射，如图 7-13 和图 7-14 所示，窗口层在右，吸收层在左，此时依据二极管方程，在正向偏压下二极管的电流为正，光电流为负；而且可以定义电流的方向，在能带图中从左向右流动的电流可称之为"正电流"。此外，图 7-14 还直观展示了两个半导体接触前后的能级排列、各功能层的设置及重要参数，如吸收层中空穴化学势的减小 $E_{\mathrm{p},a_{z=0}}$ 等。下文中关于太阳电池设计原则的讨论便是基于本部分内容约定的器件模拟设置展开的。

7.3.1 吸收层禁带宽度

吸收层的禁带宽度决定了异质结太阳电池的最大短路电流密度。短路电流密度将随吸收层禁带宽度的降低而增大，而开路电压则会减小。在不考虑窗口层光学吸收损失时，SQ 极限和 SCR 复合情形下太阳电池理论效率如图 7-15 所示。由图可知，吸收层禁带宽度为 1.15 和 1.35eV 时 $\eta(E_{\mathrm{g}})$ 都接近极大值。考虑到 AM1.5G 下在估算半导体吸收边时的波动误差，理想最大光电转换效率对应的禁带宽度在 1.4eV 左右。AM0 光谱的 $\eta(E_{\mathrm{g}})$ 曲线则表明禁带宽度为 1.3eV 的电池效率为最高。在 SCR 复合极限条件下，$\eta(E_{\mathrm{g}})$ 曲线形状则会发生变化：效率极大值位于更高禁带宽度处，这是由于开路电压 $V_{\mathrm{oc}} = \dfrac{E_{\mathrm{a}}}{q} + \dfrac{AkT}{q}\ln\left[\dfrac{-J_{\mathrm{sc}}\eta(V_{\mathrm{oc}})}{J_0}\right]$ 中

$\dfrac{AkT}{q}\ln\left(\dfrac{-J_{\mathrm{sc}}}{J_0}\right)$ 的变化导致更大的开路电压 V_{oc} 损失，暗饱和电流密度 J_0 随电场强度 F_{m} 的减小而增大，而吸收层内的电场强度则与 $\sqrt{V_{\mathrm{bi}}}$ 成正比，SCR 复合极限条件下，禁带宽度越小，暗饱和电流密度 J_0 越大。因此对于电学性质较差的吸收层材料，其最佳禁带宽度值要比高质量半导体材料的更高。据此得出：

原则 1：单结电池的吸收层禁带宽度（$E_{\mathrm{g},a}$）应符合如下条件：1eV<$E_{\mathrm{g},a}$<1.6eV。

这里需要明确，这个原则是基于不考虑窗口层的光吸收和电学损失情形下提出的。在太阳电池器件制备过程中，如果对光生电流 J_{gen} 有贡献的实际波长范围变小，效率最大值就会移到更小的带隙值。

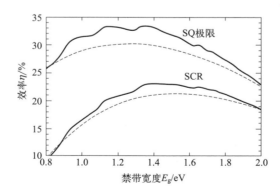

图 7-15　SQ 极限和 SCR 复合情形下电池效率随吸收层禁带宽度变化曲线
（实线表示 AM1.5G，虚线代表 AM0）

7.3.2　能级排列

异质结的能级排列决定于界面处的价带和导带台阶，对于由既定材料构成的异质结构来说是固定不变的。理论上来讲，只有界面偶极子才会改变能带台阶。但对于碲化镉和铜铟镓硒等硫族化合物而言，对界面处偶极子这一概念的研究和认知仍较为有限[18]。因此下文中关于偶极子的内容将基于其他异质结构来进行建模和讨论。

对于吸收层/窗口层异质结构而言，假设窗口层是高掺杂的 n 型半导体 $N_{D \cdot w} = 10^{18} \, \mathrm{cm}^{-3}$（下角标 w 代表窗口层 window layer），吸收层为 $N_{A \cdot a} = 10^{16} \, \mathrm{cm}^{-3}$ 的 p 型掺杂层（下角标 a 代表吸收层 absorption layer），窗口层和吸收层之间的界面态位于界面能带的中间，也就是 $+E_{V \cdot a}/2$ 处，同时界面处存在载流子复合。位于导带底的电子可以和价带顶的空穴发生复合。界面性质决定于标称界面复合速率 $S = S_{n0, p0} = N_{IF} \sigma_{n, p} v_{n, p}$，其中 N_{IF} 为界面态密度，$\sigma_{n, p}$ 为电子或空穴的俘获截面，$v_{n, p}$ 为电子或空穴的热运动速率，并假设界面态为电中性且不会对能带结构产生影响。

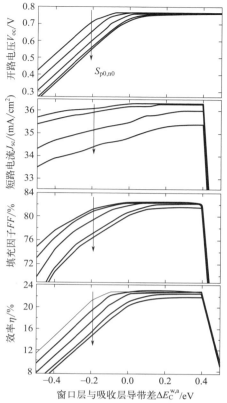

图 7-16　吸收层/窗口层异质结结构
太阳电池的光伏参数随窗口层与
吸收层导带差 $\Delta E_C^{w \cdot a}$ 变化的模拟结果
（界面复合速率 $S_{n0, p0} = 10^3 \, \mathrm{cm/s}$、$10^4 \, \mathrm{cm/s}$、
$10^5 \, \mathrm{cm/s}$、$10^6 \, \mathrm{cm/s}$ 和 $10^7 \, \mathrm{cm/s}$）
图中箭头代表复合速率由低到高。

由图 7-16 可知，当复合速率 $S_{n0, p0} = 10^3 \, \mathrm{cm/s}$ 时，$\Delta E_C^{w \cdot a}$ 处于 $-0.2 \mathrm{eV} < \Delta E_C^{w \cdot a} < 0.4 \mathrm{eV}$ 范围时，电池效率可达 20% 以上，在此范围内，ΔE_C 对电池性能影响很小。而当 $\Delta E_C^{w \cdot a} > 0.4 \mathrm{eV}$ 时，J_{sc} 和 FF 显著降低。随复合速率 $S_{n0, p0}$ 的增大，ΔE_C 对电池性的影响逐步增加了。但是，即使当复合速率 $S_{n0, p0}$ 高达 $10^7 \, \mathrm{cm/s}$，在 $0.1 \mathrm{eV} < \Delta E_C^{w \cdot a} < 0.4 \mathrm{eV}$ 范围内，电池开路电压仍与复合速率 $S_{n0, p0}$ 无关，此时短路电流密度有略微减小。在此能带台阶范围内，光生电子可以通过高缺陷浓度的吸收层/窗口层界面且不发生明显的界面复合。这一现象可通过载流子浓度 n 和 $p(\Delta E_C^{w \cdot a})$ 来进行解释，如图 7-17(b) 所示。

界面态与吸收层和窗口层的导带及价带有关，因此界面态的占据也与这四个带的载流子浓度密切相关。根据图 7-17(b)，界面电子浓度高于任意 ΔE_C 处的空穴浓度。当 ΔE_C 为正值时，占据界面缺陷的主要是吸收层表面的电子。因此，界面处占据了表面缺陷态的载流子为电子，亦即电子为多数载流子。因而，界面复合便取决于吸收层表面的自由空穴浓度。当 $\Delta E_C^{w \cdot a} > 0$ 时，空穴浓度在 0 偏压和 0.7V 正向偏压下均较小。这便是此时开路电压 V_{oc} 和短路电流密度 J_{sc} 大的根本原因。

根据界面复合的饱和电流密度 $J_0 = q N_{V \cdot a} S_{p0} \exp \left\{ -\dfrac{E_{p \cdot a_{z=0}}}{kT} \right\}$，吸收层中空穴化学势的减小 $E_{p \cdot a_{z=0}}$ 对应于空穴势垒 ϕ_b^p，较大的 $E_{p \cdot a_{z=0}}$ 值对应于较小 J_0。而 ΔE_C 不小于 0 时，$E_{p \cdot a_{z=0}}$ 较大，此时界面饱和电流密度 J_0 可以忽略不计。因此，可以通过提高 $N_{D \cdot w}/N_{A \cdot a}$ 掺杂浓度来

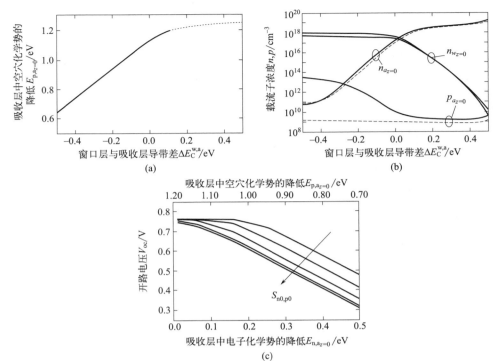

图 7-17　窗口层/吸收层的能带结构与载流子及器件性能的理论计算结果

（a）吸收层中空穴化学势的降低 $E_{p,a_{z=0}}$ 随导带能级差 $\Delta E_C^{w,a}$ 变化的理论计算值；（b）AM1.5G 光谱照射下

吸收层/窗口层界面两边的载流子浓度（虚线表示器件无外加偏压，实线为器件处于 0.7V 正向偏压，

此时界面复合速率 $S_{n0,p0}$ 为 10cm/s）；（c）开路电压 V_{oc} 与复合速率 $S_{n0,p0}$ 的关系曲线

（$S_{n0,p0} = 10^3 cm/s$、$10^4 cm/s$、$10^5 cm/s$、$10^6 cm/s$、$10^7 cm/s$）

进行能带调制从而抑制或消除载流子的界面复合。由此得到电池设计的第二条原则：

　　原则 2：吸收层内空穴化学势的减小 $E_{p,a_{z=0}}$ 应约等于吸收层带隙 $E_{g,a}$。此时吸收层体内的多数载流子为界面处的少数载流子，称为吸收层表面"倒置"。

7.3.3　窗口层掺杂

　　由 7.3.2 小节的讨论可知，$\Delta E_C \geqslant 0$ 可减小界面载流子复合，因此在下文讨论中，设 $\Delta E_C = 0$。根据吸收层空穴平衡态费米能级 $E_{p,a_{z=0}}(V)$ 与窗口层掺杂浓度 $N_{D,w}$ 之间的关系 $E_{p,a_{z=0}}(V) = E_{p,a} + \dfrac{q(V_{bi}-V)\varepsilon_w N_{D,w}}{\varepsilon_a N_{A,a} + \varepsilon_w N_{D,w}}$，以 n 型窗口层/p 型吸收层结构为例，假设窗口层与吸收层导带偏移 $\Delta E_C^{w,a} = 0$，无界面载流子且吸收层掺杂浓度 $N_{A,a} = 10^{16} cm^{-3}$，通过变换窗口层掺杂浓度 $N_{D,w}$（$10^{15} \sim 10^{18} cm^{-3}$）调节 $E_{p,a_{z=0}}$ 并模拟不同界面复合速率 $S_{n0,p0}$ 下器件的光伏参数，结果表明当复合速率较低时，能带弯曲无论发生在窗口层（$E_{p,a_{z=0}} < 0.6 eV$）或是吸收层（$E_{p,a_{z=0}} > 0.6 eV$），都对器件的开路电压 V_{oc}、短路电流密度 J_{sc} 及填充因子 FF 没有影响；随着界面复合速率的增大，能带弯曲发生的位置对太阳电池器件性能的影响开始变得越来越显著。当界面复合速率 $S_{n0,p0}$ 增加到 $10^4 cm/s$ 时，开路电压 V_{oc} 在 $E_{p,a_{z=0}} = 0.6 eV$ 时最小，且随界面复合速率 $S_{n0,p0}$ 的增大进一步减小，因而在以上条件下电池的光电转换效率也最小。而对于短路电流密度 J_{sc} 而言，在仅有吸收层发生能带弯曲（$E_{p,a_{z=0}} >$

$E_{g,a}$）的情形下，界面复合速率几乎对 J_{sc} 不产生影响，而如果能带弯曲发生在窗口层（$E_{p,a_{z=0}} > E_{g,a}$），J_{sc} 随复合速率的变化导致在 $E_{p,a_{z=0}} = E_{g,a}$ 两侧不对称，因而效率曲线也不对称。为获得更高光电转换效率，内建电场应尽可能位于吸收层中。即使在界面复合速率很高（$S_{n0,p0} = 10^7 \text{cm/s}$）的情况下，只要 $E_{p,a_{z=0}} \approx E_{g,a}$，太阳电池的光电转换效率仍然可以很高。在不考虑费米能级钉扎时，如果吸收层完全"倒置"，多数载流子电子到达界面处时，可同时增大正向偏压下的二极管电流和 0 偏压时的光电流。在完全"倒置"的吸收层中，电子的复合决定于空穴浓度。如不考虑费米能级钉扎，高掺杂的吸收层/窗口层可实现吸收层表面的"倒置"。因此有：

原则 3：为了实现吸收层表面的"倒置"，应提高窗口层与吸收层之间的掺杂浓度比。

在吸收层/窗口层异质结构太阳电池中，J_0 的激活能与吸收层禁带宽度相对应。掺杂浓度仅影响二极管理想因子：当 $E_{p,a_{z=0}}$ 从约等于 $E_{g,a}$ 减小到 $E_{p,a_{z=0}} = E_{g,a}/2$，二极管理想因子 A 从 2 降到 1。理论上来讲，这一规律对吸收层/缓冲层/窗口层结构的太阳电池器件同样适用。

作为太阳电池的前电极，窗口层应当高度掺杂。为了满足面电导率 $5\Omega/\square$ 和典型迁移率 $40\text{cm}^2 \cdot V^{-1} \cdot s^{-1}$，窗口层的掺杂浓度应当在 10^{20}cm^{-3} 量级，因此在接下来的模拟讨论中，将窗口层的掺杂浓度设置为 $N_{D,w} = 10^{20}\text{cm}^{-3}$。

7.3.4 费米能级钉扎

前述讨论均假设界面处费米能级仅决定于吸收层和窗口层的掺杂浓度，但其实界面电荷对界面处的费米能级也会产生不可忽视的影响，当界面电荷足够大时，窗口层和吸收层之间的掺杂浓度将不再改变 $E_{p,a_{z=0}}$，这个现象被称作费米能级钉扎。这里以吸收层/窗口层界面的两种界面态为例进行说明。呈电中性的界面态会导致载流子的复合，而带电界面态则会引起费米能级钉扎。截至目前，多晶薄膜太阳电池的制备工艺尚无法实现通过控制界面态密度对费米能级钉扎进行调制，期待未来材料制备技术的进步和工艺的迭代升级以尽早实现材料及界面性质的精细调控。

费米能级钉扎的太阳电池器件光伏参数变化规律和图 7-17 所示相同，界面复合速率较高时，吸收层费米能级 $E_{p,a_{z=0}}$ 越小，开路电压越小。对开路电压的数值模拟结果表明：在相同空穴势垒情况下，吸收层表面费米能级的形成方式决定了器件的开路电压；相比吸收层/窗口层掺杂，发生费米能级钉扎的太阳电池开路电压更低。这一现象背后的物理机制是正向偏压下的压降不同，当发生费米能级钉扎时，正向偏压对于减小的空穴势垒而言是一个恒量。但在费米能级无钉扎时，正向偏压的施加同时减小了空穴势垒和电子势垒，其结果是空穴势垒的实际减小值更小。因此，在费米能级钉扎时，一定正向偏压下增大界面复合的"元凶"——界面空穴浓度则更高，从而导致相同情况下太阳电池器件的开路电压更低。因此高效太阳电池的第四个设计原则为：

原则 4：无费米能级钉扎。

7.3.5 吸收层掺杂

前几个小节的模拟结果表明吸收层表面"倒置"要求吸收层的掺杂浓度远小于窗口层。然而，若想进一步提升器件性能，需要对吸收层的掺杂有更具体的要求。因为吸收层的掺杂浓度决定了：（1）吸收层中空间电荷区和准中性区的间接复合速率；（2）空间电荷区的隧穿复合概率；（3）光生载流子的收集效率；（4）俄歇复合概率。

下文涉及的理论模拟条件为：吸收层/窗口层异质结结构电池，吸收层的掺杂浓度满足 $10^{14}\,cm^{-3} < N_{A,a} < 10^{18}\,cm^{-3}$，窗口层掺杂浓度设置为 $10^{20}\,cm^{-3}$。忽略高掺杂浓度下的带隙变窄、假设少子寿命不受掺杂浓度影响以及 100% 的掺杂效率——空穴浓度 p $= N_A$；吸收层的载流子寿命 $\tau_{n0,p0} = 0.1$、10、1000ns。在此情况下，高的吸收层掺杂浓度和零导带偏移确保不存在界面复合和费米能级钉扎。不考虑俄歇复合时，吸收层掺杂浓度每增加一个数量级，则吸收层/窗口层异质结结构电池的开路电压 V_{oc} 增大约 60mV。而当考虑加入隧穿复合和俄歇复合的影响时，假设俄歇系数 $C_P = 10^{-28}\,cm^6/s$，隧穿量为 $0.1 \times m_e$[19]，此时隧穿电场强度 $F_\Gamma = 2.4 \times 10^5\,V/cm$。开路电压在掺杂浓度 $N_{A,a} = 10^{17}\,cm^{-3}$ 时最高。当 $\tau_{n0,p0} = 0.1ns$ 和 10ns 时，V_{oc} 随掺杂浓度的降低而降低的原因在于隧穿增强了载流子复合，而此时俄歇复合的影响可以忽略不计。$\tau_{n0,p0} = 1\mu s$ 时，由于俄歇复合的影响开路电压随掺杂浓度增加而减小，此时隧穿复合可忽略不计。因此对于吸收层的掺杂浓度，有：

原则 5：在异质结太阳电池中，吸收层的掺杂浓度不应超过 $N_{A,a} = 10^{17}\,cm^{-3}$；唯有在载流子寿命超过 10ns 的器件中，可以选择掺杂浓度低于 $N_{A,a} = 10^{15}\,cm^{-3}$ 的材料作为吸收层。

在考虑了俄歇复合和隧穿复合速率较高的情况下，原则 5 中提出的掺杂浓度极限 $N_{A,a} = 10^{17}\,cm^{-3}$ 还是比较保守，此时忽略了带隙变窄效应。高掺杂浓度确实会降低器件的开路电压 V_{oc}，但是短路电流密度 J_{sc} 会增大。该原则仅适于禁带宽度范围 $1eV < E_g < 1.7eV$ 的太阳电池吸收层材料。当耗尽区深能级缺陷发生电离时，器件的能带结构也会随之改变。在 p 型吸收层中，受主型深能级缺陷态的电离会增加空间电荷从而增大内建电场的强度以及能带弯曲。在这种情况下应用原则 5 时，应同时考虑受主型深能级缺陷的影响。若这些深能级缺陷引入晶格松弛，他们可能会被电子占据从而导致亚稳效应，因此在下文中吸收层掺杂浓度选用 $N_{A,a} = 10^{16}\,cm^{-3}$。

7.3.6 吸收层厚度

吸收层厚度可在如下所述几个方面影响器件性能，当吸收层厚度减小时：

① 收集长度减小，器件短路电流密度降低；

② 背接触复合增大；

③ 复合区域的宽度减小，开路电压增大；

④ 存在反射率较高的背接触层时，由于局部载流子产生速率增大导致开路电压增大。

在碲化镉和铜铟镓硒太阳电池的制备过程中，将吸收层厚度降到最低有两个好处：减小载流子的复合损失和降低材料和生产成本。在器件模拟中，先设置一个较厚吸收层的电池器件，其性能由吸收层的体性质和界面性质共同决定。逐渐减小吸收层厚度可找到一个不损失光电流且在背接触处有最小载流子复合的厚度值。

碲化镉和铜铟镓硒的典型吸收系数为 $\alpha_0 = 10^4\,cm^{-1}$，其极限厚度为 $1/\alpha = 1\mu m$[20-22]。通过吸收层厚度及背接触载流子复合对器件性能影响的模拟，结果表明当太阳电池的吸收层厚度小于 $1\mu m$ 时，其短路电流密度随之降低，这是由吸收层材料的吸收系数决定的。为了保证太阳电池效率，当减小吸收层厚度时，应当增强背接触反射并减小背接触复合损失，此时，背接触/吸收层界面相应的陷光结构、梯度带隙或背表面场的设计等对于降低由光学、复合引入的能量损失是十分必要的。

7.3.7 晶界

在单晶材料半导体太阳电池的设计中，一般认为吸收层/窗口层界面处的复合速率要高于吸收层内部，这同样适用于吸收层/背接触层界面。在多晶半导体吸收层材料中，某些晶界处的复合速率要高于晶粒内部，此类晶界也有可能荷电并引起能带弯曲。

根据晶界与主结的相对位置，晶界分为垂直于主结和平行于主结两种，晶界对载流子复合的影响可用标称晶界复合速率 $V_{n,p} = N_{gb}\sigma_{n,p}S_{n0,p0,gb}$ 来表示。其中 N_{gb} 为界面载流子浓度，$\sigma_{n,p}$ 为电子或空穴的俘获截面，$S_{n0,p0,gb}$ 为电子或空穴的复合速率。通过模拟距离主结 z_{gb}、平行于主结的二维晶界对器件性能影响，发现短路电流密度仅受空间电荷区内平行晶界的影响，且当晶界荷电时会增大界面复合速率从而降低器件性能。因此有如下原则：

原则6：应尽量避免空间电荷区出现横向晶界。

而对于纵向晶界，在吸收层晶粒尺寸为 $1\mu m$ 的太阳电池器件的二维模拟结果表明，当其穿过空间电荷区时，开路电压和填充因子受到的影响会比短路电流密度的大。复合速率较高时，器件的效率损失主要来自于开路电压和填充因子。对于吸收层晶粒尺寸为 $1\mu m$ 左右、载流子寿命 $\tau_{n0,p0} = 0.2ns$ 的器件而言，唯有纵向晶界复合速率需低于 $S_{gb} = 10^3 cm/s$ 才不会影响光电转换效率。

由此得出异质结薄膜太阳电池的另一个设计原则：

原则7：吸收层晶粒尺寸为 $1\mu m$ 的太阳电池晶界复合速率不应大于等效体复合速率。

7.3.8 背接触势垒

在吸收层的背表面，由于费米能级钉扎或者吸收层与背接触层的特殊能级排列，可能会形成接触势垒。因此，理论上我们应该考虑的是一个高度为 ϕ_b^p 的肖特基结，p代表空穴势垒。在等效电路里，由于不会影响主结，背接触势垒可被认为是一个与主结相反的背接触二极管。光生电流流过背接触二极管形成正向多数载流子电流。背接触二极管需要正向偏置电压才能允许光电流通过，这一偏压由主结提供。模拟结果表明，当吸收层掺杂浓度在一定范围内时，背接触势垒高度范围在 $\phi_b^p < 0.3eV$ 时应不会对太阳电池性能产生显著的影响。背接触势垒高度对器件性能的影响还应考虑吸收层的禁带宽度，理论上来讲，禁带宽度更大的吸收层对于背接触势垒的容忍度应该更高。器件模拟结果也证实了这样的趋势：禁带宽度越大，背接触势垒高度引起的效率减小值越小。但是器件光电转换效率随背接触势垒高度的变化趋势对于不同禁带宽度吸收层的太阳电池而言都是类似的。因此可以得出：

原则8：背接触势垒高度不宜超过0.3eV。

7.3.9 缓冲层厚度

对于铜铟镓硒或碲化镉太阳电池，窗口层可以是单层薄膜材料，也可以是两种或两种以上不同材料组成的多层复合薄膜，典型结构为由掺杂和不掺杂的两种透明氧化物薄膜构成。缓冲层可以起到调节窗口层和吸收层材料吸收系数，增大对入射光吸收效率的作用，在折射率分别为 n_w 和 n_a 的窗口层/吸收层间添加的缓冲层对波长范围介于 $\lambda_{Eg,w}$ 和 $\lambda_{Eg,a}$ 入射光的折射率若满足 $n_w < n_b < n_a$，则可以减小入射光的反射损失、增大器件对入射光的吸收。如果缓冲层的禁带宽度 $E_{g,b}$ 小于窗口层的禁带宽度（$E_{g,a} < E_{g,b} < E_{g,w}$），则缓冲层会吸收 $\lambda_{Eg,w}$ 和 $\lambda_{Eg,a}$ 波长

范围内的光子从而造成收集效率的降低。根据 $J_{ph}(V) = -q \int_{-d_a}^{d_e} G(z) \eta_c(z, V) \mathrm{d}z$，收集效率 $\eta_{c(z)}$ 的损失会导致光电流的降低。假设载流子的复合都发生在缓冲层内部或在吸收层/缓冲层界面处，载流子的复合损失将正比于缓冲层厚度。因此，在确保缓冲层的表面钝化、扩散势垒的形成等性质的前提下，应尽可能减小其厚度。Orgassa 等人以 $CuIn_{0.7}Ga_{0.3}Se_2/CdS/ZnO$ 为例模拟了缓冲层厚度对电流密度损失的影响情况[23]，从器件整体性能来看，厚度不超过 40nm 的缓冲层基本不会引入明显的光学损失。

7.3.10　前表面梯度带隙

提出前表面梯度带隙设计的目的在于在不损失器件短路电流密度的前提下尽量提高开路电压。增加器件内载流子复合速率最大位置的禁带宽度可以增大太阳电池的开路电压。在开路电压受限于界面复合的异质结薄膜电池中，通过模拟前表面梯度带隙最小值位置 d_{min} 对器件性能的影响，发现器件性能随 d_{min} 的增大而减小，d_{min} 的典型值为数十纳米。由此可得：

原则 9：为了部分或全部减小界面复合对器件性能的负面影响，可通过降低价带边（$\Delta E_{V,front} < 0$）来增大吸收层带隙，$\Delta E_{V,front} < 0$ 的范围应保持在载流子可隧穿的宽度。

7.3.11　背表面梯度带隙

背表面梯度带隙设计的目的在于减小短路电流损失及减小二极管电流。背面梯度带隙的设计可降低载流子的体复合和背表面复合概率。通过模拟不同吸收层厚度的异质结太阳电池随后界面梯度带隙最小值位置 $d_{min,back}$ 变化的性能，提出了对厚吸收层异质结太阳电池背表面梯度带隙的设计原则：

原则 10：当器件效率受限于载流子的体复合时，带隙梯度应拓展到准中性区。

原则 11：对于受限于背表面复合的太阳电池而言，背表面带隙梯度应当约束在吸收层近背表面的范围之内。

7.4　碲化镉的性质

7.4.1　碲化镉的物理性质

碲化镉是一种 II-VI 族化合物半导体，外观呈黑色，密度为 $5.87g \cdot cm^3$，属于立方晶体结构，如图 7-18 所示。碲化镉的常温蒸气压基本为零，当温度高于 400℃ 时发生升华。CdTe 不溶于水，物理性质较单质镉和其他含镉化合物更稳定。

碲化镉的熔点为 1098℃，单质碲和单质镉的熔点分别为 449.5℃ 和 321℃，远低于碲化镉；加上碲化镉的高热稳定性（气化过程中除了碲和镉之外无其他反应物生成）和低饱和蒸气压（多余的碲单质或镉单质会在碲化镉的生成过程中先行气化）使得碲化镉的工艺窗口较宽，易于制得具有理想化学配比的碲化镉薄膜。碲化镉薄膜的常规制备方法包括近空间升华法、气相输运沉积、磁控溅射，另外也可通过金属有机化学气相沉积、电沉积、印刷法等制得。近空间升华法的优势在于制备速度快、杂质含量低、薄膜晶粒尺寸较大，但由于生长速度过快薄膜较难减薄、晶界处易形成漏电通道从而影响器件性能；气相输运法的优点在于可自动加料、成膜均匀；而磁控溅射法虽然对衬底的加热温度要求较低，但成膜晶粒尺寸小、

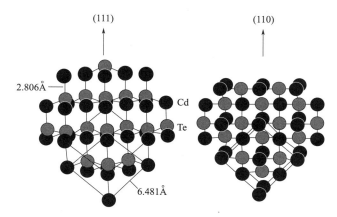

图 7-18　碲化镉材料的晶体结构

膜内应力大、缺陷浓度高。

碲化镉的禁带宽度为 1.5eV，是直接带隙半导体，对可见光的吸收系数高达 $10^4 cm^{-1}$，$1\mu m$ 厚的碲化镉便可吸收 90% 以上的可见光。碲化镉的电子亲和势为 4.28eV，导带电子的有效质量为 $0.096m_0$，迁移率 $500 \sim 1000 cm^2/(V \cdot s)$。价带空穴的有效质量为 $0.35m_0$，碲化镉太阳电池的理论转换效率可达 29%，目前实验室小面积电池的最高效率为 22.6%。

由于碲化镉材料对可见光的高吸收系数，理论上 $1 \sim 2\mu m$ 厚的碲化镉薄膜便可吸收足够的太阳光用于光电转换。而在实际实验中，碲化镉吸收层的典型厚度为 $3 \sim 5\mu m$。这是由于在当前工艺水平下碲化镉薄膜的减薄会引起较大的旁路电阻和漏电通道的增加，导致器件性能的下降。为了优化碲化镉的结晶性能，制备过程中氯化镉退火处理是必不可少的。碲化镉在含氯气氛中的热处理过程可以促使碲化镉重结晶、减少晶粒内部缺陷，同时可以使碲化镉的 (111) 择优取向转为趋向各向均匀。因而经氯化镉处理后，碲化镉太阳电池的性能会得到显著提升。

7.4.2　碲化镉的电学性质

碲化镉内部存在大量的本征缺陷和外来缺陷，其能级位置如图 7-19 所示。其中，本征缺陷包括空位缺陷 V_{Cd}、V_{Te}，占位缺陷 Cd_i、Te_i 和替代缺陷 Cl_{Te}、Cu_i、Na_i、Cu_{Cd}、Na_{Cd}、Sb_{Te} 等；其中最常见的是 V_{Cd}-Cl_{Te} 复合缺陷。V_{Cd}-Cl_{Te} 复合缺陷便是在如前所述的氯化镉退火处理过程中形成的，主要对碲化镉材料起到 p 型掺杂的效果。另外一种常见缺陷是与铜相关的缺陷，包括 Cu_i、Cu_{Cd}、Cu_i-V_{Cd} 和 Cu_{Cd}-Cl_{Te}。Cu_i 是浅能级 n 型缺陷，可以被施主补偿缺陷平衡，因此它基本不对电池性能产生影响。但是 Cu_{Cd} 和 Cu_i-V_{Cd} 是深能级缺陷，极可能会形成有效的复合中心，从而影响载流子的寿命和迁移率。Cu_{Cd} 的形成能为 1.31eV，比 V_{Cd}（2.67eV）和 Cu_i（2.19eV）的都小，非常容易在碲化镉材料中形成。Cu_{Cd}-Cl_{Te} 是浅能级 p 型缺陷，可以对碲化镉进行 p 型掺杂，也能抑制 Cu_{Cd} 和 Cu_i-V_{Cd} 这两种深能级缺陷的影响。此外，V_{Te}、Te_i 等深能级缺陷位于能带中央，大概率会作为复合中心对电池性能产生有害影响。而类似 Cd_i 等受主补偿缺陷的存在会补偿浅能级受主形成的空穴，导致碲化镉材料很难实现高 p 掺杂，因此碲化镉的空穴浓度一般在 $10^{13} \sim 10^{14} cm^{-3}$ 的水平，与理论计算预测的空穴载流子浓度最优值（$10^{15} \sim 10^{17} cm^{-3}$）存在较大差距。

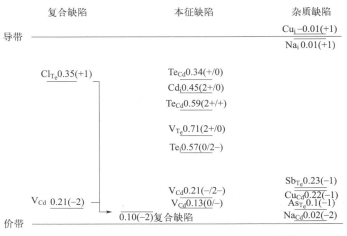

复合缺陷	本征缺陷	杂质缺陷

导带 ——————————————————————— $Cu_i\,0.01(+1)$
————————————————————————————— $Na_i\,0.01(+1)$

$Cl_{Te}\,0.35(+1)$ ┐ $Te_{Cd}\,0.34(+/0)$
  ┆ $Cd_i\,0.45(2+/0)$
  ┆ $\overline{Te_{Cd}\,0.59(2+/+)}$

  $\overline{V_{Te}\,0.71(2+/0)}$
  $Te_i\,0.57(0/2-)$

  $V_{Cd}\,0.21(-/2-)$ $Sb_{Te}\,0.23(-1)$
$V_{Cd}\,0.21(-2)$ ┐ $V_{Cd}\,0.13(0/-)$ $\overline{Cu_{Cd}\,0.22(-1)}$
  ┆ $\overline{As_{Te}\,0.1(-1)}$
价带 ———— ↓ $\overline{0.10(-2)\text{复合缺陷}}$ $Na_{Cd}\,0.02(-2)$

图 7-19 碲化镉中的缺陷类型及其能级位置[24]

7.5 碲化镉太阳电池的设计

碲化镉太阳电池一般为上衬底型（Superstrate type），其典型结构如图 7-20 所示。从受光面开始，包括透明衬底、透明导电氧化物（TCO）前电极层、缓冲层、窗口层、吸收层和背接触层及背电极。CdTe 电池的 p-n 结主要在 CdTe 吸收层和 CdS 之间形成，然而电池的性能还需要考虑一些其他的复杂因素。例如为了减少 CdS 吸收引起的电流损失需要减薄其厚度，同时为了维持良好的结特性需要在 CdS/TCO 之间插入一层高阻氧化物，以弥补由于 CdS 的不连续性导致的局部结场减弱；CdTe 多晶层质量和结晶质的提高需要在 $CdCl_2$ 和有氧的气氛中热处理，这个工艺同时又会导致 CdS 和 CdTe 之间的互扩散，消耗掉一部分甚至全部 CdS 层；CdTe 与背接触层之间的势垒及其对电池性能的影响等。下面将结合碲化镉太阳电池的结构设计优化对以上问题进行详细阐述。

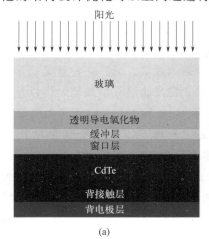

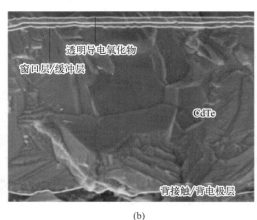

(a)   (b)

图 7-20 碲化镉太阳电池结构

（a）典型结构；（b）电池截面

TCO 作为 CdTe 薄膜太阳电池的前电极，需要具备较高的光学透过率以保证高的光电流，同时其应具有低的电阻率以确保电池的低串联电阻；需在透过率和电阻率之间找到平衡。此外，TCO 还应具有高的热稳定性和化学稳定性以保证在后续高温和腐蚀性气氛中保持物理性质稳定，同时 TCO 的热膨胀系数应与透明衬底相匹配，在整个器件制备过程中均保持良好的附着力。目前常用的 TCO 包括 ITO（In_2O_3：Sn）、AZO（ZnO：Al）、FTO（SnO_2：F）等，ITO 一般通过磁控溅射法制得，In 在高温处理中会扩散到 CdS/CdTe 层，形成并引入 n 型 CdTe；而 AZO 由不同种类的含有 ZnO 和 Al 的靶溅射而成，其中 Al 在 ZnO 薄膜中作为施主，该种薄膜在 CdTe 薄膜生长过程中（大于 550℃）会由于热应力而掺杂失效。如果采用下衬底结构（Substrate type），即在衬底上顺次沉积背接触层、CdTe、CdS、TCO，这样便可以规避 ITO、AZO 等的热不稳定性对器件性能带来的负面影响。但截至目前此类下衬底结构的电池效率并不高，主要是因为高品质的 CdS/CdTe 结以及与碲化镉形成良好欧姆接触的背接触层在下衬底结构中都难以获得。目前下衬底结构主要用于金属箔作为衬底的柔性碲化镉太阳电池中，由于金属钼和碲化镉之间不会形成高的势垒[25]，目前使用较广泛；不锈钢金属箔也可用于下衬底结构的碲化镉太阳电池衬底，但因为串联电阻过大，电池效率较低[26,27]。另外，金属箔衬底表面过于粗糙，除了难以彻底清洗残留在表面的颗粒脱落会导致电池短路之外，还会严重影响到薄膜在其表面的附着力。鉴于此，目前碲化镉太阳电池大多用二氧化锡掺氟（FTO）作为衬底并采用上衬底结构，FTO 的掺杂浓度和电子迁移率也都符合异质结太阳电池设计原则的基本要求。

7.5.1　窗口层设计

如前所述，截至目前高效的 CdTe 太阳电池都采用异质结结构，其中窗口层指前电极/窗口层，前电极和窗口层本身可能也是由多层薄膜构成的。可用作 CdTe 太阳电池窗口层材料的有 CdS、ZnSe、ZnS、$ZnCd_{1-x}S_x$ 及 $Zn_xMg_{1-x}O$（ZMO）等。表 7-4 中列出了候选窗口层材料的性质，不难看出，CdS 仍然是高效 CdTe 器件的首选。稳定的 CdS 六方相结构与 CdTe 立方相之间的晶格失配是 9.8%，在几种适合的窗口层材料中是最小的。然而其带隙只有 2.42eV，也是最小的。普遍认为，CdS 中产生的光生载流子会全部复合而不能被电池收集，这主要是由于 CdS 的载流子寿命短或界面复合速度高所致。因此为了减少电池的蓝光损失，需要尽量减小 CdS 窗口层的厚度，使得能量高于其带隙的大部分光子也能透过并到达 CdTe 吸收层，从而产生更大的光电流。为解决在尽可能减薄硫化镉厚度的同时保证成膜均匀性这一矛盾，在 TCO 和窗口层之间引入了缓冲层。缓冲层的首要作用是改善窗口层的附着性，使得对 CdTe 吸收层的 $CdCl_2$ 退火可以在更高温度下进行，从而使得器件获得更高的填充因子和开路电压；此外，缓冲层的另一个作用是阻挡衬底中的杂质（如钠钙玻璃中的钠）扩散到功能层中引起器件性能下降。缓冲层需要具备高透过率、一定电阻率、很低的表面粗糙度及与 TCO 和窗口层匹配的热膨胀系数。常见的缓冲层材料包括锡酸锌、锡酸镉、二氧化锡等的其中一种或几种的复合薄膜。

表 7-4　可用作碲化镉太阳电池窗口层的材料[28]

缓冲层材料	E_g/eV	与 CdTe 的晶格失配系数①/%
CdS	2.42	9.8
ZnSe	2.69	12.6

缓冲层材料	E_g /eV	与 CdTe 的晶格失配系数[①]/%
ZnS	3.79	16.6
$Zn_xCd_{1-x}S$	2.42~3.70	9.8~12.6

① 晶格失配系数=$d_{底层}/d_{覆盖层}-1$，其中纤锌矿结构取 (001) 晶向，$d_{wz}=a$；面心闪锌矿结构取 (111)，$d_{xb}=a/\sqrt{2}$。

　　由于高效 CdTe 电池需要进行 $CdCl_2$ 处理过程，高温退火处理过程中 CdS 和 CdTe 之间会发生互扩散，特别是沿着晶界的 S 元素会扩散得更快[29,30]。如果 CdS 厚度不够，在部分区域 CdS 可能被完全消耗，导致吸收层和 TCO 直接接触从而形成器件内的旁路通道，反映在器件性能参数上即是开路电压和填充因子的降低[31]。因此不同工艺制备 CdS 都有一个厚度下限，低于这个厚度，电池的效率会迅速下降，在 CdTe 沉积过程中适当提供 O，或 $CdCl_2$ 处理前对 CdS/CdTe 结构做加热处理，都有助于抑制 S 的扩散[32]。理论上这个多晶薄膜光伏器件等效于众多极性方向一致、并联的微型光电二极管，而局部 CdS 耗尽的区域会形成相对更弱的二极管，在与周围正常的 CdS/CdTe 结并联情况下，处于同样偏压条件的这些弱二极管可能处于正向导通状态而大量消耗电池产生的光生电流，这是导致电池开压和填充因子降低的内在原因。

7.5.2　窗口层/吸收层界面

　　考虑 CdS(001) 与 CdTe(111) 晶面之间的晶格关系，计算得到晶格失配系数为 9.8%（表 7-4）。这可以产生非常高的界面缺陷态密度。因此，有观点认为高温 $CdCl_2$ 处理时发生的 CdS、CdTe 之间互扩散有助于降低界面缺陷态密度。另外，在温度高于 350℃的有 O_2 气氛中 $CdCl_2$ 处理时发生 CdS 和 CdTe 的互扩散会形成 $CdTe_{1-x}S_x$ 和 $CdS_{1-y}Te_y$ 合金，它们也会直接影响电池性能。B. McCandless 等采用 XRD 研究了 400~700℃的 CdTe-CdS 伪二元体系相图，发现在 $CdCl_2$:O_2:Ar 气氛下加热足够长时间，CdTe 和 CdS 的混溶物有固定的混溶度间隙[33]。CdTe 扩散进入 CdS 形成的 $CdS_{1-y}Te_y$ 会降低窗口层在 500~650nm 的透过率，而 CdS 扩散进入 CdTe 形成的 $CdTe_{1-x}S_x$ 则会造成 CdTe 吸收边红移，同时消耗 CdS 的厚度还可增加电池对波长小于 510nm 光子的收集。这些都有助于提升电池短路电流密度。另外，也有研究表明在 CdTe 表面沉积 CdS，即使没有进行 $CdCl_2$ 处理和 S 扩散的情况下载流子寿命也会增加，因此 CdS 窗口层可能还起到了 CdTe 表面钝化的作用[34]。

　　在 CdTe 太阳电池中，除了通过异质结之间互扩散来钝化异质结界面，还可以通过界面能带修饰降低界面载流子复合速率。与 CdTe 形成异质结时，通过与 CdTe 导带形成一个较小的"尖峰"可有效抑制界面处载流子复合速率。在 CdS 溅射过程中引入 O_2，通过在沉积过程中形成 $CdSO_x$ 以调控 CdS:O 薄膜中电子亲和势[35]，同时增大其禁带宽度（约 2.8eV），可以有效提高器件的开路电压，这也是目前制备高效 CdTe 太阳电池主要缓冲层之一[36-38]。在 ZMO 中通过调控 Mg 含量可以有效调控其电子亲和势，当 Mg 含量在 23% 时（E_g 约 3.6eV）[39]，在与 CdTe 接触形成异质结时，在导带形成一个小的"尖峰"（0.2eV），可以有效降低异质结界面处载流子复合速率，提高器件转换效率[40]。但是 ZMO 容易与 O_2 发生反应，即使在室温下置于空气中，其内部载流子浓度也会随暴露时间的增加而降低[41]，极大降低 ZMO 与 CdTe 异质结的内建电势，削弱载流子在器件内部的输运，严重降低器件的转换效率[42]。因此采用 ZMO 作为器件的缓冲层时，既要保证合适 Mg 含量实现能带调制的同时，也要有较高的载流子浓度，在与 CdTe 接触形成的异质结有较强的内建电势促进载流子输运。O 空位是 ZMO 中主要的浅施主缺陷，通过对 ZMO 进行真空原位退火，可在不改变 ZMO 电子亲和势的同时，增大 ZMO 内部 O 空位浓度，进而增大其中载流子浓度，有助其与 CdTe 形成一个较强的异质结，提高器件转换效率[43]；也可在 ZMO/CdTe 异质结之间插入 CdS 层，用以增强异质结内建电势，促进载流子输运[44]。因此在使用 ZMO 作为缓冲层时，由于其化学性质不稳定，在后续 CdTe 沉积与退火工艺中要严格控制 O_2 氛围的引入[41,42,45]，因此在采用 ZMO 作为 CdTe 太阳电池缓冲层中，关键是解决稳定的 ZMO 的制备工艺与 CdTe 制备工艺间兼容性难题。

7.5.3　吸收层掺杂及设计优化

$CdCl_2$ 退火处理是实现高效 CdTe 太阳电池中关键的一步，通过高分辨的 TEM 发现 Cl 会在 CdTe 晶界处富集，第一性原理计算表明在 $\Sigma 3$ 晶界处形成 Cl_{Te} 和 Cl_i 缺陷可以显著抑制晶界处带隙态的形成，从而降低晶界处载流子复合，提高载流子寿命。$CdCl_2$ 退火处理不仅可以钝化 CdTe 晶粒与晶界处的缺陷，提高载流子扩散长度和荧光强度，同时可以在过程中促进 CdTe 晶粒融合长大，减少薄膜内部晶界数量，提高 CdTe 载流子寿命。由于 Cl_{Te} 替位缺陷和 Cl_{Te}-V_{Cd} 复合缺陷会在 CdTe 内部以浅施主缺陷稳定存在，因此虽然在多晶 CdTe 中引入 Cl 可以钝化晶界，但是同时由于补偿效应也会降低 CdTe 内部空穴浓度。目前对于 $CdCl_2$ 退火处理对 CdTe 的影响仍在继续探究。

由于 CdTe 内部较短的载流子寿命，仅依赖载流子扩散很难完成对光生载流子的收集，在内建电场作用下，载流子可以发生漂移进而提高光生载流子的收集。考虑缓冲层为 n^+ 层，CdTe 层内部较低的载流子浓度（约 $10^{14} cm^{-3}$）是内建电势和开路电压的关键限制因素，根据 7.3.5 小节，优化器件性能的其中一个方向便是增大吸收层的载流子浓度。对于 CdTe 而言，采用 I 族元素替代其中的阳离子、采用 V 族元素代替阴离子均可在 CdTe 内部引入受主类型的缺陷。在 CdTe 中主要的受主掺杂元素是 Cu，因此 Cu 单质、CuCl、$CuCl_2$、Cu_2S 等均可作为掺杂剂，通过形成 Cu_{Cd} 替位缺陷提高 CdTe 内部载流子浓度，同时也应该严格控制 Cu 的掺杂量以免引入过多的非辐射复合，降低载流子寿命。虽然通过 As、P、Sb 等可以对多晶 CdTe 薄膜进行掺杂，实现约 $10^{16} cm^{-3}$ 的载流子浓度，但是由于 CdTe 内部较低少子寿命，器件的开路电压并没有因为载流子浓度的增大而提高，反而会略微降低。在单晶 CdTe 生长过程中，通过在原料中引入 P 对 CdTe 进行掺杂，结果表明，即使在 CdS/CdTe 界面的互扩散不明显的前提下，通过提高 CdTe 吸收层中载流子浓度到约 $10^{16} cm^{-3}$，内部少子寿命可达 400ns，开路电压可达到 1.017V[46]。目前多晶 CdTe 太阳电池的开路电压仍然保持在 870mV 左右，虽然有个别多晶 CdTe 器件的开路电压达到 900mV，但是器件短路电流密度只有 $11.24 mA/cm^2$，器件的整体转换效率只有 14.81%[47]。因此实现高载流子浓度的同时，提高 CdTe 内部的载流子寿命是提高 CdTe 太阳电池开路电压的关键。

CdTe 的禁带宽度约 1.50eV，根据肖克莱极限，对于 AM1.5 光谱下，理论太阳电池最高极限转换效率是在吸收层禁带宽度为 1.40eV 时获得，达到 33.7%。在 CdTe 太阳电池中引入窄带隙的化合物，可以有效提高太阳光谱的利用率。采用 Se 和 S 与 CdTe 化合，均可降低 CdTe 的禁带宽度，但是由于 S 在 CdTe 的溶解度较小，且 S 与 Te 原子半径差异较大，会产生固溶间隙。而 Se 与 Te 原子半径差异较小，且在 CdTe 内部较 S 有较大的固溶度，在 $CdSe_x Te_{1-x}$（CdSeTe）中 x 的值在 0.3 左右时，可以实现 1.40eV 的禁带宽度[48]。最近在

CdTe 太阳电池内部引入窄带隙的 CdSeTe 化合物，是其转换效率提升的关键手段。目前主要通过两种手段在 CdTe 太阳电池中引入 CdSeTe 层：①在器件缓冲层中引入 CdSe，在后续 CdTe 高温制备与后处理过程中与 CdTe 发生互扩散形成 CdSeTe[49]；②直接制备 CdSeTe，主要有双源共蒸法，近空间升华法，和气相化学输运法等，并将其应用在 CdTe 太阳电池中。目前这两种方法均可制备得到转换效率超过 19% 的 CdTe 太阳电池。虽然在 CdTe 太阳电池中引入窄带隙的 CdSeTe，由于 CdSeTe 内部较长的载流子寿命，器件的开路电压并没有明显的降低。同时在 CdSeTe/CdTe 复合吸收层中，Se 会沿着晶界与 CdTe 发生明显的互扩散，会在吸收层内部形成一定的能带梯度，促进载流子输运。图 7-21 展示了在 CdTe 太阳电池前界面处添加 Se 引入带隙梯度前后器件的能带示意图和性能对比图。虽然引入前界面梯度带隙引起了开路电压的降低（从 871mV 减小到 815mV），但由于电流密度的大幅增加（由 25.2mA/cm^2 增加到 28.5mA/cm^2），最终的光电转换效率仍得到了优化。另外，在富 Cd 的 CdSeTe 单晶中原位掺 As 的研究发现，As 掺杂活化率随 Se 含量的增加而降低，低 Se 含量（$x < 0.2$）时掺杂效率约 50%，少子寿命可超过 30ns[50]。采用近空间升华法原位对 CdSeTe 进行 As 掺杂，在实现载流子浓度达到 4.2×10^{15} cm^{-3} 的同时，其寿命可达到 2600ns[51]。目前采用 CdSeTe/CdTe 复合吸收层的器件开路电压主要受其吸收层内部载流子寿命限制，因此探究新的缺陷钝化工艺，同时提高吸收层内部载流子浓度和载流子寿命是进一步提高器件转换效率的关键[52]。

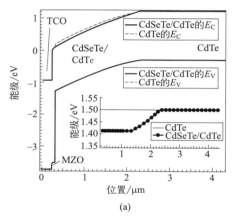
(a)

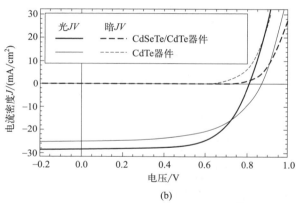
(b)

图 7-21　CdTe 太阳电池前界面有/无带隙梯度的
能带（a）和器件性能（b）

7.5.4　背接触优化

由于 CdTe 的价带顶在真空能级以下约 5.8eV，很多金属材料并不具备这么高的功函数与 CdTe 的价带相匹配，实现欧姆接触。因此，通过在 CdTe 吸收层与金属电极之间引入背接触层，可有效降低器件内部背表面势垒，提高器件开路电压和填充因子，常见的背接触材料主要有 ZnTe、ZnTe:Cu、Cd$_{1-x}$Mg$_x$Te、Te 等。目前 CdTe 高效器件主要采用含 Cu 的背接触，通过控制背接触内部 Cu 的含量以及退火激活工艺，能有效控制 CdTe 中 Cu 元素浓度和分布，减少补偿性施主缺陷以及缓冲层/CdTe 界面处的复合中心。Cu 会引起器件性能的衰降，因此无 Cu 背接触层也是 CdTe 太阳电池的热点研究方向。Alfadhili 等人通过低温 I-V 测试对比了 ZnTe 与 Te 两种背接触材料，发现 Te/CdTe 界面势垒（约 200meV）较

ZnTe/CdTe（约 300meV）更低，显示出更好的能带匹配，并且使用 Te/ZnTe/Te/Au 无 Cu 背接触可以得到和标准的 Cu/Au 背接触相似的性能（图 7-22）。

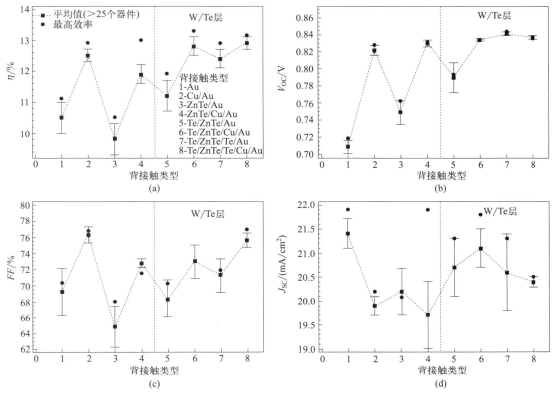

图 7-22 CdTe 太阳电池性能参数与背接触类型的关系
(a) 效率；(b) 开路电压；(c) 填充因子；(d) 短路电流密度

7.6 铜铟镓硒的性质

7.6.1 CIGS 的结构特性

铜铟镓硒（CIGS）薄膜是由 Cu、In、Ga、Se 四种元素构成的 I-III-IV 族化合物半导体材料，从理论和化学键来看，CIGS 的结构与 II-VI 族化合物半导体较为相近。可用作太阳电池吸收层的材料一般是 $Cu-(Al,In,Ga)-(S,Se)_2$ 的组合，它们具有相同的晶格结构，通过 Al/In/Ga 和 S/Se 的混合晶化，可以实现禁带宽度在 $1.04\sim3.43eV$ 范围之内连续可调。CIGS 是 $CuInSe_2$（CIS）和 $CuGaSe_2$（CGS）的半导体混晶，是目前发展最为成熟的 I-III-IV 族化合物太阳电池材料。

CIS 的晶格结构随着沉积温度的不同而不同，固态相变温度分别为 665℃ 和 810℃，熔点是 987℃。制备温度低于 665℃ 时，CIS 具有黄铜矿的晶格结构；温度高于 810℃ 时，CIS 具有闪锌矿的晶格结构；当温度介于两者之间时，CIS 处于过渡结构。CIS 两种典型结构如图 7-23 所示。在 CIS 晶体中每个阳离子(Cu、In) 有四个最紧邻的阴离子(Se)，以阳离子为中心，阴离子位于体心立方的四个不相邻的角上，如图 7-23（b）所示。同样，每个阴离子的最近邻位置有两种阳离子，以阴离子为中心，两个 Cu 离子和两个 In 离子位于四个角上。由于 Cu 和 In 的化学性质完全不同，Cu-Se 键和 In-Se 键的长度和离子性质不同，因此以 Se 离子为中心构成的四面体是不完全对称的。为了完整地展示黄铜矿晶胞的特点，需要两个金刚石单元，即四个 Cu、四个 In 和八个 Se 原子。室温下，CIS 的晶格常数 $a=0.5789nm$，$c=1.1612nm$，c/a 为 2.006。Ga 部分取代 In 便形成 $CuIn_xGa_{1-x}Se_2$，这个过程不会改变晶格结构，但是 Ga 的原子半径小于 In，随着 Ga 含量的提高，黄铜矿结构的晶格常数会变小。

　　CIS 和 CIGS 分别是三元和四元化合物材料，它们的物理性质与结晶状态及组分密切相关，相图可以描述多元体系的状态与温度、压力及组分的关系。图 7-24 是 $Cu_2Se-In_2Se_3$ 相图，其中 α 代表黄铜矿相结构的 CuInSe，β 代表有序缺陷化合物相（Ordered defect compound，ODC），$\gamma(CuIn_5Se_8)$ 是一种层状结构的化合物。闪锌矿的 δ 相只在高温时出现，是一种 Cu 和 In 原子任意排布在阳离子位的结构，纯 α 相出现在 550～600℃、Cu/In＝0.92～0.96（Cu 含量为 24%～24.5%）的狭窄区间之内，不包括 CuInSe₂ 的化学计量比时原子百分比为 25% 的 Cu 含量，且实验也验证了这是获得高效 CIS 类薄膜太阳电池的区间。当 In 过剩时，会出现 α 与 β 的混合相，通过添加 Na 和 Ca 可抑制 β 相的形成，使得 α 相的区域变宽，由此推断实际的 CICS 薄膜太阳电池中 Cu/In 比的范围会比相图所示的稍微大一些。由于存在众多配比不同的 Cu、In、Se 化合物相，因此即使成分偏离 CuInSe₂ 的化学计量比也能制得有一定效率的 CIGS 薄膜太阳电池，从而在一定程度上拓宽了 CIGS 电池的工艺窗口。

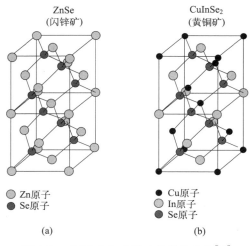

图 7-23　闪锌矿和黄铜矿的晶格结构[53]
(a) 闪锌矿；(b) 黄铜矿

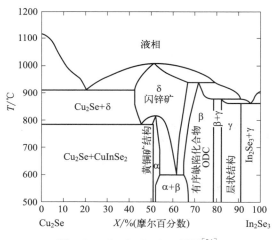

图 7-24　$Cu_2Se-In_2Se_3$ 相图[54]

　　四元化合物 CIGS 的 $Cu_2Se-In_2Se_3-Ga_2Se_3$ 体系相图（550～810℃）见图 7-25，它的热力学反应比较复杂。此相图指出了获得高转换效率 CIGS 薄膜太阳电池的区域（Ga：原子百分比 10%～33%），这与目前实际器件中的 Ga 含量基本一致。随着 Ga/In 比例在贫 Cu 薄膜中的增大，单相 α-CIGS 的区域出现宽化现象。这是由于 Ga 的中性缺陷对（$2V_{Cu}+Ga_{Cu}$）比 In 缺陷对（$2V_{Cu}+In_{Cu}$）具有更高的形成能，其中 V_{Cu} 表示 Cu 空位缺陷，Ga_{Cu}、In_{Cu} 分别表示 Ga、In 取代 Cu 的替位缺陷。同时 α 相、β 相和 γ 相也出现在这个相图中，目前转换效率最高的薄膜太阳电池中 Ga/（In＋Ga）的原子百分比为 33％，说明 Ga 含量已经接近极限，其中一个研究热点便是通过掺杂其他元素来拓宽这个极限。

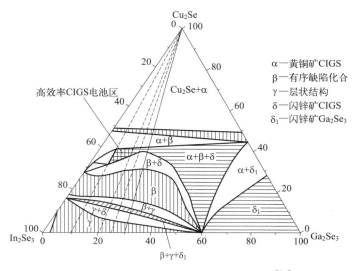

图 7-25　Cu_2Se-In_2Se_3-Ga_2Se_3 体系相图[54]

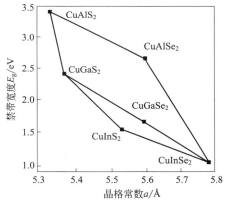

$CuIn_{1-x}Ga_xSe$ 可以看作是按（1－x）:x 混合的 CIS 和 CGS。如图 7-26 所示，CIS 和 CGS 的禁带宽度分别是 1.04eV 和 1.67eV。根据 Vegard 定理，CIGS 的禁带宽度 E_g 对 x 有如下依赖关系：

$$E_g = E_{g,CIS}(1-x) + E_{g,CGS}x - 0.116x(1-x)$$
$$= 1.04 + 0.514x + 0.116x^2 \qquad (7\text{-}65)$$

如果能控制 Ga 含量使 x 在 0.6～0.7 范围内，那么 E_g 可接近 1.4eV，这与太阳光谱最为匹配。但是，由于 CIS 的晶格常数 c/a 为 2.006，而 CGS 的晶格常数 c/a 为 1.996，所以当 c/a 接近 2 时缺陷最少，且对应有转换效率最高的 CIGS 太阳电池。

图 7-26　Cu(Al,In,Ga)(Se,S)$_2$ 多元混晶体系的禁带宽度与晶格常数的关系[55]

7.6.2　CIGS 的电学特性

CIGS 的导电类型是通过其内部固有缺陷的调整而进行控制的，与之相关的是 Cu/Ⅲ 的比例。CIGS 中的缺陷一般有三类，一是Ⅰ族元素和Ⅲ族元素的反位缺陷，二是空位缺陷，三是晶格间隙原子。

CIS 中各类缺陷及形成能可通过第一性原理计算得出，见表 7-5 缺陷的计算结果与实测结果的对比关系如图 7-27 所示。

表 7-5　CIS 中的缺陷种类、形成能及缺陷能级

缺陷类型	形成能/eV	缺陷能级/eV	导电特性
V_{Cu}^0	0.6		
V_{Cu}^-	0.63	$E_V + 0.03$	受主

缺陷类型	形成能/eV	缺陷能级/eV	导电特性
V_{In}^{0}	3.04		
V_{In}^{-}	3.21	$E_V+0.17$	受主
V_{In}^{2-}	3.62	$E_V+0.41$	受主
V_{In}^{3-}	4.29	$E_V+0.67$	受主
Cu_{In}^{0}	1.54		
Cu_{In}^{-}	1.83	$E_V+0.29$	受主
Cu_{In}^{2-}	2.41	$E_V+0.58$	受主
In_{Cu}^{2+}	1.85	$E_C-0.34$	施主
In_{Cu}^{+}	2.55	$E_C-0.25$	施主
In_{Cu}^{0}	3.34		
Cu_i^{+}	2.04	$E_C-0.20$	施主
Cu_i^{0}	2.88		
V_{Se}	2.40	$E_C-0.08$	施主

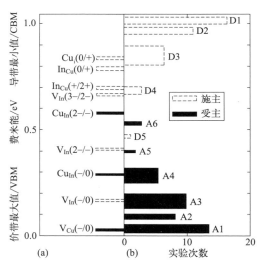

图 7-27　CIS 中缺陷能级的计算和实测结果对比
(a) 计算值；(b) 理论值

　　由表 7-5 和图 7-27 可以看出，CIS 中 Cu 空位的形成能较低，位于价带顶上方约 30meV 处，为可在室温下激活的浅受主缺陷，CIS 的 p 型导电类型由 Cu 空位决定。V_{IN} 和 Cu_{In} 是受主型缺陷，而 In_{Cu} 和 Cu_i 是施主型缺陷。CIS 中很容易产生中性的（$2V_{Cu}^{-}+In_{Cu}^{2+}$）复合缺陷，这种缺陷的形成能较低，在 CIS 中大量稳定地存在，也能在其中规则排列，这样就会形成有序缺陷化合物。因此，偏离了化学计量比的化合物如 $CuIn_5Se_8$、$CuIn_3Se_5$、$Cu_2In_4Se_7$、$Cu_3In_5Se_9$ 等也可以稳定存在并呈现一定的导电性，这主要得益于 V_{Cu} 受主与 In_{Cu} 施主之间的互相抵消作用，另外，在一定条件下起受主作用的缺陷总和若大于施主缺陷，CIS 将呈 p 型，反之则呈现 n 型。

7.6.3　CIGS 的光学性质及制备方法

CIGS 为直接带隙半导体材料，在紫外可见光区域的吸收系数高达 $10^5 cm^{-1}$，因此厚度为 $2\mu m$ 左右的 CIGS 几乎可以完全吸收太阳光。

目前产业化的 CIGS 太阳电池中吸收层的制备方法主要有共蒸发法和溅射后硒化法。其中共蒸发法是在过量的 Se 气氛中以 Cu、In、Ga 单质作为蒸发源进行反应蒸发，相当于二元 Cu＋Se、In＋Se、Ga＋Se 共同沉积或分步沉积。在共蒸发过程中 Cu＋Se 的蒸发与 III 族硒化物的反应对薄膜生长影响非常大，因此，共蒸发法根据 Cu 蒸发的流量阶段可以细分为一步法、两步法和三步法，如图 7-28 所示。其中三步法制备的电池性能最好，原因在于三步法制备的 CIGS 晶粒大、薄膜内部缺陷少，可以控制 Ga 元素的分布从而在空间电荷区形成了带隙梯度，在后续沉积 CdS 的时候易形成 Cd 掺杂的 n 型浅埋结，从而有效改善界面特性和结特性。而溅射后硒化法则根据预制膜是否含 Se 分为 CIG 金属预制膜硒化法和 CIGS 金属预制膜硒化法两种。除此之外，CIGS 还可以通过电沉积、微粒沉积、溶液旋涂烧制等方法制得。

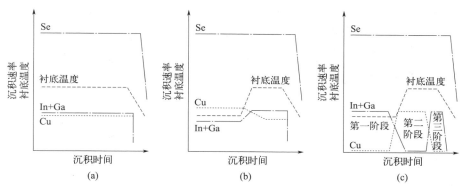

图 7-28　共蒸发制备 CIGS 的工艺过程
（a）一步法；（b）两步法；（c）三步法

7.7　铜铟镓硒太阳电池的设计

7.7.1　铜铟镓硒太阳电池基本结构

图 7-29 给出了铜铟镓硒太阳电池的扫描电镜截面照片和典型器件结构示意图。与 CdTe 不同，CIGS 太阳电池多采用衬底型结构，各膜层厚度如图 7-29（b）所示。其基本制备流程为：在钠钙玻璃衬底上顺次沉积 Mo 背电极层、CIGS 吸收层、缓冲层（CdS、ZnS 或其他无镉材料）、本征氧化锌（i-ZnO）和氧化锌掺铝（ZnO:Al，AZO）窗口层、减反射层（一般为 MgF_2）及金属栅极。

CIGS 太阳电池衬底可采用钠钙玻璃、不锈钢、钛箔、聚酰亚胺等不同材料，其中钠钙玻璃衬底在电池制备过程中受高温作用钠离子会扩散到 CIGS 中，通过钝化缺陷、促进晶粒长大、形成带隙梯度等实现电池的性能提升，因此在使用无钠衬底的时候为了提高光电转换效率一般会在 CIGS 中人为引入碱金属离子。但玻璃衬底的断裂脆性使得它无法应用于振动条件，此外，为保证机械强度需增大厚度，这样会增加器件重量。聚酰亚胺的优势在于绝缘、质轻，可极大提高电池的质量比功率，但由于对温度的耐受性差，要求在一定温度范围内优化功能层的处理温度。易于卷曲的金属衬底容易实现流水线的"卷对卷"生产，可大幅降低设备成本，加上耐冲击耐高温，因此有利于获得高质量吸收层。但由于密度大，为减小器件重量，需减薄衬底厚度。在衬底选择的过程中，除了需考量挠度、重量、成本等问题之外，影响成膜的一个关键考虑因素是热膨胀系数，从这个角度来看，具有较低膨胀系数的玻璃衬底仍是 CIGS 器件的最优选择，因为其他衬底均因较高的热膨胀系数会出现膜层剥落的问题。

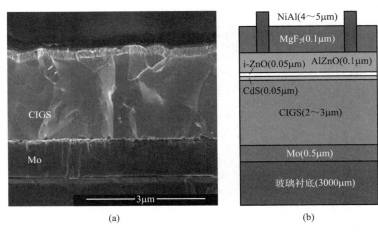

图 7-29　CIGS 太阳电池的结构示意图
（a）扫描电镜截面照片；（b）典型器件结构

　　在玻璃衬底上制备 Mo 金属作为背电极是衬底型 CIGS 太阳电池的第一道制备工艺，常用磁控溅射法。适于做 CIGS 太阳电池背接触的金属还有 Ni，但是高温下 Mo 的稳定性比 Ni 高，且其与 CIGS 的接触电阻更低。除此之外，Mo 薄膜还起到缓冲衬底与 CIGS 热膨胀系数匹配差的作用，从而确保后续的高温过程薄膜有较好的附着性。

　　早期 CIGS 太阳电池的缓冲层为蒸发制备的 CdS（厚度为 $2\mu m$），表层掺 In 的低阻 CdS：In 薄膜与 Au 栅极收集并传输光生载流子。但是由于 CdS 光学带隙狭窄，如果薄膜较厚，则会吸收大量的短波光，使得电池的开路电压和短路电流密度都较低。因此，在后续的发展中为了有效地提高开路电压，逐渐用宽带隙的 ZnO 作为窗口层。但是 ZnO 替代 CdS 与 CIGS 构成异质结时，晶格失配度非常高，进而导致耗尽区内存在大量缺陷态；另外禁带宽度相差过大也会导致异质结带边失调值过高，从而影响载流子输运。因此，目前在 CIGS 和 ZnO 之间仍然需要一层 II-VI 族化合物作为过渡层（II-VI 族化合物具有中间带隙而且可以与吸收层有良好的晶格匹配）。为了使入射光尽可能地进入吸收层，过渡层厚度需要尽可能薄而且致密，以便对吸收层形成更好的包覆。目前 CIGS 薄膜太阳电池使用最多的仍然是 CdS 薄膜，因为它是直接带隙的 n 型半导体，带隙宽度 2.42eV，可在低带隙的 CIGS 吸收层（1.02eV）与高带隙的 ZnO（3～4eV）之间形成过渡，减少了两者之间的带隙台阶和晶格失配，这对于改善 p-n 结和电池性能有重要作用。CdS 还有两个作用：第一，防止溅射沉积 ZnO 时对 CIGS 吸收层的损害；第二，Cd 元素向 CICS 层扩散替代 Cu，可形成表面反型层，形成浅埋结，而 S 元素的扩散可以钝化表面缺陷。目前已报道效率最高的 CIGS 电池就是

CdS 复合缓冲层，但 CdS 的厚度非常小，虽然已极大减小了 Cd 的用量，但废旧电池仍需回收，且生产过程中产生含 Cd 废水的处理也会增加设备投入成本，因此无 Cd 缓冲层的开发是 CIGS 太阳电池的一个重要研究方向。日本的 Solar Frontier 公司已于 2019 年率先开发出效率为 23.35% 的无镉缓冲层基 CIGS 太阳电池，这为全干法制备 CIGS 太阳电池的产业化提供了很大信心。

为了减少甚至消除 CdS 薄膜上可能存在的小孔洞引起的电池内部短路，常在 CdS 上再溅射沉积一层本征 ZnO，在其上再制备掺 Al 或掺 B 的 ZnO 作为透明导电层。当光子从 CIGS/CdS 异质结顶层入射时，由于只有能量大于吸收层带隙而且小于顶层材料的带隙的光子能到达吸收层并且被吸收，因此顶层材料的带隙决定了到达吸收层的高能量短波光子数目，复合缓冲层应该具有尽可能宽的光谱响应范围和高的透过率，以保证更多的高能量光子到达吸收层；另外复合缓冲层还需具有高导电性，以保证异质结输出的光生电流被收集，作为 CIGS 薄膜太阳电池的负极对外部电路输出损耗最小。

在 CIGS 薄膜太阳电池发展的早期使用 CdS 作为窗口层，但是由于其带隙偏窄（2.42eV），而且使用重金属，而 ZnO 的禁带宽度是 3.2eV，短波段透过率高，不会造成太多的光能浪费，因此后来人们试图用 ZnO 将其代替。但是 ZnO 与 CIGS 直接构成异质结的失配度太高，而且二者的禁带宽度相差太大，会导致界面缺陷态过高进而制约光电转换效率。因而后来不得不在 CIGS 和 ZnO 之间插入很薄的一层 CdS 来过渡，目前大多数高转换效率的 CIGS 薄膜太阳电池所用的窗口层基本采用双层膜结构：透明的低阻导电层（掺杂的 ZnO）和高阻层（i-ZnO）。掺杂的 ZnO 常见的有 Al:ZnO、Ga:ZnO 和 B:ZnO（BZO）以及 $Sn:In_2O_3$（ITO）等宽带隙材料。

掺杂 ZnO 是 CIGS 太阳电池的透明顶电极，其主要功能是横向收集光生电流。ZnO 为 II-VI 族的氧化物半导体，可以掺杂的 III 族元素包括 Al、Ga、In、B 和 Ti，其中 Al 最为常用。Al 金属具有储量丰富、无毒、易于制造、成本较低、热性能稳定等优点，而且 Al:ZnO（AZO）具有良好的可见光透过率和优良的导电性能。目前 AZO 最大的问题是大面积均匀性不如 ITO，而且 Al 的氧化会增大电阻率。

CIGS 太阳电池通常采用蒸发法制备的 Ni-Al 作为栅极。Ni 可以改善 Al 与 AZO 的欧姆接触，同时具有防止 Al 向 ZnO 中扩散的作用，可以提高电池的稳定性。Ni-Al 栅极的厚度为 $1\sim2\mu m$，一般是先沉积一层约 $0.5\mu m$ 的 Ni，然后再沉积 Al 层。由于金属栅极不透光，因此被其覆盖的区域是不能产生光电流的，该现象称为"遮蔽效应"，所以金属栅极的密度不能过高。但是栅极密度过低会增加电流在 AZO 中通过的距离，使 AZO 的电阻率大大高于金属栅极，而缩短光生电流在 AZO 中的迁移距离有助于减少能量损失，所以金属栅极的密度也不能太低。对于 CIGS 太阳电池，由于栅状电极的存在，还需了解栅极效率的概念。假设理想器件中 AZO 层的电阻率与栅极的相同，那么该电池不需要金属栅极便可达到最大功率输出；实际制备器件的 AZO 电阻率比栅极金属的低，该电池使用不同密度的金属栅极之后的转换效率与理想器件转换效率的比值即为栅极效率，为得到不同结构 CIGS 太阳电池的最佳输出性能，栅极密度应根据实际电池的特性经过数值模拟或实验来进行优化。

CIGS 太阳电池的设计优化主要涉及背电极/CIGS 吸收层界面、吸收层掺杂及带隙梯度、窗口层（复合窗口层）优化、窗口层/吸收层界面等方面。

7.7.2 窗口层及界面

CIGS太阳电池的核心部分是p-n异质结结构，p型区只有CIGS薄膜，n型区则比较复杂，不仅包含n^+-ZnO、i-ZnO和CdS，有时还包括CICS表面的反型层（n型的掺杂Cd的贫铜CIGS层）。目前常用的CIGS薄膜太阳电池的能带图如图7-30所示。CdS的导带底与CIGS的导带底之差为ΔE_C，称为导带底失调值。CdS的价带顶比CIGS价带顶低约0.9eV，并不随Ga/(In+Ga)的比值变化。由于调整p-n结界面处的Ga/(In+Ga)的比值会影响此处CIGS的导带底位置，因此会影响ΔE_C。Ga/(In+Ga)的比值由小到大变化时，CIGS的禁带宽度由小变大，ΔE_C由正值变为负值。电池在工作过程中，光生载流子中的电子由p区流向n区，空穴由n区流向p区，因此$\Delta E_C > 0$有利于降低此处的界面复合，提高电池转换效率。ZnO的导带比CdS导带低约0.2eV，其价带比CdS价带低1.1eV。p型CIGS的载流子浓度有限，可以产生$0.2\sim0.5\mu m$的空间电荷。CdS和i-ZnO无掺杂，电导率较低，都处于空间电荷区，有能带弯曲。AZO电导率高，处于电中性区，能带不再弯曲。

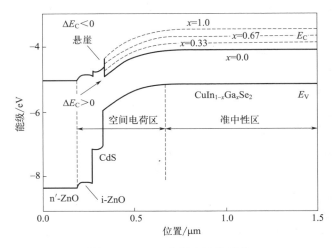

图7-30 CIGS太阳电池的能带

从图7-30可以看出CIGS薄膜太阳电池中有很多能带边失调，其中CdS/CIGS的导带边失调值ΔE_C对电池的性能影响最大。目前报道的CIGS薄膜太阳电池大多仍使用CdS作为缓冲层，其中一个重要的原因就是CdS与CIGS之间具有合适的导带边失调值（0.2~0.3eV）以及较低的晶格失配率。

7.7.3 吸收层掺杂

自发现钠钙玻璃衬底的使用可提升CIGS太阳电池的性能以来，碱金属掺杂成为近30年来CIGS太阳电池领域的重要研究方向。在碱金属掺杂工艺发展的初期阶段，就有研究者将碱金属的掺杂效果进行比较，但是由于碱金属氟化物的饱和蒸气压差异较大，研究者发现随着原子序数的增大，包括K在内的重碱金属掺杂效果逐渐变差，从而得出Na元素是最佳掺杂元素这一结论。于是从1993—2012年，碱金属掺杂基本都是围绕Na元素展开的，在此期间，人们积累了对Na元素掺杂优化CIGS性能的机理研究结果。直到2013年开始重新将 K 元素以沉积后处理的方式掺杂进入 CIGS，人们再次认识了重碱金属的重要性。

碱金属最初的掺杂方式就是在含碱金属元素的玻璃衬底（钠钙玻璃、钾钙玻璃等）上制备 CIGS 太阳电池，在后续高温过程中，碱金属会扩散入 CIGS 薄膜。这种方式存在掺杂的量无法精确控制和玻璃的膨胀、导热系数随着重碱金属的加入变得不再匹配等问题。因此人们使用了沉积一定厚度的碱金属前驱层、共蒸发掺杂和沉积后退火处理的方法精确控制碱金属的掺杂含量，使得碱金属在整个薄膜的体系中含量在 0.1%（原子百分数）左右。碱金属所优化的 CIGS 电池，主要体现在开路电压和填充因子的大幅提升上，短路电流影响相对较小。已有研究结果表明，各种碱金属都有类似的提升效果。

碱金属的作用机制大致分为以下四个方面：晶体内部（Grain interior，GI）钝化、晶界（Grain boundary，GB）钝化、背界面钝化及缓冲层界面钝化。在四个方面中，GI 的钝化是研究最为广泛的：使用碱金属（AlM）氟化物-PDT 处理之后的 CIGS 表面会出现 Cu 和 Ga 的耗尽区域，在浓度高的碱金属和 In-Se 混合状态下，容易生成 AlM-In(Ga)-Se 二次相，这种二次相通常是带隙较宽（约 2eV）、透过率较高的 n 型半导体（多数是直接带隙半导体），使得表面的区域反型，并且与 CdS 晶格更加匹配。基于密度泛函的第一性原理计算也证明了碱金属元素（K）取代了 Cu 后将价带中主要的 Cu-3d 轨道和 Se-4p 轨道的耦合消除，使得价带下移，表面的带隙增大，电池的开路电压增大。除此之外，实验中认为碱金属元素对自补偿的中性缺陷对 $2V_{Cu}^{-}+In_{Cu}^{2+}$ 中的深能级 In_{Cu} 反位缺陷有钝化效果。反位缺陷往往是深能级缺陷，成为复合中心。Ga 的耗尽以及 In 的反位缺陷消除，使得补偿消失，V_{Cu} 的增加使得空穴的浓度增加，另外碱金属还有可能替位 In、Ga 生成受主型缺陷也使得空穴浓度增加。此外也有研究表明碱金属倾向于在晶界中聚集并降低 CIGS 的晶界缺陷密度，即晶界位置的功函数在碱金属的作用下也从紊乱变得均一。由 CIGS 截面的电子束诱导电流（EBIC）图（图 7-31）可以看出，经 KF 沉积后处理实现 K 元素掺杂的 CIGS 电池载流子的收集长度明显增大，从而从实验上证实了 K 元素对 CIGS 缺陷的钝化及载流子复合的有效抑制。

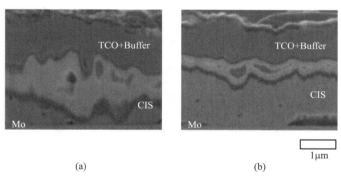

图 7-31　CIGS 太阳电池的 EBIC 图像
（a）有 KF 沉积后处理；（b）无 KF 沉积后处理

7.7.4　吸收层带隙梯度

CIGS 太阳电池的另一个研究重点是吸收层的带隙梯度，这主要是通过工艺优化调整 CIGS 成膜过程中 Ga 元素含量（Ga/(Ga+In)，GGI）和外源离子掺杂实现的。当 CIGS 吸收层准中性区没有渐变能带时，导带中的电子可能漂移到耗尽区，在内建电场的作用下通过

p-n 结而被收集；也有可能在漂移到晶界和缺陷处被俘获与空穴发生复合，特别是漂移到 CIGS/Mo 界面处，会产生严重的肖特基复合。CIGS 薄膜的制备过程中，在 Mo 背接触与 CIGS 吸收层之间会形成很薄的一层 $MoSe_2$，它与 CIGS 薄膜具有较大的带边失谐，可以与吸收层形成背表面电场。但这样形成的背表面电场只有当 $MoSe_2$/CIGS 界面缺陷很少，并且少数载流子的扩散长度至少与吸收层的厚度相当的时候才具有意义。通过在靠近吸收层背部区域增加 Ga/In 浓度比来构造 CIGS 薄膜后渐变带隙是形成背表面电场最直接有效的方法。增加 Ga/In 浓度比只能导致 CIGS 材料导带增加，而价带几乎没有变化，被激发到导带的电子会受到指向耗尽区的电场力，从而降低了载流子扩散至背接触发生肖特基复合的概率、增加光生载流子的收集效率。与能量低的入射光子相比，能量高的光子在薄膜光伏材料中具有更高的吸收系数，为了充分吸收能量较低的入射光子，希望能量低的光子尽可能深地进入 CIGS 薄膜。因此也有很多文献提出了如图 7-32(c) 所示的前渐变带隙结构，即吸收层带隙向耗尽区逐渐增加，以充分吸收长波区的入射光子。但这种带隙结构会使处于导带中的电子受到指向背接触的电场力，因而会增加空穴电子对在准中性区的复合，也会增加 CIGS/Mo 界面的肖特基复合。前渐变能带和后渐变能带都具有各自的优势和缺点，为了尽可能吸收更多入射光子，又不影响载流子的收集效率，研究者们提出了一种折中的办法，即双渐变能带结构，其能带结构如图 7-32(d) 所示。在表面层增加带隙有两个作用，一是有利于能量低的光子的吸收，二是能减少 CIGS/CdS 的导带边失谐值，有利于电子的传输。虽然这种前渐变结构会对电子传输形成的势垒，但只要这种前渐变区域在 CIGS 的耗尽区以内，电子在内建电场的作用下也能顺利通过 p-n 结。在目前报道的世界最高效率 CIGS 太阳电池中，如图 7-33 所示，便是采用了双渐变带隙设计。

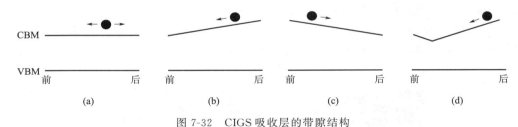

图 7-32　CIGS 吸收层的带隙结构

（a）无渐变；（b）后渐变；（c）前渐变；（d）双渐变带隙

（CBM、VBM 分别代表吸收层的导带底和价带顶，在导带上方的黑点和箭头代表导带中的电子在电场作用下的运动趋势）

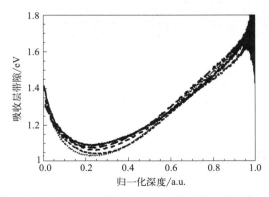

图 7-33　世界纪录效率 CIGS 太阳电池的吸收层带隙在深度方向上的分布[56]

思考题与习题

1. 本章讨论的薄膜太阳电池与单晶硅太阳电池的区别是什么？
2. 试分析影响碲化镉同质结太阳电池效率的关键因素。
3. 多晶半导体薄膜太阳电池的设计原则有哪些？请以碲化镉太阳电池为例，提出你认为最重要的设计原则及器件性能的优化方向。
4. 碲化镉太阳电池吸收层的制备方法有哪些？你认为最有发展前景的是哪个？为什么？
5. 铜铟镓硒太阳电池吸收层的制备方法有哪些？你认为最有发展前景的是哪个？为什么？
6. 太阳电池的器件结构有哪些？发展不同结构器件的原因是什么？
7. 铜铟镓硒太阳电池的器件结构有哪些？发展不同结构器件的原因是什么？
8. 试分别分析影响碲化镉、铜铟镓硒两种薄膜太阳电池发展的因素，说明如何克服。

参考文献

[1] Green M，Dunlop E，Yoshita M，et al. Solar cell efficiency tables（version 64） [J]. Progress in Photovoltaics：Research and Applications，2024，32(7)：425-441.

[2] Loferski J J. Theoretical considerations governing the choice of the optimum semiconductor for photovoltaic solar energy conversion [J]. Journal of Applied Physics，1956，27(7)：777-784.

[3] Rappaport P. The photovoltaic effect and its utilization [J]. Solar Energy，1959，3(4)：8-18.

[4] Mimila-Arroyo J，Marfaing Y，Cohen-Solal G，et al. Electric and photovoltaic properties of CdTe PN homojunctions [J]. Solar Energy Materials，1979，1(1-2)：171-180.

[5] Bloss W H，Grassi G. Photovoltaic effect in SnTe/CdTe junctions [Z]. Proceedings of the Fourth E. C. Photovoltaic Solar Energy Conference，Stresa，Italy. 1982：557-561.

[6] Mitchell K W，Fahrenbruch A L，Bube R H. Evaluation of the CdS/CdTe heterojunction solar cell [J]. Journal of Applied Physics，1977，48(10)：4365-4371.

[7] Nakazawa T，Takamizawa K，Ito K. High efficiency indium oxide/cadmium telluride solar cells [J]. Applied Physics Letters，1987，50(5)：279-280.

[8] Muller R，Zuleeg R. Vapor-deposited，thin-film heterojunction diodes [J]. Journal of Applied Physics，1964，35(5)：1550-1556.

[9] Dutton D. Fundamental absorption edge in cadmium sulfide [J]. Physical Review，1958，112(3)：785.

[10] Yamaguchi K，Nakayama N，Matsumoto H，et al. CdS-CdTe solar cell prepared by vapor phase epitaxy [J]. Japanese Journal of Applied Physics，1977，16(7)：1203.

[11] Wagner S，Shay J，Migliorato P，et al. CuInSe$_2$/CdS heterojunction photovoltaic detectors [J]. Applied Physics Letters，1974，25(8)：434-435.

[12] Shay J，Wagner S，Kasper H. Efficient CuInSe$_2$/CdS solar cells [J]. Applied Physics Letters，1975，27(2)：89-90.

[13] Seto J Y W. The electrical properties of polycrystalline silicon films [J]. Journal of Applied Physics，1975，46(12)：5247-5254.

[14] Card，H C，Yang E. Electronic processes at grain boundaries in polycrystalline semiconductors under optical illumination [J]. IEEE Transactions on Electron Devices，1977，24(4)：397-402.

[15] Landsberg P T，Abrahams M S. Effects of surface states and of excitation on barrier heights in a simple model of a grain boundary or a surface [J]. Journal of Applied Physics，1984，55 (12)：4284-4293.

[16] 纳尔逊. 太阳能电池物理 [M].高扬，译.上海交通大学出版社，2018：190-204.

[17] Scheer R，Schock H-W. Chalcogenide photovoltaics：Physics，technologies，and thin film devices [M]. John Wiley & Sons，2011：9-16，129-174.

[18] Franciosi A，Van de Walle C G. Heterojunction band offset engineering [J]. Surface Science Reports，1996，25(1-4)：1-140.

[19] Cusano D. CdTe solar cells and photovoltaic heterojunctions in II-VI compounds [J]. Solid-State Electronics，1963，6(3)：217-232.

[20] Lundberg O，Bodegrd M，Malmstrm J，et al. Influence of the Cu(In，Ga)Se$_2$ thickness and Ga grading on solar cell performance [J]. Progress in Photovoltaics Research & Applications，2003，11 (2)：77-88.

[21] Orgassa K，Schock H W，Werner J H. Alternative back contact materials for thin film Cu(In，Ga)Se$_2$ solar cells [J]. Thin Solid Films，2003，431-432(1)：387-391.

[22] Gupta A，Parikh V，Compaan A D. High efficiency ultra-thin sputtered CdTe solar cells [J]. Solar Energy Materials and Solar Cells，2006，90(15)：2263-2271.

[23] Orgassa K，Rau U，Nguyen Q，et al. Role of the CdS buffer layer as an active optical element in Cu (In，Ga)Se$_2$ thin-film solar cells [J]. Progress in Photovoltaics Research Applications，2002，10(7)：457-463.

[24] Gessert T，Wei S-H，Ma J，et al. Research strategies toward improving thin-film cdte photovoltaic devices beyond 20% conversion efficiency [J]. Solar Energy Materials and Solar Cells，2013，119：149-155.

[25] Matulionis I，Han S，Drayton J A，et al. Cadmium telluride solar cells on molybdenum substrates [J]. MRS Online Proceedings Library，2001：668.

[26] Feng X，Singh K，Bhavanam S，et al. Cu effects on CdS/CdTe thin film solar cells prepared on flexible substrates [Z]. Proceedings of the 38th IEEE Photovoltaic Specialists Conference. Austin，United States. 2012：00843-00847.

[27] Feng X，Singh K，Bhavanam S，et al. Preparation and characterization of ZnTe as an interlayer for CdS/CdTe substrate thin film solar cells on flexible substrates [J]. Thin Solid Films，2013，535：202-205.

[28] Madelung O，Rössler U，Schulz M. II-VI and I-VII compounds；semimagnetic compounds [M]. Springer，1999：76-82.

[29] Edwards P，Halliday D，Durose K，et al. The influence of CdCl$_2$ treatment and interdiffusion on grain boundary passivation in CdTe/CdS solar cells [Z]. Proceedings of the 14th European Photovoltaic Solar Energy Conference. Barcelona，Spain. 1997：2083-2087.

[30] McCandless B E，Engelmann M G，Birkmire R W. Interdiffusion of CdS/CdTe thin films：modeling X-ray diffraction line profiles [J]. Journal of Applied Physics，2001，89(2)：988-994.

[31] Ferekides C，Mamazza R，Balasubramanian U，et al. Transparent conductors and buffer layers for CdTe solar cells [J]. Thin Solid Films，2005，480：224-229.

[32] McCandless B，Youm I，Birkmire R. Optimization of vapor post-deposition processing for evaporated CdS/CdTe solar cells [J]. Progress in Photovoltaics：Research and Applications，1999，7(1)：21-30.

[33] McCandless B E, Hanket G M, Jensen D G, et al. Phase behavior in the CdTe-CdS pseudo binary system [J]. Journal of Vacuum Science & Technology A: Vacuum, Surfaces, and Films, 2002, 20 (4): 1462-1467.

[34] Metzger W, Albin D, Romero M, et al. $CdCl_2$ treatment, S diffusion, and recombination in polycrystalline CdTe [J]. Journal of Applied Physics, 2006, 99(10): 103703.

[35] Duncan D A, Kephart J M, Horsley K, et al. Characterization of sulfur bonding in CdS: O buffer layers for CdTe-based thin-film solar cells [J]. ACS Applied Materials & Interfaces, 2015, 7(30): 16382-16386.

[36] Hu A, Zhou J, Zhong P, et al. High-efficiency CdTe-based thin-film solar cells with unltrathin CdS: O window layer and processes with post annealing [J]. Solar Energy, 2021, 214: 319-325.

[37] Kephart J M, Geisthardt R M, Sampath W S. Optimization of CdTe thin-film solar cell efficiency using a sputtered, oxygenated CdS window layer [J]. Progress in Photovoltaics, 2015, 23(11): 1484-1492.

[38] Gupta A, Allada K, Lee S H, et al. Oxygenated CdS window layer for sputtered CdS/CdTe solar cells [J]. MRS Proceedings, 2011: 763.

[39] Kephart J M, McCamy J W, Ma Z, et al. Band alignment of front contact layers for high-efficiency CdTe solar cells [J]. Solar Energy Materials and Solar Cells, 2016, 157: 266-275.

[40] Song T, Kanevce A, Sites J R. Emitter/absorber interface of CdTe solar cells [J]. Journal of Applied Physics, 2016, 119(23): 233104.

[41] Bittau F, Jagdale S, Potamialis C, et al. Degradation of Mg-doped zinc oxide buffer layers in thin film CdTe solar cells [J]. Thin Solid Films, 2019, 691: 137556.

[42] Li D-B, Song Z, Awni R A, et al. Eliminating S-kink to maximize the performance of MgZnO/CdTe solar cells [J]. ACS Applied Energy Materials, 2019, 2(4): 2896-2903.

[43] Ren S, Wang H, Li Y, et al. Rapid thermal annealing on ZnMgO window layer for improved performance of CdTe solar cells [J]. Solar Energy Materials and Solar Cells, 2018, 187: 97-103.

[44] Ren S, Li H, Lei C, et al. Interface modification to enhance electron extraction by deposition of a ZnMgO buffer on SnO_2-coated FTO in CdTe solar cells [J]. Solar Energy, 2019, 177: 545-552.

[45] Awni R A, Li D B, Song Z, et al. Influences of buffer material and fabrication atmosphere on the electrical properties of CdTe solar cells [J]. Progress in Photovoltaics: Research and Applications, 2019, 27(12): 1115-1123.

[46] Burst J M, Duenow J N, Albin D S, et al. CdTe solar cells with open-circuit voltage breaking the 1V barrier [J]. Nature Energy, 2016, 1(3): 16015.

[47] Gloeckler M, Sankin I, Zhao Z. CdTe solar cells at the threshold to 20% efficiency [J]. IEEE Journal of Photovoltaics, 2013, 3(4): 1389-1393.

[48] Yang J, Wei S-H. First-principles study of the band gap tuning and doping control in $CdSe_x Te_{1-x}$ alloy for high efficiency solar cell [J]. Chinese Physics B, 2019, 28(8): 086106.

[49] Ablekim T, Duenow J N, Zheng X, et al. Thin-film solar cells with 19% efficiency by thermal evaporation of CdSe and CdTe [J]. ACS Energy Letters, 2020, 5(3): 892-896.

[50] Nagaoka A, Nishioka K, Yoshino K, et al. Growth and characterization of arsenic-doped $CdTe_{1-x} Se_x$ single crystals grown by the Cd-solvent traveling heater method [J]. Journal of Electronic Materials, 2020, 49(11): 6971-6976.

[51] Munshi A H, Reich C L, Danielson A H, et al. Arsenic doping of polycrystalline CdSeTe devices for microsecond life-times with high carrier concentrations [Z]. 47th IEEE Photovoltaic Specialists Conference (PVSC). 2020: 1824-1828.

[52] Kuciauskas D, Moseley J, Lee C. Identification of recombination losses in CdSe/CdTe solar cells from spectroscopic and microscopic time-resolved photoluminescence [J]. Solar RRL, 2021, 5(4): 2000775.

[53] Rudmann D. Effects of sodium on growth and properties of Cu(In, Ga)Se$_2$ thin films and solar cells [D]. ETH Zurich, 2004: 27.

[54] Stanbery B J. Copper indium selenides and related materials for photovoltaic devices [J]. Critical Reviews in Solid State and Materials Sciences, 2002, 27(2): 73-117.

[55] Calixto M, Sebastian P, Bhattacharya R, et al. Compositional and optoelectronic properties of CIS and CIGS thin films formed by electrodeposition [J]. Solar Energy Materials and Solar Cells, 1999, 59(1-2): 75-84.

[56] Nakamura M, Yamaguchi K, Kimoto Y, et al. Cd-free Cu(In, Ga)(Se, S)$_2$ thin-film solar cell with record efficiency of 23.35% [J]. IEEE Journal of Photovoltaics, 2019, 9 (6): 1863-1867.

钙钛矿太阳电池

钙钛矿太阳电池主要是以有机无机杂化卤化物钙钛矿薄膜材料为吸收层的太阳电池，是近几年发展最为迅速的一种光伏技术。在十余年的时间内，单结钙钛矿太阳电池的光电转换效率从 3.8% 提升到 25% 以上（面积 $0.095cm^2$），这样的增长速度在以往光伏材料研究中前所未有。随着研究的推进，这类钙钛矿材料的应用范围已不止于太阳电池，还涉及发光二极管、光电探测器、激光介质、光催化等领域。本章将介绍钙钛矿材料性质、不同结构钙钛矿太阳电池的工作原理、电池各功能层性质、电池性能提升的设计策略及钙钛矿基叠层电池的发展现状。

8.1 钙钛矿太阳电池材料

8.1.1 钙钛矿材料的结构和性质

8.1.1.1 钙钛矿材料结构

钙钛矿是指一种矿物质，其化学成分为钛酸钙（$CaTiO_3$）。这种矿物质最早由 Gustav Rose 于 1839 年在俄国乌拉尔山脉的矽卡岩中发现。俄国矿物学家 Perovski 最先对这种材料的晶体结构进行表征，钙钛矿（perovskite）因此得名[1]。

广义的钙钛矿材料是指具有 ABX_3 型分子式的化合物材料。其中，A（A＝Na^+、K^+、Ca^{2+}、Sr^{2+} 等）为大半径的阳离子，B（B＝Ti^{4+}、Mn^{4+}、Fe^{3+}、Nb^{5+} 等）为小半径的阳离子，X（X＝O^{2-}、F^-、Cl^-、Br^-、I^- 等）为阴离子[2]。如图 8-1 所示，阳离子 B 与 6 个阴离子 X 配位形成八面体结构，阳离子 A 与 12 个阴离子 X 配位形成立方八面体结构，每个 $[BX_6]$ 八面体与邻近八面体的角顶共享，即形成钙钛矿结构。能够形成钙钛矿结构的材料非常之多，其中

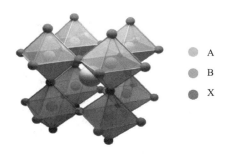

● A
● B
● X

图 8-1　ABX_3 型钙钛矿的晶体结构

大部分属于无机非金属氧化物材料。在氧化物钙钛矿材料中，离子 A 一般为碱土族或稀土元素，离子 B 为 3d、4d 或 5d 的过渡族金属元素。

本章将重点介绍 ABX_3 型有机无机杂化金属卤化物钙钛矿材料，这类材料已展现出优异的半导体光电特性，如高的吸收系数、较长的载流子寿命和扩散长度、宽幅的带隙调控范围等，这里的 X 通常为 Cl、Br、I 等一价卤素阴离子，A 为一价的有机或无机碱金属阳离子如 $CH_3NH_3^+$（MA^+）、$CH(NH_2)_2^+$（FA^+）、Cs^+、Rb^+ 等，B 为二价金属离子如 Pb^{2+}、Sn^{2+} 等。A 位和 B 位皆可被半径相近的其他离子部分取代而保持其晶体结构基本不变。当 A 位

由尺寸较小的一价阳离子如 Rb^+、Cs^+、MA^+、FA^+ 等占据时，可形成三维钙钛矿结构。如果采用大尺寸的阳离子，如乙氨基、丁氨基，三维钙钛矿结构将难以形成，而形成具有 ABX_3、A_2BX_4、A_3BX_5 等分子式的二维层状或一维条状，甚至零维的钙钛矿[3]。这些材料的晶体结构有些仍可保持 $[BX_6]$ 八面体共角的连接方式，但仅在二维或一维的方向上长程有序扩展。根据材料特性的不同，八面体的连接方式也可能从共角连接转变为共面连接和共边连接，比如常温下存在的 δ-FAPbI$_3$ 和 δ-CsPbI$_3$ 分别为共面连接和共边连接的非钙钛矿结构，而两者的杂化物 $FA_xCs_{1-x}PbI_3$ 在常温下可能形成共角连接的钙钛矿结构[4,5]。

理想的 ABX_3 钙钛矿结构属于立方体晶系，具有比较高的晶体对称性，空间群为 Pm3m。由于元素种类的差异或者环境条件（如温度、压力）的变化，钙钛矿结构会发生一系列的晶体畸变而产生异形结构[6]。理想钙钛矿结构可通过 $[BX_6]$ 八面体的畸变或扭转以及阳离子 A 或 B 的相对位移转变为四方、斜方或立方等晶系，如图 8-2 所示。这种转变只涉及对称程度的降低，只要不破坏 $[BX_6]$ 八面体共角连接特性，仍然属于钙钛矿结构。钙钛矿结构的稳定性和晶体结构主要是由容忍因子（t）和八面体因子（μ）来决定，其中 $t = \dfrac{R_A + R_X}{\sqrt{2}(R_B + R_X)}$，$\mu = \dfrac{R_B}{R_X}$，$R_A$、$R_B$ 和 R_X 分别指 A、B、X 位的离子半径。一般而言，当 t 处于 0.81～1.11，μ 处于 0.44～0.90 时，钙钛矿结构是稳定的[8]。当 t 处于 0.89～1.0 时，钙钛矿结构可为立方体结构。随着 t 值的降低，其晶体结构可逐渐转变为低对称性的四方或正交晶系。需要说明的是，利用 t 值并不能充分判断钙钛矿材料在高温和高压条件下的结构变化。比如，常温下属于四方结构的 $CH_3NH_3PbI_3$（$MAPbI_3$）材料在加热后会发生晶格转换，变为高温立方相；非钙钛矿结构的 δ-FAPbI$_3$ 和 δ-CsPbI$_3$ 材料在一定温度条件下会转变为钙钛矿结构[4,5]。

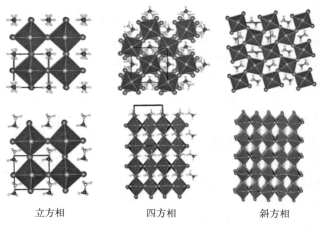

立方相　　　　　　四方相　　　　　　斜方相

图 8-2　立方相、四方相、斜方相钙钛矿材料的晶体结构[7]

8.1.1.2　钙钛矿光学性质

具有 ABX_3 结构的金属氧化物钙钛矿材料呈现出丰富的物理化学特性，包括反铁磁、铁电、绝缘体、巨磁/庞磁效应、超导电性，其中研究最多的是铁电性和超导性，但这类材料不具有良好的半导体性质，因而不适用于光伏材料与器件。与氧化物钙钛矿不同，使用卤化物阴离子代替的金属卤化物钙钛矿显示出光伏器件所需的良好半导体特性。金属卤化物三维钙钛矿材料的主要光学性质如下：

① 直接带隙。具有直接带隙的半导体可直接吸收光子能量，激发电子从价带跃迁至导带，而间接带隙半导体则需要声子的参与才能完成这种跃迁，因此直接带隙半导体对光的利用率更高，表现为光吸收系数高。

② 光吸收系数高。这类材料的吸光系数一般在 $10^4 \sim 10^5 \, cm^{-1}$ 数量级。当钙钛矿材料的厚度为几百纳米时，可吸收其吸光范围内的绝大部分入射光[9]，相比之下，硅基和 CIGS 太阳电池的吸光层厚度一般分别在百微米和数微米量级。

③ 带隙可调。钙钛矿材料的光学带隙可通过 A、B、X 位的化学组分来调节，范围较宽，通常约 $1.2 \sim 3.0 eV$[10]。例如，将约 $1.55 eV$ 带隙的 $MAPbI_3$ 中 MA^+ 替换为离子半径较大的 FA^+，则钙钛矿的光学带隙会变小，而替换为较小离子半径的 Cs^+ 时，带隙则会增大。同样，用更小半径的卤素离子替代 I^- 时，带隙会相应地增大[11]。

8.1.1.3 钙钛矿电学性质

金属卤化物钙钛矿材料主要的电学性质如下：

① 介电常数较高[12]。如 $MAPbBr_3$ 和 $MAPbI_3$ 的介电常数分别为 4.8 和 6.5，而有机半导体材料介电常数较低，通常在 $2 \sim 4$ 之间，使得光激发后，自由电子与空穴分离十分困难，无法分离的激子就会复合，造成能量损失[13]。

② 激子束缚能较小（约 $16 \sim 80 meV$），与室温下的 $k_B T$（约 $26 meV$）相近[9,14]。这意味着钙钛矿材料在光照后，产生的激子能轻易地分离为自由电子与空穴。相比之下，有机半导体材料的激子束缚能一般要高于 $100 meV$[15]，光照后，电子与空穴需要借助与传输层之间形成的较大能级差，方可有效地分离。

③ 载流子迁移率较高，扩散长度（L_D）较长。对 $MAPbI_3$ 而言，采用理论计算得到的空穴迁移率（μ_p）为 $800 \sim 1500 cm^2/(V \cdot s)$，电子迁移率（$\mu_e$）为 $1500 \sim 3100 cm^2/(V \cdot s)$[16]；利用霍尔效应测试得到的 $MAPbI_3$ 单晶 μ_p 为 $105 cm^2/(V \cdot s)$，μ_e 为 $66 cm^2/(V \cdot s)$[17,18]，远远高于有机半导体材料的载流子迁移率（通常为 $10^{-3} cm^2/(V \cdot s)$）。相似地，钙钛矿单晶中载流子 L_D 能达到百微米以上[17,18]，而薄膜中的载流子 L_D 在 $10^2 \sim 10^3 nm$ 量级[19]，表明载流子能有效地输运到电荷传输层。

8.1.2 电子传输层

（1）电子传输层的要求

钙钛矿太阳电池中电子传输层主要是 n 型半导体，起到抽取、传输电子和有效阻挡空穴的作用，如图 8-3 所示为典型的倒置器件能级。通常，倒置结构（p-i-n）是指光从透明导电电极入射，先后经过空穴传输层、钙钛矿、电子传输层，最终到达背电极；反之则称为正置结构（n-i-p）。

理想的电子传输层需要在光学、电学、形貌及稳定性等方面满足一定条件，在这基础上，材料的价格、稳定性、制备的难易程度和大面积均匀性等也日益被重视。

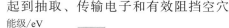
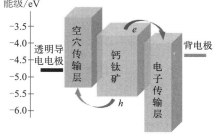

图 8-3　倒置结构器件能级

光学方面，当电子传输层位于进光面一侧时，应具有良好的透光性以降低其寄生吸收。通常，选择带隙较大、折射率较小的半导体材料。

电学方面，电子传输层需要具有良好的能级和较高的电子迁移率。一方面，电子传输层的导带底一般相当或略低于钙钛矿材料的导带底，以便形成一定的内建电势促进电子的注入；另一方面，电子传输层的价带顶应低于钙钛矿材料的价带顶，以阻止空穴的反向传输，而造成载流子的复合。较高的载流子迁移率可有效输运电子进入电极，避免了界面处电荷积累与复合。

形貌方面，电子传输层应该致密、平整、无孔洞，并有利于钙钛矿材料的成核与生长。

稳定性方面，电子传输层应该具有较好的稳定性，避免高能光子照射引起光电性质的改变，同时不能与钙钛矿材料进行界面化学反应而导致失效。

（2）电子传输层的分类

电子传输层可分为无机和有机材料两类。无机材料以金属氧化物为主；有机材料则有富勒烯及其衍生物、有机小分子半导体等。根据不同的钙钛矿材料可选用合适的电子传输层，表 8-1 是不同类型电子传输层的性能参数[20-22]。由于金属氧化物的结晶温度较高，且在有机溶剂中溶解性较差，常用于正置结构钙钛矿太阳电池中。有机电子传输材料通常溶解于有机溶剂，可通过旋涂或真空沉积的方式，用于倒置结构钙钛矿电池中，并不破坏原有钙钛矿吸光层。

双元金属氧化物：TiO_2、SnO_2、ZnO、WO_x、CeO_3、Cr_2O_3、Nb_2O_5、In_2O_3、CdS、$\alpha\text{-}Fe_2O_3$ 等。

三元金属氧化物：Zn_2SnO_4、$BaSnO_3$、$SrTiO_3$、$BaTiO_3$、$ZnMgO$、$PbTiO_3$、$ZnTiO_3$、$Zn_2Ti_3O_8$ 等。

有机材料：C_{60}、C_{70}、C_{60}-SAM、C_{60}-bis、PCBM、ICBA、离子液体（1-苄基-3-甲基咪唑氯）等。

表 8-1　文献报道的电子传输层材料的性质

材料	CBM/eV	VBM/eV	迁移率/$[cm^2/(V \cdot s)]$
TiO_2	−4.1	−7.3	1
SnO_2	−4.3	−7.9	240
ZnO	−4.17	−7.47	205～300
WO_x	−4.38	−8.22	10～20
CeO_x	−4.0	−7.5	—
Cr_2O_3	−3.93	—	—
Nb_2O_5	−4.33	−7.79	0.20
In_2O_3	−4.3	−8.15	20
CdS	−3.98	—	—
SnS_2	−4.24	−6.54	7.85×10^{-4}
$\alpha\text{-}Fe_2O_3$	−4.5	—	—
Zn_2SnO_4	−4.33	−7.94	300
$BaSnO_3$	−3.91	−7.01	

材料	CBM/eV	VBM/eV	迁移率/ [cm^2/(V·s)]
$SrTiO_3$	−3.65	—	5-8
$BaTiO_3$	−3.82	—	
ZnMgO	−3.72	−7.93	
$PbTiO_3$	−4.0	−6.9	
$ZnTiO_3$	−4.0	−7.2	
$Zn_2Ti_3O_8$	−4.2	−7.7	
C_{60}	−4.5	—	
C_{60}-SAM	−3.95	—	
C_{60}-bis	−3.9	—	
PCBM	−3.92	—	
ICBA	−3.74	—	
1-苄基-3-甲基咪唑氯	—	—	$1.0×10^{-3}$

注：VBM 和 CBM 单元格中数字前的"−"表示在真空能级以下位置。

（3）常见的几种电子传输层性质

① 二氧化钛（TiO_2）

TiO_2 具有三种结晶状态，分别是锐钛矿、板钛矿和金红石相，其中以锐钛矿型在光伏器件中使用最为常见。锐钛矿 TiO_2 的光学带隙为 3.2eV，其导带底位置约为 −4.1eV，价带顶约为 −7.3eV。TiO_2 光学折射率约为 2.4。在染料敏化太阳电池中，TiO_2 通常被用作光阳极骨架层，起到承载染料分子和电荷抽取的作用。2009 年，Miyasaka 等人将钙钛矿用作光吸收层沉积于 TiO_2 电子传输层之上，得到了 3.8% 的钙钛矿太阳电池[23]。经过研究人员的不断努力，目前基于 TiO_2 电子传输层的钙钛矿太阳电池效率已经达到 25.6%[24]。TiO_2 的导带底位置与大部分钙钛矿材料的导带底位置相当，并且与钙钛矿材料接触紧密，有利于电荷注入，载流子迁移率约为 1cm^2/（V·s），电荷传输特性优异。但是，良好的结晶过程需要高温退火，限制了其在柔性衬底上的应用，非晶态 TiO_2 制备温度稍低，电荷传输能力稍逊于结晶态。此外，TiO_2 具有较高的光催化活性，导致其与钙钛矿反应，引起界面上电荷传输性质变化，影响器件的稳定性。

② 二氧化锡（SnO_2）

SnO_2 的光学带隙在 3.5～4.0eV 范围之内，其导带底位置约为 −4.3eV，价带顶约为 −7.9eV，光学折射率为 2.0，载流子迁移率约为 240cm^2/（V·s）。SnO_2 通常在低温条件下制备，高温结晶时会出现一定的龟裂，破坏薄膜的致密性。SnO_2 最早采用低温溶液法制备并应用到平面钙钛矿太阳电池中[25]。随后，通过原子层沉积（atomic layer deposition，ALD）、化学浴沉积（chemical bath deposition，CBD）、纳米晶颗粒混合液等不同改进方法均可得到高质量 SnO_2 薄膜。目前，基于 SnO_2 电子传输层的器件报道最高效率为 26.0%[26]。此外，SnO_2 的低温制备工艺可使其用于柔性衬底。

③ 氧化锌（ZnO）

ZnO 的光学带隙约为 3.3eV，其导带底位置约为 −4.17eV，价带顶约为 −7.47eV，光学折射率为 2.0，载流子迁移率约为 200cm^2/（V·s）。ZnO 结晶和生长温度较低，适用于柔性衬底。通过控制生长环境和过程来实现不同的 ZnO 纳米结构的制备。然而，ZnO 表面较容易吸附羟基自由基（—OH），并与钙钛矿薄膜反应导致材料分解，造成严重的界面复合及器件失效，因此需要在 ZnO 与钙钛矿之间进行一定的改性和钝化处理，保证器件稳定性[27]。

④ 富勒烯及衍生物

富勒烯 C_{60} 具有良好的电子输运特性，其能带位置与钙钛矿材料相近并可通过衍生物官能团修饰而改变。富勒烯及衍生物可通过溶液法或蒸发法进行制备，适用于正置与倒置结构。目前，以 C_{60} 和 $PC_{61}BM$ 最为常见，通常置于钙钛矿薄膜之后，从而得到高效器件。富勒烯可通过改变硫醇、羧基酸、磷酸或硅烷等官能团，影响衍生物的吸附特性，形成自组装单分子层（SAM），实现一定的电荷输运效果。除了具有良好的电子输运特性，$PC_{61}BM$ 也对钙钛矿晶粒和晶界产生钝化作用，进而降低缺陷态密度，优化钙钛矿材料的性质[28]。

（4）电子传输层的性能调控

① 金属掺杂

金属掺杂可以改善金属氧化物的物理性质，通过 n 型掺杂可以提升其费米能级、提高载流子迁移率、改善界面接触、减少接触电阻等。如通过高价态金属铌（Nb）掺杂可以增强 TiO_2 和 SnO_2 的载流子输运能力，减小串联电阻，提升器件性能[29]。目前，已经报道的掺杂金属包括银（Ag）、镁（Mg）、铒（Er）、镧（La）、铕（Eu）、镱（Yb）、铌（Nb）、镉（Cd）、锆（Zr）和钨（W）等。

② 形貌调控

一维纳米结构具有更好的结晶状态和更高的载流子迁移率，进一步与纳米颗粒结合能够增加与钙钛矿的接触面积并提高电荷输运效率，同时具有一定的陷光效果，有利于提升光电流。

③ 多层组合

通过采用不同能级结构的电荷传输层组合，可以实现能级渐变或形成势垒，有利于增强电荷传输或提高界面电势，从而达到调制器件光伏特性的目的。例如，在正置结构中，在 SnO_2 上沉积一薄层 C_{60}-SAM，可以有效减少界面缺陷和电荷积累，提高电荷转移和载流子输运特性[30]；通过氨羧络合剂对 SnO_2 进行螯合改性，可以改变 SnO_2 的能级位置和载流子迁移率等电学特性，并与其他材料组合，形成梯度能级的传输层结构，可促进载流子的分离和输运[31]。

④ 添加剂及界面修饰

在 SnO_2 中添加 KCl，其中 Cl^- 可以钝化 SnO_2 中的缺陷，K^+ 可以扩散进入上层钙钛矿薄膜，进而钝化缺陷，提升器件性能[32]。溶解有 $PC_{61}BM$ 的氯苯溶液作为反溶剂，可以在钙钛矿上表面形成 $PC_{61}BM$ 的梯度分布，有利于电子输运[33]。

（5）电子传输层的制备方法

电子传输层的制备方法主要有喷雾热解（spray-pyrolysis）、旋涂（spin-coating）、原子层沉积（atomic layer deposition，ALD）、化学浴沉积（chemical bath deposition，CBD）、电子束蒸镀（electron beam evaporation）、水热（hydrothermal）、电沉积（electro-deposition）、磁控溅射沉积（sputtering）、脉冲激光沉积（pulsed laser deposition，PLD）等方法。目前，常用的是溶液旋涂法，并进行加热退火处理，可形成较高质量的电子传输层。

喷雾热解法是将前驱液通过喷雾的方式沉积到高温衬底上，反应后会得到致密薄膜，常用于 TiO_2 致密层的制备[24]。

旋涂法是通过将电子传输材料制备成一定浓度的溶液或悬浊液，使用匀胶机将该前驱液旋涂在衬底上，之后进行加热退火处理得到致密的电子传输层。该方法使用较为普遍，对于有机材料和无机材料均适用。如制备 $PC_{61}BM$ 和 SnO_2 薄膜可采用 $PC_{61}BM$ 溶液和 SnO_2 纳米晶颗粒水分散液旋涂之后，加热处理得到[34]。

ALD 法是采用原子层沉积设备，将金属有机源通过与氧源（一般为去离子水、臭氧等）交替通入反应腔室，通过加热、臭氧处理、等离子体处理等方式得到原子层不断堆积形成的氧化物薄膜。通过改变前驱体的组分，可实现厚度精确可控的 TiO_2、SnO_2 等多种氧化物薄膜的制备[30]。

CBD 法是金属盐的水溶液在加热条件下反应得到致密薄膜。以 SnO_2 电子传输层为例，首先由溶解在强酸溶液中的 Sn^{2+} 水解形成 $Sn(OH)^+$ 中间相，之后与溶液中的氧进行反应成为 Sn^{4+}，并与尿素产生的 OH^- 结合形成 $Sn(OH)_4$，最后通过脱水反应形成 SnO_2 并沉积于衬底表面[35]。

电子束蒸镀法是通过高能电子束将电子传输材料气化并沉积于衬底上，从而得到电子传输层。

水热法是将衬底置于具有前驱液的水热反应釜中，通过水热反应在衬底上沉积得到电子传输层。

电沉积法是将导电衬底作为一个电极，并对含有前驱体的溶液施加电压，将金属氧化物沉积在导电衬底上。

磁控溅射沉积法与 PLD 法均是采用高能粒子轰击靶材，将电子传输材料沉积到导电衬底上。

8.1.3 介孔骨架材料

介孔型钙钛矿太阳电池通常采用正置结构，介孔骨架层主要起支撑钙钛矿层、抽取与传输电子的作用。最常见的介孔材料为 TiO_2。该类材料具有三维网状多孔结构，可为钙钛矿吸光层提供更多的结晶成核生长位点，形成平整致密的高质量钙钛矿薄膜，增加了钙钛矿的有效吸光厚度，有助于提升光电流。大多数的介孔骨架材料起到输运电子的作用，因此，高效的介孔骨架材料一般应具有以下几个特征：①匹配的能级，介孔骨架材料的导带底一般低于钙钛矿半导体的导带底，保证电子有效地转移和传输，同时其价带顶必须低于钙钛矿半导体的价带顶，阻挡空穴的反向传输，避免电荷复合损耗；②较高的电子迁移率，可以将钙钛矿中产生的电子快速有效地传递至衬底；③沉积的薄膜具有良好的疏水性和热稳定性，有助于抑制钙钛矿材料的水解和热解，从而增强器件的稳定性；④合适的光吸收范围，例如，钙钛矿材料在长期紫外光照射下容易发生降解，通过选择能够将紫外光转变成可见光的介孔骨架材料，不仅能够提高电池的稳定性，而且可以拓展整体器件的光谱吸收范围和增强钙钛矿的光吸收。

介孔骨架材料的种类繁多，选用优良高效的材料对于改善钙钛矿太阳电池的性能极其重要。以下介绍在钙钛矿太阳电池中常用的几种介孔骨架材料：

（1）介孔二氧化钛（m-TiO_2）

m-TiO_2 由于其具有匹配的能带位置、较快的提取和注入电子速率、长的电子寿命以及低成本等优点，被广泛应用于介孔型钙钛矿太阳电池中，其基本结构一般为透明导电玻璃 FTO/致密层 TiO_2/m-TiO_2/钙钛矿吸光层/空穴传输层/背电极。致密层 TiO_2 起到抽取、传输电子和阻挡空穴的作用，m-TiO_2 作为支撑骨架辅助钙钛矿成膜与传输电子。1991 年，O'Regan 等人利用 m-TiO_2 代替平面型材料应用在染料敏化太阳电池中，这也是 m-TiO_2 首次被用作光阳极材料。m-TiO_2 的引入使光阳极的比表面积扩大了 1000 多倍，显著提高了对太阳光的利用，器件获得了 7.12% 的光电转换效率及 80% 以上的单色光效率[36]。

尽管目前最高效率的器件仍是基于 m-TiO_2 材料的介孔型钙钛矿太阳电池，但 m-TiO_2 也面临着一些问题，如 TiO_2 的电子迁移率较低，阻碍了电池效率进一步提升，且 m-TiO_2 需要高温煅烧，限制了柔性器件和叠层器件的发展。此外，m-TiO_2 的结构有序性较低，晶界处存在较多的电子捕获和散射中心，并且在紫外光照射下极其不稳定，会发生严重的光催化效应，产生活性氧，加速钙钛矿材料的降解，这极大地限制了钙钛矿太阳电池的商业化发展，因此有必要探索 m-TiO_2 材料的替代者[37]。

（2）介孔二氧化锡（m-SnO_2）

SnO_2 具有较大的禁带宽度（3.7eV，n 型半导体），在光激发后不易在价带位置上产生空穴，对紫外光的耐受性也比 TiO_2 好。另外，SnO_2 的电子迁移率可以达到 $100 \sim 200 cm^2/(V \cdot s)$，远高于 TiO_2 [$0.1 \sim 4.0 cm^2/(V \cdot s)$][38]。由此可见，采用 m-$SnO_2$ 来代替 m-TiO_2 可以显著加快电子的转移与传输、减小电子在导带中的复合概率、有效提高电池的效率并延长电池的使用寿命。虽然 SnO_2 应用于介孔型钙钛矿太阳电池的研究较少，但从理论上分析 m-SnO_2 无疑是替代 m-TiO_2 最有潜力的介孔骨架材料。m-SnO_2 的制备方法有很多，主要包括模板法、溶胶-凝胶法、阳极氧化法以及水热合成法，其中最常见的方法是模板法[39]。

（3）介孔氧化铝（m-Al_2O_3）

上述 m-TiO_2 和 m-SnO_2 介孔材料不仅可以作为钙钛矿的骨架支撑层，而且能够转移钙钛矿吸光层中的电子。与之不同的是，m-Al_2O_3 是一种绝缘材料，只能作为钙钛矿的骨架支撑材料来辅助高质量钙钛矿的生长，但不具备传导电子的能力。m-Al_2O_3 具有较大的禁带宽度，可以有效提升电池的 V_{oc}[40]。

Al_2O_3 往往需要高温烧结退火处理，制备工艺复杂。为此研究者制备了低温退火处理的 m-Al_2O_3，且该类介孔型钙钛矿太阳电池比高温处理的器件展现出更高的效率，进一步证明了对于不具备传导电子能力的 m-Al_2O_3 类介孔骨架材料而言，高温退火处理的过程可能是多余的，这一发现无疑扩展了介孔型钙钛矿太阳电池的易用性和通用性。但是，由于 m-Al_2O_3 不具备传导电子的能力，电子只能通过钙钛矿材料本身进行传输和转移，导致电池内部的电子转移速率较低而引起电荷复合和能量损失。

（4）复合介孔材料

针对各种介孔骨架材料所呈现的优缺点，研究者设计了具有不同结构的复合介孔材料。2014 年，Jacob 等人将 TiO_2 纳米颗粒和石墨烯薄片复合材料进行低温处理，发现该复合介孔材料不仅可以加快电子的提取和转移，而且还可以对钙钛矿层起到封装保护作用，从而增强了电池的环境稳定性[41]。Han 等人发现 ZrO_2-TiO_2 复合介孔材料的应用可以显著提高介孔型钙钛矿太阳电池的 V_{oc} 和电子寿命，且器件在黑暗大气环境中展现出良好的工作稳定性，但是在光照条件下器件却十分不稳定，功率输出衰减严重，其降解机理尚不明确，有待研究[42]。

（5）介孔氧化镍（m-NiO$_x$）

和上述 n 型半导体或绝缘型介孔骨架材料不同的是，m-NiO$_x$ 是一种 p 型半导体材料，主要应用于倒置介孔钙钛矿太阳电池中。m-NiO$_x$ 同时起到钙钛矿吸光层支撑骨架和输运空穴的作用，即促进钙钛矿前驱液渗透，提高光捕获效率，并改善空穴传输层和钙钛矿层之间的界面接触。由于其具有 3.6～4.0eV 的宽带隙、突出的空穴迁移率〔10^{-5}～10^{-3} cm^2/（V·s）〕、合适的能级结构以及高达 5.4eV 的功函数，因此无机 NiO$_x$ 是一种理想的空穴传输材料[43]。在倒置介孔器件中，m-NiO$_x$ 的这些特性可防止钙钛矿层受到紫外光照射而降解，并减少空穴传输层/钙钛矿界面处的电荷积累，实现高效稳定的器件。目前，m-NiO$_x$ 基倒置介孔钙钛矿太阳电池效率已突破 20%[43]，表现出巨大的发展潜力。

8.1.4　空穴传输层材料

空穴传输层材料作为钙钛矿太阳电池的重要组成部分，其主要作用是抽取并传输由钙钛矿层注入的空穴，同时阻挡电子，如图 8-3 所示。2009 年，Miyasaka 等人首次将钙钛矿应用到太阳电池中[23]，借助染料敏化太阳电池的结构，采用液态电解质，获得了 3.8% 的效率。但液态电解质的使用严重影响电池寿命，光照下工作数分钟钙钛矿即被溶解 80% 以上。为了解决这一问题，2012 年，Park 和 Snaith 等人采用固态的 2,2,7,7-四〔N,N-二（4-甲氧基苯基）氨基〕-9,9-螺二芴（Spiro-OMeTAD）作为空穴传输层材料[40,44]，避免了液态电解质对钙钛矿的腐蚀，极大地提升了器件稳定性，成功地将效率提升到了 10% 左右。自此以后，钙钛矿太阳电池进入了快速发展期，引起了世界范围内广大研究人员的关注，其中新型空穴传输层材料的开发也成为了研究的热点之一。

8.1.4.1　正置结构中空穴传输层材料

不同器件结构对空穴传输层材料有不同的要求。对于正置电池而言，空穴传输层位于钙钛矿吸光层和金属电极之间，理想的正置空穴传输层材料应满足以下要求：①与钙钛矿能级匹配，抽取空穴同时阻挡电子；②高空穴迁移率；③良好的溶液加工性和成膜性；④良好的光、热、水、氧稳定性；⑤低成本。

空穴传输层材料可分为有机材料和无机材料两大类。有机空穴传输层材料的优点在于材料结构和性质易于调节，溶液加工性和成膜性良好，而缺点在于迁移率和稳定性普遍不高。Spiro-OMeTAD 是目前最常用也是最成功的有机空穴传输层材料之一，基于此的电池认证效率已经达到 25% 以上[24,35]。但是，由于 Spiro-OMeTAD 自身空穴迁移率低，必须使用锂盐、钴盐、4-叔丁基吡啶（t-BP）等添加剂掺杂，并经过氧气氧化后才能获得较好的电学性质。而这些掺杂剂的引入会极大增加钙钛矿被水和氧气分解的可能性，导致器件稳定性的降低[45]。此外，复杂的合成路线和高昂的提纯成本使得 Spiro-OMeTAD 价格极为昂贵，例如 Merck 公司的售价高达 500 美元/g。因此，多年来研究人员一直致力于研发新的空穴传输层材料来取代它，典型的正置结构中有机空穴传输层材料分子结构如图 8-4 所示。2016 年，Nazeeruddin 等人将 Spiro-OMeTAD 螺芴中的苯环替换为噻吩环合成了 FDT[46]，合成本约为 60 美元/g，电池效率为 20.2%，这也是基于非 Spiro-OMeTAD 的小分子空穴传输材料的器件首次获得超过 20% 的效率。2018 年，Seo 等人将 Spiro-OMeTAD 末端的对甲氧基苯用芴取代[47]，合成了 DM 分子，器件认证效率达到 22.6%。2020 年，Yang 等人在 Spiro-

OMeTAD 末端的苯环邻、间位引入氟原子[48]，实现了对空穴传输层材料能级、疏水性和分子间相互作用的全面调控，其中间位取代的 Spiro-mF 助力钙钛矿电池实现了 24.64％的认证效率，电池的 V_{oc} 损失仅为 0.3V 且稳定性良好。

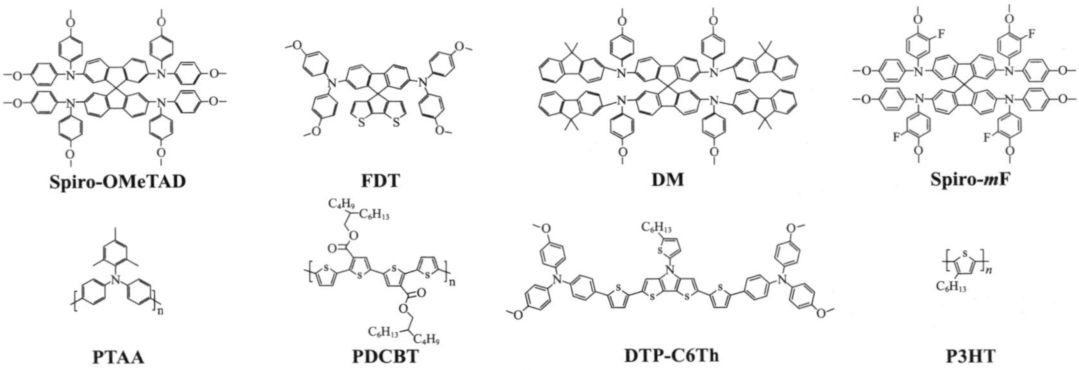

Spiro-OMeTAD　　**FDT**　　**DM**　　**Spiro-mF**

PTAA　　**PDCBT**　　**DTP-C6Th**　　**P3HT**

图 8-4　用于正置器件结构中代表性有机空穴传输层材料分子结构[24,46-52]

除小分子外，高分子聚合物也可用于空穴层传输材料。聚［双(4-苯基)(2,4,6-三甲基苯基)胺］(PTAA) 是除 Spiro-OMeTAD 外使用最广泛的有机空穴传输材料。2017 年，Seok 等人将 PTAA 用作空穴传输层，通过对钙钛矿中碘缺陷进行深度管理，获得了 22.1％的认证效率[49]。除此之外，CH$_3$O-PTAA[53]、PDCBT[54]、PTEG[55,56]、PC3[57] 等多种用于高效率正置太阳电池的聚合物空穴传输层材料被开发出来，Brabec 等人将有机太阳电池中的电子给体材料 PDCBT 用作空穴传输层[54]，通过在钙钛矿/空穴传输层界面插入一层钽掺杂的氧化钨，有效降低了界面传输阻抗，电池效率达到 21.2％且未封装器件持续光照 1000h 效率几乎无衰减。

虽然数以千计的新型空穴传输层材料被报道，但受限于有机材料自身特性，大部分有机空穴传输材料仍必须通过掺杂才能有助于获得高性能器件，掺杂带来的稳定性问题仍然没有得到根本性解决，因此开发非掺杂型空穴传输材料成为了研究人员的共识。2019 年，Tang 等人以能级适配、空穴迁移率高、界面钝化作用良好的二噻吩并吡咯基团为核心，通过细致的侧链工程优化，获得了一系列高效率非掺杂空穴传输层材料[51,58]。其中噻吩己基侧链取代的 DTP-C6Th 器件效率达到了 21.04％，且未封装器件在空气中 60 天后仍能保留初始效率的 85％，这也是目前基于小分子非掺杂空穴传输层材料的钙钛矿电池效率最高值之一。2019 年，Seo 等人以成本低廉、空穴迁移率高的聚 3-己基噻吩 (P3HT) 为空穴传输层[52]，通过在钙钛矿表面引入己基三甲基溴化铵形成宽带隙二维钙钛矿来诱导 P3HT 的有序堆积，从而在减小界面能量损失的同时提升 P3HT 空穴迁移率，最终获得了 22.7％的认证效率。得益于非掺杂的策略，基于 P3HT 的未封装器件置于 85％湿度环境下 1000h，效率仍能保持初始值的 90％，而基于 Spiro-OMeTAD 的器件放置在相同环境下 200h 即失去全部效率。基于 P3HT 的封装器件持续光照 1400h，效率仍能保持初始值的 85％以上。2021 年，Noh 等人在此基础上通过在 P3HT 中加入乙酰丙酮镓[58]，将 P3HT 器件的效率进一步提升到了 24.6％。

相比于有机材料，无机空穴传输层材料的优点在于成本低、空穴迁移率高、稳定性好，但它们普遍不适用于大规模溶液加工，主要原因在于本征缺陷密度高，材料选择少，这也导致其电池效率普遍低于有机空穴传输层材料。在 $Cu_2O^{[59]}$、$CuGaO_2^{[60]}$、$CuSCN^{[61]}$ 等无机空穴传输层材料中，CuSCN 表现出了较好的性质。2017 年，Grätzel 等人以乙二硫醚为溶剂[61]，通过快速旋涂法制备了均匀致密的 CuSCN 薄膜，基于 CuSCN 的正置钙钛矿太阳电池获得了超过 20% 的效率和良好的稳定性。未封装器件在 60℃ 加热和持续光照条件下工作 1000h 后，电池效率仍能保持初始值的 95% 以上。

8.1.4.2　倒置结构中空穴传输层材料

对于倒置钙钛矿太阳电池而言，空穴传输层位于透明导电电极与钙钛矿吸光层之间，因此理想的空穴传输材料还应额外满足以下要求：①在可见-近红外光区寄生吸收最小，有助于更多光子到达钙钛矿层；②不溶于 DMF 和 DMSO 溶剂中，防止在钙钛矿沉积过程中被破坏或洗去。与正置结构中的空穴传输材料类似，适用于倒置钙钛矿太阳电池的无机空穴传输材料如 $NiO_x^{[62]}$、$NiMgLiO^{[63]}$、$CuI^{[64]}$、$CuCrO_2^{[65]}$ 等。它们与有机材料 PTAA 相比，其器件性能普遍不高。目前，PTAA 是倒置高效钙钛矿太阳电池中最常用的空穴传输材料。2020 年，Jen 等人以 PTAA 为空穴传输层[66]，通过碘化哌嗪对钙钛矿表面钝化，实现了 22.77% 的认证效率，是目前倒置钙钛矿太阳电池的最高效率。但 PTAA 自身存在以下问题，阻碍了它的应用：①成本高达 1980 美元/g[52]，是黄金的数十倍；②空穴迁移率较低，约 $10^{-5}cm^2/(V\cdot s)$；③能级失配，PTAA 的 HOMO 约为 $-5.1eV$，与钙钛矿的价带能级（约 $-5.4eV$）不匹配，阻碍了倒置器件效率的进一步提高。因此，开发低成本、高性能的空穴传输材料是倒置钙钛矿电池实现产业化的关键技术之一。

用于倒置器件的代表性有机空穴传输层材料的分子结构如图 8-5 所示。2020 年，Fang 等人在聚合物侧链引入羧基以钝化钙钛矿，合成了 PFDT-2F-COOH[67]，电池效率为 21.68% 且光热稳定性良好。Li 等人报道了基于吡啶的聚合物空穴传输材料 PPY2[68]，通过吡啶取代位置的优化，PPY2 展现出了 $1.9\times10^{-3}cm^2/(V\cdot s)$ 的高空穴迁移率和合适的 HOMO 能级。此外，得益于吡啶对钙钛矿的有效钝化，器件的 V_{oc} 损失得以大幅降低，倒置钙钛矿太阳电池实现了 22.41% 的效率。Yip 等人开发了可低温制备的一种新型无掺杂小分子 TPE-S 空穴传输层材料，实现了光电转换效率为 21.0% 倒置钙钛矿电池[69]。Guo 等人在共轭稠环的基础上进一步引入吸电子单元，增强分子内电荷转移和偶极矩。他们以吸电子型并噻吩酰亚胺稠环为核心，开发了空穴传输性能优异、薄膜形貌良好的 MAP-BTTI[70]，在倒置电池中实现了 21.17% 的效率与优异的稳定性。Guo 等人进一步借鉴染料敏化太阳电池中的染料分子设计，通过四步反应合成了 MPA-BT-CA[71]，合成成本仅为 46 美元/g，倒置电池效率为 21.24%。

通过多年的研究，多种用于倒置结构的高效空穴传输材料已经被开发出来，但这些材料普遍只适合实验室旋涂制备，旋涂法会造成材料的大量损失，而其他方法制备几纳米厚度的空穴传输层又比较困难，使得它们难以用于工业化大面积生产。近期，研究人员发现采用 SAM（自组装）策略进行空穴传输材料开发有望解决这一问题。其独特优势包括：①分子合成简单且用量少，成本得以降低；②可通过浸泡等方法高通量制备，制造成本低；③可通过锚定基团与基底化学键合，溶液加工性和稳定性好；④可在空穴传输层厚度最小化的同时保证粗糙基底全覆盖，有利于降低串联电阻和提高空穴传输能力，实现倒置电池效率的进一步提升。2018 年，Getautis 和 Albrecht 等人报道了首个 SAM 空穴传输材料 V1036[72]，在倒置结构中实现了 17.8% 的电池效率。2019 年，Albrecht 等人以能级更匹配的 2PACz 为空

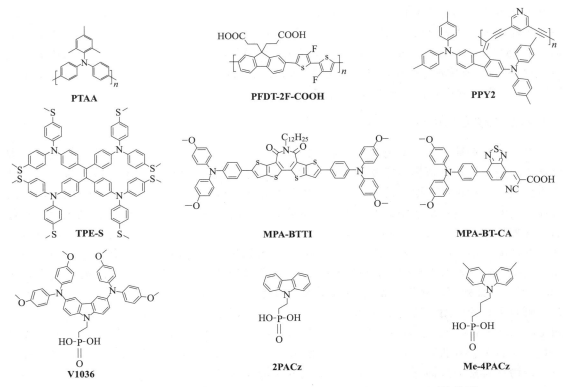

图 8-5 用于倒置器件结构中代表性有机空穴传输层材料分子结构[49,67-74]

穴传输层[73]，有效减少了电池 V_{oc} 损失，并将倒置钙钛矿电池效率提升到 21.1%。2020 年，Albrecht 等人充分利用 SAM 型空穴传输材料优势，以表面改性的 Me-4PACz 为空穴传输层[74]，获得了具有 29.15% 认证效率的硅/钙钛矿叠层太阳电池，极大鼓舞了新型 SAM 型空穴传输材料的开发。

总之，无论是正置还是倒置钙钛矿太阳电池，当前使用的空穴传输材料距离产业化的需求都有较大差距，开发低成本、高性能、高稳定的空穴传输材料是钙钛矿太阳电池真正走向产业化必须解决的关键问题[75]。

8.1.5 电极材料

电极的作用主要是收集载流子并输出外电路，如图 8-3 中倒置器件结构可知，由入光面的不同可分为入光面电极和背电极。入光面电极主要有透明导电氧化物（transparent conductive oxide，TCO）、超薄金属和有机导电聚合物等材料。背电极一般选用贵金属、碳材料和一些透明金属氧化物电极。

入光面电极应具有良好的透光性，不透光背电极的光学反射系数较大。电极需要具有非常高的导电性和合适的功函数，保证电荷的高效输运和界面欧姆接触。同时，电极应具有良好的环境稳定性，不能与空气中的氧气、水分反应而失效。电极不能与钙钛矿材料互相渗透反应，引起钙钛矿的掺杂和电极失效。

（1）透明导电氧化物

透明导电氧化物主要以 FTO、ITO 导电衬底最为常见。其中，FTO 为掺氟二氧化锡

（SnO_2:F），具有良好的透过性和稳定性；ITO为铟锡氧化物（In_2O_3:Sn），具有透光性好、膜层牢固、导电性好等优势，但是其高温稳定性略差，超过 300℃ 高温退火会导致其表面电阻明显增加。

（2）部分常用金属电极

金（Au）的功函数约为 5.10eV，如表 8-2 所示，与空穴传输材料能级匹配较好，是在正置结构中使用最多的电极材料，目前基于 Au 电极的单结钙钛矿器件的最高效率是 25.6%[24]。但是，研究人员发现 Au 原子会与钙钛矿中的卤素离子（X^-）反应形成 AuX，影响器件稳定性[76]。可以通过界面修饰和插入缓冲层来阻止该反应，从而提高电池稳定性[77]。

表 8-2　部分常用电极的功函数

电极材料	Au	Ag	Cu	Al	Cr	Ni	Sb	Bi	Mo	W	C
W_F/eV	5.10	4.26	4.65	4.28	4.60	4.60	4.55	4.22	4.36	4.32	5.00

银（Ag）的功函数约为 4.26eV，与大部分电子传输材料能级匹配较好，因此在倒置结构中用来抽取电子，目前基于 Ag 电极的倒置钙钛矿电池最高效率为 23.37%[66]。由于 Ag 的活性较高，并且在空气中易被氧化，同样也会与钙钛矿中的卤素离子反应，形成 AgX（X 为卤素），并扩散进入钙钛矿中形成掺杂，影响器件稳定性[78]。

铜（Cu）的功函数约为 4.65eV，可在倒置结构中收集电子，并广泛应用于叠层太阳电池。研究人员发现 Cu 电极具有较好的稳定性[79]，可避免 Au、Ag 等材料与钙钛矿之间的化学反应，加之其较为低廉的价格，Cu 被视作良好的金属电极材料。

（3）碳材料电极

碳（carbon）材料的功函数约为 5.0eV，碳电极在无空穴传输层的钙钛矿太阳电池中使用较为普遍，直接与钙钛矿接触，输运和抽取空穴[80]。研究人员通过印刷介孔碳并在孔隙中填充钙钛矿材料，得到全印刷介孔结构钙钛矿电池，效率超过 17%，并且具有优良的稳定性[81,82]。

（4）部分透明背电极及新型电极

石墨烯（graphene）属于碳材料，功函数约为 5.0eV。由于其良好的导电性和透光性，适用于各种类型的电极。作为背电极时，可以通过制备大面积多层石墨烯并转移至钙钛矿电池电荷传输层表面，形成透明电极[83]。另外，可借助单层石墨烯的良好透光性、导电性、柔性等优点，将其转移至衬底上，形成入光面前电极，进而制备高效柔性钙钛矿电池[84]。类似材料还包括碳纳米管等。

有机材料电极，如 PEDOT:PSS 的功函数约为 5.0eV，可实现空穴输运与抽取，导电性和透光性良好，可通过掺杂和调节组分比例改善其导电性（>4000S/cm）[85]，并与柔性衬底结合得到柔性电极。由于 PEDOT:PSS 一般为水溶液，难以直接涂覆于钙钛矿材料之上，因此，研究人员开发出转移层压技术，通过先形成的 PEDOT:PSS 自支撑薄膜，转移该薄膜到钙钛矿电池功能层上并使用压力进行贴合，形成背电极[86]。

通过纳米压印技术，可以在柔性衬底上制备不同结构的沟槽，并通过将金属纳米颗粒浆料填涂于相应结构中并加热处理形成金属网格柔性电极。目前报道有基于 Ag、Ni 等电极的柔性钙钛矿太阳电池[87]。类似材料还包括金属纳米线等。

介质/金属/介质（D/M/D）多层膜电极，由于金属成膜过程中先形成岛状结构，从而超薄（<10nm）的金属薄膜通常呈现一定的等离子体效应，造成透光损失[88]。采用一定的介质衬底，可改善金属薄膜的成膜特性，实现平整薄膜，进一步添加一层介质薄膜可以起到抗反射的效果，增加多层膜的透光性，该透明电极通常可以取代溅射方法制备的导电氧化物薄膜[89]。目前报道的介质材料包括 MoO_x、WO_x、VO_x 等，超薄金属材料包括 Cu、Ag、Au 等。

（5）成本与制备方法

Au、Ag 都属于贵金属，价格昂贵，在大面积制备方面使用成本较高，可采用 Cu 等材料进行替代。碳材料成本低廉，可用于规模化制备。制备方法主要有热蒸镀法、溅射法、刮涂法、转移法等。

8.2 钙钛矿太阳电池器件结构、工作原理及设计优化

8.2.1 钙钛矿太阳电池器件结构

钙钛矿太阳电池结构可按照电子传输层和空穴传输层的沉积先后顺序分为正置即 n-i-p 型结构和倒置即 p-i-n 型结构（其中，n 为 n 型半导体，i 为钙钛矿层，p 为 p 型半导体），如图 8-6 所示。在正置结构中，n 型电子传输材料通常为金属氧化物如 TiO_2、SnO_2、ZnO 等；p 型空穴传输材料最常用的是 Spiro-OMeTAD，除此之外，PTAA、P3HT 也是很好的空穴传输材料。而在倒置结构中，常用的空穴传输材料有 PEDOT:PSS、PTAA 以及 NiO_x 等，电子传输材料则为富勒烯 C_{60} 及其衍生物 $PC_{61}BM$ 和 ICBA 等。

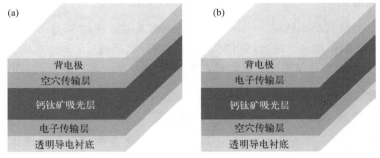

图 8-6　钙钛矿太阳电池结构
(a) 正置；(b) 倒置

根据有无介孔传输层又可分为介孔结构和平面异质结结构。早期钙钛矿太阳电池结构主要是借鉴染料敏化太阳电池的介孔结构，包含透明导电玻璃、TiO_2 致密层和介孔层、钙钛矿吸光层、空穴传输层以及背电极五部分（n-i-p）。该类电池最大的特点是光阳极利用三维网状多孔结构进行光子捕获和电荷传递，介孔层中会包含大量的微孔空隙，从而使后续沉积的钙钛矿前驱体溶液充分地铺展渗入到孔隙内部，并在介孔层内部以及表面形成钙钛矿吸光层，扩大二者的接触面积并形成良好的接触，加快电子的提取与转移，降低电池内部的电荷复合以及能量损失；另外，介孔层状的生长基底可以有效地促进钙钛矿晶粒的成核和生长过程以获得更高质量的薄膜，因此介孔型钙钛矿太阳电池的效率通常更高，电池性能的重复性

更好。介孔型钙钛矿太阳电池除了具有上述 n-i-p 结构外，还包含少量基于介孔 NiO_x（m-NiO_x）的 p-i-n 结构。

当介孔层被去掉时，则器件结构被称为平面异质结结构。平面钙钛矿太阳电池不需要三维空间骨架材料（如 TiO_2、Al_2O_3 等）作为支撑材料，结构简单且可低温制备，受到了极大关注。

8.2.2　钙钛矿太阳电池工作原理

钙钛矿太阳电池的工作原理同样是基于光生伏打效应。当钙钛矿吸光层吸收入射的太阳光时会在体内产生光生载流子（电子空穴对），这些电子空穴对通过扩散作用移动到钙钛矿层与电荷传输层的界面处，在电荷传输层选择性传输的作用下发生分离（由于低的激子结合能），形成自由移动的电子和空穴，之后分别经电子传输层和空穴传输层抽取并传输，最后被相应的电极收集，形成光电压，在接有外部负载的情形下形成光电流。

这里以典型的平面正置结构 SnO_2/$MAPbI_3$/Spiro-OMeTAD 为例，讲述实际工作条件下载流子的输运情况。如图 8-7 所示，载流子的行为可用以下几个过程来描述[90]：①电子注入过程；②空穴注入过程；③载流子猝灭过程——辐射复合；④载流子猝灭过程——非辐射复合；⑤电子在 SnO_2/$MAPbI_3$ 界面处复合湮灭；⑥空穴在 Spiro-OMeTAD/$MAPbI_3$ 界面处复合湮灭；⑦载流子在 SnO_2/Spiro-OMeTAD 界面处复合湮灭。

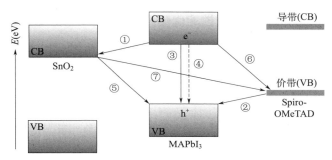

图 8-7　钙钛矿太阳电池能带和工作状态下载流子输运过程[90]

由此可知，钙钛矿体内与界面处的非辐射复合对于器件性能有很大的影响。具体影响因素主要包括以下几种：

① 钙钛矿薄膜内部存在着大量的缺陷和晶界，它们会捕获大量的光生载流子，诱导发生非辐射复合，吸收的光子能量以热能的形式损失；另外，钙钛矿薄膜表面存在的孔洞和间隙会成为载流子复合路径，导致电流损失。

② 钙钛矿吸收层与电荷传输层之间不良的界面接触以及较大的能级差（如图 8-8 所示），会导致电子和空穴无法及时转移到相应的电荷传输层，从而引起严重的电荷复合和能量损失。

③ 由于钙钛矿薄膜质量较差，导致其自身传导载流子的能力较差，从而使钙钛矿材料内部光激发产生的电子在向介孔电子传输层的转移过程中较容易与材料内部的空穴进行非辐射复合，吸收的光子能量再次以光能的形式损失。

④ 已成功转移至介孔电子传输层上的部分电子并没有通过导电玻璃传导至外电路，而是发生逆向传导，重新回到钙钛矿吸光层，与其内部的空穴复合，产生暗电流，严重影响器件的电流输出。

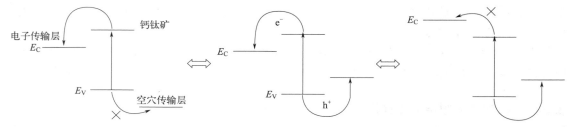

图 8-8　电子传输层/钙钛矿/空穴传输层界面相对的能带关系

⑤ 电子传输层/空穴传输层的自身电子/空穴迁移率较低，导致光生电荷无法完全或者及时转移至外电路，造成电荷损失。

⑥ 由导电玻璃与背电极导致的电荷复合和能量损失。由于导电玻璃和空穴传输层/钙钛矿材料的热膨胀系数不同，在高温退火以及冷却过程中会发生晶格的不匹配从而导致接触不良，致使能量损失，背电极和空穴传输层之间的能级势垒也是导致电荷复合和能量损失的重要原因之一。

此外，p-n 结形成不完全或者缺陷导致的漏电并联电阻 R_{SH}，以及由材料体电阻、电极电阻、接触电阻等构成的总串联电阻 R_S 会造成部分能量损耗，从而影响整个器件的性能。

8.2.3　钙钛矿太阳电池结构设计及性能优化

8.2.3.1　介孔型钙钛矿太阳电池

早期钙钛矿太阳电池源于染料敏化太阳电池的介孔结构。自从 Miyasaka 等人首次将钙钛矿 $CH_3NH_3PbI_3$ 和 $CH_3NH_3PbBr_3$ 作为敏化剂引入染料敏化太阳电池中，便开启了介孔型钙钛矿太阳电池的研究热潮。经过研究人员对钙钛矿合成、电荷传输材料以及器件结构的不断优化和努力，介孔型钙钛矿太阳电池的性能不断提升。高效率的介孔型钙钛矿太阳电池大多采用 m-TiO_2 作为电子传输层，目前最高效率可达 25.6%[24]。

m-TiO_2 颗粒大小、结晶性等自身特性对钙钛矿薄膜质量及器件性能有着重要影响。大粒径 m-TiO_2 有利于增大钙钛矿晶粒尺寸，同时增强光散射，但颗粒过大则会降低钙钛矿薄膜表面的均匀性。相反，小粒径 m-TiO_2 可以提高钙钛矿薄膜的均匀度，但薄膜的结晶性和致密性却远不如前者。结合二者优点，研究人员通过混合不同尺寸的 m-TiO_2 颗粒，发现当 200nm/20nm TiO_2 的粒径的比为 1/2 时，器件整体性能最佳[91]。

另外，m-TiO_2 的电子迁移率相对较低，一直是限制效率进一步提升的重要因素。为解决这个问题，研究人员通过在 m-TiO_2 中掺杂 Nb、Y、Zr、Li 等进行改性来增强其性能。Grätzel 等人通过将 Li 掺杂到 m-TiO_2 中制备 m-TiO_2（Li-m-TiO_2）电子传输材料，结果表明改性后的 Li-m-TiO_2 在迁移率和电导率等电学性质方面都展现出了比 m-TiO_2 更优越。同时，这一改性策略成功地将具有 FTO/Li-m-TiO_2-$CH_3NH_3PbI_3$/$CH_3NH_3PbI_3$/Spiro-OMeTAD/Au 介孔型钙钛矿电池的效率从 17% 提升至 19%[92]。2018 年，Jeon 等人将商用 TiO_2 浆料稀释后旋涂于致密层 TiO_2 之上，经过 500℃ 高温退火处理制得 m-TiO_2 作为介孔层，制成了结构为 FTO/c-TiO_2/m-TiO_2/$(FAPbI_3)_{0.95}(MAPbBr_3)_{0.05}$/DM/Au 的介孔型钙钛矿电池，获得了 22.6% 的效率[47]。

虽然介孔型钙钛矿电池效率不断提升，但目前高效电池仍然局限于 Spiro-OMeTAD 和

PTAA 这两种有机空穴传输层，其高昂的价格成本、需要引入吸湿性掺杂剂、化学不稳定性以及沉积过程的问题严重限制了钙钛矿太阳电池的商业化进程。

新型空穴传输材料的设计与开发同样对介孔型钙钛矿太阳电池性能起到了推进作用。研究人员开始寻找可替代的高效空穴传输材料来构建超高性能钙钛矿太阳电池。2019 年，Noh 和 Seo 等人提出了一种用于高效钙钛矿电池的器件架构，利用未经任何掺杂改性的 P3HT 作为空穴传输材料，m-TiO_2 作为电子传输材料，通过正己基三甲基溴化铵在钙钛矿表面的原位反应，在窄带隙光吸收层的顶部形成了宽带隙卤化物钙钛矿薄层，改善了 P3HT 和钙钛矿层的接触，抑制了界面处电荷复合和能量损失，显著提高了界面电荷传输，将 P3HT 基双层卤化物结构介孔型钙钛矿太阳电池效率提升至 22.7%，且器件表现出优异的稳定性[52]。

此外，薄膜的制备工艺也决定了器件性能，如使用极性质子溶剂（主要为异丙醇）的常规薄膜沉积方法容易导致钙钛矿薄膜在较长时间的溶剂浸泡下表面成分不稳定。基于此，Yoo 等人提出了一种新颖的选择性前体溶解（SPD）策略，即利用前体/溶剂组合（直链烷基溴化铵/氯仿）在钙钛矿薄膜上原位合成层状钙钛矿（LP）。该 LP 钝化层（3D/LP 异质结）可以有效钝化界面和晶界缺陷，抑制非辐射复合和钙钛矿界面处的载流子猝灭，并增强钙钛矿薄膜的抗湿性。基于 SPD 策略制备的冠军器件的效率达到 22.6%，V_{oc} 损失仅约 0.34V[93]。同时，Kim 等人系统地研究了甲基氯化铵（MACl）添加剂在 $FAPbI_3$ 钙钛矿中的作用。研究发现 MACl 促使钙钛矿晶粒尺寸增大了 6 倍，载流子寿命增加了 4.3 倍，密度泛函理论（DFT）计算显示钙钛矿结构的形成与 MACl 的掺入量有关。采用 40%（摩尔分数）的 MACl 掺杂量，介孔 $FAPbI_3$ 钙钛矿电池获得了 23.48% 效率[94]。

进一步地，Kim 等人针对氟化能使共轭材料在能量水平、非共价相互作用和疏水性等方面的优点，研制了 Spiro-OMeTAD 的两种氟化异构体（Spiro-mF 和 Spiro-oF），将其作为空穴传输层应用于介孔型钙钛矿电池中。基于 Spiro-mF，器件实现了 24.64% 的效率，V_{oc} 损失仅为 0.3V，相应的大面积器件可以获得 22.31% 的效率[48]。而后，Kim 等人开发了一种阴离子工程技术，即使用赝卤化物甲酸离子（$HCOO^-$）来抑制晶界和钙钛矿薄膜表面的阴离子空位缺陷，使得 FTO/c-TiO_2/m-TiO_2/$FAPbI_3$/OAI/Spiro-OMeTAD/Au 器件的效率达到 25.2%，同时，该器件具有优异的稳定性，对加速钙钛矿电池商业化进程有重要作用[24]。

目前，高效率介孔型钙钛矿电池主要采用 m-TiO_2 作电子传输材料。然而，m-TiO_2 在紫外光照射下易于发生光催化作用，导致自身结构及钙钛矿层的降解，严重影响电池的运行稳定性[37]，限制了其商业化应用。因此，研究人员致力于寻找 m-TiO_2 材料的替代品。经过研究，基于 m-SnO_2、m-ZnO、复合介孔材料如 ZrO_2-TiO_2 以及二元材料 m-Zn_2SnO_4 的介孔型钙钛矿电池效率都取得了一定的突破和进展，特别是基于 m-NiO_x 的倒置型介孔钙钛矿电池发展迅速，最高效率已经突破 20%[95]，但仍明显低于 m-TiO_2 基电池的效率，这也印证了 m-TiO_2 材料作为钙钛矿电池介孔骨架材料的独特优势。因此，优化和提升 m-TiO_2 的综合性质是加快介孔型钙钛矿电池发展的一条可行路线。

8.2.3.2 平面异质结型钙钛矿太阳电池

（1）n-i-p 型钙钛矿太阳电池

n-i-p 型平面钙钛矿电池最常用的电子传输层是 SnO_2，相比于高温烧结的 TiO_2，SnO_2 具有可低温制备、增透效应、合适的能带结构以及高的电子迁移率等优点，在正置钙钛矿电池里展现出巨大的潜力。

2015 年，Fang 等人率先使用 SnO₂ 作为电子传输层，实现了 17.21% 的效率［图 8-9(a)］[25]。SnO₂ 的成功应用使得正置结构钙钛矿电池的发展稳步向前推进。SnO₂ 与钙钛矿间的界面缺陷则可以采用一些分子来钝化，不仅可调节 SnO₂ 的表面特性如能带和导电性，还可以钝化钙钛矿下表面的缺陷。2016 年，游等人采用 SnO₂ 纳米颗粒作为电子传输层，电池获得了 20.51% 的效率，见图 8-9(b)[35]。利用苯乙胺碘化物（PEAI）对钙钛矿薄膜进行钝化，降低钙钛矿表面缺陷，将效率提升到 23.32%［美国可再生能源实验室 NREL 效率图所收录，图 8-9(c)］[63]。当前，采用化学浴沉积（CBD）方法制备的 SnO₂ 基钙钛矿电池的认证效率已达到了 25.2%［图 8-9(d)］[35]，再次证明了 SnO₂ 是一种很有前景的电子传输材料。

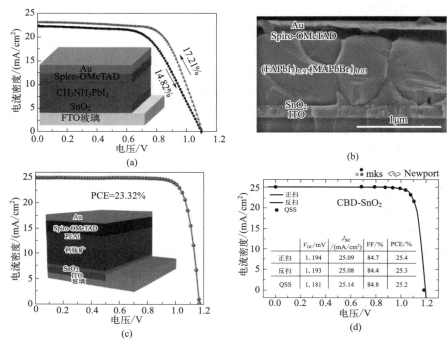

图 8-9　基于 SnO₂ 的平面 n-i-p 型结构的钙钛矿电池[25,34,35,96]

（a）基于 SnO₂ 电子传输层的钙钛矿电池结构和 J-V 曲线；（b）基于 SnO₂ 纳米颗粒电子传输层的钙钛矿电池结构；（c）基于 SnO₂ 电子传输层和 PEAI 钝化层的钙钛矿电池结构和 J-V 曲线；（d）基于化学浴制备 SnO₂ 电子传输层的钙钛矿电池在 Newport 公司测试 J-V 曲线（mks：万机仪器集团；Newport：理波光电公司）

（2）p-i-n 型钙钛矿太阳电池

倒置 p-i-n 型钙钛矿电池相比于正置 n-i-p 型钙钛矿电池，效率进步相对滞后，但是近几年经过不断努力，倒置钙钛矿太阳电池的性能不断提升，最高效率已达到 22.75%[66]，稳定性也取得了较大进展[79,97,98]。以下仅就基于空穴传输层 NiOₓ 和 PTAA 的倒置钙钛矿电池进行讨论。

NiOₓ 属于无机 p 型半导体材料，由于其具有较高透过率、较大带隙（3.5～3.9eV）和适当的价带位置（−5.2～−5.4eV），并且与有机材料相比有更好的稳定性，因此 NiOₓ 很适合作为空穴传输层。2015 年，韩等人采用喷雾热解方法制备 NiOₓ，并采用 Mg 和 Li 共掺杂来调节 NiOₓ 的导电性与能带结构［如图 8-10(a) 所示］，>1cm² 面积的器件效率达到 15%，且稳定性较好[63]。

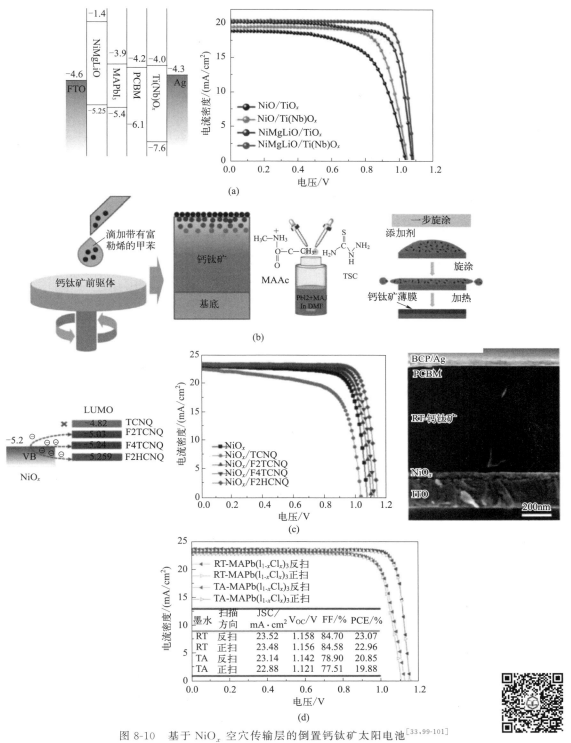

图 8-10　基于 NiO_x 空穴传输层的倒置钙钛矿太阳电池[33,99-101]

（a）喷雾热解法制备 Mg 和 Li 共掺 NiO_x 空穴传输层的钙钛矿电池能带结构和 $J\text{-}V$ 曲线；

（b）梯度异质结工程和添加剂工程制备钙钛矿方法；（c）F_2HCNQ 分子修饰 NiO_x 空穴传输层的

能带结构、钙钛矿电池 $J\text{-}V$ 曲线和电池断面结构 SEM 图；（d）室温等温结晶法制备的钙钛矿电池 $J\text{-}V$ 曲线采用 Cu[102,103]、Cs[104]、Co[105] 等元素掺杂均可提升 NiO_x 的性质,来进一步提高钙钛矿电池的效率。如图 8-10(b) 所示,韩等人分别采用梯度异质结工程和添加剂工程来降低钙钛矿表面和体内的缺陷态密度,有效地抑制了器件内的非辐射复合[33,106]。合适的添加剂分子有助于调节钙钛矿的结晶动力学,制备高质量、大晶粒的钙钛矿,提高钙钛矿结晶性。NiO_x 与钙钛矿界面间的修饰同样能提升器件性能。陈等人采用高电子亲和势的 F2HCNQ 分子来修饰 NiO_x 表面,提高了其电导率和空穴抽取能力,实现了 22.13% 的效率,如图 8-10(c) 所示[99]。Priya 等人采用室温等温结晶的方法在数秒内制备出高质量的钙钛矿薄膜,不需退火,实现了 23.1% 的效率[100]。这种室温快速方法适用于卷对卷大面积印刷制备,有利于钙钛矿电池未来的商业化。

相比于 PEDOT:PSS,PTAA 具有更好的化学稳定性和疏水性,并且能带结构与钙钛矿层更加匹配,常作为空穴传输层用于倒置结构中(如图 8-11 所示)。朱等人发展了溶液处理的二次生长技术,即采用溴化胍(GABr)溶液处理钙钛矿薄膜表面以此来产生更宽带隙且更偏 n 型的表层钙钛矿薄膜,降低了器件中的非辐射复合,基于 1.62eV 带隙的钙钛矿电池实现了 1.21V 的高 V_{oc} 和 20.91% 的效率[107]。黄等人采用季铵卤化物有效地钝化了带正电和负电的离子缺陷,降低电荷缺陷态密度并延长载流子寿命,最后将 V_{oc} 损失降低至 0.39V[108]。钙钛矿体内的缺陷也严重影响钙钛矿电池的性能。Bakr 等人将长链的表面锚定的烷基胺配体加入钙钛矿前驱液中作为晶粒和界面的修饰剂,钙钛矿薄膜显示出(100)的择优取向和更低的缺陷态密度及增大的载流子迁移率和扩散长度,最后器件实现了 22.3% 的效率并在连续光照 1000h 后效率无衰减[109]。目前,倒置钙钛矿电池的效率纪录为 23.37%,由 Jen 等人实现[66]。他们采用一种双功能分子,即碘化哌唑(PI),作为电子给体和电子受体与钙钛矿薄膜表面的不同末端反应进而钝化缺陷,钙钛矿表面残余应力得以释放,抑制了非辐射复合,且具有更多的 n 型特性,可以实现有效的能量转移,最终实现高效稳定器件。

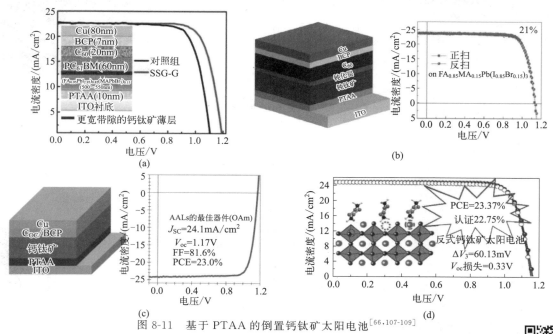

图 8-11　基于 PTAA 的倒置钙钛矿太阳电池[66,107-109]

(a)GABr 处理的钙钛矿电池结构图和 J-V 曲线;(b)季铵卤化物修饰的钙钛矿电池结构图和 J-V 曲线;
(c)烷基胺配体修饰的钙钛矿电池结构图和 J-V 曲线;(d)双功能分子修饰钙钛矿作用原理图和电池 J-V 曲线

上述钙钛矿薄膜均属于多晶钙钛矿，而单晶钙钛矿电池在近几年也取得了长足的进展。如图 8-12 所示，Bakr 等人采用溶液空间限域逆温晶体生长的方法制备出约 $20\mu m$ 厚的 $MAPbI_3$ 钙钛矿单晶薄膜[110]。之后，他们采用溶剂工程，降低 $MAPbI_3$ 单晶薄膜的结晶温度（$<90℃$），得到了更长载流子寿命的单晶薄膜，并实现了 21.9% 的效率[111]。进一步地，他们采用 FA 部分取代 MA 来生长单晶薄膜，扩大单晶钙钛矿吸光层的吸光范围，器件的 J_{sc} 得到提升（$>26mA/cm^2$），效率为 22.8%，为目前单晶钙钛矿电池的最高效率[112]。

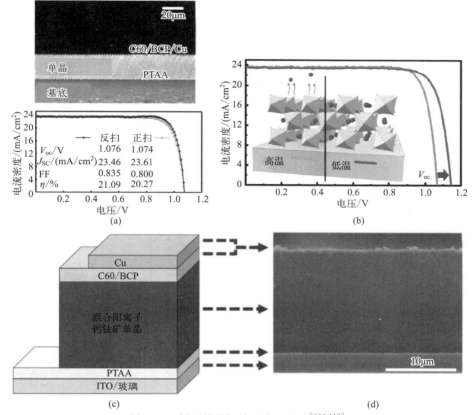

图 8-12　倒置单晶钙钛矿太阳电池[110-112]

（a）$MAPbI_3$ 单晶钙钛矿电池断面 SEM 图和 J-V 曲线；

（b）溶剂工程 $MAPbI_3$ 单晶钙钛矿制备方法原理示意图和 J-V 曲线；

（c）混合阳离子钙钛矿单晶电池结构；（d）混合阳离子钙钛矿单晶电池断面结构 SEM 图

8.3　钙钛矿基叠层太阳电池

钙钛矿化学和结构的灵活性，通过组分工程，其带隙（E_g）可在较为广泛的范围内调节[113]。改变 I/Br（摩尔比），MAPb（$I_{1-x}Br_x$）钙钛矿的 E_g 可以从 $1.6\sim2.3eV$ 连续调节[114]。研究表明，将 Pb 与 Sn 合金化可将带隙降低至约 1.2eV，该值低于纯 Pb 和纯 Sn 钙钛矿的 E_g[115]。钙钛矿 E_g 的较宽可调范围使其对制备叠层太阳电池极具吸引力[116]。叠层太阳电池是由具有不同带隙吸光材料的子电池叠加组合而成，其中高能光子被宽带隙（WBG）顶部子电池（顶电池）所吸收，而穿透过的低能光子被窄带隙（NBG 或 LBG）底部子电池

（底电池）所吸收，从而减少了热动力学损失［如图 8-13(a)］，其效率有望打破单结太阳电池肖克利-奎塞尔（SQ）理论极限效率[117]。

最常见的叠层太阳电池是双结叠层电池，通常可分为两种结构，即四端（4-T 或并联）和两端（2-T 或串联）叠层结构，如图 8-13(b)～(d)所示。

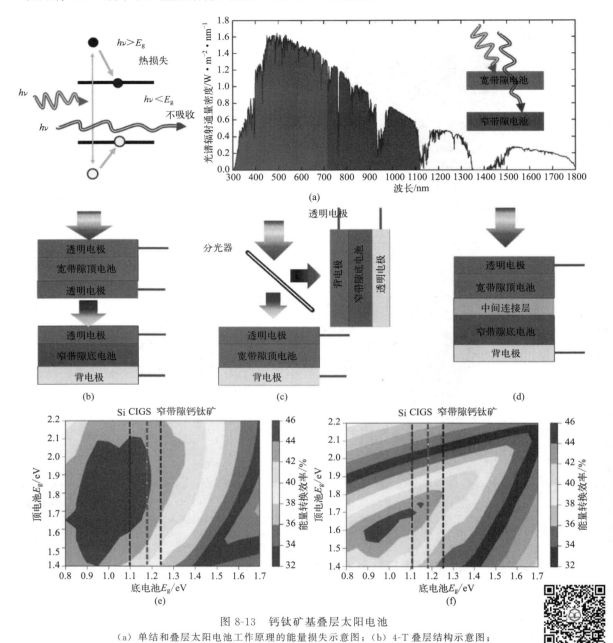

图 8-13　钙钛矿基叠层太阳电池
（a）单结和叠层太阳电池工作原理的能量损失示意图；（b）4-T 叠层结构示意图；
（c）4-T 光学分光的叠层结构示意图；（d）2-T 叠层结构示意图[126]；2-T 叠层太阳电池的理论效率极限（e）4-T 和（f）[116]

4-T 叠层太阳电池是将两个独立制备的子电池通过机械堆叠方式或光学分光镜组装到一个系统中［图 8-13(b)和(c)］，实现性能的叠加；较高的光学和辅助元件的额外成本使得后者组装方式在实践中很少使用。在 4-T 叠层电池中，子电池可以有不同带隙，并各自在最大功率点独立工作，它们仅仅是光学耦合在一起，无电学关联。尽管工艺和操作较为简单，4-T 叠层结构依然存在一些固有的缺陷。由于此结构有四个电极（即每个子电池都有自己的电极），会带来额外的寄生光学损耗并增加制造成本，阻碍了 4-T 叠层技术成本的降低。此外，维持子电池的稳定功率输出需要额外的单元如逆变器、电线等，因此系统成本可能还会增加。

2-T 叠层太阳电池则是两个子电池需要在相同的衬底上连续沉积，集成为一个完整的串联电池 [图 8-13(d)]。整个器件包括一个透明的前电极和一个不透明的背电极。最重要的是，2-T 叠层结构需要中间连接层，它可以是一个重掺杂隧道结或一层透明导电氧化物复合层，以使得两个子电池能够光学与电学无损耗连接。与 4-T 叠层电池相比，2-T 叠层电池在工艺上相对复杂，中间连接层与上层子电池的制备需要考虑电池极性、衬底粗糙度、沉积温度和溶剂兼容性等因素。

图 8-13(e) 和 (f) 给出了 4-T 和 2-T 叠层太阳电池的理论效率极限，其中虚线标记了典型底电池的 E_g，包括 Si、CIGS 和 NBG 钙钛矿，两种器件结构均可实现 40% 以上的理论效率[117]。对于 4-T 叠层电池而言，总功率输出仅是顶电池和底电池效率之和，因此两个子电池的带隙选择限制较少 [图 8-13(e)]，并且对不同地理位置和一段时间内的光谱变化不太敏感[118,119]；而对于 2-T 叠层电池而言，由于两个子电池是串联的，因此叠层器件的电压是两个子电池电压的总和，而电流受到两个子电池中较低值的限制，即要实现子电池中电流匹配。所以，要使功率输出最大化，两个子电池需要在工作条件下产生相当的光电流，这对吸光层 E_g 和厚度等的光学优化以及整个膜层的反射和干涉增加了更多的条件。理论计算结果表明，钙钛矿顶电池的最佳 E_g 在约 $1.65 \sim 1.8\text{eV}$ 之间，以匹配 E_g 为 $1.1 \sim 1.3\text{eV}$ 的底电池（如 Si、CIGS 和 NBG 钙钛矿）[图 8-13(e) 和 (f)][116,120,121]。在实际应用中，不断变化的工作条件与标准测试条件之间的光谱和温度差异所引起的电流失配可能会导致 2-T 叠层电池中能量损失[118,119]。

这里主要介绍如何设计和优化钙钛矿/Si、钙钛矿/CIGS 和钙钛矿/钙钛矿（全钙钛矿）叠层结构来提高钙钛矿基叠层太阳电池的性能。

8.3.1 钙钛矿/Si 叠层太阳电池

晶硅（c-Si）技术在当前光伏市场上占据主导地位，使得 c-Si 是最理想的候选材料，与宽带隙钙钛矿结合构筑叠层太阳电池，可以在不显著改变制造成本的情况下增加 c-Si 太阳电池板的功率输出[122,123]。为了超过 30% 的效率，需要将约 1.1eV 的 c-Si 与带隙为 $1.6 \sim 1.75\text{eV}$ 的钙钛矿匹配 [图 8-13(e) 和 (f)]。到目前为止，德国柏林亥姆霍兹中心（HZB）的科学家制备的钙钛矿/c-Si 的 2-T 串联叠层太阳电池的认证效率突破 32.5%，已经超过了单结 Si 电池的最高效率 27.6%[26]。

（1）4-T 钙钛矿/Si 叠层太阳电池

钙钛矿/Si 叠层电池的开创性尝试始于 2014 年底，当时 Ballif 和 McGehee 团队分别报道了效率为 13.4% 的 $MAPbI_3$/Si 四端叠层电池[124] 和效率为 17% 的 $MAPbI_3$/Si 四端叠层电池 [图 8-14(a)][125]。随后，科研人员尝试多种优化改进方法以期制备高效的钙钛矿/Si 四端叠层电池。2016 年初，Snaith 等人制备出光热稳定性更高的 $FA_{0.83}Cs_{0.17}Pb(I_{0.6}Br_{0.4})_3$

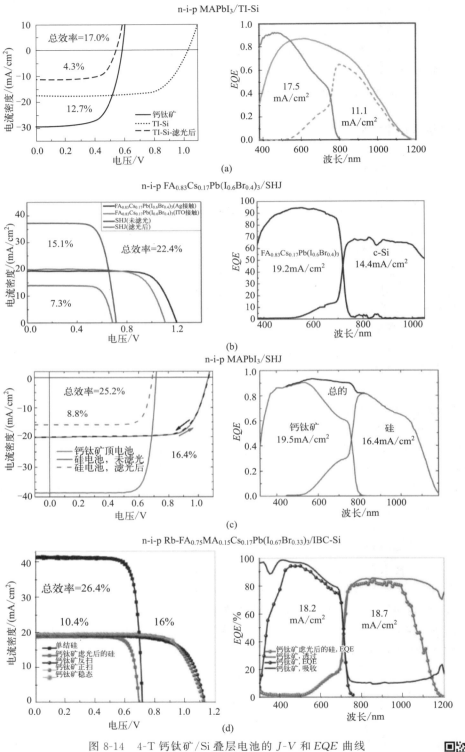

图 8-14   4-T 钙钛矿/Si 叠层电池的 *J-V* 和 *EQE* 曲线

(a) MAPbI$_3$ 和 TI-Si[125]; (b) FA$_{0.83}$Cs$_{0.17}$Pb (I$_{0.6}$Br$_{0.4}$)$_3$ 和 SHJ-Si[126];

(c) MAPbI$_3$ 和 SHJ-Si[127]; (d) Rb-FA$_{0.75}$MA$_{0.15}$Cs$_{0.17}$Pb (I$_{0.67}$Br$_{0.33}$)$_3$ 和 IBC-Si[128]

钙钛矿，带隙约为 1.74eV，单结钙钛矿电池的 V_{oc} 达到了 1.2V[126]，进而 4-T 钙钛矿/Si 叠层电池效率达到了 22.4% [图 8-14(b)]。然而，由于钙钛矿顶部电池中存在显著的 J-V 迟滞现象，叠层器件的稳态效率仅约 19.2%。自此，FA/Cs 基钙钛矿成为钙钛矿叠层结构中顶部电池的最佳选择。

随后，Chen 等人利用超薄 Cu(1nm)/Au(7nm) 作为金属背电极制备了半透明 MAPbI$_3$ 钙钛矿太阳电池，增强了到达 Si 底电池的近红外光，4-T 钙钛矿/Si 叠层电池效率实现了 23.0%[129]。Werner 等人利用 MAPbI$_3$ 钙钛矿电池作为顶电池，以双面制绒的 Si 异质结电池作为底电池，制备了 4-T 钙钛矿/Si 异质结叠层电池，其中顶电池和底电池的效率分别为 16.4% 和 8.8%，最终 4-T 叠层电池效率达到 25.2% [图 8-14(c)][127]。Duong 等人采用 1.63eV、含 5% RbI 的 Rb-FA$_{0.75}$MA$_{0.15}$Cs$_{0.1}$Pb(I$_{0.67}$Br$_{0.33}$)$_3$ 钙钛矿电池和叉指背接触 (IBC) Si 底电池组成 4-T 钙钛矿/Si 叠层电池，效率达到了 26.4%[128]。IBC-Si 底电池提高了近红外光子的吸收，所以底电池的效率达到 10.4%，J_{sc} 高达 18.7mA/cm^2 [图 8-14(d)]。Jaysankar 等人采用 V_{oc} 为 1.22V 和效率为 13.8% 的半透明 1.72eV 的 Cs$_{0.15}$FA$_{0.85}$Pb(I$_{0.71}$Br$_{0.29}$)$_3$ 钙钛矿电池作为顶电池，与效率为 13.3% 的高效 IBC-Si 底电池结合，实现了效率为 27.1% 的 4-T 钙钛矿/IBC-Si 叠层电池[130]。

（2）2-T 钙钛矿/Si 叠层太阳电池

2015 年，McGehee 和 Buonassisi 等人报道了第一个 2-T 钙钛矿/Si 叠层太阳电池[131]。该叠层器件由 MAPbI$_3$ 顶电池和同质结 Si 底电池通过 n^{++}/p^{++} Si 隧道复合结连接形成 [图 8-15(a)]，效率为 13.7%，V_{oc} 为 1.65V。此后，Albrecht 等人采用 FA$_{0.83}$MA$_{0.17}$PbI$_{0.85}$Br$_{0.15}$ 钙钛矿顶电池、SnO$_2$/ITO 连接层和 Si 异质结底电池组成的 2-T 钙钛矿/Si 叠层电池 [图 8-15(b)][132]，其效率达到 19.9%，V_{oc} 为 1.785V，J_{sc} 为 14.0mA/cm^2，FF 为 79.5%，但稳态效率仅为 18.1%。

2015 年底，Ballif 等人采用半透明 MAPbI$_3$ 电池作为顶电池和双面抛光 Si 异质结作为底电池 [图 8-15(c)]，构筑了效率为 21.2% 的 2-T 钙钛矿/Si 叠层电池[133]。由于钙钛矿电池中的缺陷和两个平行 Si 表面引入的干涉相关的光学损耗，叠层器件在子电池中产生光电流时呈现出显著的波长相关的空间非均匀性[134]。之后，运用底部制绒的 Si 片、纳米 c-Si 复合层和 Cs$_{0.19}$FA$_{0.81}$Pb(I$_{0.78}$Br$_{0.22}$)$_3$ 宽带隙钙钛矿电池组合，将小面积 2-T 钙钛矿/Si 叠层电池的效率提升到 22.8%[135]。McGehee 等人利用 1.63eV FA$_{0.83}$Cs$_{0.17}$Pb(I$_{0.83}$Br$_{0.17}$)$_3$ 钙钛矿顶电池和单面制绒的 Si 异质结底电池制备了效率为 23.6% 的高效 2-T 钙钛矿/Si 叠层太阳电池 [图 8-15(d)][136]。这种叠层设计使光从 n 型电子选择层 [LiF/PCBM/SnO$_2$/(Zn，Sn)O$_2$] 进入钙钛矿顶电池，这与之前报道的 2-T 叠层电池不同。更重要的是，稳定的 FA/Cs 基钙钛矿顶电池和稳定的 ITO 界面层，以及 ALD 制备的 SnO$_2$/(Zn，Sn)O$_2$ 缓冲层组合，进一步增强了叠层器件的稳定性，使其能在 85℃ 和 85% 相对湿度下经受超过 1000h 的湿热测试[137]。采用类似的器件结构，Chen 等人发展了一种先进的技术，通过在钙钛矿前驱体中加入 MACl 和 MAH$_2$PO$_2$ 使 1.64eV 钙钛矿顶电池中的 V_{oc} 损失减小到 0.5V 以下，这使得 2-T 钙钛矿/Si 异质结叠层电池实现了 1.80V 的高 V_{oc}，J_{sc} 达到 17.8mA/cm^2，FF 为 79.4%，最终器件效率达到 25.4%[138]。目前，已报道的 2-T 钙钛矿/Si 叠层电池的纪录效率由 HZB 所实现，效率为 29.8%[139]。

大多数最先进的 2-T 钙钛矿/Si 叠层太阳电池都是基于前表面抛光的 Si 底电池，这是因为在不平整的表面上进行钙钛矿顶电池的溶液处理较为困难。最近，Sahli 等人在双面制绒的单晶 Si 晶片上制备出 2-T 钙钛矿/Si 叠层太阳电池［图 8-15(e)］。基于双面制绒的 Si 晶片的叠层器件的认证稳态效率为 25.2%，具有 $19.5mA/cm^2$ 的高 J_{sc}，比在单面抛光 Si 晶片上制备的钙钛矿/Si 叠层电池高出 $3mA/cm^{2[135]}$。通过热蒸发沉积有机空穴传输层，比如 $2,2',7,7'$-四（N,N-二甲苯）氨基-9,9-螺-双芴（Spiro-TTB）和气-液混合顺序沉积方法可在金字塔制绒的 Si 片上制备出保角型的钙钛矿薄膜，从而制备出钙钛矿/Si 叠层电池[140]。尽管在全面制绒的 Si 晶片上处理的 2-T 钙钛矿/Si 叠层电池显示出很好的结果，但器件的 FF 仍然相对较低，只有 69%～73%[141]，有待进一步优化。

在 2-T 钙钛矿/Si 叠层电池中进行光学设计，可大幅减少寄生光学损耗。McGehee 等人通过将薄的顶部透明电极、金属指状电极和聚二甲基硅氧烷（PDMS）增透膜相结合，将 V_{oc} 和 J_{sc} 损失降至最小（V_{oc} 为 1.77V，J_{sc} 为 $18.4mA/cm^2$），$1cm^2$ 的钙钛矿/Si 叠层电池效率达到 25%[142]。Albrecht 等人在入射光一侧有光管理箔［图 8-15(f)］，将钙钛矿/Si 异质结叠层电池效率提高到 25.5%[143]。

除了基于 Si 异质结太阳电池的叠层电池外，同质结 Si 技术也被认为是钙钛矿/Si 叠层电池市场化的理想候选技术，其在全球市场份额约为 93%。Weber 等人在 $1cm^2$ 钙钛矿/同质结 c-Si 叠层电池上获得了 22.5% 的稳态效率[144]。同时，Ho-Baillie 等人也制备出了高效的大面积 $MAPbI_3$/同质结 Si 叠层太阳电池[145]。$4cm^2$ 的冠军叠层器件效率达到 21.0%，而 $16cm^2$ 的大面积叠层器件稳态效率也达到了 17.1%。将（$FAPbI_3$）$_{0.83}$（$MAPbBr_3$）$_{0.17}$ 钙钛矿电池和背面制绒的同质结 Si 电池组合构筑 2-T 叠层电池，$16cm^2$ 的电池获得了 21.8% 的稳态效率[146]。这些工作为钙钛矿/Si 叠层电池技术的商业化奠定了基础。

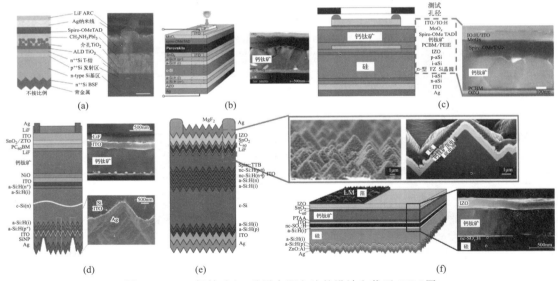

图 8-15　2-T 钙钛矿/Si 叠层太阳电池的设计和截面 SEM 图

（a）$MAPbI_3$/c-Si[131]；（b）$FA_{0.83}MA_{0.17}Pb(I_{0.85}Br_{0.15})_3$/SHJ（双面抛光）[132]；

（c）$MAPbI_3$/SHJ（双面抛光）[133]；（d）$FA_{0.83}Cs_{0.17}Pb(I_{0.83}Br_{0.17})_3$/SHJ（单面制绒）[136]；

（e）（FA，Cs）$Pb(I, Br)_3$/SHJ（全制绒）[144]；（f）$Cs_{0.05}(MA_{0.17}FA_{0.83})_{0.95}Pb(I_{0.83}Br_{0.17})_3$/SHJ（单面制绒）[143]

8.3.2 钙钛矿/CIGS 叠层太阳电池

（1）4-T 钙钛矿/CIGS 叠层太阳电池

2014 年，Bailie 等人首次制备了 4-T 钙钛矿/CIGS 叠层太阳电池，其中 MAPbI$_3$ 顶电池效率为 12.7%，过滤后的 CIGS 底电池效率为 5.9%，最终效率为 18.6%[125]。Fu 等人制备了 n-i-p 结构的半透明 MAPbI$_3$ 钙钛矿电池，获得了 20.5% 效率的 4-T 钙钛矿/CIGS 叠层电池[147]。随后，他们通过使用衬底结构来改善钙钛矿顶电池的性能［图 8-16（a）］，进一步地将 4-T 叠层器件效率提高到 22.1%，其中顶电池和底电池的效率分别为 16.1% 和 6.0%［图 8-16（b）］[148]。

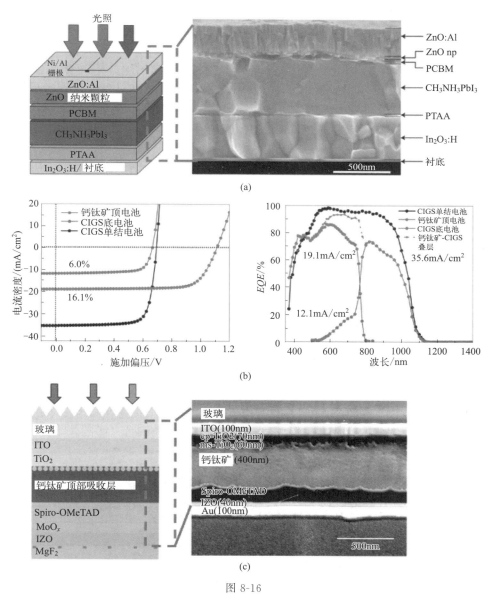

图 8-16

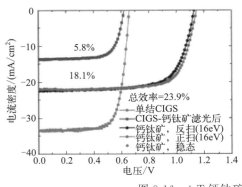
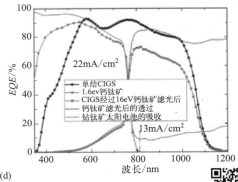

图 8-16　4-T 钙钛矿/CIGS 叠层太阳电池

（a）半透明底衬型 $MAPbI_3$ 钙钛矿电池的器件结构和截面 SEM 图；

（b）4-T $MAPbI_3$/CIGS 叠层电池的 J-V 和 EQE 曲线[148]；

（c）半透明 n-i-p 型 $Cs_{0.05}Rb_{0.05}FA_{0.765}MA_{0.135}Pb(I_{0.85}Br_{0.15})_3$ 钙钛矿电池的器件结构和截面 SEM 图；

（d）4-T $Cs_{0.05}Rb_{0.05}FA_{0.765}MA_{0.135}Pb(I_{0.85}Br_{0.15})_3$/CIGS 叠层电池的 J-V 和 EQE 曲线[149]

使用宽带隙钙钛矿来取代正常带隙 $MAPbI_3$ 钙钛矿，可允许更多的红外光子进入 CIGS 底部电池。Shen 等人在 n-i-p 结构中利用 1.62eV 钙钛矿吸光层，实现了 18.1% 的半透明单结器件 ［图 8-16(c)］，与 16.5% 的 CIGS 底电池构筑成 4-T 钙钛矿/CIGS 叠层电池的效率为 23.9% ［图 8-16(d)］[149]。Zhu 等人利用 1.68eV 的 $(FA_{0.65}MA_{0.20}Cs_{0.15})Pb(I_{0.8}Br_{0.2})_3$ 宽带隙顶电池与 1.12eV 的 CIGS 底电池构筑成的 4-T 叠层电池，实现了 25.9% 的记录效率[150]。

（2）2-T 钙钛矿/CIGS 叠层太阳电池

Todorov 等人首次利用溶液法制备了黄铜矿底电池，得到的 2-T 钙钛矿/CIGS 叠层电池效率仅为 10.9% ［图 8-17(a)］[151]。尽管效率远低于单结电池，但对 2-T 钙钛矿/CIGS 叠层结构的尝试依然激励和鼓舞了科研人员进行深入研究。

由于在已完成的 CIGS 太阳电池上制备中间连接层和钙钛矿顶电池存在一定的困难，因此目前关于 2-T 钙钛矿/CIGS 叠层电池的文献报道较少。2018 年，Uhl 等人使用溶液法制备了半透明 $MAPbI_3$ 顶电池，使用分子墨水沉积方法制备了 $CuIn(Se, S)_2$（1.03eV）底电池，得到了效率为 8.55% 的 2-T 钙钛矿/硫族化物叠层太阳电池 ［图 8-17(b)］[152]。Yang 等人通过化学和机械抛光 CIGS 电池的上表面区域以及应用重掺杂的 PTAA 作为空穴传输层，将 2-T 钙钛矿/CIGS 叠层电池的效率提升至 22.4%（V_{oc} 为 1.774 V，J_{sc} 为 17.3mA/cm^2，FF 为 73.1%）［图 8-17(c)～(e)］[153]。Albrecht 等人实现了在粗糙的 CIGS 表面上沉积钙钛矿吸光层，在 1cm^2 面积的器件上获得了 23.26% 的认证效率，取得较大进展[73]。

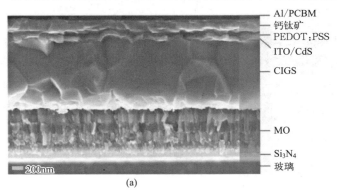

（a）

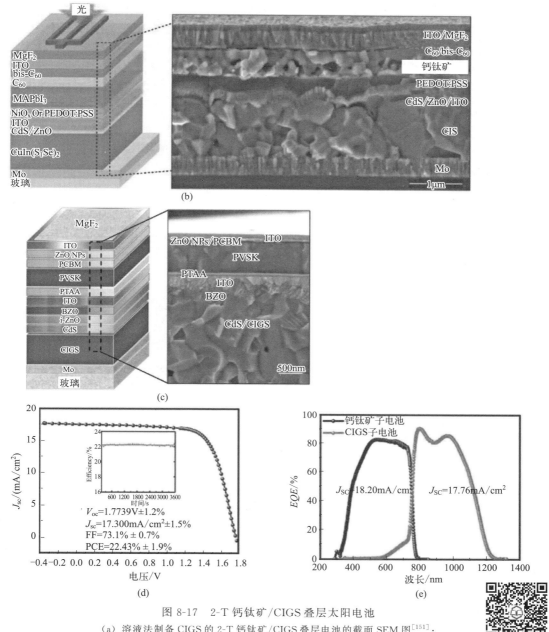

图 8-17　2-T 钙钛矿/CIGS 叠层太阳电池

（a）溶液法制备 CIGS 的 2-T 钙钛矿/CIGS 叠层电池的截面 SEM 图[151]；

（b）分子墨水沉积 CIGS 的 2-T 钙钛矿/CIGS 叠层电池的器件结构图和截面 SEM 图[152]；

（c）、（d）和（e）效率为 22.4% 的 2-T 钙钛矿/CIGS 叠层电池器件结构图和截面 SEM 图、$J\text{-}V$ 曲线、EQE 曲线[153]

8.3.3　全钙钛矿叠层太阳电池

（1）4-T 全钙钛矿叠层太阳电池

2016 年，Li 等人使用 $MAPbBr_3$ 和 $MAPbI_3$ 分别作为顶电池和底电池，概念性地演示了 4-T 全钙钛矿叠层太阳电池，效率约为 9.5%[154]。Yang 等人展示了以 1.55eV 的 $MAPbI_3$ 顶电池和 1.33eV 的 $MA_{0.5}FA_{0.5}Pb_{0.75}Sn_{0.25}I_3$ 底电池组合的 4-T 全钙钛矿叠层电池，效率达到 19.1%［图 8-18（a）］[155]。在该结构中，薄的 $MAPbI_3$ 吸光层厚度允许足够的光子进入底电池。随后，Eperon 等人构建了具有更好的光学互补吸收组合的 4-T 叠层电池，该器件由 1.6eV 的 $FA_{0.83}Cs_{0.17}Pb（I_{0.83}Br_{0.17}）_3$ 顶电池和 1.2eV 的 $FA_{0.75}Cs_{0.25}Sn_{0.5}Pb_{0.5}I_3$ 底电池组成。其中顶电池和过滤后的底电池的效率分别达到 15.8% 和 4.5%，结果 4-T 叠层电池的效率达到 20.3%［图 8-18（b）］[155-157]。赵和鄢等人通过组合 1.58eV 的 $FA_{0.3}MA_{0.7}PbI_3$ 和 1.25eV 的 $（FASnI_3）_{0.6}（MAPbI_3）_{0.4}$ 进一步将 4-T 全钙钛矿叠层电池的效率提升到 21.2%[89]，且当用 1.75eV 的宽带隙 $FA_{0.8}Cs_{0.2}Pb（I_{0.7}Br_{0.3}）_3$ 作为顶电池吸光层时，可以获得 23.1% 的效率［图 8-18（c）］[157]。而后，朱等人采用 1.63eV 的 $Cs_{0.05}FA_{0.8}MA_{0.15}PbI_{2.55}Br_{0.45}$ 钙钛矿作为顶电池，同样采用 1.25eV 的窄带隙作为底电池，实现了 25.4% 的记录效率[158]。

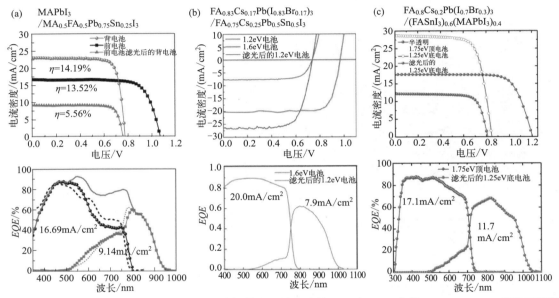

图 8-18　4-T 全钙钛矿叠层电池的 *J-V* 和 *EQE* 曲线

（a）$MAPbI_3$ 和 $MA_{0.5}FA_{0.5}Sn_{0.25}Pb_{0.75}I_3$ 窄带隙组成[155]；

（b）$FA_{0.83}Cs_{0.17}Pb（I_{0.83}Br_{0.17}）_3$ 和 $FA_{0.75}Cs_{0.25}Sn_{0.5}Pb_{0.5}I_3$ 窄带隙组成[156]；

（c）$FA_{0.8}Cs_{0.2}Pb（I_{0.7}Br_{0.3}）_3$ 宽带隙和 $FA_{0.6}MA_{0.4}Sn_{0.6}Pb_{0.4}I_3$ 窄带隙组成[157]

（2）2-T 全钙钛矿叠层太阳电池

对于 2-T 全钙钛矿叠层电池来说，如何构筑和优化中间连接层是关键。它不仅需要光电耦合地连接两个子电池，而且还需在窄带隙底电池溶液法制备过程中完全保护好宽带隙顶电池不受损伤。周等人 2015 年首次报道了 2-T 全钙钛矿叠层电池[159]，由有机中间连接层连接两个 $MAPbI_3$ 子电池组成［图 8-19（a）］。虽然该叠层器件的效率仅为 7%，但其 V_{oc} 高达 1.89V，接近两个子电池的 V_{oc} 总和，证明了 2-T 全钙钛矿叠层电池的可行性。Heo 和 Im 通过将两个独立的子电池物理层压在一起，制备了 $MAPbBr_3/MAPbI_3$ 两端叠层电池［图 8-19（b）］，其效率为 10.8%，V_{oc} 达到 2.25V[160]。但由于 $MAPbI_3$（1.55eV）底电池的带隙相对较大，且中间层界面是物理接触，因此仅获得较小的 J_{sc}（8.3mA/cm²），且此结构并非真正意义上的 2-T 叠层电池。

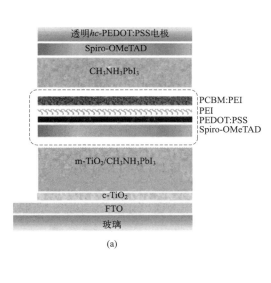

(a)

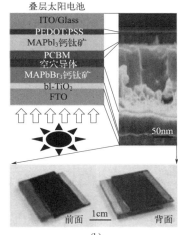

(b)

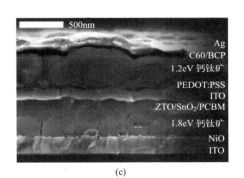

(c)

(d)

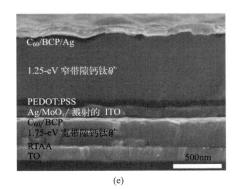

(e)

(f)

图 8-19   2-T 全钙钛矿叠层太阳电池

（a）$CH_3NH_3PbI_3$ 和 $CH_3NH_3PbI_3$ 组成的 2-T 全钙钛矿叠层电池的器件结构[159]；

（b）$MAPbBr_3$ 和 $MAPbI_3$ 组成的 2-T 全钙钛矿叠层电池的器件结构、截面 SEM 和实物图[160]；

（c）$FA_{0.83}Cs_{0.17}Pb(I_{0.5}Br_{0.5})_3$ 宽带隙和 $FA_{0.75}Cs_{0.25}Sn_{0.5}Pb_{0.5}I_3$ 窄带隙组成的 2-T 全钙钛矿叠层电池的截面 SEM 图[156]；

（d）$MA_{0.9}Cs_{0.1}Pb(I_{0.6}Br_{0.4})_3$ 宽带隙和 $MASn_{0.5}Pb_{0.5}I_3$ 窄带隙组成的 2-T 全钙钛矿叠层电池的器件结构[161]；

（e）$FA_{0.8}Cs_{0.2}Pb(I_{0.7}Br_{0.3})_3$ 宽带隙和 $FA_{0.6}MA_{0.4}Sn_{0.6}Pb_{0.4}I_3$ 窄带隙组成的 2-T 全钙钛矿叠层电池的截面 SEM 图[162]；

（f）$FA_{0.8}Cs_{0.2}Pb(I_{0.6}Br_{0.4})_3$ 宽带隙和 $FA_{0.7}MA_{0.3}Sn_{0.5}Pb_{0.5}I_3$ 窄带隙组成的 2-T 全钙钛矿叠层电池的器件结构[163]

McGehee 等人在 2016 年首次使用 1.2eV 窄带隙混合 Sn-Pb （$FA_{0.75}Cs_{0.25}Sn_{0.5}Pb_{0.5}I_3$）钙钛矿作为底电池，与 1.8eV 的 $FA_{0.83}Cs_{0.17}Pb(I_{0.5}Br_{0.5})_3$ 钙钛矿顶电池构筑 2-T 全钙钛矿叠层电池[156]。中间连接层为 SnO_2/锌锡氧化物（ZTO）/ITO [图 8-19(c)]，其中，磁控溅射沉积的 ITO 层不仅实现了子电池间的光学和电学连接，而且还保护了已沉积的子电池。冠军器件的效率达到 16.9%。进一步地，通过调整了顶电池的成分 [变为 $FA_{0.83}Cs_{0.17}Pb(I_{0.7}Br_{0.3})_3$ 钙钛矿]，采用氯甲胺和甲酸处理来提高 $FA_{0.75}Cs_{0.25}Sn_{0.5}Pb_{0.5}I_3$ 钙钛矿的质量，实现了 2-T 全钙钛矿叠层电池效率提升到 19.1% [图 8-20(a)][164]。

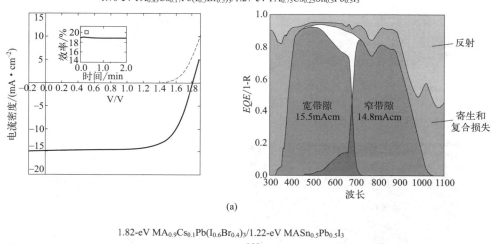

1.76-eV $FA_{0.83}Cs_{0.17}Pb(I_{0.5}Br_{0.5})_3$/1.27-eV $FA_{0.75}Cs_{0.25}Sn_{0.5}Pb_{0.5}I_3$

(a)

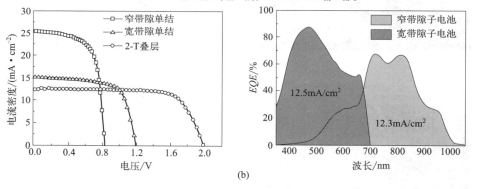

1.82-eV $MA_{0.9}Cs_{0.1}Pb(I_{0.6}Br_{0.4})_3$/1.22-eV $MASn_{0.5}Pb_{0.5}I_3$

(b)

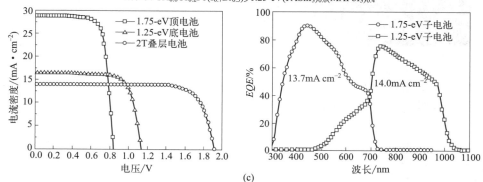

1.75-eV $FA_{0.8}Cs_{0.2}Pb(I_{0.7}Br_{0.3})_3$/1.25-eV$(FASnI_3)_{0.6}(MAPbI_3)_{0.4}$

(c)

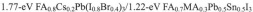

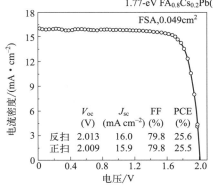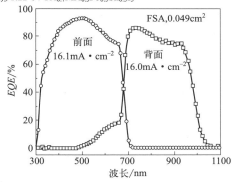

(d)

图 8-20　2-T 全钙钛矿叠层电池的 J-V 和 EQE 曲线

(a) $FA_{0.83}Cs_{0.17}Pb(I_{0.5}Br_{0.5})_3$ 宽带隙和 $FA_{0.75}Cs_{0.25}Sn_{0.5}Pb_{0.5}I_3$ 窄带隙组成[164]；

(b) $MA_{0.9}Cs_{0.1}Pb(I_{0.6}Br_{0.4})_3$ 宽带隙和 $MASn_{0.5}Pb_{0.5}I_3$ 窄带隙组成[161]；

(c) $FA_{0.8}Cs_{0.2}Pb(I_{0.7}Br_{0.3})_3$ 宽带隙和 $FA_{0.6}MA_{0.4}Sn_{0.6}Pb_{0.4}I_3$ 窄带隙组成[162]；

(d) $FA_{0.8}Cs_{0.2}Pb(I_{0.6}Br_{0.4})_3$ 宽带隙和 $FA_{0.7}MA_{0.3}Sn_{0.5}Pb_{0.5}I_3$ 窄带隙组成[163]

　　Jen 等人使用 ITO 中间连接层连接 $MA_{0.9}Cs_{0.1}Pb(I_{0.6}Br_{0.4})_3$（1.82eV）和 $MASn_{0.5}Pb_{0.5}I_3$（1.22eV）两个子电池，构建了效率为 18.4% 的 2-T 全钙钛矿叠层电池 [图 8-19(d) 和图 8-20(b)][161]。值得注意的是，其 1.98 V 的 V_{oc} 接近子电池吸光层组合理论电压极限的 80%。赵和鄢等人通过 Cl 掺杂来提升 1.25eV 窄带隙（$FASnI_3$）$_{0.6}$（$MAPbI_3$）$_{0.4}$ 钙钛矿质量，与 1.75eV 宽带隙 $FA_{0.8}Cs_{0.2}Pb(I_{0.7}Br_{0.3})_3$ 顶电池构筑 2-T 钙钛矿叠层电池，其中间连接层采用真空沉积的超薄金属和金属氧化物薄膜 [MoO_3/Ag(1nm)/ITO]［图 8-19(e)］，最终该 2-T 全钙钛矿叠层电池突破了 21% 的效率 ［图 8-20(c)][162]。随后，朱和鄢等人通过优化中间连接层结构和窄带隙钝化与界面修饰，进一步将该 2-T 叠层器件效率提高到 23.4%[158]。除了常用的 ITO 中间连接层外，Choy 等人使用超薄 Cu/Au 组合作为中间连接层构建 2-T 全钙钛矿叠层电池，其效率为 17.9%[165]。谭等人利用超薄的 Au 作为中间连接层一部分 ［图 8-19(f)］，将小面积 2-T 全钙钛矿叠层电池效率突破到 25.6% ［图 8-20(d)][163]；而近期 2-T 全钙钛矿叠层电池的效率再次提升到 28.0%[166]，已远超单结钙钛矿电池的最高效率（25.7%）。

8.4　钙钛矿基太阳电池的稳定性

　　随着光电转换效率的持续提升以及生产成本的不断降低，要想实现钙钛矿太阳电池的商业化发展，亟须解决钙钛矿材料及其器件的长期稳定性问题。本小节将探讨影响钙钛矿材料和器件稳定性的因素，并将通过钙钛矿材料本征稳定性以及封装器件稳定性来分析。

8.4.1　本征稳定性

　　单结钙钛矿太阳电池效率已经突破了 25.7%，钙钛矿/Si 叠层和全钙钛矿叠层电池效率分别突破了 32.5% 和 28.0%，但其长期运行稳定性仍存在问题[74]。研究发现，器件结构带来的不稳定性只是衰降来源之一，而钙钛矿材料的本征不稳定性才是导致钙钛矿电池长期运行稳定性无法满足商业化发展要求的核心因素。钙钛矿材料的本征稳定性指的是其本身固有的稳定性，而钙钛矿材料却往往会在氧气、温度、湿度、光照等外部不利因素的侵扰下表现出不稳定性。导致钙钛矿材料本征不稳定性的因素主要有：①组分以及温度的差异会导致钙钛矿材料发生相分离或者成分偏析，从而引起钙钛矿结构的解析；②钙钛矿材料具有离子键合特性且组成离子均为离子势较小的"软"离子，特别是有机-无机杂化钙钛矿材料中含有易发生分解的有机铵离子，这使得钙钛矿卤化物的形成能较小、缺陷态密度较高、各组分反应活性大，从而导致其化学稳定性较差。下面我们将从相稳定性和化学稳定性两个方面来分析钙钛矿材料的本征稳定性。

8.4.1.1 相稳定性

在上述章节中，我们已经介绍过钙钛矿材料的容忍因子 t，根据不同钙钛矿卤化物的容忍因子来判断不同元素的结合是否可以构建稳定的钙钛矿结构。其中，当 $0.9 < t < 1$ 时，钙钛矿卤化物会倾向于形成立方相；当 $0.8 < t < 0.9$ 时，钙钛矿卤化物则倾向于形成倾斜的八面体结构。因此，根据容忍因子通过组分工程来调整钙钛矿材料的性质。在晶体结构中掺杂不同的离子，可以调节 t 值在 $0.8 \sim 1$ 的范围内变化，以达到提高钙钛矿卤化物结构稳定性、改善电池光伏性能的目的。以 $FAPbI_3$ 为例，它的容忍因子接近于 1，容易形成非钙钛矿的六方 δ 相。通过在它结构中掺杂 Cs 或者 MA 离子代替部分 A 位的 FA 离子，可以获得更小的 t 值，从而使 α-$FAPbI_3$ 相更加稳定。再如 $CsPbI_3$ 的光活性黑色立方相只能在高温下稳定存在，在室温下极易转变成非光敏性的黄色正交相，从而使 $CsPbI_3$ 的稳定性较差。研究表明，在 $CsPbI_3$ 钙钛矿中，利用离子半径更小的 Br 离子来取代 I 离子可以有效地提高其稳定性（图 8-21），且随着 Br 含量的不断增加，钙钛矿的稳定性明显增强。$CsPbBr_3$ 甚至可以在空气环境中制备，且在高温高湿环境下，不经任何封装的 $CsPbBr_3$ 钙钛矿电池持续 30d，其效率几乎没有衰减[167]。当然，对于掺杂离子的浓度必须进行优化，超过一定的比例将会形成非钙钛矿结构的衍生相。另外，利用添加剂工程——通过掺杂能够抑制相变的添加剂也可以达到稳定钙钛矿相态的目的。如通过在钙钛矿前驱体溶液中添加少量的 HI 可以有效地改善全无机钙钛矿的室温相稳定性，这主要是由于前驱液的溶剂二甲基甲酰胺与部分 HI 反应生成的二甲胺离子参与了钙钛矿的形成过程。

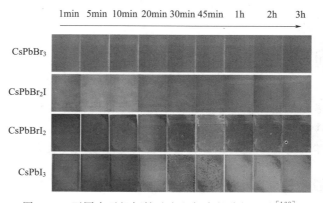

图 8-21　不同全无机钙钛矿在空气中的分解照片[168]

8.4.1.2 化学稳定性

钙钛矿材料的化学稳定性指的是钙钛矿卤化物在水、氧、光照以及高温等环境及化学因素的作用下保持原有结构及光电性质不变的行为及能力。然而，钙钛矿在外界因素的侵蚀下极易发生不可逆转的降解反应，从而表现出化学不稳定性，进而引起电池性能的迅速衰减。在钙钛矿晶体结构发生降解的同时，还会引起一系列的附加效应，例如界面电荷传输堵滞以及背电极的腐蚀等，进一步降低电池的性能。因此，详细了解钙钛矿卤化物的降解机制对于增强器件的长期稳定性来说至关重要，钙钛矿卤化物在不同环境下的降解过程如图 8-22 所示。

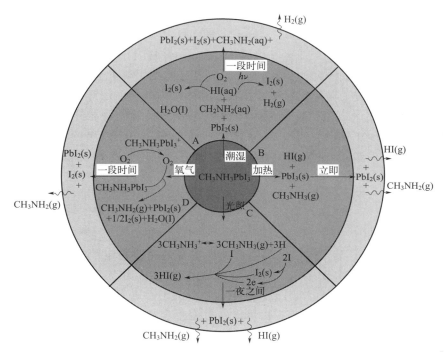

图 8-22 钙钛矿材料在（A）湿度、（B）热、（C）光及（D）氧气的刺激下的分解途径[169]

现以 MAPbI$_3$ 钙钛矿的降解过程为例，简要概述几种不利因素对钙钛矿材料化学稳定性的影响。

① 水分和氧气的影响。钙钛矿卤化物作为离子晶体，在水分存在的条件下，钙钛矿卤化物容易发生溶解，而在氧气存在的情况下，则会加速钙钛矿卤化物的降解，其主要的降解反应如下[169]：

$$CH_3NH_3PbI_3(s) \underset{}{\overset{H_2O}{\rightleftharpoons}} PbI_2(s) + CH_3NH_3I(aq) \tag{8-1}$$

$$CH_3NH_3I(aq) \rightleftharpoons CH_3NH_2(aq) + HI(aq) \tag{8-2}$$

$$4HI(aq) + O_2 \rightleftharpoons 2I_2(s) + 2H_2O(l) \tag{8-3}$$

$$2HI(aq) \overset{h\nu}{\rightleftharpoons} H_2(g) + I_2(s) \tag{8-4}$$

Walsh 等[170] 则认为水分子是一种路易斯碱，当钙钛矿卤化物与水分子相接触后，二者会发生络合反应，生成 $[(CH_3NH_3^+)_{n-1}(CH_3NH_2)_nPbI_3][H_3O]$，再进一步降解为 HI，

CH_3NH_2 和 PbI_2。从机理上分析，钙钛矿材料中有机阳离子的质子酸属性对水致化学不稳定起着决定性作用，因此可以通过改变或者削弱相关离子的质子酸属性来提高钙钛矿材料的水稳定性。通过组分工程，向钙钛矿体系中引入具有疏水尾端的有机胺阳离子，其潮湿条件下的稳定性强于三维钙钛矿的准二维钙钛矿材料。而从化学的角度来看，通过引入功能性分子或者基团，在不改变钙钛矿组分的前提下，同样可以增强钙钛矿材料的湿稳定性。

② 光照的影响。在包括紫外光在内的持续光照下，钙钛矿卤化物会发生严重的降解，其过程如下[37,171]：

$$CH_3NH_3PbI_3 \underset{}{\overset{h\nu}{\rightleftharpoons}} PbI_2 + CH_3NH_2 \uparrow + HI \uparrow \tag{8-5}$$

$$2I^- \overset{h\nu}{\rightleftharpoons} I_2 + 2e^- \text{（在 } TiO_2 \text{ 与 MAPbI}_3 \text{ 界面）} \tag{8-6}$$

$$3CH_3NH_3^+ \overset{h\nu}{\rightleftharpoons} 3CH_3NH_2 \uparrow + 3H^+ \tag{8-7}$$

$$I^- + I_2 + 3H^+ + 2e^- \rightleftharpoons 3HI \uparrow \tag{8-8}$$

TiO_2 作为最常用的电子传输层材料之一，在紫外光的照射下会发生较强的光催化作用，通过捕获 I 离子的电子进而破坏钙钛矿卤化物的晶体结构，这也是钙钛矿电池在持续光照条件下性能衰降的原因之一。为了减少 TiO_2 电子传输层对钙钛矿及器件稳定性的影响，可以在钙钛矿/TiO_2 界面之间沉积一层 Sb_2S_3 薄膜，通过利用 Sb_2S_3 层的阻挡作用，使 I^-/I_2 在 TiO_2 表面的反应失活[172]。另外，可以在 TiO_2 电荷传输层之前沉积一层紫外线过滤层来吸收紫外光，或者是通过沉积光上下转化材料将不利的紫外光转换为钙钛矿光吸收层可以吸收的光[173]。当然，还可通过开发新的电荷传输材料来取代 TiO_2，增强器件的光照稳定性。

另外，甲胺离子的质子酸属性也在一定程度上促进了降解反应的发生，因此可以通过将 A 位阳离子更换为非质子型阳离子来增强钙钛矿本身的光照稳定性。除此之外，紫外光还会破坏 Pb-I 离子键，形成零价金属 Pb^0 和卤素单质 I^0。Pb^0 作为深能级缺陷极大地损害器件的性能和长期稳定性[174]，而 I^0 则会成为电荷复合的中心进而引发链式反应进一步催化钙钛矿结构的降解[175]。基于此，周等提出可以通过变价金属 Eu^{3+}/Eu^{2+} 的掺杂，实现对这两种零价缺陷的催化自修复[176]，如图 8-23 所示，Eu^{3+}/Eu^{2+} 离子对在整个反应过程中扮演可循环的氧化还原对的角色，在钙钛矿电池的全运行寿命周期都能够起作用，从而有效地改善钙钛矿电池的长期稳定性。

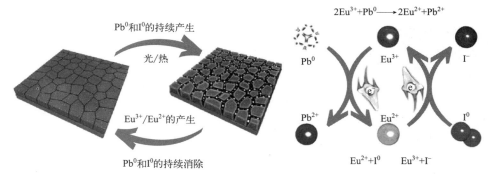

图 8-23　Eu^{3+}/Eu^{2+} 催化消除铅、碘零价缺陷机理[176]

③ 温度的影响。当外部环境温度达到 150℃ 或以上时，钙钛矿（这里特指 MAPbI$_3$ 钙钛矿）晶体内部会自发地发生吸热反应，从而引起结构的分解，其过程如下[175,177-179]：

$$PbI_2 + CH_3NH_3I \rightleftharpoons CH_3NH_3PbI_3 \tag{8-9}$$

$$CH_3NH_3PbI_3 \overset{\triangle}{\rightleftharpoons} PbI_2 + CH_3NH_2 + HI \tag{8-10}$$

④ 缺陷及离子迁移的影响。在钙钛矿薄膜内部及表面总是无法避免地存在着大量的缺陷，而缺陷是离子迁移的重要通道，钙钛矿薄膜中存在的大量缺陷使得离子迁移很容易发生。离子迁移不仅会导致钙钛矿电池存在严重的迟滞现象，而过度的离子迁移会造成钙钛矿晶体结构的降解进而破坏钙钛矿材料及其器件的长期稳定性，在高温、外加偏压以及光照等条件下这一现象尤为严重。通过在钙钛矿薄膜中掺杂 K$^+$ 以及构建准二维钙钛矿体系，可以有效地抑制缺陷的形成和离子迁移。

8.4.2 封装器件的稳定性

与钙钛矿材料本征稳定性相对应的是非本征稳定性，指的是钙钛矿电池暴露在氧气、温度、湿度、光照等外部环境下，电池保持原始光电性能的能力。通过上述讨论，可以发现湿度是影响钙钛矿电池稳定性的关键因素，而氧气的存在会加速钙钛矿结构的分解，与水分和光照相互协作共同导致器件稳定性能的恶化。目前，包括组分调控、维度调控、晶界修饰、表面钝化、功能材料的应用等化学手段被广泛用来解决离子迁移、热分解、相分离、吸水性等钙钛矿材料的本征稳定性问题。然而，由于钙钛矿的离子晶体和吸水特性，在空气环境中工作会发生迅速分解。因此，封装是进一步提高钙钛矿电池环境稳定性必不可少的因素。

在钙钛矿太阳电池领域，封装材料需要满足以下四个方面的要求：① 化学惰性，在封装过程中可以和钙钛矿器件直接接触从而减少钙钛矿成分挥发的空间；② 无溶剂，封装前后均不产生分解钙钛矿和传输层材料或者破坏器件结构的溶剂；③ 低温过程，封装过程保持在150℃ 以内，钙钛矿和空穴传输材料在 150℃ 以上会发生离子迁移或者结构破坏；④ 水蒸气透过率低，水蒸气透过率低是避免水、氧渗透，保持器件长期工作环境稳定的重要指标。除此之外，所选材料还应能够吸收应变能的波动，避免稳定性试验时的机械损伤，同时成本和环境加工性也是批量应用需要考虑的因素。

目前，对钙钛矿太阳电池的封装技术已经比较成熟，并且可以显著增强器件在各种不利因素下的长期稳定性。成熟的封装技术主要包括紫外胶固化和热固化两种方式。Chen 等将石蜡无溶剂低温熔化的特性应用于钙钛矿电池封装，开发出了接近商业化要求的室温环境的封装技术，使器件的工作稳定性达到 1000h[180]。目前，经过封装的钙钛矿电池连续运行1000h 以上后，即可保持 90% 以上的初始效率[52,180]。封装技术的发展大大提高了钙钛矿电池的长期稳定性，将有力推动其商业化发展。

此外，不同的钙钛矿材料在不同外界环境下会发生不同的降解反应，而在钙钛矿电池中，电荷传输层和背电极的稳定性同样会对器件的长期稳定性产生影响，要想改善钙钛矿电池的结构稳定性，可以根据其降解过程做出针对性的抑制措施。例如，对于以 Spiro-OMeTAD 等有机材料作为空穴传输层的钙钛矿电池，有机小分子的不稳定性会对器件的稳定性造成负面影响，研究表明可以引入稳定的无机材料作为空穴传输层或直接摒弃空穴传输层，利用兼具空穴传输能力且稳定的碳材料作为背电极，制备碳基无空穴传输层的钙钛矿电池，可以在降低生产成本的同时，大幅提升器件的环境稳定性。

思考题与习题

1. 如果 A、B、X 的半径分别为 125pm、68pm、140pm，试计算其容忍因子 t 和八面体因子 μ。

2. 一个钙钛矿太阳电池受到光强为 $20mW/cm^2$、波长为 600nm 的单色光均匀照射，如果电池的禁带宽度为 1.5eV，问相应的入射光子通量为多少？电池输出的短路电流密度上限是多少？

3. 给出钙钛矿结构的示意图，并说明 A、B、X 各离子的配位数各是多少。

4. 钙钛矿太阳电池的工作原理是什么？请给出简易图示并加以说明。

5. 简述钙钛矿太阳电池的结构以及常见的材料组成。

6. 简述钙钛矿材料的带隙调整策略并举例说明。

7. 钙钛矿太阳电池吸光层按照带隙可分为什么种类？各自特点是什么？

8. 从光吸收、表面复合、串联电阻的优化等方面，简述钙钛矿太阳电池的设计原则。

9. 简述钙钛矿叠层太阳电池的不同结构类型。

10. 简述制备高效叠层电池须满足的条件。

11. 简述影响钙钛矿太阳电池稳定性的因素和提高稳定性的方法。

12. 简述钙钛矿太阳电池目前存在的问题。

参考文献

[1] Rose G. Beschreibung einiger neuen Mineralien des Urals [J]. Annalen der Physik, 1839, 124 (12): 551-73.

[2] Chakhmouradian A R, Woodward P M. Celebrating 175 years of perovskite research: a tribute to Roger H. Mitchell [J]. Physics and Chemistry of Minerals, 2014, 41(6): 387-91.

[3] Saparov B, Mitzi D B. Organic-Inorganic Perovskites: Structural Versatility for Functional Materials Design [J]. Chemical Reviews, 2016, 116(7): 4558-96.

[4] Han Q, Bae S H, Sun P, et al. Single Crystal Formamidinium Lead Iodide (FAPbI$_3$): Insight into the Structural, Optical, and Electrical Properties [J]. Advanced Materials, 2016, 28(11): 2253-8.

[5] Zhao J, Xu Y, Wang H, et al. Unveiling the Effects of Intrinsic and Extrinsic Factors That Induced a Phase Transition for CsPbI$_3$ [J]. ACS Applied Energy Materials, 2020, 3(9): 8184-9.

[6] Stoumpos C C, Malliakas C D, Kanatzidis M G. Semiconducting Tin and Lead Iodide Perovskites with Organic Cations: Phase Transitions, High Mobilities, and Near-Infrared Photoluminescent Properties [J]. Inorganic Chemistry, 2013, 52(15): 9019-38.

[7] Tao S X, Cao X, Bobbert P A. Accurate and efficient band gap predictions of metal halide perovskites using the DFT-1/2 method: GW accuracy with DFT expense [J]. Scientific Reports, 2017, 7(1): 14386.

[8] Li C, Lu X, Ding W, et al. Formability of ABX$_3$ (X = F, Cl, Br, I) halide perovskites [J]. Acta Crystallographica Section B, 2008, 64(6): 702-7.

[9] Sun S, Salim T, Mathews N, et al. The origin of high efficiency in low-temperature solution-processable bilayer organometal halide hybrid solar cells [J]. Energy & Environmental Science, 2014, 7(1):

399-407.

[10] Saliba M，Correa-Baena J P，Grätzel M，et al. Perovskite Solar Cells：From the Atomic Level to Film Quality and Device Performance [J]. Angewandte Chemie International Edition，2018，57(10)：2554-69.

[11] Protesescu L，Yakunin S，Bodnarchuk M I，et al. Nanocrystals of Cesium Lead Halide Perovskites ($CsPbX_3$，X＝Cl，Br，and I)：Novel Optoelectronic Materials Showing Bright Emission with Wide Color Gamut [J]. Nano Letters，2015，15(6)：3692-6.

[12] Samiee M，Konduri S，Ganapathy B，et al. Defect density and dielectric constant in perovskite solar cells [J]. Applied Physics Letters，2014，105(15)：153502.

[13] Tanaka K，Takahashi T，Ban T，et al. Comparative study on the excitons in lead-halide-based perovskite-type crystals $CH_3NH_3PbBr_3$ $CH_3NH_3PbI_3$ [J]. Solid State Communications，2003，127(9)：619-23.

[14] D′innocenzo V，Grancini G，Alcocer M J P，et al. Excitons versus free charges in organo-lead tri-halide perovskites [J]. Nature Communications，2014，5(1)：3586.

[15] Giebink N C，Wiederrecht G P，Wasielewski M R，et al. Thermodynamic efficiency limit of excitonic solar cells [J]. Physical Review B，2011，83(19)：195326.

[16] He Y，Galli G. Perovskites for Solar Thermoelectric Applications：A First Principle Study of $CH_3NH_3AI_3$ (A ＝ Pb and Sn) [J]. Chemistry of Materials，2014，26(18)：5394-400.

[17] Dong Q，Fang Y，Shao Y，et al. Electron-hole diffusion lengths＞175μm in solution grown $CH_3NH_3PbI_3$ single crystals [J]. Science，2015，347(6225)：967-970.

[18] Shi D，Adinolfi V，Comin R，et al. Low trap-state density and long carrier diffusion in organolead trihalide perovskite single crystals [J]. Science，2015，347(6221)：519-22.

[19] Stranks S D，Eperon G E，Grancini G，et al. Electron-Hole Diffusion Lengths Exceeding 1 Micrometer in an Organometal Trihalide Perovskite Absorber [J]. Science，2013，342(6156)：341.

[20] Cao Z，Li C，Deng X，et al. Metal oxide alternatives for efficient electron transport in perovskite solar cells：beyond TiO_2 and SnO_2 [J]. Journal of Materials Chemistry A，2020，8(38)：19768-87.

[21] Zhou Y，Li X，Lin H. To Be Higher and Stronger—Metal Oxide Electron Transport Materials for Perovskite Solar Cells [J]. Small，2020，16(15)：1902579.

[22] Pan H，Zhao X，Gong X，et al. Advances in design engineering and merits of electron transporting layers in perovskite solar cells [J]. Materials Horizons，2020，7(9)：2276-91.

[23] Kojima A，Teshima K，Shirai Y，et al. Organometal Halide Perovskites as Visible-Light Sensitizers for Photovoltaic Cells [J]. Journal of the American Chemical Society，2009，131(17)：6050-1.

[24] Jeong J，Kim M，Seo J，et al. Pseudo-halide anion engineering for α-$FAPbI_3$ perovskite solar cells [J]. Nature，2021，592(7854)：381-5.

[25] Ke W，Fang G，Liu Q，et al. Low-temperature solution-processed tin oxide as an alternative electron transporting layer for efficient perovskite solar cells [J]. Journal of the American Chemical Society，2015，137(21)：6730-3.

[26] Green M A，Dunlop E D，Yoshita M，et al. Solar cell efficiency tables (version 62) [J]. 2023，31(7)：651-63.

[27] Cao J，Wu B，Chen R，et al. Efficient，Hysteresis-Free，and Stable Perovskite Solar Cells with ZnO as Electron-Transport Layer：Effect of Surface Passivation [J]. Advanced Materials：1705596-n/a.

[28] Shao Y，Xiao Z，Bi C，et al. Origin and elimination of photocurrent hysteresis by fullerene passivation in $CH_3NH_3PbI_3$ planar heterojunction solar cells [J]. Nature Communications，2014，5：5784.

[29] Halvani Anaraki E，Kermanpur A，Mayer M T，et al. Low-Temperature Nb-Doped SnO_2 Electron-Selective Contact Yields over 20％ Efficiency in Planar Perovskite Solar Cells [J]. ACS Energy Letters，

2018，3(4)：773-8.

[30] Wang C，Zhao D，Grice C R，et al. Low-temperature plasma-enhanced atomic layer deposition of tin oxide electron selective layers for highly efficient planar perovskite solar cells [J]. Journal of Materials Chemistry A，2016，4(31)：12080-7.

[31] Li S，Wang C，Zhao D，et al. Flexible semitransparent perovskite solar cells with gradient energy levels enable efficient tandems with Cu(In，Ga)Se$_2$ [J]. Nano Energy，2020，78：105378.

[32] Chen W，Zhou Y，Chen G，et al. Alkali Chlorides for the Suppression of the Interfacial Recombination in Inverted Planar Perovskite Solar Cells [J]. Advanced Energy Materials，2019，9(19)：1803872.

[33] Wu Y，Yang X，Chen W，et al. Perovskite solar cells with 18. 21% efficiency and area over 1cm^2 fabricated by heterojunction engineering [J]. Nature Energy，2016，1(11)：16148.

[34] Jiang Q，Zhang L，Wang H，et al. Enhanced electron extraction using SnO$_2$ for high-efficiency planar-structure HC(NH$_2$)$_2$PbI$_3$-based perovskite solar cells [J]. Nature Energy，2016，2(1)：16177.

[35] Yoo J J，Seo G，Chua M R，et al. Efficient perovskite solar cells via improved carrier management [J]. Nature，2021，590(7847)：587-93.

[36] O'regan B，Grätzel M. A low-cost，high-efficiency solar cell based on dye-sensitized colloidal TiO$_2$ films [J]. Nature，1991，353(6346)：737-40.

[37] Leijtens T，Eperon G E，Pathak S，et al. Overcoming ultraviolet light instability of sensitized TiO$_2$ with meso-superstructured organometal tri-halide perovskite solar cells [J]. Nature Communications，2013，4(1)：2885.

[38] Sayari A，Ezzidini M，Azeza B，et al. Improvement of performance of GaAs solar cells by inserting self-organized InAs/InGaAs quantum dot superlattices [J]. Solar Energy Materials and Solar Cells，2013，113：1-6.

[39] Xiong L，Qin M，Chen C，et al. Fully High-Temperature-Processed SnO$_2$ as Blocking Layer and Scaffold for Efficient，Stable，and Hysteresis-Free Mesoporous Perovskite Solar Cells [J]. Advanced Functional Materials，2018：1706276.

[40] Lee Michael M，Teuscher J，Miyasaka T，et al. Efficient Hybrid Solar Cells Based on Meso-Superstructured Organometal Halide Perovskites [J]. Science，2012，338(6107)：643-7.

[41] Wang J，Ball J，Barea E，et al. Low-Temperature Processed Electron Collection Layers of Graphene/TiO$_2$ Nanocomposites in Thin Film Perovskite Solar Cells [J]. Nano letters，2014，14(2)：724-30.

[42] Mei A，Li X，Liu L，et al. A hole-conductor-free，fully printable mesoscopic perovskite solar cell with high stability [J]. Science，2014，345(6194)：295-8.

[43] Sadegh F，Akin S，Moghadam M，et al. Copolymer-Templated Nickel Oxide for High-Efficiency Mesoscopic Perovskite Solar Cells in Inverted Architecture [J]. Advanced Functional Materials，2021，31(33).

[44] Kim H S，Lee C R，Im J H，et al. Lead Iodide Perovskite Sensitized All-Solid-State Submicron Thin Film Mesoscopic Solar Cell with Efficiency Exceeding 9% [J]. Scientific Reports，2012，2：591.

[45] Yin X，Song Z，Li Z，et al. Toward ideal hole transport materials：a review on recent progress in dopant-free hole transport materials for fabricating efficient and stable perovskite solar cells [J]. Energy & Environmental Science，2020，13(11)：4057-86.

[46] Saliba M，Orlandi S，Matsui T，et al. A molecularly engineered hole-transporting material for efficient perovskite solar cells [J]. Nature Energy，2016，1：15017.

[47] Jeon N J，Na H，Jung E H，et al. A fluorene-terminated hole-transporting material for highly efficient and stable perovskite solar cells [J]. Nature Energy，2018，3(8)：682-9.

[48] Jeong M，Choi I W，Go E M，et al. Stable perovskite solar cells with efficiency exceeding 24. 8% and

0. 3-V voltage loss [J]. Science, 2020, 369(6511): 1615.

[49] Yang W S, Park B W, Jung E H, et al. Iodide management in formamidinium-lead-halide-based perovskite layers for efficient solar cells [J]. Science, 2017, 356(6345): 1376-9.

[50] Hou Y, Du X, Scheiner S, et al. A generic interface to reduce the efficiency-stability-cost gap of perovskite solar cells [J]. Science, 2017.

[51] Yin X, Zhou J, Song Z, et al. Dithieno [3,2-b:2′,3′-d] pyrrol-Cored Hole Transport Material Enabling Over 21% Efficiency Dopant-Free Perovskite Solar Cells [J]. Adv Funct Mater, 2019, 0(0): 1904300.

[52] Jung E H, Jeon N J, Park E Y, et al. Efficient, stable and scalable perovskite solar cells using poly (3-hexylthiophene) [J]. Nature, 2019, 567(7749): 511-5.

[53] Kim Y, Kim G, Jeon N J, et al. Methoxy-Functionalized Triarylamine-Based Hole-Transporting Polymers for Highly Efficient and Stable Perovskite Solar Cells [J]. ACS Energy Letters, 2020, 5 (10): 3304-13.

[54] Hou Y, Du X, Scheiner S, et al. A generic interface to reduce the efficiency-stability-cost gap of perovskite solar cells [J]. Science, 2017, 358(6367): 1192-7.

[55] Kim G W, Lee J, Kang G, et al. Donor-Acceptor Type Dopant-Free, Polymeric Hole Transport Material for Planar Perovskite Solar Cells (19.8%) [J]. Advanced Energy Materials, 2018, 8(4): 1701935.

[56] Lee J, Kim G W, Kim M, et al. Nonaromatic Green-Solvent-Processable, Dopant-Free, and Lead-Capturable Hole Transport Polymers in Perovskite Solar Cells with High Efficiency [J]. Advanced Energy Materials, 2020, 10(8): 1902662.

[57] Yao Z, Zhang F, Guo Y, et al. Conformational and Compositional Tuning of Phenanthrocarbazole-Based Dopant-Free Hole-Transport Polymers Boosting the Performance of Perovskite Solar Cells [J]. Journal of the American Chemical Society, 2020, 142(41): 17681-92.

[58] Jeong M J, Yeom K M, Kim S J, et al. Spontaneous interface engineering for dopant-free poly (3-hexylthiophene) perovskite solar cells with efficiency over 24% [J]. Energy & Environmental Science, 2021, 14(4): 2419-28.

[59] Liu C, Zhou X, Chen S, et al. Hydrophobic Cu_2O Quantum Dots Enabled by Surfactant Modification as Top Hole-Transport Materials for Efficient Perovskite Solar Cells [J]. Advanced Science, 2019, 6 (7): 1801169.

[60] Zhang H, Wang H, Chen W, et al. $CuGaO_2$: A Promising Inorganic Hole-Transporting Material for Highly Efficient and Stable Perovskite Solar Cells [J]. Advanced Materials, 2017, 29(8): 1604984.

[61] Arora N, Dar M I, Hinderhofer A, et al. Perovskite solar cells with CuSCN hole extraction layers yield stabilized efficiencies greater than 20% [J]. Science, 2017, 358(6364): 768-71.

[62] Liu Z Y, Chang J J, Lin Z H, et al. High-Performance Planar Perovskite Solar Cells Using Low Temperature, Solution-Combustion-Based Nickel Oxide Hole Transporting Layer with Efficiency Exceeding 20% [J]. Advanced Energy Materials, 2018, 8(19): 1703432.

[63] Chen W, Wu Y, Yue Y, et al. Efficient and stable large-area perovskite solar cells with inorganic charge extraction layers [J]. Science, 2015, 350(6263): 944-8.

[64] Li X, Yang J, Jiang Q, et al. Synergistic Effect to High-Performance Perovskite Solar Cells with Reduced Hysteresis and Improved Stability by the Introduction of Na-Treated TiO_2 and Spraying-Deposited CuI as Transport Layers [J]. ACS Applied Materials & Interfaces, 2017, 9(47): 41354-62.

[65] Zhang H, Wang H, Zhu H, et al. Low-Temperature Solution-Processed $CuCrO_2$ Hole-Transporting Layer for Efficient and Photostable Perovskite Solar Cells [J]. Advanced Energy Materials, 2018, 8 (13): 1702762.

[66] Li F, Deng X, Qi F, et al. Regulating Surface Termination for Efficient Inverted Perovskite Solar Cells with

Greater Than 23% Efficiency [J]. Journal of the American Chemical Society, 2020, 142(47): 20134-42.

[67] Wan L, Zhang W, Fu S, et al. Achieving over 21% Efficiency in Inverted Perovskite Solar Cells by Fluorinating a Dopant-Free Hole Transporting Material [J]. Journal of Materials Chemistry A, 2020, 8(14): 6517-23.

[68] Sun X, Li Z, Yu X, et al. Efficient Inverted Perovskite Solar Cells with Low Voltage Loss Achieved by a Pyridine-Based Dopant-Free Polymer Semiconductor [J]. Angewandte Chemie International Edition, 2021, 60(13): 7227-33.

[69] Jiang K, Wang J, Wu F, et al. Dopant-Free Organic Hole-Transporting Material for Efficient and Stable Inverted All-Inorganic and Hybrid Perovskite Solar Cells [J]. Advanced Materials, 2020, 32 (16): 1908011.

[70] Wang Y, Chen W, Wang L, et al. Dopant-Free Small-Molecule Hole-Transporting Material for Inverted Perovskite Solar Cells with Efficiency Exceeding 21% [J]. Advanced Materials, 2019, 0 (0): 1902781.

[71] Wang Y, Liao Q, Chen J, et al. Teaching an Old Anchoring Group New Tricks: Enabling Low-Cost, Eco-Friendly Hole-Transporting Materials for Efficient and Stable Perovskite Solar Cells [J]. Journal of the American Chemical Society, 2020, 142(39): 16632-43.

[72] Magomedov A, Al-Ashouri A, Kasparavičius E, et al. Self-Assembled Hole Transporting Monolayer for Highly Efficient Perovskite Solar Cells [J]. Advanced Energy Materials, 2018, 8(32): 1801892.

[73] Al-Ashouri A, Magomedov A, Roß M, et al. Conformal monolayer contacts with lossless interfaces for perovskite single junction and monolithic tandem solar cells [J]. Energy & Environmental Science, 2019, 12(11): 3356-69.

[74] Al-Ashouri A, Köhnen E, Li B, et al. Monolithic perovskite/silicon tandem solar cell with >29% efficiency by enhanced hole extraction [J]. Science, 2020, 370(6522): 1300-9.

[75] Yan P, Yang D, Wang H, et al. Recent advances in dopant-free organic hole-transporting materials for efficient, stable and low-cost perovskite solar cells [J]. Energy & Environmental Science, 2022, 15 (9): 3630-3669.

[76] Guerrero A, You J, Aranda C, et al. Interfacial Degradation of Planar Lead Halide Perovskite Solar Cells [J]. ACS Nano, 2016, 10(1): 218-24.

[77] Wu S, Chen R, Zhang S, et al. A chemically inert bismuth interlayer enhances long-term stability of inverted perovskite solar cells [J]. Nature Communications, 2019, 10(1): 1161.

[78] Kato Y, Ono L K, Lee M V, et al. Silver Iodide Formation in Methyl Ammonium Lead Iodide Perovskite Solar Cells with Silver Top Electrodes [J]. Advanced Materials Interfaces, 2015, 2(13): 1500195.

[79] Zhao J, Zheng X, Deng Y, et al. Is Cu a stable electrode material in hybrid perovskite solar cells for a 30-year lifetime? [J]. Energy & Environmental Science, 2016, 9(12): 3650-6.

[80] Yu Z, Chen B, Liu P, et al. Stable Organic-Inorganic Perovskite Solar Cells without Hole-Conductor Layer Achieved via Cell Structure Design and Contact Engineering [J]. Advanced Functional Materials, 2016, 26(27): 4866-73.

[81] Chen X, Xia Y, Huang Q, et al. Tailoring the Dimensionality of Hybrid Perovskites in Mesoporous Carbon Electrodes for Type-II Band Alignment and Enhanced Performance of Printable Hole-Conductor-Free Perovskite Solar Cells [J]. Advanced Energy Materials, 2021, 11(18): 2100292.

[82] Mei A, Sheng Y, Ming Y, et al. Stabilizing Perovskite Solar Cells to IEC61215: 2016 Standards with over 9,000-h Operational Tracking [J]. Joule, 2020, 4(12): 2646-60.

[83] You P, Liu Z, Tai Q, et al. Efficient Semitransparent Perovskite Solar Cells with Graphene Electrodes [J]. Advanced Materials, 2015, 27(24): 3632-8.

［84］　Yoon J，Sung H，Lee G，et al. Super Flexible，High-efficiency Perovskite Solar Cells Employing Graphene Electrodes：Toward Future Foldable Power Sources ［J］. Energy & Environmental Science，2017，10 (1)：337-45.

［85］　Hu X，Meng X，Zhang L，et al. A Mechanically Robust Conducting Polymer Network Electrode for Efficient Flexible Perovskite Solar Cells ［J］. Joule，2019，3(9)：2205-18.

［86］　Bu L，Liu Z，Zhang M，et al. Semitransparent Fully Air Processed Perovskite Solar Cells ［J］. ACS Applied Materials & Interfaces，2015，7(32)：17776-81.

［87］　Li Y，Meng L，Yang Y，et al. High-efficiency robust perovskite solar cells on ultrathin flexible substrates ［J］. Nature Communications，2016，7：10214.

［88］　Chen B，Bai Y，Yu Z，et al. Efficient Semitransparent Perovskite Solar Cells for 23.0%-Efficiency Perovskite/Silicon Four-Terminal Tandem Cells ［J］. Advanced Energy Materials，2016，6(19)：1601128.

［89］　Zhao D，Yu Y，Wang C，et al. Low-bandgap mixed tin-lead iodide perovskite absorbers with long carrier lifetimes for all-perovskite tandem solar cells ［J］. Nature Energy，2017，2：17018.

［90］　Marchioro A，Teuscher J，Friedrich D，et al. Unravelling the mechanism of photoinduced charge transfer processes in lead iodide perovskite solar cells ［J］. Nature Photonics，2014，8(3)：250-5.

［91］　Ting H，Zhang D，He Y，et al. Improving device performance of perovskite solar cells by micro-nanoscale composite mesoporous TiO_2 ［J］. Japanese Journal of Applied Physics，2017，57(2S2)：02CE1.

［92］　Giordano F，Abate A，Correa Baena J P，et al. Enhanced electronic properties in mesoporous TiO_2 via lithium doping for high-efficiency perovskite solar cells ［J］. Nature Communications，2016，7 (1)：10379.

［93］　Yoo J J，Wieghold S，Sponseller M C，et al. An interface stabilized perovskite solar cell with high stabilized efficiency and low voltage loss ［J］. Energy & Environmental Science，2019，12(7)：2192-9.

［94］　Kim M，Kim G H，Lee T K，et al. Methylammonium Chloride Induces Intermediate Phase Stabilization for Efficient Perovskite Solar Cells ［J］. Joule，2019，3(9)：2179-92.

［95］　Valadi K，Gharibi S，Taheri-Ledari R，et al. Metal oxide electron transport materials for perovskite solar cells：a review ［J］. Environmental Chemistry Letters，2021，19(3)：2185-207.

［96］　Jiang Q，Zhao Y，Zhang X，et al. Surface passivation of perovskite film for efficient solar cells ［J］. Nature Photonics，2019，13：460-466.

［97］　Lin Y H，Sakai N，Da P，et al. A piperidinium salt stabilizes efficient metal-halide perovskite solar cells ［J］. Science，2020，369(6499)：96.

［98］　Bai S，Da P，Li C，et al. Planar perovskite solar cells with long-term stability using ionic liquid additives ［J］. Nature，2019，571(7764)：245-50.

［99］　Ru P，Bi E，Zhang Y，et al. High Electron Affinity Enables Fast Hole Extraction for Efficient Flexible Inverted Perovskite Solar Cells ［J］. Advanced Energy Materials，2020，10(12)：1903487.

［100］　Wang K，Wu C，Hou Y，et al. Isothermally Crystallize Perovskites at Room-Temperature ［J］. Energy & Environmental Science，2020，13：3412-22.

［101］　Wu Y，Xie F，Chen H，et al. Thermally Stable $MAPbI_3$ Perovskite Solar Cells with Efficiency of 19.19% and Area over $1cm^2$ achieved by Additive Engineering ［J］. Advanced Materials，2017，29 (28)：1701073.

［102］　Kim J H，Liang P W，Williams S T，et al. High-performance and environmentally stable planar heterojunction perovskite solar cells based on a solution-processed copper-doped nickel oxide hole-transporting layer ［J］. Advanced Materials，2015，27(4)：695-701.

［103］　Yue S，Liu K，Xu R，et al. Efficacious engineering on charge extraction for realizing highly efficient perovskite solar cells ［J］. Energy & Environmental Science，2017，10(12)：2570-8.

[104] Chen W, Liu F Z, Feng X Y, et al. Cesium Doped NiO$_x$ as an Efficient Hole Extraction Layer for Inverted Planar Perovskite Solar Cells [J]. Advanced Energy Materials, 2017, 7(19): 1700722.

[105] Lee J H, Noh Y W, Jin I S, et al. A solution-processed cobalt-doped nickel oxide for high efficiency inverted type perovskite solar cells [J]. Journal of Power Sources, 2019, 412: 425-32.

[106] Wu Y, Xie F, Chen H, et al. Thermally Stable MAPbI$_3$ Perovskite Solar Cells with Efficiency of 19.19% and Area over 1cm^2 achieved by Additive Engineering [J]. Advanced Materials, 2017, 29 (28): 1701073.

[107] Luo D, Yang W, Wang Z, et al. Enhanced photovoltage for inverted planar heterojunction perovskite solar cells [J]. Science, 2018, 360(6396): 1442.

[108] Zheng X, Chen B, Dai J, et al. Defect passivation in hybrid perovskite solar cells using quaternary ammonium halide anions and cations [J]. Nature Energy, 2017, 2: 17102.

[109] Zheng X, Hou Y, Bao C, et al. Managing grains and interfaces via ligand anchoring enables 22.3%-efficiency inverted perovskite solar cells [J]. Nature Energy, 2020, 5(2): 131-40.

[110] Chen Z, Turedi B, Alsalloum A Y, et al. Single-Crystal MAPbI$_3$ Perovskite Solar Cells Exceeding 21% Power Conversion Efficiency [J]. ACS Energy Letters, 2019, 4(6): 1258-9.

[111] Alsalloum A Y, Turedi B, Zheng X, et al. Low-Temperature Crystallization Enables 21.9% Efficient Single-Crystal MAPbI$_3$ Inverted Perovskite Solar Cells [J]. ACS Energy Lett, 2020, 5(2): 657-62.

[112] Alsalloum A Y, Turedi B, Almasabi K, et al. 22.8%-Efficient Single-Crystal Mixed-Cation Inverted Perovskite Solar Cells with a Near-Optimal Bandgap [J]. Energy & Environmental Science, 2021, 4 (14): 2263-2268.

[113] Eperon G E, Hörantner M T, Snaith H J. Metal halide perovskite tandem and multiple-junction photovoltaics [J]. Nature Reviews Chemistry, 2017, 1(12): 0095

[114] Noh J H, Im S H, Heo J H, et al. Chemical Management for Colorful, Efficient, and Stable Inorganic-Organic Hybrid Nanostructured Solar Cells [J]. Nano Letters, 2013, 13(4): 1764-9.

[115] Hao F, Stoumpos C C, Chang R P H, et al. Anomalous Band Gap Behavior in Mixed Sn and Pb Perovskites Enables Broadening of Absorption Spectrum in Solar Cells [J]. Journal of the American Chemical Society, 2014, 136(22): 8094-9.

[116] Leijtens T, Bush K A, Prasanna R, et al. Opportunities and challenges for tandem solar cells using metal halide perovskite semiconductors [J]. Nature Energy, 2018, 3(10): 828-38.

[117] Shockley W, Queisser H J. Detailed Balance Limit of Efficiency of p-n Junction Solar Cells [J]. Journal of Applied Physics, 1961, 32(3): 510-9.

[118] Dupré O, Niesen B, De Wolf S, et al. Field Performance versus Standard Test Condition Efficiency of Tandem Solar Cells and the Singular Case of Perovskites/Silicon Devices [J]. The Journal of Physical Chemistry Letters, 2018, 9(2): 446-58.

[119] Hörantner M T, Snaith H J. Predicting and optimising the energy yield of perovskite-on-silicon tandem solar cells under real world conditions [J]. Energy & Environmental Science, 2017, 10(9): 1983-93.

[120] Hörantner M T, Leijtens T, Ziffer M E, et al. The Potential of Multijunction Perovskite Solar Cells [J]. ACS Energy Letters, 2017, 2(10): 2506-13.

[121] Mailoa J P, Lee M, Peters I M, et al. Energy-yield prediction for II-VI-based thin-film tandem solar cells [J]. Energy & Environmental Science, 2016, 9(8): 2644-53.

[122] Yu Z J, Carpenter J V, Holman Z C. Techno-economic viability of silicon-based tandem photovoltaic modules in the United States [J]. Nature Energy, 2018, 3(9): 747-53.

[123] Li Z, Zhao Y, Wang X, et al. Cost Analysis of Perovskite Tandem Photovoltaics [J]. Joule, 2018, 2(8): 1559-72.

[124] Löper P，Moon S J，Martín De Nicolas S，et al. Organic-inorganic halide perovskite/crystalline silicon four-terminal tandem solar cells [J]. Physical Chemistry Chemical Physics，2015，17(3)：1619-29.

[125] Bailie C D，Christoforo M G，Mailoa J P，et al. Semi-transparent perovskite solar cells for tandems with silicon and CIGS [J]. Energy & Environmental Science，2015，8(3)：956-63.

[126] Mcmeekin D P，Sadoughi G，Rehman W，et al. A mixed-cation lead mixed-halide perovskite absorber for tandem solar cells [J]. Science，2016，351(6269)：151-5.

[127] Werner J，Barraud L，Walter A，et al. Efficient Near-Infrared-Transparent Perovskite Solar Cells Enabling Direct Comparison of 4-Terminal and Monolithic Perovskite/Silicon Tandem Cells [J]. ACS Energy Letters，2016，1(2)：474-80.

[128] Duong T，Wu Y，Shen H，et al. Rubidium Multication Perovskite with Optimized Bandgap for Perovskite-Silicon Tandem with over 26% Efficiency [J]. Advanced Energy Materials，2017，7(14)：1700228.

[129] Chen B，Bai Y，Yu Z，et al. Efficient Semitransparent Perovskite Solar Cells for 23.0%-Efficiency Perovskite/Silicon Four-Terminal Tandem Cells [J]. Advanced Energy Materials，2016，6(19)：1601128.

[130] Jaysankar M，Raul B A L，Bastos J，et al. Minimizing Voltage Loss in Wide-Bandgap Perovskites for Tandem Solar Cells [J]. ACS Energy Letters，2019，4(1)：259-64.

[131] Mailoa J P，Bailie C D，Johlin E C，et al. A 2-terminal perovskite/silicon multijunction solar cell enabled by a silicon tunnel junction [J]. Applied Physics Letters，2015，106(12)：121105.

[132] Albrecht S，Saliba M，Correa Baena J P，et al. Monolithic perovskite/silicon-heterojunction tandem solar cells processed at low temperature [J]. Energy & Environmental Science，2016，9(1)：81-8.

[133] Werner J，Weng C H，Walter A，et al. Efficient Monolithic Perovskite/Silicon Tandem Solar Cell with Cell Area >1cm^2 [J]. The Journal of Physical Chemistry Letters，2016，7(1)：161-6.

[134] Song Z，Werner J，Shrestha N，et al. Probing Photocurrent Nonuniformities in the Subcells of Monolithic Perovskite/Silicon Tandem Solar Cells [J]. The Journal of Physical Chemistry Letters，2016，7(24)：5114-20.

[135] Sahli F，Kamino B A，Werner J，et al. Improved Optics in Monolithic Perovskite/Silicon Tandem Solar Cells with a Nanocrystalline Silicon Recombination Junction [J]. Advanced Energy Materials，2018，8(6)：1701609.

[136] Bush K A，Palmstrom A F，Yu Z J，et al. 23.6%-efficient monolithic perovskite/silicon tandem solar cells with improved stability [J]. Nature Energy，2017，2：17009.

[137] Bush K A，Bailie C D，Chen Y，et al. Thermal and Environmental Stability of Semi-Transparent Perovskite Solar Cells for Tandems Enabled by a Solution-Processed Nanoparticle Buffer Layer and Sputtered ITO Electrode [J]. Advanced Materials，2016，28(20)：3937-43.

[138] Chen B，Yu Z，Liu K，et al. Grain Engineering for Perovskite/Silicon Monolithic Tandem Solar Cells with Efficiency of 25.4% [J]. Joule，2019，3(1)：177-90.

[139] Tockhorn P，Sutter J，Cruz A，et al. Nano-optical designs for high-efficiency monolithic perovskite-silicon tandem solar cells [J]. Nature nanotechnology，2022，17(11)：1214-21.

[140] Werner J，Nogay G，Sahli F，et al. Complex Refractive Indices of Cesium-Formamidinium-Based Mixed-Halide Perovskites with Optical Band Gaps from 1.5 to 1.8eV [J]. ACS Energy Letters，2018，3(3)：742-7.

[141] Sahli F，Werner J，Kamino B A，et al. Fully textured monolithic perovskite/silicon tandem solar cells with 25.2% power conversion efficiency [J]. Nature Materials，2018，17(9)：820-826.

[142] Bush K A，Manzoor S，Frohna K，et al. Minimizing Current and Voltage Losses to Reach 25% Efficient Monolithic Two-Terminal Perovskite-Silicon Tandem Solar Cells [J]. ACS Energy Letters，2018，3(9)：2173-80.

[143] Jošt M，Köhnen E，Morales-Vilches A B，et al. Textured interfaces in monolithic perovskite/silicon tandem solar cells: advanced light management for improved efficiency and energy yield [J]. Energy & Environmental Science，2018，11(12): 3511-23.

[144] Wu Y，Yan D，Peng J，et al. Monolithic perovskite/silicon-homojunction tandem solar cell with over 22% efficiency [J]. Energy & Environmental Science，2017，10(11): 2472-9.

[145] Zheng J，Lau C F J，Mehrvarz H，et al. Large area efficient interface layer free monolithic perovskite/homo-junction-silicon tandem solar cell with over 20% efficiency [J]. Energy Environ Sci，2018，11(9): 2432-43.

[146] Zheng J，Mehrvarz H，Ma F-J，et al. 21.8% Efficient Monolithic Perovskite/Homo-Junction-Silicon Tandem Solar Cell on 16cm^2 [J]. ACS Energy Letters，2018，3(9): 2299-300.

[147] Fu F，Feurer T，Jäger T，et al. Low-temperature-processed efficient semi-transparent planar perovskite solar cells for bifacial and tandem applications [J]. Nature Communications，2015，6(1): 8932.

[148] Fu F，Feurer T，Weiss Thomas P，et al. High-efficiency inverted semi-transparent planar perovskite solar cells in substrate configuration [J]. Nature Energy，2016，2(1): 16190.

[149] Shen H，Duong T，Peng J，et al. Mechanically-stacked Perovskite/CIGS Tandem Solar Cells with Efficiency of 23.9% and Reduced Oxygen Sensitivity [J]. Energy & Environmental Science，2018，11: 394-406.

[150] Kim D H，Muzzillo C P，Tong J，et al. Bimolecular Additives Improve Wide-Band-Gap Perovskites for Efficient Tandem Solar Cells with CIGS [J]. Joule，2019，3(7): 1734-45.

[151] Todorov T，Gershon T，Gunawan O，et al. Monolithic Perovskite-CIGS Tandem Solar Cells via In Situ Band Gap Engineering [J]. Advanced Energy Materials，2015，5(23): 1500799.

[152] Uhl A R，Rajagopal A，Clark J A，et al. Solution-Processed Low-Bandgap CuIn(S，Se)$_2$ Absorbers for High-Efficiency Single-Junction and Monolithic Chalcopyrite-Perovskite Tandem Solar Cells [J]. Advanced Energy Materials，2018，8(27): 1801254.

[153] Han Q，Hsieh Y T，Meng L，et al. High-performance perovskite/Cu(In，Ga)Se$_2$ monolithic tandem solar cells [J]. Science，2018，361(6405): 904-8.

[154] Li Z，Boix P P，Xing G，et al. Carbon nanotubes as an efficient hole collector for high voltage methylammonium lead bromide perovskite solar cells [J]. Nanoscale，2016，8(12): 6352-60.

[155] Yang Z，Rajagopal A，Chueh C C，et al. Stable Low-Bandgap Pb-Sn Binary Perovskites for Tandem Solar Cells [J]. Advanced Materials，2016，28(40): 8990-7.

[156] Eperon G E，Leijtens T，Bush K A，et al. Perovskite-perovskite tandem photovoltaics with optimized band gaps [J]. Science，2016，354(6314): 861-5.

[157] Zhao D，Wang C，Song Z，et al. Four-Terminal All-Perovskite Tandem Solar Cells Achieving Power Conversion Efficiencies Exceeding 23% [J]. ACS Energy Letters，2018，3: 305-6.

[158] Tong J，Song Z，Kim D H，et al. Carrier lifetimes of >1 μs in Sn-Pb perovskites enable efficient all-perovskite tandem solar cells [J]. Science，2019，364(6439): 475-9.

[159] Jiang F，Liu T，Luo B，et al. A two-terminal perovskite/perovskite tandem solar cell [J]. Journal of Materials Chemistry A，2016，4(4): 1208-13.

[160] Heo J H，Im S H. CH$_3$NH$_3$PbBr$_3$-CH$_3$NH$_3$PbI$_3$ Perovskite-Perovskite Tandem Solar Cells with Exceeding 2.2V Open Circuit Voltage [J]. Advanced Materials，2016，28(25): 5121-5.

[161] Rajagopal A，Yang Z，Jo Sae B，et al. Highly Efficient Perovskite-Perovskite Tandem Solar Cells Reaching 80% of the Theoretical Limit in Photovoltage [J]. Advanced Materials，2017，29(34): 1702140.

[162] Zhao D，Chen C，Wang C，et al. Efficient two-terminal all-perovskite tandem solar cells enabled by

high-quality low-bandgap absorber layers [J]. Nature Energy, 2018, 3(12): 1093.

[163] Xiao K, Lin R, Han Q, et al. All-perovskite tandem solar cells with 24.2% certified efficiency and area over 1cm^2 using surface-anchoring zwitterionic antioxidant [J]. Nature Energy, 2020, 5(11): 870-80.

[164] Leijtens T, Prasanna R, Bush K A, et al. Tin-lead halide perovskites with improved thermal and air stability for efficient all-perovskite tandem solar cells [J]. Sustainable Energy & Fuels, 2018, 2(11): 2450-9.

[165] Li C, Wang Z S, Zhu H L, et al. Thermionic Emission-Based Interconnecting Layer Featuring Solvent Resistance for Monolithic Tandem Solar Cells with Solution-Processed Perovskites [J]. Advanced Energy Materials, 2018, 8(36): 1801954.

[166] Green M A, Dunlop E D, Siefer G, et al. Solar cell efficiency tables (Version 61) [J]. Progress in Photovoltaics: Research and Applications, 2022, 31(1): 3-16.

[167] Duan J, Zhao Y, He B, et al. High-Purity Inorganic Perovskite Films for Solar Cells with 9.72% Efficiency [J]. Angewandte Chemie International Edition, 2018, 57(14): 3787-91.

[168] Duan J, Xu H, Sha W E I, et al. Inorganic perovskite solar cells: an emerging member of the photovoltaic community [J]. Journal of Materials Chemistry A, 2019, 7(37): 21036-68.

[169] Wang Z, Shi Z, Li T, et al. Stability of Perovskite Solar Cells: A Prospective on the Substitution of the A Cation and X Anion [J]. Angewandte Chemie International Edition, 2017, 56(5): 1190-212.

[170] Frost J M, Butler K T, Brivio F, et al. Atomistic origins of high-performance in hybrid halide perovskite solar cells [J]. Nano Letters, 2014, 14(5): 2584-90.

[171] Bryant D, Aristidou N, Pont S, et al. Light and oxygen induced degradation limits the operational stability of methylammonium lead triiodide perovskite solar cells [J]. Energy & Environmental Science, 2016, 9(5): 1655-60.

[172] Ito S, Tanaka S, Manabe K, et al. Effects of Surface Blocking Layer of Sb_2S_3 on Nanocrystalline TiO_2 for $CH_3NH_3PbI_3$ Perovskite Solar Cells [J]. The Journal of Physical Chemistry C, 2014, 118 (30): 16995-7000.

[173] Roh J, Yu H, Jang J. Hexagonal β-NaYF4: Yb^{3+}, Er^{3+} Nanoprism-Incorporated Upconverting Layer in Perovskite Solar Cells for Near-Infrared Sunlight Harvesting [J]. ACS Applied Materials & Interfaces, 2016, 8(31): 19847-52.

[174] Raga S R, Jung M C, Lee M V, et al. Influence of Air Annealing on High Efficiency Planar Structure Perovskite Solar Cells [J]. Chemistry of Materials, 2015, 27(5): 1597-603.

[175] Wang S, Jiang Y, Juarez-Perez Emilio J, et al. Accelerated degradation of methylammonium lead iodide perovskites induced by exposure to iodine vapour [J]. Nature Energy, 2016, 2(1): 16195.

[176] Wang L, Zhou H, Hu J, et al. A Eu^{3+}-Eu^{2+} ion redox shuttle imparts operational durability to Pb-I perovskite solar cells [J]. Science, 2019, 363(6424): 265-70.

[177] Heo J H, Im S H, Noh J H, et al. Efficient inorganic-organic hybrid heterojunction solar cells containing perovskite compound and polymeric hole conductors [J]. Nature Photonics, 2013, 7(6): 486-91.

[178] Conings B, Drijkoningen J, Gauquelin N, et al. Intrinsic Thermal Instability of Methylammonium Lead Trihalide Perovskite [J]. Advanced Energy Materials, 2015, 5(15): 15000477.

[179] Dkhissi Y, Meyer S, Chen D, et al. Stability Comparison of Perovskite Solar Cells Based on Zinc Oxide and Titania on Polymer Substrates [J]. ChemSusChem, 2016, 9(7): 687-95.

[180] Ma S, Bai Y, Wang H, et al. 1000h Operational Lifetime Perovskite Solar Cells by Ambient Melting Encapsulation [J]. Advanced Energy Materials, 2020, 10(9): 1902472.

第 9 章

新概念太阳电池

本章将重点介绍几类尚在基础研究阶段的新概念电池，主要包括中间带、碰撞电离、热载流子、热光电及热光子转换器等新概念电池，并从理论上分析它们能达到的最高理论效率，讨论如何充分吸收太阳光，并尽可能将每个光子的能量都充分转换并输出至外电路做功，以获得更高的光电转换效率，得到从材料、结构、工艺上发展的新方向。

9.1 引言

前面几章介绍了目前较常见的太阳电池结构、性能及设计原则，为实现太阳电池的应用普及、提高光伏发电在可再生能源中的占比，需进一步降低发电成本。考虑到并网发电系统中太阳电池的成本的占比最大，提供廉价的太阳电池是光伏发电应用和发展的关键。除了通过现有电池产品生产的标准化、自动化和规模化来降低电池成本之外，从研发的角度主要通过两个途径解决：一是降低现有电池原材料、能耗等生产成本。在降低电池生产成本方面，以晶硅电池为例，随着生产技术的不断更新迭代，其成本较 20 世纪 80 年代已大幅降低，而碲化镉、铜铟镓硒等薄膜电池通过扩大生产规模、开发低成本制备技术及廉价衬底材料的遴选开发等也都实现了生产成本的降低。因此对于目前已产业化的电池，通过改进工艺、技术创新、发展产业化技术、提高不同类型电池的产业化效率，缩小最高效率与产业化效率的差距是必要的。二是提高太阳电池的光电转换效率，即性能价格比。根据 SQ 极限，单结太阳电池在 AM0 的理论效率极限为 31%，相对于光谱丰富的太阳光照射，这个结果并不高。SQ 模型的局限性在于电池不能吸收能量小于吸收层禁带宽度 $E_{g,a}$ 的光子，而能量大于 $E_{g,a}$ 的光子，无论它们的能量与 $E_{g,a}$ 差别多大，输出的电压却是相同的。在这样的光电转换过程中高能量光子的损失非常大。而转换效率与光子入射到电池上所产生的电子空穴对并输送到外电路的能量有关，目前的单结电池结构无论是对太阳光谱的吸收还是能量的输出都是有限的。因此通过提出光电转换的新模型、新概念，期待有更高光电转换效率电池的出现。

9.2 中间带太阳电池

9.2.1 中间带太阳电池的基本概念

提升太阳电池光电转换效率的基本思想是充分吸收太阳光。采用多结叠层结构可以使电池的吸收光谱与太阳光谱尽可能地匹配，在未聚光的条件下，最高理论效率可从单结的 33% 提升到三结的 57%。但随着结数增加，电池设计的复杂性和工艺难度及制备成本急剧上升，这将限制多结叠层电池的大规模应用。如果能将多能带的结构在同一个 p-n 结内实现，就能有效地控制成本。

　　用位于同个带隙中的不同能级来提高电池效率是由 Wolf 于 1961 年最早提出的[1]。随后，Luque[2] 提出如图 9-1 所示的中间带（intermediate band，IB）电池的概念。它不是由不同带隙宽度材料组成的电池，而是在单一材料价带与导带的能隙之中引入一个中间能带 E_i。这个中间带可以是材料的本征特性、杂质带、孤对电子带或低维超晶格形成的多能带结构[3]。中间带的作用是提供光子的多个吸收通道，除了通常的从价带到导带能量 $h\nu_1 > E_{g,a}$ 的光吸收外，电子还可以吸收一个能量为 $h\nu_2 (h\nu_1 > h\nu_2 > E_i - E_v)$ 的光子从价带跃迁到第 i 个中间带，该中间带内的电子再吸收一个能量为 $h\nu_3 (h\nu_2 > h\nu_3 > E_c - E_i)$ 的光子后再激发到导带。这样两个低能的光子通过"接力"的跃迁方式，使一个电子从价带激发到导带，扩展了电池的长波吸收，增加电流输出。可见，中间带电池可在太阳光谱中的不同波段具有多个吸收边。

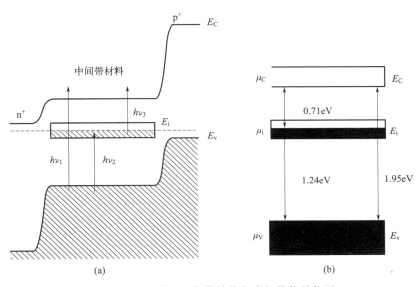

图 9-1　中间带电池能带结构与中间带能量位置
（a）中间带电池能带结构；（b）优化中间带能量位置

　　通常价带与中间带的能量差比导带与中间带的能量差要大。分析中间带太阳电池的极限效率，除了有与前面理想电池相同的假设外，对中间带电池还有其他特别的要求[2,4]。首先要求载流子在导带、价带与中间带内均处于准热平衡态。导带、价带与中间带分别有独立的准费米能级 μ_c、μ_v、μ_i。导带、价带与中间带三个带的能量间距应大于最大的声子能量，避免三个带中任意两个带之间的非辐射复合。其次，要求形成中间带的材料（如杂质）在空间是周期排列的。另外，中间带应是半填满的，这样电子从价带到中间带，从中间带到导带的跃迁才是"畅通"的。中间带与导带、价带之间仅通过光跃迁相联系，没有热耦合。此外，载流子通过选择性接触收集，导带仅收集电子，价带仅收集空穴，没有任何载流子可从中间带输出；在结构上，要求电池足够厚，以吸收可能吸收的全部光子。

　　中间带太阳电池的光吸收是在三个带之间进行的，光子能量 $E > E_{g,a} = E_c - E_v = E_c - E_i + E_i - E_v = E_{c,i} + E_{v,i}$ 是价带到导带的吸收，光子能量 $E_{g,a} > E > E_{v,i} = E_i - E_v$ 是价带到中间带的吸收，光子能量 $E_{v,i} > E > E_{c,i} = E_c - E_i$ 是中间带到导带的吸收。为了使光

子能有最大的能量输出，具有一定能量的光子应首先被最宽的能隙先吸收（避免高能量的光子被窄能隙先吸收），同时要求价带到导带的吸收系数比价带到中间带的吸收系数大，价带到中间带的吸收系数比中间带到导带的吸收系数大。总结起来就是，这三个带间吸收应无交叠。此外，根据细致平衡原理分析三个带之间的辐射复合，可以计算出在全聚光条件下电池的电流密度，应由以下几项组成：

$$J(V) = q\left\{Q(E_g, \infty, T_s, 0) - Q(E_g, \infty, T_s, \mu_C - \mu_V)\right.$$
$$\left. + Q(E_{V,i}, E_g, T_s, 0) - Q(E_{V,i}, E_g, T_a, \mu_i - \mu_V)\right\} \tag{9-1}$$

其中，第 1、3 项分别代表电池从太阳吸收能量为 $E > E_{g,a}$ 及 $E_{V,i} < E < E_{g,a}$ 的光子流的贡献；第 2、4 项分别代表电池从导带到价带，从中间带到价带光发射流的贡献。由于中间带不输出电流，稳态条件下从价带与中间带光跃迁贡献的净电流应等于中间带与导带的净电流，其中化学势 $\mu_V + \mu_i = \mu_C$。

$$q\left\{Q(E_{C,i}, E_{V,i}, T_s, 0) - Q(E_{C,i}, E_{V,i}, T_s, \mu_C - \mu_V)\right\} =$$
$$q\left\{Q(E_{V,i}, E_g, T_s, 0) - Q(E_{V,i}, E_g, T_a, \mu_i - \mu_V)\right\} \tag{9-2}$$

Luque 和 Martin 计算了 $T_s = 6000K$，$T_a = 300K$ 全聚焦条件下，各类中间带电池的极限效率，结果如图 9-2 所示。图中横坐标代表不同电池中的最小带隙的位置。对于中间带电池，最小带隙为中间带离导带的位置 $E_{C,i}$。图 9-2 所示的中间带电池曲线上各点标值是电池的能带宽度。当中间带电池结构为 $E_{g,a} = 1.95eV$，$E_{C,i} = 0.71eV$，中间带离价带的位置为 1.24eV，呈现极值效率为 63.2%，如图 9-2 所示。为了比较，图 9-2 中也给出了单结电池及双结叠层电池最大效率的计算结果。对双结叠层电池，横坐标代表窄带隙电池的能带宽度，双结叠层电池的最大效率为 55.4%。中间带太阳电池的运作与叠层串联电池有相似之处，它们都是扩展对太阳光谱的响应。但从图看出，中间带电池的转换效率比双结叠层电池的转换效率普遍要高，其主要原因是，虽然中间带太阳电池是在一块材料中形成，实际上是有三个带隙，有三个光吸收阈值，与三结叠层电池转换效率极限相当。

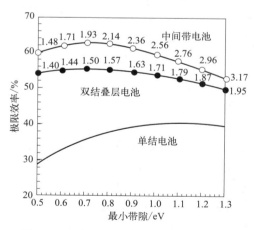

图 9-2　电池最大效率与最小带隙的变化
（为方便比较，单结电池和双结叠层电池的效率也示于图中）

另外在双结串联叠层电池结构中，电流是连续的，需要两个光子分别激发窄带隙电池和宽带隙电池，以提供一个电子到外电路。对于中间带电池，要提供某个电子到外电路，根据光子能量的大小，可只需一个光子（从导带到价带）或两个光子（从导带到中间带，及从中间带到价带），因此总的量子效率要大一些。由此看出中间带电池的优势是，中间带电池可以吸收单结电池不可能吸收的、能量小于带隙的光子，有效地扩展了吸收光谱范围。

虽然中间带太阳电池与叠层电池相比具有潜在的诸多优点，且相关工作已有较多报道[5,6]，但要真正实现中间带太阳电池的概念并制备出器件，仍需解决很多问题，首先是寻找适合的材料。

作为太阳电池应用的中间带材料，应具有以下特点：①中间带应是半填满的，有足够的电子与空穴浓度，能满足电子从价带到中间带的跃迁和从中间带到导带跃迁的要求。这样，通过中间带载流子的跃迁才可能是通畅的、充分的、"金属性"的；②中间带与导带或与价带之间，应避免杂质或缺陷态的引入，须是零电子态，以确保它们之间只有光学过程；③电池的三个能带（导带、价带与中间带）的准费米能级必须是分裂的；④中间带主要是起光激发功能的作用，不直接输出电流，原则上不苛求中间带中载流子的迁移率，但如考虑到实际的器件，通过中间带产生的载流子可能是不均匀的。譬如，电子从价带到中间带的激发比中间带到导带的激发要强，近电池表面有较多的激发载流子将流向电池的下部，产生带内移动，因此适当的迁移率是需要的；⑤中间带在实际材料能隙中的位置要恰当，过于靠近价带或导带，都将引起它们之间的热耦合。

目前实验研究的中间带材料有以下几类：①低维结构材料，如量子点超晶格材料，由量子点中量子限制效应形成的微带，可作为中间带；②高失配合金材料，是指合金材料中引入少量的具有强电负性的元素替代基质原子，可明显地调制带结构，形成多带材料；③在材料中引入高浓度的深杂质，如过渡金属，排除过渡金属容易成为非辐射复合中心的问题，形成"金属性"的中间带，满足中间带具有强的光吸收系数的要求；④薄膜材料。在材料适合的基础上，还需要考虑光的有效吸收问题。前面提到，具有一定能量的光子应首先被它相应的最宽带隙吸收，避免高能量的光子被窄能隙先吸收；每个光子的吸收应发生在与它对应的最大能隙，或者说不同的能隙主要吸收与能带宽度相近的光子，从而使载流子的热化损失最小，优化不同带间的光吸收在实验上是一挑战[7]。

中间带电池是由一个中间带材料及两侧分别引出电子与空穴的电极组成。n型、p型引出电极又称发射极，发射极材料不必要与中间带材料相同，但希望晶格是匹配的，以减少界面缺陷引起的非辐射复合。光照下，除了通常的大于带隙的光子从价带激发电子到导带外，小于带隙的光子从价带激发电子到中间带，再从中间带激发电子到导带。过程的特点是，在没有输出电压损失的前提下，提高了输出电流。

9.2.2　量子点中间带电池

实验中Ⅲ～Ⅴ族化合物量子点可被用作中间带材料，应用于量子点中间带电池（quantum dot solar cell，QDSC）的制备[8]。通过调制阱宽可实现不同的量子限制效应，改变能级分裂的距离，形成不同带隙宽度。因此原则上中间带可通过尺寸为纳米量级的半导体量子点周期地三维镶嵌在宽带隙半导体的材料中来实现。如图9-3(a)所示，此处的量子点作为势阱，宽带隙半导体为势垒。量子点中能级是量子化的，量子点的紧密排列使势垒区很窄，使量子点能级上电子具有共有化运动特征，继而形成子带，其能带结构如图9-3(b)所示。这子带就有可能起中间带的作用。前面提到中间带应该是半填满的，有足够的电子与空穴浓度，因此量子点需要掺杂，这样的结构基本满足中间带电池的要求[7]。

Marti等[8]观察到了量子点结构中价带、导带及中间带准费米能级的分裂，为量子点

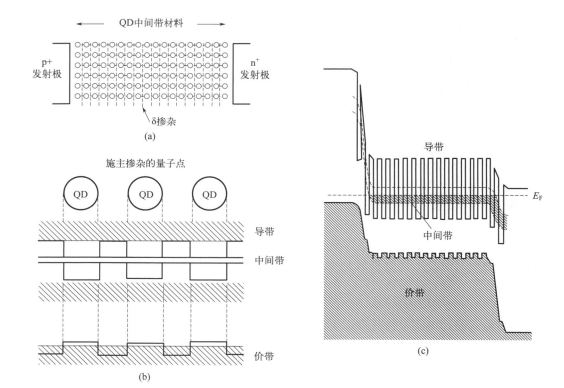

图 9-3　量子点中间带电池（Ⅰ）

（a）量子点中间带太阳电池结构；（b）低维量子结构的中间带形成；（c）量子点中间带电池能带结构

结构应用于中间带太阳电池提供了实验依据。图 9-4 为 InAs QDs/GaAs（掺 Si）分子束外延生长的中间带电池结构示意图。体 GaAs 与 InAs 的能带宽度分别为 1.42eV 与 0.36eV。量子点层是夹在 GaAs 的 p、n^+ 层之间。首先在 GaAS 衬底上生长一层很薄的 InAs 浸润层，InAs 量子点在浸润层上生长。随后生长 GaAS 作为隔离层，也是势垒区，在势垒区中掺 Si，通过势垒区转移掺杂效应，实现量子点的 n 型掺杂，电子填充到中间带，使其是半填满的。据此一层一层重复生长，如图 9-4(a) 所示。由于目前工艺的局限性，量子点层数是有限的，如果仅是几层量子点，量子点很可能处于电池的空间电荷区，掺杂的效果受影响。在此情况下，需要引入一个"衰减层"使量子点处于中性区。

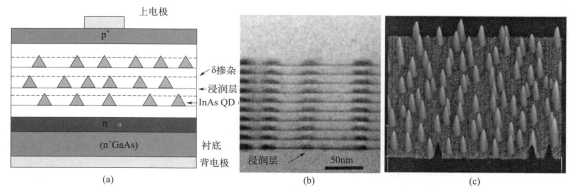

图 9-4　量子点中间带电池（Ⅱ）

（a）量子点中间带电池结构示意；（b）电池横截面透射电镜图；（c）电池生长表面 AFM 形貌

已有很多研究小组报道了量子点中间带电池的相关工作[9,10]，图 9-5 是量子点 InAs 镶嵌在基质材料 GaAs 的中间带电池与 GaAs 电池的归一化量子效率谱的比较。与 GaAs 电池相比，在 InAs QDs/GaAs 电池中小于 GaAs 带隙的低能处呈现出量子效率的明显增加，这来源于中间带的光电作用，这是中间带材料可应用于太阳电池的必要条件。在已报道制备的中间带的原型电池效率比单结 GaAS 电池要低，特别表现为较小的开路电压。图 9-6 是不同 QDSCs 与 GaAS 电池光 I-V 特性的比较[11]。目前制备的中间带原型电池效率较低的原因有以下几方面：首先在 InAs QDs/GaAs 系统中，从能带图看出，IB 的位置可能比较接近 CB。在此情况下 IB 的电子有可能与 CB 有一定的热耦合，即有电子的热逃逸。为了抑制电子热逃逸，采用带隙较宽的如 Al-GaAs 或环烷酸铅（lead salts）作为势垒材料，观察到了较宽的中间带与导带的带隙[10,12]。其次图 9-5 的中间带量子点原型电池仅有 10 层左右，薄层的光吸收不够充分。从价带到中间带及从中间带到导带的吸收小，特别是中间带到导带的光跃迁小[13]。为提高整体的光吸收，需要增加量子点层数。然而，层数的增加容易引起错配或位错等拉伸的结构缺陷的产生，这些缺陷处于两个能带之间，直接导致非辐射复合的增加，或提供电子从量子态能级向连续带隧穿的通道（特别在空间电荷区），降低电池的光电性能。因此工艺上采用增加抗应变层来抵消与量子点/润湿层相关的压应力，增加应力平衡层（strain balanced，SB），即所谓应力平衡技术。图 9-6 中 InAs 量子点电池，分别采用 GaP、

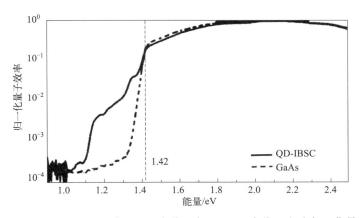

图 9-5　量子点 InAs/GaAs 中间带电池（实线）与 GaAs（虚线）电池归一化量子效率谱[9]

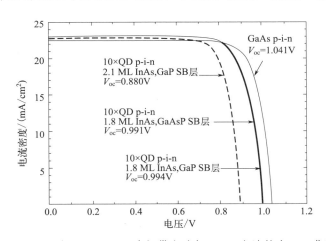

图 9-6　量子点 InAs/GaAs 中间带电池与 GaAs 电池的光 I-V 曲线

GaAsP 为应力平衡层。与 GaAs 电池相比，三个 QDs 中间带电池都有较高的短路电流，最大的提高了 3.5%。适当的 SB 层使开路电压 V_{oc} 约为 1V，与 GaAs 电池的约 1.041V 相近。目前报道的最高效率为 18%[10]。

虽然量子点中间带原型电池的初步光电转换效率还不高，但观察到了中间带对增加光电流的贡献。深入了解 QD 中间带电池运作的机制，优化带隙结构，通过光管理增强对光子的吸收、缺陷控制、应力平衡工艺等，以进一步提高电池转换效率[7]。

9.2.3　体材料的中间带与电池

体材料中间带及电池的理论与实验研究已有大量的报道。首先要发现及制备形成半满的中间带材料。目前对中间带材料的研究有几种不同的途径：基于能带反交叉模型制备的高失配合金，调制能带结构，形成中间带；在材料中直接掺入浓度足够高的深能级杂质，在薄膜材料中掺入过渡金属元素；在Ⅲ～Ⅴ族化合物中掺入过渡金属元素，形成杂质中间带等。

（1）高失配合金

在合金材料中引入很小部分的具有强电负性的元素替代基质原子，该元素的局域态位于基质半导体的导带边，由于局域态与扩展态排斥的相互作用，导带分裂成两个子带 $E_{+}(k)$ 和 $E_{-}(k)$：

$$E_{\pm}(k) = \frac{1}{2}\left[E_{N} + E_{M}(k) \pm \sqrt{[E_{N} + E_{M}(k)]^2 + 4C_{NM}^2 x}\right] \qquad (9-3)$$

形成新的具有中间带的半导体合金材料。此为能带反交叉模型（band anticrossing model，BAC）。以氮（N）引入Ⅲ～Ⅴ族化合物为例，上式中，E_{N} 是 N 能级能量，$E_{M}(k)$ 是基质材料导带能带，C_{NM} 是 N 态与扩展态的耦合矩阵，x 是组分。根据 BAC 模型，通过调整杂质与基质合金的耦合强度，选择适当元素，可建立所需子带位置及子带宽度的多带系统[7]。

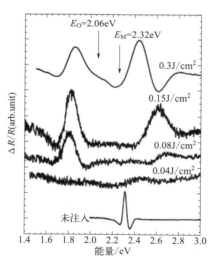

图 9-7　O 离子引入 $Zn_{0.88}Mn_{0.12}Te$ 的光调制反射光谱[14]

中间带的形成可通过光调制反射谱来检测。图 9-7 是氧（O）离子注入 $Zn_{0.88}Mn_{0.12}Te$ 在不同脉冲激光退火条件下的光调制反射（photo modulated reflectance，PR）光谱，没有注入氧离子样品的 PR 也示于图中以便对比[14]。从图可以看出，$Zn_{0.88}Mn_{0.12}Te$ 的 PR 峰位在 2.3eV，氧离子注入的样品经激光退火后，出现了两个完全不同于基质材料的光跃迁，分别为 1.8eV 和 2.6eV，这两个峰位反映了从价带到两个子导带 $E_{+}(k)$ 和 $E_{-}(k)$ 的光跃迁，证实了 O 的局域态与基质导带扩散态作用的结果。

基于高失配合金 ZnTe:O 的体材料中间带原型电池已成功制备[15]，与 ZnTe 电池相比，ZnTe:O 电池虽然开路电压减小了 15%，但短路电流密度增加了一倍，光电转换效率增加了 50%；两个电池的光谱响应结果则显示出前者的响应截止在材料能隙 2.2eV 处，而后者的光谱响应则明显向长波扩展了，充分表明了与氧相关的中间带吸收对短路电流的贡献。

（2）深杂质中间带

半导体中掺入深能级杂质元素已被考虑用来增加光吸收[16,17]，然而深能级作为局域态起非辐射复合中心作用，将降低材料的少子寿命，减小电池的转换效率。如果将深能级退局域，转变成扩展态，深能级非辐射复合中心的作用将避免。基质材料中杂质态的退局域被Mott用电屏蔽效应解释，低掺杂浓度时，电场受掺杂原子的离子与未配对电子的相互作用，在此范围，基态电子是局域的[18]。

当杂质浓度增加到某临界值以上，由于局域电子产生的金属屏蔽，杂质外层电子去局域。在这情况下局域能级成为一个能带，与局域态相关强的电子声子耦合将消失，非辐射复合中心的作用将消失，实现从绝缘体-金属的转变，称为Mott转变。发生Mott转变的条件是，在固体中自由电子的浓度 n 大于某临界值 n_{crit}，n_{crit} 与玻尔半径 a_b 满足 $a_b n_{crit}^{1/3} = 0.25$ 条件。直观的解释是，半导体中少量的杂质只能形成局域态。如增加杂质浓度，当掺杂原子间平均距离减少到低于某一临界距离，杂质能级波函数交叠，退局域形成电子的共有化运动，掺杂原子的外层电子可形成杂质带。绝缘体-金属的转变发生去除深杂质的非辐射复合作用，可实现通过深能级的光学跃迁。因此通过重掺杂，使杂质能级转变成杂质带，是获得中间带材料的另一途径。

已有大量深杂质中间带的理论研究，主要集中在晶体材料中引入杂质带，形成多带结构。例如理论计算证明在Si中引入过渡金属元素Ti，填隙的Ti原子可在能隙中形成一个半满的中间带。Sanchez等进而计算了Si中掺入高剂量的硫系材料（S，Se及Te）的电子结构[19,20]。计算结果表明Si中替位式地掺入浓度约0.5%硫系材料，并适当地掺入Ⅲ族元素后成为p型，在Si能隙中可产生一个具有重点带特征的杂质带。经过进一步细致的材料组分设计，在实验上通过控制替代原子间距等方式有望实现硅-硫系的中间带材料。

Palacios等计算了用过渡金属（Ti，V）取代铟尖晶石半导体中八面体的位置，在半导体带隙中呈现一个半填满的窄带[21]。这种电子结构，预示将增强红光与可见光的光吸收。在Ⅲ～Ⅴ族半导体中掺入金属元素，如一个Ti原子取代GaAs或GaP中的一个As或P原子，形成 Ga_4As_3Ti 或 Ga_4P_3Ti。其电子结构表明，在带隙中可形成一个稳定的窄的中间带。

关于深杂质中间带的实验研究，首先是制备具有杂质中间带的材料。对于Si中的浅杂质，如B，P，它们的玻尔半径 a_b 约为10nm，Mott转变临界杂质浓度 n_{cirt} 约 $10^{18}cm^3$（原子浓度，指每立方厘米原子个数）。这些浅杂质在Si中的固溶度高（$>10^{20}cm^{-3}$），大于 n_{cirt}。然而，对于深杂质元素，电子基态束缚能较大，因此发生Mott转变的临界杂质浓度较高，要求掺杂浓度大于约 $6\times10^{19}cm^{-3}$[22]。此处深杂质在Si中的固溶度较低，如Ti在c-Si中的固溶度仅为 $10^{14}cm^{-3}$，远低于Mott转变极限。受材料固溶度限制，常规的掺杂技术是难以达到Mott转变临界点的。因此，实验上采用离子注入及脉冲激光熔融法，采用非平衡技术，实现高浓度的掺杂及再结晶。采用非平衡注入与退火技术，目前已成功地实现了在Si中Ti[23]、S[24]、Se[25] 及Co[26,27] 高剂量的掺杂，观察到了这些材料掺杂后电学性质从绝缘体到金属的转变，证明了中间带的形成。图9-8是c-Si中注入不同剂量的Ti（$1\times10^{15}cm^{-2}$，$5\times10^{15}cm^{-2}$，$1\times10^{16}cm^{-2}$）经脉冲激光熔融退火后再注入表面有效载流子寿命随载流子注入水平的变化。Antolin等的这一结果表明，有效载流子寿命随Ti注入剂量的增加而增大，从而证明了中间带的形成对非辐射复合的抑制作用[28]。

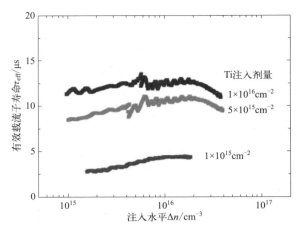

图 9-8 晶硅中离子注入不同剂量 Ti，有效载流子寿命随载流子注入水平的变化[28]

9.2.4 薄膜中间带材料

薄膜材料是受到关注的另一个中间带材料领域。Marti 等[29] 讨论了黄铜矿结构（I-III-VI）薄膜材料为基的中间带太阳电池。根据细致平衡条件，计算了理想条件下薄膜中间带电池效率极限随能带宽度的变化。如图 9-9 所示，为比较，已报道的黄铜矿基的太阳电池也示于图 9-9 中。黄铜矿结构薄膜中间带太阳电池呈现了较高的极限效率。考虑 I-III-VI$_2$ 薄膜材料都具有较大的带隙宽度，从能隙优化结构的角度，在该类材料中引入中间带是适宜的。

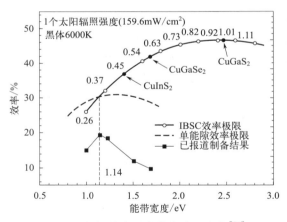

图 9-9 极限效率随能带宽度的变化[29]

图中○为最窄的子带隙宽度（eV），●为三种 I-III-VI$_2$ 材料的子带隙宽度

在薄膜中形成中间带有两个途径：

一是引入杂质，通过 ab-initio 的理论计算，深入了解大量杂质原子的引入对基质材料电子结构的影响[30]。P. Palacios 等计算了以 CuGaS$_2$ 为基掺入不同替位杂质，例如过渡金属元素 Ti、V、Cr、Mn 等[30-34]，形成具有中间带的薄膜材料。Marti 等计算了在理想条件下，I-III-VI$_2$ 化合物材料中引入过渡金属元素，形成中间带电池的效率极限[35]，如图 9-10 所示，适当的元素掺杂展示出高的效率极限。

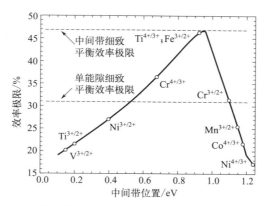

图 9-10　以 CuGaS$_2$ 为基，掺入不同过渡元素中间带太阳电池的理论效率极限[35]

二是形成纳米结构的黄铜矿中间带薄膜材料[36]，其原理与量子点中间带材料相似。但是将纳米结构的黄铜矿化合物结合到基质材料的中间带电池尚有待探索。

在对黄铜矿结构中间带薄膜材料与电池理论研究的同时，实验上已在过渡金属掺杂的黄铜矿薄膜太阳电池中观察到了中间带的吸收。Marsen 等[37] 报道了掺 Fe 的 CuGa$_{1-x}$Fe$_x$S 薄膜材料作为吸收体，在制备的玻璃/Mo/吸光体/CdS/ZnO 太阳电池中，出现了位于 1.2eV 和 1.9eV 的新子带间吸收。

9.3　碰撞电离太阳电池

9.3.1　基本概念

高能量的热载流子与晶格碰撞电离可以产生量子效率大于 1 的离化结果，这样便可通过提高输出电流来提高电池效率。

碰撞电离是热载流子能提供高转换效率的另一物理过程。与我们熟悉的，在外电场作用下碰撞电离引起的载流子倍增效应不同，热载流子碰撞电离是指光激发的高能载流子碰撞晶格原子使其离化产生第二个电子空穴对，增加光生载流子密度，提高电池的电流输出。光激载流子倍增现象在 Si、Ge、InSb 等 p-n 结中已观察到[38-40]，但对它的研究和了解还较少。Deb 和 Saha 在 1972 年提出高能量光子的量子效率可能大于 1 的设想[41]。之后 1993 年 Landsberg 等和 Kolodinski 等[42,43] 又重新提出，认为如果一个入射光子的能量大于 $mE_{g,a}$（$m>2$，a 表示光吸收层），原则上可能产生 $m>1$ 的电子空穴对，产生载流子的倍增效应。

碰撞电离是俄歇复合的逆过程，如图 9-11 所示，吸收一个光子后产生第一个电子-空穴对（电子 1，空穴 1），处于高能态的能量为 E_{e1}、动量为 K_{e1} 的电子 1 与晶格碰撞电离产生第二个能量为 E_{e2}、动量为 K_{e2} 的电子 2 与能量为 E_{h2}、动量为 K_{h2} 的空穴 2 的

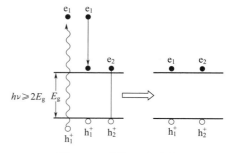

图 9-11　碰撞电离过程
[吸收一个光子产生第一个（e_1/h_1），
高能电子与晶格碰撞电离产生第二个（e_2/h_2），
电子 e 弛豫到带底，实现量子效率大于 1]

电子空穴对。

参与碰撞的电子 1 的能量与动量分别降为 E'_{e1} 和 K'_{e1}，这个过程要求能量及动量守恒：

$$E_{e1} = E_{e2} + E_{h2} + E'_{e1} \tag{9-4}$$

$$K_{e1} = K_{e2} + K_{h2} + K'_{e1} \tag{9-5}$$

满足上述方程要求的碰撞电离，就有可能使得光子的量子效率大于 1。

9.3.2 碰撞电离太阳电池效率

基于上述光子量子效率有可能大于 1 的分析，讨论以碰撞电离载流子倍增为主要机理的太阳电池极限效率。在分析中，除了有与前面极限效率计算相同的假设外，还必须了解碰撞电离电池所包含的动力学过程：电子空穴对的倍增率、热载流子的冷却率、电子的输运及俄歇复合率、载流子的收集率等及其这些速率之间的关系。实现载流子的倍增，最重要的是，要求这些过程中碰撞电离产生电子空穴对的倍增速率远大于热载流子的冷却速率、热电子的转移率和俄歇复合率，使热载流子在冷却前完成碰撞电离。同时要求冷电子的输运速率大于电池的辐射复合率和俄歇复合率，实现电流的高输出。该动力学关系是产生电子空穴对倍增的条件。

Würfel 等[44,45] 通过建立热载流子太阳电池效率的计算，在认识和分析碰撞电离太阳电池时，假设热载流子与晶格是绝热的，讨论电子与空穴通过碰撞电离与俄歇复合的相互作用，将改变光生载流子的数量与能量，该过程同时满足能量和动量守恒。经过复合、碰撞过程，电子-空穴对处于碰撞电离与俄歇复合的平衡态。

图 9-12 是 M. Green[46] 和 Würfel[45] 关于碰撞电离太阳电池极限效率随能带宽度变化的计算结果。由于计算方法略有不同，他们二人的计算结果有些差异，但整体趋势是一致的。该图表明，在完全聚光情况及载流子温度 $T_H = 2470\text{K}$ 条件下，当 $E_{g,a}$ 趋于零时，最大效率可达 85.4%。这个结果与全聚焦下的优化的热载流子电池的极限效率一致，相当于热力学卡诺效率，这是由于当 $E_{g,a}$ 趋于零，碰撞电离作为热载流子能量弛豫的途径之一。目前高能光子碰撞电离的现象尚未在各类太阳电池特性中观察到。这是因为，只有当光子能量是材料带宽的 n 倍，碰撞电离才可能发生，即碰撞电离有个阈值能量。在体半导体中产生碰撞电离所要求的光子能量在紫外光谱区（＞3.5eV），这部分光子能量在太阳光谱中是不丰富的。此外，碰撞电离过程要满足晶体的能量与动量守恒。同时碰撞电离过程是与热电子

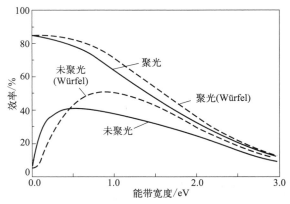

图 9-12 碰撞电离太阳电池的极限效率随能带宽度 $E_{g,a}$ 的变化

（虚线为 Würfel 的结果[45]；实线为 M. Green 的结果[46]）

能量弛豫速度有关的。也就是说碰撞电离的时间常数必须远小于热电子能量弛豫时间常数，才有可能观察到载流子的倍增效应。在晶体 Si 中的碰撞电离实验研究表明，载流子倍增效率是很低的，如能量为 4eV（相当 $3.6E_{g,a}$）的入射光子，其碰撞电离效率只有 5%，即量子效率为 105%，仅稍大于 1。入射光子能量为 4.8eV（$4.4E_{g,a}$）光子的碰撞电离效率为 25%[43,47]。说明产生载流子倍增的阈值能量高，热载流子冷却速率快。

9.3.3 量子点中多激子产生

　　与热载流子太阳电池一样，实现光生载流子的倍增必须要有慢的热载流子冷却速率，而低维结构可减慢热电子的冷却速率。为此，讨论在量子点中热载流子倍增效应：首先由于量子点的空间局域性，热光生电子与空穴不是以自由载流子的形式存在，它们之间有库仑作用，是以激子的形式存在，即所谓热激子；其次，量子点的三维限制效应，电子态是分裂的量子化能级，完全不同于体材料中电子态的连续分布。体材料中电子与其他粒子相互作用，只要满足能量与动量守恒，电子能量可不受制约地弛豫。而在量子点中，粒子间的相互作用，除了能量守恒的制约外，动量不再是一个好量子数，跃迁过程不必要满足动量守恒，分裂的电子能级可抑制热载流子与声子的相互作用。载流子的限制效应及伴随的电子空穴库仑作用的增强，使俄歇复合及其逆过程——俄歇产生易发生，激子的产生率将有明显的增加[48]。图 9-13（a）示出了在量子点中载流子倍增效应的过程。热电子不仅可产生第二个电子空穴对，还可能产生多个电子空穴对，由于在量子点中热电子-空穴是以激子的形式存在，故称为多激子产生（multiple exciton generation，MEG）。基于以上的分析，Nozik 等首先预言[49-51]：与体材料相比，该效应将有大的增强，并认为在量子点中载流子倍增的阈值能量将降低，同时增加电子空穴对倍增的效率。

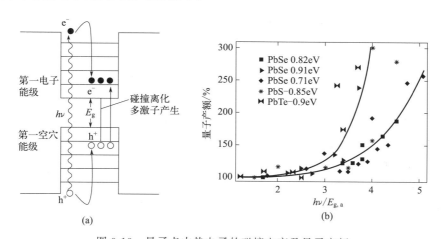

图 9-13　量子点中热电子的碰撞电离及量子产额
（a）量子点中热电子的碰撞电离可产生两个以上的电子空穴对；（b）量子产额随入射光子能量与量子点能带宽度之比的变化[52]

　　上述的分析在实验中得到了证实。Schaler 等首先报道了纳米晶 PbSe 激子倍增的实验结果[53]。他们给出了形成多激子效应的能量阈值是 $3E_{g,a}$，当光子能量为 $3.8E_{g,a}$，其量子产额是 218%（碰撞电离效率为 18%）。图 9-13（b）观察到了 PbSe、PbS 及 PbTe 量子点量子产额随入射光子能量 $h\nu$ 与量子点能带宽度 $E_{g,a}$ 之比的变化关系[52]，其中 PbSe 量子点直径分别为：3.9nm、4.7nm、5.7nm。PbS 和 PbTe 量子点直径均为 5.5nm。它们对应的能带宽度分别为 0.91eV、0.82eV、0.72eV、0.85eV 和 0.9eV 的量子点。从图看出载流子倍增的阈值能量为 $3E_{g,a}$，量子产额随 $h\nu/E_{g,a}$ 的增加逐渐上升。能带宽度为 0.91eV 的量子点，当 $h\nu \geqslant 4E_{g,a}$，量子产额有明显的增加，可达 300%，即一个光子可产生 3 个激子。Schaller 等报道在 CdSe 量子点中用能量 $h\nu = 7E_{g,a}$ 的光子激发，可产生 7 个激子的结果[53]。多激子产生的实验是采用各种光谱测量来进行的[48,54,55]，激子倍增的分析是通过时间分辨的瞬态吸收谱与激发能的关系得到的，随后纷纷报道了不同材料，如 PbS[56]、PbSe[57,58]、CdSe[59]、PbTe[61]、InAs[62]、InP[63]、CdTe[64] 等量子点载流子倍增的实验结果。

图 9-14 比较了 PbSe 体材料与量子点 PbSe 及 PbS 体材料电子空穴对的倍增的阈值能量与量子产额随光子能量变化的实验结果[48,55]。可看到 PbSe 量子点载流子倍增的阈值能量为（3~4）$E_{g,a}$，远低于体的 PbSe 约 $6E_g$。图 9-14 表明 PbSe 量子点电子空穴对倍增效率是体 PbSe 的两倍。Beard 报道 PbSe 量子点中激子冷却速率比在体 PbSe 中要慢[48]。特别是，图中量子点 PbSe 量子产额的数据分别来自美国可再生能源实验室（NREL）与美国 Los Alamos 国家实验室（LANL）。这些一致的实验结果充分表明量子点比体材料有明显的载流子倍增效应。

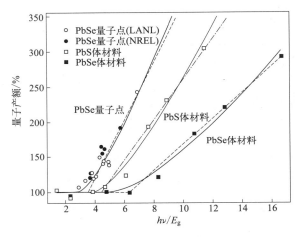

图 9-14 PbSe、PbS 体材料与量子点 PbSe MEG 量子产额实验结果的比较

在有些实验中没有观察到如上面所述的高的 MEG 结果。可能的原因是量子点表面处理与表面化学对 MEG 动力学过程的影响[48,54,58]，因此实际应用时需要对纳米晶或量子点的表面有适当的处理。

在对量子点载流子倍增效应研究的基础上，MEG 原型电池也获得进展[2]。纳米晶的 PbS 与 TiO$_2$ 电化学系统电池，由于单层纳米晶 PbS 吸收受限，虽然功率转换效率与外量子效率不高，但获得了内量子效率大于 100% 的结果。这是电子-空穴倍增效应在太阳电池中的直接表现。随后 Semoninl 等在 PbSe 基量子点的太阳电池中观察到了峰值（380nm）外量子效率为（114±1）% 的结果。制备中注意了量子点表面的钝化处理。图 9-15 给出了 MEG 太阳电池结构与不同带隙宽度的量子点电池的内量子效率谱。该图表明阈值能量约为 $3E_{g,a}$。对带隙宽度为 0.98eV 的量子点，其相应内量子效率峰值为 130%。

体材料中热载流子倍增是碰触电离过程，而在量子阱中是多激子产生。对光生载流子的倍增效应的研究，已证明量子点中热载流子的冷却速率比体材料中的要低得多，这有助于载流子倍增效应。在载流子的倍增机制、动力学过程、实验测量与验证方面都获得长足的进展，特别是多激子产生原型电池的研制成功。然而仍有许多问题，如对 MEG 的动力学过程了解还不够深入。曾有报道，高能量光子在孤立的量子点或电学上耦合的量子点阵列中产生自由载流子是非常快的（约 fs 量级），这涉及量子点中激子的产生、电子空穴对的分离。是首先热化激子并在每个量子点中分解，随后在量子点之间运输，还是这些过程基本上是与量子点阵列吸收光子同时发生的均有待深入研究。

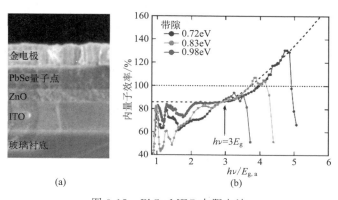

图 9-15   PbSe MEG 太阳电池
（a）器件结构；（b）不同带隙内量子效率随 $h\nu/E_{g,a}$ 的变化

9.4 热载流子太阳电池

单结电池中存在一种重要的能量损失机制，就是高能量光子激发产生的热载流子的热化损失。光生热载流子在很短的时间内与晶格相互作用，发射声子，失去能量 ΔE_e 和 ΔE_h，

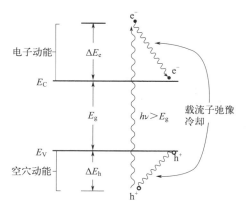

图 9-16   高能光子激发热载流子的冷却

热化弛豫到带边，热载流子冷却，如图 9-16 所示。因此不论入射光子能量有多大，由带隙宽度决定的输出电压是一样的。即使能量大于带隙宽度 2 倍甚至 3 倍的入射光子也仅产生一个电子空穴对，能量的损失是显而易见的。如前所述，采用不同带隙子电池的组合来产生不同能量的光生载流子以获得最大的电压输出是减少能量损失的一种方案。另一个新思路是充分利用热载流子的能量进行直接输出，获得高的电压，这要求热载流子在其冷却之前就被电极收集。实际上这是载流子的热化时间与输出时间快慢的竞争。因此如果设法加快载流子的抽出，或减缓载流子与声子相互作用的热化过程，热载流子就有可能仍处较高能态时就被输出，此时电池就可能有较高的开路电压。还有一个可能途径是，较高能量的热载流子与晶格发生碰撞电离，产生量子效率大于 1 的离化结果，输出较大的电流。为此首先需要了解热载流子的弛豫过程。

9.4.1 光生载流子热弛豫过程

光入射到物体产生非平衡载流子，破坏了材料体系的热平衡，系统处于一个非平衡状态，形成光电导。当光照结束，非平衡载流子复合，系统又回到起始的热平衡状态。对于光生载流子的产生过程及其衰减过程已有大量的研究。这里我们感兴趣的是光生载流子的激发行为，图 9-17 给出了非平衡载流子产生的时间分辨过程。其中：

a. $t=0$ 时的热平衡状态，导带与价带边有少量的载流子，载流子分布由玻尔兹曼分布表征。

b. 光激发的瞬间 $t=0^+$ 时的载流子分布。它应该是热平衡载流子与光生载流子分布的叠加，光生载流子的浓度和分布与入射光的光谱、强度及材料吸收有关，这里主要是了解光生载流子产生后的物理过程。若用强度高、能量大于 E 的脉冲单色光作为入射光，光生载流子被激发到价带和导带高能态的分布情况如图 9-17 中的峰②所示。价带空穴有效质量比导带电子的有效质量要大，因此导带中电子分布的峰值能量离导带底的距离要比价带空穴峰值能量离价带顶距离要大。

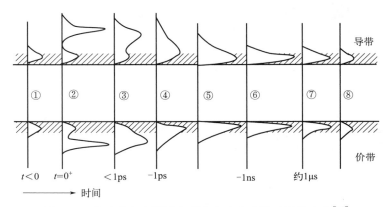

图 9-17 脉冲单色光照下电子和空穴分布随时间的变化[47]

c. $0<t<1ps$，约经几百飞秒的时间间隔，同一带内的非平衡载流子之间的弹性散射使它们处于一个自平衡态，这一过程中能量没损失。光生载流子的分布也可用玻尔兹曼分布来表征，只是用有效载流子温度 T_H 来代替热平衡温度 T_a。$T_H>T_a$，对应的化学势为 μ_H。通常称这样的载流子为热载流子。原则上描述电子和空穴分布的有效温度应是不同的。

d. 当 $t\approx1ps$ 时，热载流子开始与声子碰撞并发射声子而逐渐损失能量。最初热载流子温度较高，主要发射光学声子，随后以发射能量低的声学声子为主。在这过程中电子与空穴总数量基本不变，只是电子空穴的有效温度逐渐下降（图 9-17③），开始了电子、声子相互作用下热载流子的热化弛豫过程，在这过程中，高能电子与空穴的分布，分别向导带底和价带顶弛豫（图 9-17④），一直到光生载流子与晶格达到热平衡（图 9-17⑤）。这个过程的完成约为几十皮秒量级。如 GaAs 材料中热载流子的冷却时间为 $10\sim100ps$。在这过程中，一部分光子能量转换成热能，系统熵增。

e. 随着时间进一步增加，光生载流子的复合过程将占主导，复合过程常发生在光照后纳秒到微秒范围。电子空穴主要以辐射光子的方式复合（理想情况下，非辐射复合忽略不计），此时电子、空穴的密度将随时间的增加而下降。其宏观表现是光电导的衰退，整个系统逐渐向热平衡过渡。载流子温度与晶格、环境温度趋向一致，费米能级回到热平衡态[8]。

在恒定光照条件下，太阳电池中非平衡载流子进入一个新的稳态。电池运行包含了光生载流子的三个主要动态过程：一是光生载流子的热化过程（冷却），二是辐射复合，三是光电流的收集。它们分别对应于热弛豫时间、辐射复合寿命和收集时间，这三个参量之间的关系将影响电池的转换效率。光生载流子分解成的复合电流与收集电流之间的关系在常规电池的介绍中已有分析，复合率与收集率之间的竞争决定了电池的输出功率。高效的收集要求载流子寿命长，收集时间比复合寿命要短，载流子在复合前就被收集。这里主要讨论的是处于高能态载流子的热化过程。可以想象，如果热载流子处于高能态时就被直接收集输出，或高能量的光生载流子通过碰撞电离产生两个以上的电子空穴对，充分利用高出部分的能量，就可有效提高电池的转换效率。前者要求热载流子收集时间比热化过程要短，热载流子在高能态时直接输出，由此提出热载流子太阳电池的概念。后者要求碰撞电离的时间比热化过程要短，热载流子通过碰撞电离产生多个电子空穴对或激子，释放能量再回到导带底，由此提出碰撞电离太阳电池或多激子产生太阳电池的概念。

热载流子太阳电池概念的基本思想是降低载流子的热化速率或冷却速率，热载流子在冷却之前无熵变化地被收集以及输出到外电路。可以从降低热载流子的冷却速率和选用高迁移率的材料及减少载流子抽出距离两方面来考量，前者的关键在于使得载流子的冷却时间大于抽出时间，而后者主要是为了减少热载流子的抽出时间。因此实现热载流子太阳电池的关键在于从材料和结构上增加热载流子的热化时间。

9.4.2　热载流子太阳电池的理论效率极限

理想条件下热载流子太阳电池极限效率的分析，采用如下假设：只有能量大于 $E_{g,a}$ 的光子被吸收；一个光子产生一个电子空穴对；光生载流子不与晶格相互作用，没有热化过程引起的能量损失；辐射复合是电池的唯一复合机制或是能量损失机制等。Ross 和 Nozik[44] 首先提出热载流子太阳电池的概念，并分析了该电池的极限效率，计算中分别用准费米能级描述电子、空穴的能量分布，提出电子、空穴在不同的能量处输出。结合碰撞电离理论，Würfel 详细讨论了热载流子电池的理论效率极限，具体的分析途径与过程详见文献[44]，此处不再赘述。

Würfel 计算的热载流子电池极限效率如图 9-18 所示，在未聚光 AM0 条件下，电池效率极限为 52%，对应的带隙宽度约 0.8eV；在最大聚焦条件下（46000 Suns），得到的最大效率约 85%。

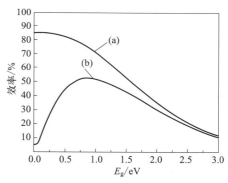

图 9-18　热载流子电池极限
效率随能带宽度的变化[44]

（a）全聚光条件；（b）未聚光 AM0 条件

9.5　热光电及热光子转换器

9.5.1　热光伏电池

影响太阳电池效率的因素之一便是能量低于 $E_{g,a}$ 的光子不能被吸收，而高能量光子的能量大部分被晶格吸收，据计算，太阳能辐射光子的平均能量约 1.9eV，而对于大多数半导体材料的带隙约 1eV，有相当多的能量被损失了。最初由 Wedlock[65]，后由 Swanson[66] 及 Würfel 等[67] 提出有效利用太阳光谱的另一新思路，亦即热光伏电池（thermophoto-voltage，TPV）。TPV 的基本思想是，太阳并不直接辐照到电池上，而是辐照到一个吸收体，这个吸收体受热后，依一定的波长再发射到电池，实现光电转换。这吸收体既被加热同时又发射光子，称它为受热吸收/发射体。此时太阳（也可是其他热源）与电池之间，能量是通过一个受热吸收/发射体传递的。图 9-19 为 TPV 工作原理图。该受热发射体吸收能量流密度为 E_s 的太阳能而被加热、温度升高，并以黑体辐射的方式发射光子 N_e。吸收/发射体的温度比太阳温度低，因此其发射光子的平均能量 E_e 下降，电池吸收较低能量的光子可减少高能载流子的热化损失，即使能量低于电池带隙宽度的光子 E_c 不能被电池吸收，这些低能光子可被电池全部反射回受热吸收/发射体，可望提高转换效率。为了使发射体光谱与电池吸收有更好的能量匹配，可进一步考虑，在发射体与电池之间加一个适当的窄带通的滤光片。该滤光片仅允许能量为 $\Delta E_g + \Delta E$ 的光子通过，ΔE 是很窄的能量范围，其他能量的光子则全被反射回发射体，入射光谱与电池的吸收光谱将有好的匹配。与常规直接吸收太阳光的电池相比，TPV 主要的优点是，设计发射体发射光子的能量略大于电池的带隙宽度，可减少和避免常规电池中的载流子热化损失。未被电池吸收的光子及电池辐射复合发射的光子是没有损失的，它们可被受热吸收/发射体再吸收，保持热发射体的温度，再发射到电池，实现光子循环。

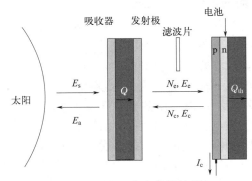

图 9-19　太阳热光伏转换器

E_s—该受热发射体吸收的能量流密度；E_a—能量低于 $E_{g,a}$ 的光子不能被发射体吸收的能量流密度；N_e 和 E_e—发射体发射出的粒子流和能量流；N_c 和 E_c—未能被电池吸收的光子及电池辐射复合发射的光子所产生的可以再次被吸收/发射体吸收的粒子流和能量流；Q—吸收体热流；Q_{th}—电池热功率产生的热流；I_c—光伏电池电流[46]

目前，已有不少关于 TPV 的理论工作结果的报道[46,68,69]。例如，当 $T_s = 6000K$，$T_a = 300K$，对于一个温度为 2544K 受热吸收/发射体，理想条件下设计的 TPV 热光伏转换系统的极限效率，在全聚光条件下可达 85.4%[70]，未聚光时是 54%[71]。对于接近真实的 TPV 系统，考虑到一些非理想的因素：①受热吸收/发射体的实际几何形状，它将影响有效的吸收；②低于太阳电池带隙的光子的损失为 5%；③非辐射复合与辐射复合是相同的数量。TPV 热光伏转换系统的极限效率，未聚光时是 32.8%[72]，在高聚光（1000 Suns）条件下，极限效率约 60%。

TPV 系统是一个将燃烧的辐射能量转化为电能的能源系统。该能源系统的主要优点是：

①高的燃料利用率（可接近 1，能回收大部分的热损失，成为热电联产系统）；②没有移动的部件，噪声水平低；③易维护（类似于家用锅炉）；④燃料使用的灵活性。TPV 热源系统除聚焦的太阳辐射外，可由各种不同的燃料如石化燃料（天然气、油、焦炭等）、城市固体废物、核燃料等提供。

不同 TPV 结构系统的实验工作也已有许多的报道。图 9-20 给出了一个 TPV 系统示意图[72]，其中的主要成分和能量流已标明。结构组成是：热源、发射器（EM）、过滤器（F）和光伏电池阵列（PV）、空气预加热系统（HX-A）以及分别从光伏电池的冷却和排出的燃烧产物回收热，实现能量充分利用的 HX-PV 和 HX-CP 热交换器。图中箭头分别代表不同的能量流或热流。

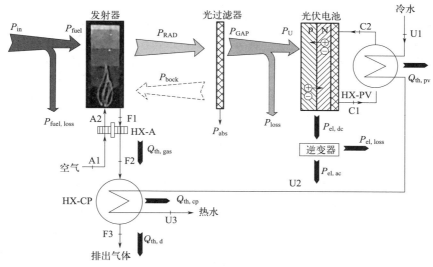

图 9-20　TPV 发电机

P_{in}—入射功率；P_{fuel}—热功率；$P_{fuel,loss}$—入射热损失功率；P_{RAD}—发射器辐射功率；P_{bock}—未能被滤波片吸收或透过的功率；P_{abs}—由于滤波片吸收导致的功率损失；P_{GAP}—引入光伏电池功率；P_{U}—入射到光伏电池上的辐射功率；P_{loss}—因滤光片和光伏电池之间的视域因子而损失的功率；$P_{el,dc}$—直流电的功率；$P_{el,ac}$—逆变为交流电的功率；$P_{el,loss}$—逆变器电流损耗功率；$Q_{th,pv}$—光伏电池的热能；$Q_{th,gas}$—发射器出口气体热能；$Q_{th,cp}$—通过热交换器被部分回收的热能；$Q_{th,d}$—排入环境中的热能；A1—引入发射器的空气；A2—经过预加热系统加热的空气；F1—发射器排出气体；F2—经过空气预加热系统后的气体，失去部分能量；F3—排入环境中的气体；C1—流入冷却热交换器的热交换物质；C2—流出冷却热交换器的热交换物质；U1—流入冷却热交换器的冷水；U2—吸收了光伏电池热能的冷却水；U3—流出燃料产物回收热交换器后的热水[72]

1960 年报道了第一个热光伏原型系统，转换效率为 0.6%～11%。从已报道的结果看，效率与 TPV 系统尺寸有关，大多数 10～300W 的 TPV 原型系统效率小于 10.9%[73]。而一个 1.5kW 的 TPV 原型系统，其电效率可达 12.3%。由于 TPV 涉及多组件及多过程，发电效率是各部件的效率之积，包括燃烧效率、发射器的辐射效率、滤光器的谱效率、滤光效率、与发射器入射到电池的角度有关的观察因子效率、太阳电池效率及直流交流转换效率等诸多因素[8]。虽然 TPV 系统转换效率的理论值较高，在实际应用中还有许多问题要进一步研究。

TPV 发电系统主要应用在分布式热电联产、便携式发电机、联合发电系统及军事和空间应用。目前 TPV 系统转换效率还较低，提高效率的关键在于发展智能控制、优化组件设计与集成及系统工程的研究。

9.5.2 热光子转换器

在 TPV 系统中，选择性的光发射器或理想的窄带滤光片及强的光发射是获得高效率的关键。根据这一要求，Green[3,46] 提出了热光子（thermophotonics，TPX）转换的概念，将热光子应用到 TPV 系统中形成 TPX 系统。它与 TPV 系统的差别是，热的太阳与冷的电池之间能量的传递不是通过受热吸收/发射体，而是通过被太阳光加热的发光二极管实现的。图 9-21 给出了 TPX 系统结构示意图。电池与环境保持热平衡。加热的光发射二极管（light emission diode，LED）具有与电池带隙宽度匹配的发光光谱，避免了在 TPV 系统中构建精确滤光器的困难。理论上预测一个正向偏置的发光二极管，输入功率等于 I_LV，I 和 V 分别是 LED 的电流及外加偏压。理想条件下发光二极管中，一个电子空穴对由辐射复合所发射的光子激发，其能量为 $E_{g,a}+kT$，该能量比外加偏压的能量 qV 略大，发射功率是 $I_LE_{g,a}/q$。如果 $V < E_{g,a}/q$，LED 的发光功率输出比输入电功率大。

TPX 转换器有明显的优点：LED 的热发射与偏置是无关的。而 LED 光发射强度比相同温度的黑体光辐射的强度要高。这不仅是因为 LED 光发射随偏置电压指数增加，也因为 LED 中电子空穴对的激发与温度呈指数关系，它们的辐射复合发光也呈指数增加。如果电池与 LED 的 E_g 是相同的，电池将是非常有效的单色光的光电转换器。此外，从结构上看，LED 与光伏电池两个器件之间是热隔离的，仅有光学上的耦合。在 TPX 系统中，发光器件的性能是实现高效 TPX 的关键。发射光子的能量为 $E_{g,a}+kT$，比外加偏压的能量 qV 大，要求发光器件有非常高的外量子效率[74]。不难发现，如将图 9-21 中发光二极管短路，TPX 就成为 TPV，因此 TPV 具有更普遍的概念。

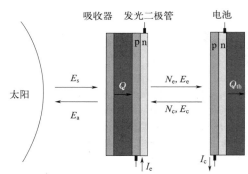

图 9-21　热光子在热光伏系统中光电转换

（N，E，Q 含义同图 9-19；I_e 和 I_c 分别为二极管电流和光伏电池电流）[75]

TPX 转换器效率的计算是采用与前面相同的假设及与 Shockley-Queisser 相似的细致平衡分析方法[76]。在 N. P. Harder 等[77] 的计算中，采用接近实际的系统结构，发光二极管与电池的面积相等，并设两个器件的能带宽度均为 Si 的 1.124eV。计算比较了 TPV 和 TPX 系统的转换效率：对于相同的几何结构，TPX 最大转换效率比 TPV 的最大效率高。为达到最大效率，受热吸收/发射体所需的温度比 TPX 系统低。在未聚光条件下，单色发射器（单色滤光片）TPX 最大转换效率与 TPV 相近，约为 54%。Tobias 等[76] 计算了在 100~1000个太阳光照条件下，发光器件温度为 300℃ 的条件下，TPX 转换器最高效率可达 40%。他们指出，LED 的量子效率是 TPX 系统获得高效率的关键，只有 LED 的外量子效率接近 1，TPX 系统的高转换效率才有可能。然而，在高温下保持高的发光效率是相当困难的。

思考题与习题

1.新概念太阳电池与前几章讨论的太阳电池最大的区别是什么？为什么要发展新概念太阳电池？

2.中间带太阳电池的基本设计思想是什么？简述中间带太阳电池的分类及特点。

3.热激子和激子的区别与联系是什么？碰撞电离太阳电池的工作原理是什么？如何提高其效率？

4.热载流子太阳电池的基本原理是什么？简述热载流子太阳电池与碰撞电离太阳电池的联系与区别。

5.热光伏电池的基本原理和设计思想是什么？热光伏电池和热光子转换器的区别是什么？

6.你认为最有发展前景的新概念太阳电池是哪一种？为什么？

参考文献

[1] Wolf M. The present state-of-the-art of photovoltaic solar energy conversion [J]. Solar Energy，1961，5 (3)：83-94.

[2] Luque A，Martí A. Increasing the efficiency of ideal solar cells by photon induced transitions at intermediate levels [J]. Physical Review Letters，1997，78(26)：5014-5017.

[3] Green M A. Third generation photovoltaics：Ultra-high conversion efficiency at low cost [J]. Progress in photovoltaics：Research Applications，2001，9(2)：123-135.

[4] Nelson J A. The physics of solar cells [M]. World Scientific Publishing Company，2003：243-246.

[5] Gorji N E，Zandi M H，Houshmand M，et al. Transition and recombination rates in intermediate band solar cells [J]. Scientia Iranica，2012，19(3)：806-811.

[6] Shu G W，Liao W C，Hsu C L，et al. Enhanced conversion efficiency of GaAs solar cells using Ag nanoparticles [J]. Advanced Science Letters，2010，3(4)：368-372.

[7] 熊绍珍，朱美芳. 太阳电池基础与应用 [M].北京：科学出版社，2009：605-638.

[8] Luque A，Martí A，López N，et al. Experimental analysis of the quasi-fermi level split in quantum dot intermediate-band solar cells [J]. Applied Physics Letters，2005，87(8)：083505.

[9] Martí A，Antolín E，Cánovas E，et al. Elements of the design and analysis of quantum-dot intermediate band solar cells [J]. Thin Solid Films，2008，516(20)：6716-6722.

[10] Blokhin S，Sakharov A，Nadtochy A，et al. AlGaAs/GaAs photovoltaic cells with an array of InGaAs QDs [J]. Semiconductors，2009，43(4)：514-518.

[11] Bailey C G，Forbes D V，Raffaelle R P，et al. Near 1 V open circuit voltage InGs/GaAs quantum dot solar cells [J]. Applied Physics Letters，2011，98(16)：163105.

[12] Martí A，Antolín E，Linares P，et al. Guide to intermediate band solar cell research [Z]. 27th European Photovoltaic Solar Energy Conference and Exhibition，Frankfurt，Germany，2012：22-26.

[13] Tomić S，Jones T S，Harrison N M. Absorption characteristics of a quantum dot array induced intermediate band：Implications for solar cell design [J]. Applied Physics Letters，2008，93(26)：263105.

[14] Yu K，Walukiewicz W，Wu J，et al. Diluted Ⅱ-Ⅵ oxide semiconductors with multiple band gaps [J]. Physical Review Letters，2003，91(24)：246403.

[15] Wang W，Lin A S，Phillips J D. Intermediate-band photovoltaic solar cell based on ZnTe：O [J]. Applied Physics Letters，2009，95(1)：011103.

[16] Wolf M. Limitations and possibilities for improvement of photovoltaic solar energy converters：Part Ⅰ：Considerations for earth's surface operation [J]. Proceedings of the IRE，1960，48(7)：1246-1263.

[17] Keevers M，Green M. Efficiency improvements of silicon solar cells by the impurity photovoltaic effect [J]. Journal of Applied Physics，1994，75(8)：4022-4031.

[18] Mott N. The Basis of the Electron Theory of Metals，with Special Reference to the Transition Metals [J]. Proceedings of the Physical Society，1949，62：416.

[19] Sánchez K，Aguilera I，Palacios P，et al. Formation of a reliable intermediate band in Si heavily coimplanted with chalcogens (S，Se，Te) and group Ⅲ elements (B，Al) [J]. Physical Review B，2010，82 (16)：165201.

[20] Sánchez K，Aguilera I，Palacios P，et al. Assessment through first-principles calculations of an intermediate-band photovoltaic material based on Ti-implanted silicon：Interstitial versus substitutional origin [J]. Physical Review B，2009，79(16)：165203.

[21] Palacios P，Aguilera I，Sánchez K，et al. Transition-metal-substituted indium thiospinels as novel intermediate-band materials：Prediction and understanding of their electronic properties [J]. Physical Review Letters，2008，101(4)：046403.

[22] Luque A，Martí A，Antolin E，et al. Intermediate bands versus levels in non-radiative recombination [J]. Physica B Condensed Matter，2006，382(1)：320-327.

[23] Pastor D，Olea J，Del Prado A，et al. Insulator to metallic transition due to intermediate band formation in Ti-implanted silicon [J]. Solar Energy Materials Solar Cells，2012，104：159-164.

[24] Winkler M T，Recht D，Sher M J，et al. Insulator-to-metal transition in sulfur-doped silicon [J]. Physical Review Letters，2011，106(17)：178701.

[25] Ertekin E，Winkler M T，Recht D，et al. Insulator-to-metal transition in selenium-hyperdoped silicon：observation and origin [J]. Physical Review Letters，2012，108(2)：026401.

[26] Zhou Y，Liu F，Song X. The insulator-to-metal transition of Co hyperdoped crystalline silicon [J]. Journal of Applied Physics，2013，113(10)：103702.

[27] Zhou Y，Liu F，Zhu M，et al. Insulator-to-metal transition in heavily Ti-doped silicon thin film [J]. Applied Physics Letters，2013，102(22)：222106.

[28] Antolín E，Martí A，Olea J，et al. Lifetime recovery in ultrahighly titanium-doped silicon for the implementation of an intermediate band material [J]. Applied Physics Letters，2009，94(4)：042115.

[29] Martí A，Marrón D F，Luque A. Evaluation of the efficiency potential of intermediate band solar cells based on thin-film chalcopyrite materials [J]. Journal of Applied Physics，2008，103(7)：073706.

[30] Tablero C，Fuertes Marrón D. Analysis of the electronic structure of modified $CuGaS_2$ with selected substitutional impurities：prospects for intermediate-band thin-film solar cells based on Cu-containing chalcopyrites [J]. The Journal of Physical Chemistry C，2010，114(6)：2756-2763.

[31] Aguilera I，Palacios P，Wahnón P. Optical properties of chalcopyrite-type intermediate transition metal band materials from first principles [J]. Thin Solid Films，2008，516(20)：7055-7059.

[32] Palacios P，Aguilera I，Wahnón P，et al. Thermodynamics of the formation of Ti-and Cr-doped $CuGaS_2$ intermediate-band photovoltaic materials [J]. The Journal of Physical Chemistry C，2008，112(25)：9525-9529.

[33] Palacios P，Sánchez K，Wahnón P，et al. Characterization by ab initio calculations of an intermediate

band material based on chalcopyrite semiconductors substituted by several transition metals [J]. Journal of solar energy engineering, 2007, 129(3): 314-318.

[34] Palacios P, Sánchez K, Conesa J, et al. Theoretical modelling of intermediate band solar cell materials based on metal-doped chalcopyrite compounds [J]. Thin Solid Films, 2007, 515(15): 6280-6284.

[35] Ramiro I, Martí A. Intermediate band solar cells: present and future [J]. Progress in photovoltaics: Research Applications, 2021, 29(7): 705-713.

[36] Marrón D F, Martí A, Luque A. Thin-film intermediate band photovoltaics: advanced concepts for chalcopyrite solar cells [J]. Physica Status Solidi, 2009, 206(5): 1021-1025.

[37] Marsen B, Klemz S, Unold T, et al. Investigation of the sub-bandgap photo response in $CuGaS_2$: Fe for intermediate band solar cells [J]. Progress in photovoltaics: Research Applications, 2012, 20(6): 625-629.

[38] Vavilov V S. On photo-ionization by fast electrons in germanium and silicon [J]. Journal of Physics Chemistry of Solids, 1959, 8: 223-226.

[39] Hodgkinson R. Impact ionization threshold in semiconductors [J]. Proceedings of the Physical Society, 1963, 82(6): 1010.

[40] Christensen O. Quantum efficiency of the internal photoelectric effect in silicon and germanium [J]. Journal of Applied Physics, 1976, 47(2): 689-695.

[41] Deb S, Saha H. Secondary ionisation and its possible bearing on the performance of a solar cell [J]. Solid-State Electronics, 1972, 15(12): 1389-1391.

[42] Landsberg P, Nussbaumer H, Willeke G. Band-band impact ionization and solar cell efficiency [J]. Journal of Applied Physics, 1993, 74(2): 1451-1452.

[43] Kolodinski S, Werner J H, Wittchen T, et al. Quantum efficiencies exceeding unity due to impact ionization in silicon solar cells [J]. Applied Physics Letters, 1993, 63(17): 2405-2407.

[44] Würfel P. Solar energy conversion with hot electrons from impact ionisation [J]. Solar Energy Materials and Solar Cells, 1997, 46(1): 43-52.

[45] Würfel P, Würfel U. Physics of solar cells: From basic principles to advanced concepts [M]. John Wiley & Sons, 2016: 155-175.

[46] Green M. Third generation photovoltaics: Advanced solar energy conversion [M]. Berlin: Springer, 2003: 69-80.

[47] Wolf M, Brendel R, Werner J H, et al. Solar cell efficiency and carrier multiplication in $Si_{(1-x)}Ge_x$ alloys [J]. Journal of Applied Physics, 1998, 83(8): 4213.

[48] Beard M C, Midgett A G, Hanna M C, et al. Comparing multiple exciton generation in quantum dots to impact ionization in bulk semiconductors: Implications for enhancement of solar energy conversion [J]. Nano Letters, 2010, 10(8): 3019-3027.

[49] Shabaev A, Efros A L, Nozik A. Multiexciton generation by a single photon in nanocrystals [J]. Nano Letters, 2006, 6 (12): 2856-2863.

[50] Nozik A. Spectroscopy and hot electron relaxation dynamics in semiconductor quantum wells and quantum dots [J]. Annual review of physical chemistry, 2001, 52(1): 193-231.

[51] Boudreaux D, Williams F, Nozik A. Hot carrier injection at semiconductor-electrolyte junctions [J]. Journal of Applied Physics, 1980, 51(4): 2158-2163.

[52] Soga T. Nanostructured materials for solar energy conversion [M]. Elsevier, 2006: 485-517.

[53] Schaller R D, Klimov V I. High efficiency carrier multiplication in PbSe nanocrystals: implications for solar energy conversion [J]. Physical Review Letters, 2004, 92(18): 186601.

[54] Nozik A J. Multiple exciton generation in semiconductor quantum dots [J]. Chemical Physics Letters,

2008，457(1-3)：3-11.

[55] Pijpers J，Ulbricht R，Tielrooij K，et al. Assessment of carrier-multiplication efficiency in bulk PbSe and PbS [J]. Nature Physics，2009，5(11)：811-814.

[56] Xu F，Ma X，Haughn C R，et al. Efficient exciton funneling in cascaded PbS quantum dot superstructures [J]. ACS Nano，2011，5(12)：9950-9957.

[57] Trinh M T，Houtepen A J，Schins J M，et al. Nature of the second optical transition in PbSe nanocrystals [J]. Nano Letters，2008，8(7)：2112-2117.

[58] Ji M，Park S，Connor S T，et al. Efficient multiple exciton generation observed in colloidal PbSe quantum dots with temporally and spectrally resolved intraband excitation [J]. Nano Letters，2009，9 (3)：1217-1222.

[59] Schaller R D，Sykora M，Jeong S，et al. High-efficiency carrier multiplication and ultrafast charge separation in semiconductor nanocrystals studied via time-resolved photoluminescence [J]. The Journal of Physical Chemistry B，2006，110(50)：25332-25338.

[60] Lin Z，Franceschetti A，Lusk M T. Size dependence of the multiple exciton generation rate in cdse quantum dots [J]. ACS Nano，2011，5(4)：2503.

[61] Murphy J E，Beard M C，Norman A G，et al. PbTe colloidal nanocrystals：synthesis，characterization，and multiple exciton generation [J]. Journal of the American Chemical Society，2006，128(10)：3241-3247.

[62] Schaller R D，Pietryga J M，Klimov V I. Carrier multiplication in InAs nanocrystal quantum dots with an onset defined by the energy conservation limit [J]. Nano Letters，2007，7(11)：3469-3476.

[63] Stubbs S K，Hardman S J，Graham D M，et al. Efficient carrier multiplication in InP nanoparticles [J]. Physical Review B，2010，81(8)：081303.

[64] Kobayashi Y，Udagawa T，Tamai N. Carrier multiplication in CdTe quantum dots by single-photon timing spectroscopy [J]. Chemistry Letters，2009，38(8)：830-831.

[65] Wedlock B D. Thermo-photo-voltaic energy conversion [J]. Proceedings of the IEEE，1963，51(5)：694-698.

[66] Swanson R. A proposed thermophotovoltaic solar energy conversion system [J]. Proceedings of the IEEE，1979，67(3)：446-447.

[67] Höfler H，Würfel P，Ruppel W. Selective emitters for thermophotovoltaic solar energy conversion [J]. Solar Cells，1983，10(3)：257-271.

[68] Spirkl W，Ries H. Solar thermophotovoltaics：an assessment [J]. Journal of Applied Physics，1985，57(9)：4409-4414.

[69] Davies P，Luque A. Solar thermophotovoltaics：brief review and a new look [J]. Solar Energy Materials and Solar Cells，1994，33(1)：11-22.

[70] Wang Y，Liu H，Zhu J. Solar thermophotovoltaics：progress，challenges，and opportunities [J]. Applied Materials，2019，7：080906.

[71] Harder N P，Würfel P. Theoretical limits of thermophotovoltaic solar energy conversion [J]. Semiconductor Science Technology，2003，18(5)：S151.

[72] Ferrari C，Melino F，Pinelli M，et al. Thermophotovoltaic energy conversion：analytical aspects，prototypes and experiences [J]. Applied Energy，2014，113：1717-1730.

[73] Broman L. Thermophotovoltaics bibliography [R]. National Renewable Energy Lab，Golden，CO (United States)，1994：1-23.

[74] Lin K，Catchpole K R，Campbell P，et al. High external quantum efficiency from double heterostructure InGaP/GaAs layers as selective emitters for thermophotonic systems [J]. Semiconductor Science

Technology, 2004, 19(11): 1268.

［75］ Lopez-Lopez S, Torres-Delgado G, Jimenez-Sandoval S, et al. Structure and electronic properties of the novel semiconductor alloy $Cd_{1-x}Cu_xTe$ ［J］. Journal of Vacuum Science & Technology a-Vacuum Surfaces and Films, 1999, 17(4): 1958-1962.

［76］ Tobias I, Luque A. Ideal efficiency and potential of solar thermophotonic converters under optically and thermally concentrated power flux ［J］. IEEE Transactions on Electron Devices, 2002, 49 (11): 2024-2030.

［77］ Harder N P, Green M A. Thermophotonics ［J］. Semiconductor Science Technology, 2003, 18(5): S270.